“十三五”江苏省高等学校重点教材
（编号：2020-2-119）

高等学校机电工程类系列教材

机电一体化系统设计

王福元　主编

西安电子科技大学出版社

内 容 简 介

本书全面、系统地介绍了机电一体化系统的工作原理、关键技术、设计内容、设计方法以及设计工具等。全书共8章，内容包括绪论、机械系统设计、伺服驱动系统与执行元件、检测技术与信号处理、控制系统设计与控制技术、机电一体化系统建模、机电一体化系统设计方法、设计工具及应用。

本书内容翔实，理论联系实际，实用性强，可作为本科院校的机械设计制造及其自动化、机械电子工程、机械工程、工业工程、智能制造工程等专业的教材，也可以作为高职院校机电一体化技术等专业的教材，还可以作为机电一体化系统设计或产品开发人员的参考用书。

图书在版编目(CIP)数据

机电一体化系统设计/王福元主编. —西安：西安电子科技大学出版社，2022.6
(2024.7 重印)
ISBN 978-7-5606-6357-9

Ⅰ. ①机… Ⅱ. ①王… Ⅲ. ①机电一体化—系统设计 Ⅳ. ①TH-39

中国版本图书馆 CIP 数据核字(2022)第 065376 号

策　　划　高　樱
责任编辑　杨　薇
出版发行　西安电子科技大学出版社(西安市太白南路2号)
电　　话　(029)88202421　88201467　　邮　　编　710071
网　　址　www.xduph.com　　电子邮箱　xdupfxb001@163.com
经　　销　新华书店
印刷单位　西安创维印务有限公司
版　　次　2022年6月第1版　2024年7月第3次印刷
开　　本　787毫米×1092毫米　1/16　印张 21
字　　数　499千字
定　　价　57.00元
ISBN 978-7-5606-6357-9

XDUP 6659001-3

前　　言

随着机电一体化技术的发展，机电一体化产品在当今社会中所占的比重越来越高，同时，社会对机电一体化产品的性能要求也越来越高，只有设计出功能强、性能好的机电一体化产品才会得到市场的认可。机电一体化技术的发展，特别是计算机技术、信息技术、人工智能、伺服驱动等技术的发展，为机电一体化系统的设计创新、性能提升等提供了强有力的技术支持，也推动着机电一体化系统设计、制造技术的不断发展，以适应社会对机电一体化产品的多功能、高性能、个性化、开发周期短等需求。

“机电一体化系统设计”是机械设计制造及其自动化、机械电子工程、机械工程等机械类专业广泛开设的一门专业课。掌握机电一体化系统的关键技术、工作原理、设计与分析方法是机械类专业学生应具有的专业素养。本书以机电一体化关键技术和应用为主线，系统介绍了机电一体化系统的基础知识、工作原理、设计方法以及设计工具等。

“机电一体化系统设计”是一门具有综合性、系统性、应用性特征的专业课程。如果把“机械设计”“机械原理”“传感器与检测技术”“单片机原理与应用”“电气与 PLC 控制”等课程介绍的知识看成是一个单元知识或模块，那么“机电一体化系统设计”这门课程则是以机电一体化系统设计为对象对多个学科的单元知识或模块进行交叉与融合。因此，“机电一体化系统设计”这门课的教材内容既要以已经学习过的专业知识为基础，但又不能只是对前面已开设的专业课内容的简单重复，重点应在于如何把相关的单元知识应用到机电一体化系统设计中去，从而设计出高质量的机电一体化系统或产品。

本书以机电一体化技术发展的最新成果作为编写的知识背景，在内容上避免使用过多篇幅介绍已学习过的专业基础知识，更多的是引入了对当前机电一体化系统设计发展中的先进原理、设计方法和设计手段的介绍等，注重教材内容与生产实际相联系，着重加强对学生知识应用能力的培养，使学生在学习了本教材后能够掌握从事机电一体化系统设计工作所需的专业知识、方法与手段，并且具备较好的应用能力。

全书共分 8 章，内容包括绪论、机械系统设计、伺服驱动系统与执行元件、检测技术与信号处理、控制系统设计与控制技术、机电一体化系统建模、机电一体化系统设计方法、设计工具及应用。其中，第 1～5 章主要介绍机电一体化系统的基本概念、基础知识与工作原理；第 6～8 章主要为机电一体化系统设计的分析方法以及应用知识。

本书由王福元担任主编，具体编写分工为：第 1 章、第 3 章、第 6 章、第 7 章由王福元编写；第 2 章由袁健编写；第 4 章、第 5 章由卢倩编写；第 8 章由李永建编写。全书由王福元统稿，方洵、王娟、顾聪聪、韩传德、陆辰晖等研究生参与了本书插图的绘制工作，在此向他们表示诚挚的感谢。

由于编者水平和经验有限，书中难免存在疏漏之处，敬请读者和专家批评指正。

编　者

2021 年 12 月于江苏

目　　录

第 1 章　绪　　论

1.1　概　　述

1.1.1　机电一体化概念

“机电一体化”是由机械学与电子学相互交叉融合形成的一门学科。最早是指机械学、电子学交叉融合，在发展过程中又融入了计算机、信息学等学科内容。机电一体化(Mechatronics)一词是由机械学(Mechanics)单词的前半部分和电子学(Electronics)单词的后半部分组合构成的，它最早出现在 1971 年日本杂志《机械设计》副刊上。随着技术的快速发展，机电一体化概念逐渐被人们接受，并被广泛使用。并且，在机电一体化概念上又衍生出了机电一体化技术、机电一体化系统、机电一体化产品、机电一体化专业等与机电一体化相关的专业名词。

“机电一体化系统”这一术语是从系统角度来描述机电一体化的组成与结构的，它是由能够完成一种或者多种功能的基本模块或单元按照一定的次序组合在一起构成的系统。具体就是指由机械单元、控制单元、检测单元、伺服驱动单元、执行单元等按照一定的次序组合起来，能够实现一种或多种功能的系统。

“机电一体化技术”包括设计与制造机电一体化系统所运用到的机械学与电子学的相关技术，具体包括机械技术、计算机技术、信息技术、自动控制技术、检测技术、接口技术以及系统技术等。机电一体化技术的内涵随着科学技术的发展在不断变化与延伸，在不同历史阶段被赋予了不同的内容。早期的机电一体化技术主要包括机械技术和电子技术，机械技术主要包括机械设计与机械制造技术，电子技术主要是以晶体管为主要器件的控制技术。机械与电子技术结合主要表现为在产品中利用以电子元件构成的控制器来代替原有的机械控制，以电子控制技术代替机械控制技术，使产品的功能得到较大的提升。随着计算机、信息、自动控制等技术的发展，机电一体化技术也在不断发展，机械结构优化技术、CAD 技术、微电子技术、信息技术、自动控制技术、人工智能技术不断被应用到机电一体化系统的设计与制造中，使机电一体化技术的内涵不断拓展，内容不断丰富。

“机电一体化产品”是运用机电一体化技术设计、制造的满足人们某种需求的物品，它具有机电一体化技术的基本特征，是机电一体化系统的物理表现形式。由于机电一体化产品较多，为了更好地了解和区分它们的用途、功能、制造过程等，可以按不同方式对机电一体化产品进行分类。

“机电一体化专业”(也称为“机械电子工程专业”)是高等院校里培养从事机电一体化系统设计(或产品制造)、系统维护、销售及生产管理等技术人才的一个专业。机电一体化专业培养的人才规格包括专科、本科以及研究生层次的技术人才。

1.1.2　机电一体化产品分类

随着机电一体化技术的发展，机电一体化产品已渗透到社会的各个领域，纯机械的产品将越来越少，而机电一体化的产品越来越多。图 1－1 所示为典型的机电一体化产品，有数控机床、工业机器人、扫地机器人、纸币清分机、高铁、盾构隧道掘进机等。

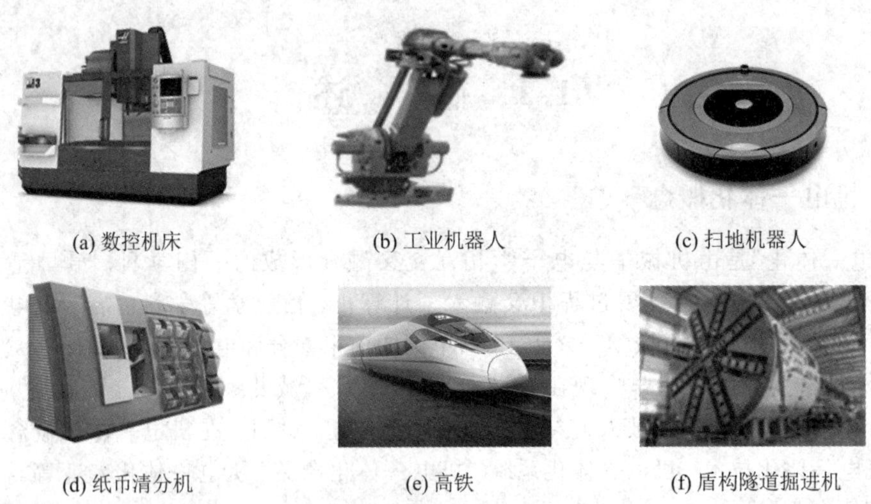

(a) 数控机床　(b) 工业机器人　(c) 扫地机器人

(d) 纸币清分机　(e) 高铁　(f) 盾构隧道掘进机

图 1－1　典型的机电一体化产品

机电一体化产品分类方式较多，例如，按产品所服务的行业性质可分为工业生产类、农林渔牧业类、家庭服务类、社会服务类、交通运输类等类型；按产品的机电融合方式可分为功能改进型、创新型；按产品的自动化程度可分为半自动型、全自动型、智能型。

1. 按照产品所服务的行业性质分类

1）工业生产类

工业生产类产品主要用于工业生产，具体有生产制造设备、检测设备、搬运设备等。例如，用于工业生产的数控机床、包装机、塑料成型机、激光加工机；用于生产搬运的工业机器人、AGV 运输小车；用于生产检测的三坐标测量机、激光干涉仪、扫描探针显微镜。

2）农林渔牧业类

现代农林渔牧业装备比传统的作业工具有了较大进步，以机、电、液相结合为技术特征的现代农业生产设备已经替代了传统的生产工具，这些现代化机械的应用提高了劳动效率。例如用于农作物种植、采摘、收割、施肥、农药喷洒的机械设备；用于林业移栽、采伐的机械设备等。

3）家庭服务类

家庭服务类机电一体化产品可分为制冷、电热、电动、电子电器类等，常见的产品有手机、电视机、洗衣机、冰箱、热水器、洗碗机、血压测量仪、跑步机、多功能按摩椅、扫地机器人等。家庭服务类机电一体化产品的需求量较大，产品更新周期短。例如，电视机平均换代时间从过去的 8～10 年缩短为 3～5 年，手机更新的平均时间只有 1～2 年。随着新一代移动网络及人工智能技术的发展，以智能化、网络化、功能集成化为特征的家庭服务类机电一体化产品将是社会发展的主流之一。

4）社会服务类

社会服务类机电一体化产品是指用于政府、银行、学校、餐饮、旅游等行业的机电一体化产品，例如打印机、复印机、自动售货机、收银机、服务机器人、点钞捆钞一体机、ATM存取一体机、自动包装机、物流分拣机器人等。

5）交通运输类

交通运输类机电一体化产品主要是指用于铁路及城轨、道路、水路、航空等的交通运输设备。铁路设备有高铁机车、自动铺轨机、信号控制设备等；水路交通设备有卫星通信、定位、数字通信、计算机控制设备等；航空交通设备有飞机控制、雷达、通信设备等。

6）道路、桥梁及建筑类

道路、桥梁及建筑类机械多为大型机电一体化产品，多以电液控制方式为主。例如用于隧道开挖的盾构掘进机，它是集光、机、电、液、传感、信息技术于一体的机电一体化产品。再如建筑用的起重机械、高空作业机械、大型运输机械等已经从传统的电气控制方式转变为计算机控制方式，并且运用了多种传感器对机械的工况进行检测。

7）航空、航天及武器装备类

航空、航天及武器装备类机电一体化产品有战斗机、飞船、坦克、火炮、火箭等。例如，战斗机就是由多系统构成，采用分布式控制的复杂机电一体化产品。它的飞行控制系统十分复杂，其控制对象包括主翼、水平尾翼、垂直尾翼、进气口、发动机、起落架、雷达、驾驶员座舱、火控系统、通信系统、机关炮、导弹发射吊架等多个子功能系统。这类产品中采用了先进的控制技术，对控制的实时性、精度、可靠性有极高的要求。

2. 按产品的机电融合方式分类

1）功能改进型

功能改进型产品是在原有产品的基础上对产品的功能进行改进，用微电子、计算机控制等装置替换产品原来的机械结构、控制方式等，使它成为新一代产品。根据改进的方式不同又分为功能附加型产品和功能替换型产品两种类型。

（1）功能附加型产品。功能附加型产品是在原有机械产品基础上采用电子技术使产品性能提高或功能增强。例如，利用老机床改造的经济型数控机床、电子秤、带有数显功能的万用表与千分尺、全自动洗衣机等都属于这一类。

（2）功能替代型产品。功能替代型产品是采用计算机控制技术取代原产品中的机械或电气控制方式，使产品结构简化、性能提高、柔性增加。功能替代型产品的具体替换方式有以下几种。

① 在原有机械系统的基础上采用微型计算机控制装置，使系统的性能提高、功能增强。例如，模糊控制洗衣机能根据衣物的洁净度自动控制洗涤过程，从而实现节水、节电、省时、节省洗涤剂的功能；机床的数控化是另一个典型的例子。

② 用电子装置局部替代机械传动装置和机械控制装置，简化结构，增强控制的灵活性。例如，数控机床的进给系统采用伺服系统，简化了传动链，提高了进给系统的动态性能；将传统电机的电刷用电子装置替代而形成的无刷电机，具有性能可靠、结构简单、尺寸小等优点。

③ 用电子装置完全替代原来执行信息处理功能的机构，既简化了结构，又极大地丰富了信息传输的内容，提高了传输速度。例如，石英电子钟表、电子秤、按键式电话等。

④ 用电子装置替代机械系统的主功能机构，形成特殊的加工能力。例如，电火花加工机床、线切割加工机床、激光加工机床等都属于这一类。

2）创新型

创新型机电一体化产品是指在工作原理、主结构上自主创新开发的产品。它是根据产品的功能、性能要求及技术规范，采用机电一体化技术进行专门设计或采用具有特定用途的集成电路来实现产品中的控制和信息处理等功能，从而使产品结构新颖、体积缩小、功能增强、成本进一步降低。例如生产机械中的激光快速成型机，信息机械中的传真机、打印机、复印机，检测机械中的CT扫描仪、扫描隧道显微镜等。

3. 按产品的自动化程度分类

1）半自动型

半自动型机电一体化产品在工作时，需要人为参与操作才能够完成它的全部工作，即当其中一个工作步骤完成时，需要手动操作才能进行下一步工作。例如，具有洗衣、脱水及烘干功能的半自动洗衣机，当洗衣步骤完成后，需要手动按一下脱水功能键进行脱水，脱水完成后再按一下烘干功能键进行烘干。

2）全自动型

全自动型机电一体化产品在工作时不需人为参与操作就可以完成全部工作。例如某零件的加工过程由加工中心自动完成，但是如果上料、下料工序需由人工完成，那么只能称为半自动加工；如果在加工中心的基础上再配置机器人完成上下料，则可称为全自动加工。再例如，若洗衣机的洗衣、脱水、烘干等步骤自动完成，就称为全自动洗衣机。

3）智能型

智能型机电一体化产品是指在机器中采用人工智能控制，在无人干预的情况下自主地驱动机器，实现控制目标。例如汽车无人驾驶系统，它主要依靠车内的以计算机系统为主的智能驾驶仪来实现无人驾驶的目的，涉及的技术包括人工智能控制、环境感知、定位与导航、路径规划、运动控制等。再例如智能机器人，它能够理解人类语言，用人类语言同操作者对话，分析出现的情况，调整自己的动作以达到操作者所提出的要求。

1.1.3　机电一体化产品特征

机电一体化产品与传统的机械产品相比在控制方式、结构组成和功能方面有着自身的特点，它除了具有产品的基本属性之外，还具有以下特征。

1）具有机电一体化系统的基本组成单元

典型的机电一体化产品应该包括机械单元、控制单元、检测单元、伺服驱动单元、执行单元五个基本组成部分。例如，数控机床包括了由床身、主轴、导轨、传动机构等组成的机械单元；由计算机、控制软件及接口组成的数控系统(控制单元)；由光栅、编码器等组成的检测单元；由伺服驱动器、电机构成的伺服驱动单元；由工作台、主轴、机械手等组成的执行单元。但是，有一些机电一体化产品由于集成度较高或者是功能相对简单，各个组成部分的区分不是十分明显。

2）采用计算机控制方式

机电一体化产品的控制方式与传统机械产品的控制方式有所不同，其控制方式从过去的凸轮控制、继电器控制、接触器控制方式转变为以计算机为核心的控制方式。目前，计算机控制已经成为机电一体化产品的主要特征之一。用于机电一体化产品控制的计算机类型主要有单片机、单板机、PLC、总线式工控机、工业平板电脑等，此外还有集成了微处理器的板卡、专用芯片、控制器等，例如运动控制卡、DSP芯片、数控系统等。严格来说，没有采用计算机控制的机电产品不能算是真正意义上的机电一体化产品。

机电一体化产品功能的实现需要一套专用的控制程序，由它来控制系统的运行，实现所需的功能。现在机电一体化产品的大多数功能趋向于采用软件方式实现，可以减少产品功能实现对自身硬件性能的依赖性。由于对产品控制方式的要求不同，控制软件的复杂程度也不相同。现阶段有一部分机电一体化产品的控制中运用了人工神经网络、模糊控制、遗传算法等智能控制方式来实现高级的控制功能，由于控制算法复杂，其控制程序结构也比较复杂，例如人工智能机器人、汽车无人驾驶系统、人工智能翻译器、智能家电的控制软件等。

1.2 机电一体化系统组成

机电一体化系统是由多个功能单元组织起来的，实现一种或多种功能的结构，可分为机械单元、控制单元、检测单元、伺服驱动单元、执行单元五个组成部分，如图1-2所示。它们按照一定的结构或次序组织在一起，形成一个相对独立的功能体。

机电一体化系统要实现其目的功能，一般需要具备多个内部功能，包括主功能、动力功能、检测功能、控制功能和构造功能，相互关系如图1-3所示，其中主功能是实现系统目的直接必需的功能，其作用是进行物质、信息、能量的转换、传递和存储；检测功能收集系统内外部信息并进行转换；动力功能为系统提供运行所需的动力；控制功能进行信息处理、控制系统的运行；构造功能保持系统中各个组成单元在空间和时间上的相互关系。另外，机电一体化系统和其他系统一样也具有能量流、物质流与信息流的转换、传递和存储功能。

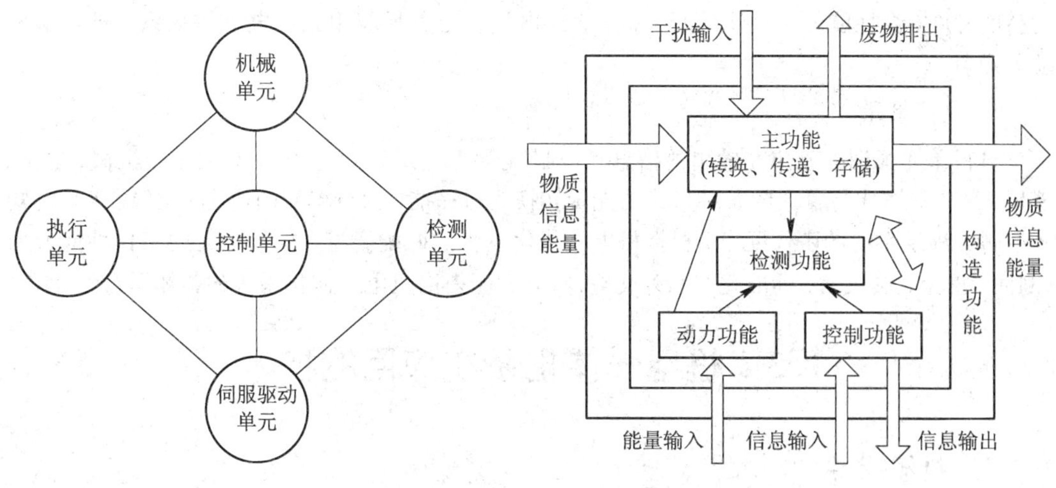

图1-2 机电一体化系统组成

图1-3 机电一体化系统功能

1. 机械单元

机械单元，也称机械本体，在机电一体化系统中主要是起支承、导向、传动、连接等作用，它包括机身、框架、传动装置(齿轮、涡轮蜗杆、丝杠螺母、棘轮等)、轴、导轨等。机械单元中的各个零部件按照一定的关系装配在一起，传递系统的运动与动力，并且满足几何与运动精度等要求。随着对机电一体化系统的功能、性能等要求提高，对机械单元的结构、强度、刚度、重量、可靠性等提出更高的要求，例如要求结构新颖美观，在满足强度与刚度条件下尽可能减轻重量，保证工作稳定可靠等。

2. 控制单元

控制单元是机电一体化系统的核心单元，包括硬件与软件两部分。硬件部分由控制计算机、接口、逻辑电路等组成，软件包括系统软件与应用软件。控制单元的功能主要是信息处理与控制，具体工作过程是将来自外部传感器的检测信息和外部输入的命令进行集中、存储、分析、加工，根据信息处理结果，按照一定的程序发出相应的控制信号，通过输出接口送往驱动单元，控制整个系统有目的地运行，并达到预期的性能。对控制单元的要求指标主要有工作可靠性、信息处理速度、控制精确度等。

3. 检测单元

检测单元利用传感器将外部的位移、角度、力、速度、加速度等检测信号转换成电阻、电压、电流、频率等电信号，即引起电阻、电流、电压的变化，通过相应的信号检测装置将其反馈给信息处理与控制装置。检测单元通常由传感器、信号转换模块、信息处理模块几部分组成，信息处理一般由系统的控制计算机完成，如果要处理的信息量较大，也可以由一个单独的计算机完成。

4. 伺服驱动单元

伺服驱动单元由动力和驱动部分组成，其功能是在控制信息的作用下，驱动执行机构完成各种动作和功能。机电一体化系统一方面要求驱动单元具有高效率和快速响应等特性，同时又要求其对水、油、温度、尘埃等外部环境因素具备一定的适应性和可靠性。由于工业实际中存在空间狭窄、动作范围小等限制，还需考虑标准化和维修的方便性。由于电力电子技术的高度发展，高性能的交直流伺服电机、直线电机将会大量应用到机电一体化系统的伺服驱动单元中。

5. 执行单元

执行单元根据控制单元输出的信息和控制指令完成所要求的动作，一般采用机械、电磁、液压、气压等方式将输入的各种形式的能量转换为机械能。执行单元的速度、位置、工作力矩的控制应满足系统的工作要求。根据机电一体化系统的匹配要求，执行单元的工作性能改善(刚性、重量、模块化、标准化和系列化等)将有利于提高机电一体化系统的整体运行性能。

1.3 机电一体化系统应用的技术

1.3.1 机械技术

机械技术是指用于机电一体化系统的机械设计与制造技术，在机电一体化系统中主要指机械系统的设计、分析及制造技术。机械结构是机电一体化系统的重要载体，对整个系统的体积、重量、抗振性、稳定性、可靠性、运动精度等技术指标有着较大的影响。随着社会需求的提高和技术的发展，机械技术也面临着巨大的挑战，传统机械设计与制造技术已不能适应社会发展对机电一体化系统的功能、性能、生产效率等方面的需求。

机械技术的应用目标在于如何与机电一体化中的其他技术相适应，利用高新技术实现结构、材料、性能以及功能上的变更，满足减少重量，缩小体积，提高强度、刚度和精度，改善性能，增加功能等要求。在未来发展中，机电一体化系统的机械结构设计将会大量采用先进的设计与分析技术，例如CAD、优化设计、可靠性设计、有限元分析等；在材料使用上，趋向使用新型金属、复合材料、轻量化材料以提高系统的强度、刚度等性能。

1.3.2　自动控制技术

控制装置(或系统)是整个机电一体化系统的核心，犹如人体的大脑。机电一体化系统设计是在自动控制理论的指导下，对具体的控制装置或控制系统进行设计，再对设计后的系统进行仿真、现场调试，最后使研制的系统可靠地投入运行。由于控制对象种类繁多，因此控制技术的内容比较丰富，例如定位控制、速度控制、自适应控制、自诊断、校正、补偿、检索等。随着计算机的广泛应用，自动控制技术与计算机控制技术紧密联系在一起，成为机电一体化系统中十分重要的关键技术。

机电一体化系统的控制技术从过去传统的机械控制、电气控制等发展为以计算机为主的控制方式，另一方面也从手动控制、半自动控制向全自动控制、智能控制方向发展。控制技术包括硬件与软件技术，硬件技术主要是超大规模集成电路技术与通信技术，为专用控制芯片和控制系统的开发提供基础，例如数控系统、机器人控制器、数字信号处理器等；软件技术主要是用于系统自动控制、智能控制的数学模型、控制算法、编程技术等。

1.3.3　信息处理技术

信息是对客观世界中各种事物的运动状态和变化的反映，是客观事物之间相互联系和相互作用的表征，表现的是客观事物运动状态和变化的实质内容。信息处理技术是对信息进行处理的技术，包括信息收集、交换、存储、传输、显示、识别、提取、控制、加工和利用等，现阶段主要是指采用计算机进行信息处理的技术。计算机信息技术包括计算机的软件和硬件技术、网络与通信技术、数据库技术等。

在机电一体化系统中，计算机信息处理单元指挥整个系统的运行，信息处理是否正确和及时，直接影响到系统工作的质量和效率。因此计算机信息处理技术已成为促进机电一体化技术发展和变革的最活跃的因素。人工智能、云计算等技术等都属于计算机信息处理技术的范畴。

1.3.4　传感与检测技术

传感与检测技术是机电一体化系统获取外界信息，进行信息处理的一个重要步骤，是实现系统自动控制、自动调节的关键。在机电一体化系统中，利用传感与检测技术获取实时、准确、可靠的外部信息是控制单元进行正确分析、判断、决策的基础。

传感器是机电一体化系统接收内外部信息的主要元件，是将被测量(包括各种物理量、化学量和生物量等)变换成系统可识别的、与被测量有确定对应关系的有用电信号的一种装置。它与信息系统的输入端相连并将检测到的信息输送到计算机进行信息处理。

检测技术就是利用各种物理化学效应，选择合适的方法和装置，将机电一体化系统所需的信息通过检查与测量的方法赋予定性或定量结果的技术。能够自动地完成整个检测处理过程的技术称为自动检测技术。实现自动检测可以提高自动化水平，减少人为干扰因素和人为差错，进而提高机电一体化系统的可靠性及运行效率。

1.3.5 伺服驱动技术

伺服驱动技术是能够精确地跟随或复现某个过程的反馈的技术。能够运用伺服技术实现伺服控制功能的系统称为伺服系统，它是实现电信号到机械动作的转换的装置或部件，对系统的动态性能、控制质量和功能具有决定性的影响。在机电一体化系统中，伺服系统专指被控制量(系统的输出量)是机械位移或位移速度、加速度的反馈控制系统，其作用是使输出的机械位移(或转角)准确地跟踪指令输入的位移(或转角)。

伺服驱动系统包括电动、气动、液压等各种类型的驱动装置。控制单元通过接口与伺服驱动单元相连接，控制它们的运动，带动工作机械作回转、直线以及其他各种复杂的运动。常见的伺服驱动装置有电液马达、脉冲油缸、步进电机、直流伺服电机和交流伺服电机等。变频技术的发展使交流伺服驱动技术取得了突破性进展，为机电一体化系统提供了高性能的伺服驱动装置，成为数控机床、工业机器人等设备的主要驱动形式。

1.3.6 系统总体技术

系统总体技术是一种从整体目标出发，用系统的观点和全局角度，将总体分解成相互有机联系的若干单元，找出能完成各个功能的技术方案，再把功能和技术方案进行分析、评价和优选的综合应用技术。系统总体技术解决的是系统的性能优化问题以及组成要素之间的有机联系问题，即使各个组成要素的性能和可靠性很好，如果整个系统不能很好协调，就很难保证正常运行。

1.3.7 系统集成技术

系统集成(System Integration)，就是通过结构化的综合布线系统、计算机网络技术、接口技术，采用技术整合、功能整合、数据整合、模式整合、业务整合等技术手段，将各个分离的设备、软件和信息数据等要素集成到相互关联的、统一和协调的系统之中，使系统整体的功能、性能符合使用要求，使资源充分共享，实现集中、高效、便利的管理。系统集成技术是机电一体化系统集成中采用的集成方式、网络通信、信息接口等相关技术。

机电一体化系统集成是指采用接口、网络、总线等技术把机电一体化系统的各个单元或模块有机连接在一起，使各模块之间能够正确传输控制信息、传递运动与动力。实现集成的关键在于解决系统之间的互联和交互操作问题，构建一个多厂商、多协议和面向各种应用的体系结构。

1.4　机电一体化技术发展历史与趋势

1.4.1　机电一体化技术发展历史

1. 技术发展初期

20世纪初到20世纪60年代末为机电一体化技术发展初期。在这个时期，美国、英国、德国、日本等国家发明了数控机床、工业机器人、电视机、收音机、电风扇、冰箱、洗衣机、吸尘器、热水器等机电产品。该时期的机电产品的控制方式主要采用凸轮控制、电气控制和数字逻辑控制方式，其中逻辑控制技术发展迅速。逻辑控制技术的发展经历了三个阶段：第一阶段以电子管为特征(1952年)；第二阶段以晶体管为特征(1959年)；第三阶段以小规模集成电路为特征(1965年)。

美国在数控机床、机器人、家电、集成电路制造等方面走在世界前列。二次世界大战后，美国的国力领先优势进一步扩大，巨大的消费需求与技术进步推动了新产品研发和问世。例如，1918年KE-LVZNATOR公司制造了世界上第一台机械制冷式家用自动电冰箱，1947年惠而浦公司推出第一台自动洗衣机，1952年美国帕森斯公司和麻省理工学院共同研制成功了世界上第一台数控铣床，1959年Keaney & Trecker公司开发了第一台加工中心，同年乔治·德沃尔和约瑟·英格柏格发明了世界上第一台工业机器人Unimate。以上发明说明，美国在机电一体化系统开发上有较强的创新能力。

英国延续了工业革命以来的势头，在家用电器、机床等领域做出了重要贡献。例如，1925年约翰·洛吉·贝尔德制造出了第一台能传输图像的机械式电视机，1928年开发出第一台彩色电视机。1968年英国将多台数控机床、无人搬运小车和自动仓库在计算机控制下连接成自动加工系统，即柔性制造系统FMS。

德国在机械、光学、电子学领域也有许多重要发明。例如，1935年德国发明了埃克萨克图单镜头反光照相机，1936年弗劳伊玛研制出了磁带录音机，1934年坎贝尔发明了磁悬浮列车，1936年汉斯发明了喷气发动机。

日本在二战之前的机电产品发展主要是家电领域，涌现出了东芝、日立、松下以及夏普等一批著名的家电企业。收音机、电风扇、冰箱、洗衣机、吸尘器以及热水器等机电产品20世纪30年代在日本得到普及。二战后，日本吸收了美国、德国等国的先进技术，在家电领域不断创新。例如，1953年夏普推出首台日本国产电视，1959年东芝试制成功了首台日本国产晶体管电视。1955—1974年间日本迎来大家电的全面普及，以冰箱、洗衣机、黑白电视机为代表的“三大神器”和以彩电、空调、汽车为代表的“新三大神器”先后走入民众的日常生活中。此外，日本在其他领域也有所突破，例如1969年川崎重工公司成功开发了Kawasaki-Unimate2000机器人。

2. 蓬勃发展期

20世纪70年代，随着电子技术与传统工业关系的不断紧密化，人们开始研究简单的机械电子交叉技术，从而奠定了机电一体化的基础。1989年，在日本东京召开了第一届先进国际机电一体化学术会议，从此机电一体化正式走上舞台，机电一体化技术进入蓬勃发展期。在20世纪末，凭借计算机信息技术和电子技术的发展，机电一体化技术快速成长，发展为集光、电、机、通信等于一体的现代化技术。

在数控机床领域，20世纪70年代，由于大规模集成电路，小型计算机和微处理器开始出现，数控机床的体积、运算速度、价格、可靠性等方面都得到很大的改善，数控机床发展进入了计算机控制时代。1974年，美国成功研制出使用微处理器和半导体存储器的微型计算机数控系统，其插补计算速度更快，存储容量大，系统可靠性大大提高。80年代初，随着计算机软、硬件技术的发展，出现了能进行人机对话、自动编制程序的数控装置，数控装置愈趋小型化，可以直接安装在机床上。之后数控机床的自动化程度进一步提高，具有了自动监控刀具磨损和自动检测工件等功能。从20世纪90年代开始，由于PC机的发展日新月异，基于个人计算机(PC)平台的数控系统(称为PC数控系统)应运而生。在工业机器人领域，1973年第一台机电驱动的6轴机器人面世。德国库卡公司(KUKA)将其使用的Unimate机器人研发改造成一台产业机器人，命名为Famulus，这是世界上第一台机电驱动的6轴机器人。1974年，美国辛辛那提米拉克龙(Cincinnati Milacron)公司开发出第一台由小型计算机控制的工业机器人，命名为T3，这是世界上第一次机器人和小型计算机的携手合作。同年，瑞典通用电机公司(ASEA，ABB公司的前身)开发出世界上第一台全电力驱动、由微处理器控制的工业机器人IRB 6。1978年，美国Unimation公司推出通用工业机器人(PUMA)，并将其应用于通用汽车装配线，这标志着工业机器人已经进入实际应用阶段。

3. 高速发展时期

进入21世纪以来，机电一体化技术进入了高速发展时期，一些新兴学科和技术不断融合到机电一体化技术之中，极大丰富了机电一体化技术的内容，也促使机电一体化技术向高速、高精度、柔性化、智能化、网络化方向发展。

在数控机床领域，数控机床和加工中心已经成为制造业的主要加工设备，数控机床向功能复合化、高速化、高精度、控制智能化方向发展。数控机床的主轴转速、进给速度、刀库换刀速度都有了很大的提升。例如，加工中心的主轴转速可达10000 r/min以上，进给速度达240 m/min，刀库的换刀时间缩短至0.5 s以内，而且不断被刷新。在控制系统中，自适应控制、专家系统、模糊控制、人工神经网络等人工智能技术已广泛运用到机床的自动控制、故障诊断、加工工艺参数选择中，极大丰富了机床的功能，提升了机床性能。近二十年来，数控激光加工机床、数控线切割机床、数控电火花加工机床、数控3D打印机等数控加工设备发展迅速。在数控机床单元方面，高性能的数控系统、高速主轴伺服单元、高精度交流伺服与直线驱动单元、高精度检测装置不断地被开发并得以应用。

在机器人领域，工业机器人、服务机器人、仿生机器人等机器人技术得到迅速发展。在工业机器人方面，2004年，日本安川机器人公司开发了工业机器人控制系统NX100，它能够同步控制四台机器人，控制轴数可达38轴。2008年，日本发那科(FANUC)公司推出了一个新的重型机器人M－2000iA，其有效载荷约达1200公斤。2010年，德国库卡公司推出了一系列新的货架式机器人(Quantec)。目前，以日本安川、日本法那科、瑞士ABB、德国库卡为代表的四大工业机器人公司生产的工业机器人销量占据了全球机器人销量的

50%左右，其产品的技术水平也代表了当前工业机器人的世界先进水平。在其他机器人方面，2003年，日本本田公司第一次向世界展示了人形机器人ASIMO，它具有双脚行走功能；2015年，我国香港汉森机器人公司研发了世界级“网红”索菲亚(Sophia)，它能够走路，玩游戏，与人交谈等；2018年，美国波士顿动力公司发布了新一代人形机器人Atlas，它具有地形适应能力和超高的肢体平衡能力，可以非常熟练地行走、爬楼梯、上下跳动。该公司还研发了Spot、Handle等多款仿生机器人，它们代表了仿生机器人的世界先进水平。

1.4.2 机电一体化技术发展趋势

1. 智能化

智能控制以控制理论、计算机科学、人工智能、运筹学等学科为基础，其中应用较多的有模糊逻辑、神经网络、专家系统、遗传算法等理论，以及自适应控制、自组织控制和自学习控制等技术。智能控制是控制理论发展的高级阶段，主要用来解决那些用传统方法难以解决的复杂系统的控制问题。将来机电一体化控制技术主要从智能化的角度出发，通过加强判断推理、逻辑思维、自主决策等类人化行为来提高技术质量。

控制智能化是机电一体化技术的主要发展趋势。随着社会需求提高，对机电一体化系统的功能以及工作方式也提出了更高的要求，希望机电系统在工作中能够处理复杂问题并且尽可能减少人的参与，能够自动、高效及高质量地完成任务。在机电一体化领域，智能化研究内容主要有知识表示、自动推理和搜索方法、机器学习和知识获取、知识处理系统、自然语言理解、计算机视觉识别、自动编程设计等方面。目前推出的智能型机电一体化产品有智能服务机器人、自动驾驶系统、智能家电、智能语言翻译器等，极大地丰富了人们的生活。

2. 模块化

模块化是指在解决一个复杂问题时自上向下逐层把系统划分成若干模块，并使模块之间通过标准化接口进行信息沟通的动态整合过程，在机电一体化中主要是指结构的模块化。机电一体化系统采用模块化结构有很多优点：采用模块化结构可以使一个复杂系统变为若干个功能单一的模块，有利于复杂系统的实现；由于模块由专业厂家生产与制造，模块的制造时间会更短、性能更好、可靠性更高；在机电一体化系统设计中，采用模块化的结构方便系统功能的扩展，可以使机电一体化技术向着多功能和多层次结构方向发展；未来客户对个性化产品的需求量越来越大，生产厂家根据客户需求采用模块化方式构建产品可以更好地适应市场需求，生产出客户所需要的个性化产品；另外，模块化结构可以方便系统地维修，如果模块在生产运行中出现问题，工作人员只需要对出现故障的模块进行维修或更换即可。

模块化结构已经在部分机电一体化系统中得到应用，例如汽车制造、数控机床、工业机器人。随着技术的发展，机电一体化系统的模块化率会越来越高，特别是在大批量的机电一体化系统中。目前数控机床结构已经实现了较高的模块化率，其中数控系统、伺服驱动单元、检测装置已经基本上实现了模块化，数控机床的机械单元也已实现了部分模块化，例如导轨、滚珠丝杠、减速器等部件。在工业机器人四大关键部件中，控制器、精密减速器、伺服驱动单元三大关键部件也已实现了模块化，通用型工业机器人的机械单元也已部分实现了模块化。

3. 网络化

随着计算机与互联网技术的发展，社会已进入了大数据时代，这给人们的日常生活带来了巨大的改变，同时也给机电一体化系统带来了巨大的发展空间与挑战。机电一体化系统的外部通信从过去以串行通信为主的方式转向以网络为主的通信方式。由于网络传输速率提高，单位时间内传输的信息量大，使得过去由于传输速率限制不能实现的机电一体化系统的潜在功能都能够被挖掘出来，移动互联网、物联网技术发展将会促进机电一体化系统的功能提升，新产品开发。

采用网络通信可以获得较高的数据传送速率，数据传送更可靠、更安全。机电一体化系统中网络通信技术的应用有助于大型分布式机电一体化系统的建立与集成，高速的信息处理速度与高效的数据传送可以使整个系统响应更加迅速，实时性更好，在分布式设备、FMS、CIMS系统中尤为重要。目前，新开发的数控机床、工业机器人、智能家居的控制器都增加了网络通信功能，利用它在可以在不同设备、系统模块、终端设备与主机之间进行信息的高速传输，实现远程控制、故障诊断、工作过程监控等功能。

4. 微型化

在空间技术、国防、汽车、医疗等应用领域，为了便于携带或由于使用空间的限制，需要一些微型化的机电一体化系统。微型化的机电一体化系统一般是指几何尺寸为1 cm以下的机电一体化系统。这一类系统产品有其自身优点，它体积小，耗能少，便于携带，在应用时非常方便，例如微照相机、微陀螺仪、微麦克风等。微型化机电一体化系统是集微传感器、微执行器、微机械结构、微处理器、通信接口等于一体的微型器件。随着微电子技术、微细加工技术、微检测技术的发展及应用需求扩大，微型化成了机电一体化系统发展的一个重要趋势。

5. 轻量化

轻量化是指在满足机械强度、刚度的前提下尽可能减轻机电一体化系统的重量。机电一体化系统的轻量化可以节省材料、能源，提高系统的运动性能。由于材料技术的发展，出现了一些高强度、高刚度、高耐腐蚀性、高耐磨性的高分子材料、合金材料、复合材料，这些新材料的运用可以大幅减轻重量。例如，现代汽车工业由于大量使用新型材料，从而使汽车的重量比过去大大减轻，节能效率提高、运动性能更好。机电一体化系统轻量化的另一个途径体现在产品结构上，采用新颖的产品结构也可以达到减重目的。例如，数控机床的主轴箱，由于采用变频调速器替代了传统的机械调速结构使主轴箱重量大幅减轻。

6. 绿色化

过去中国制造业发展迅速，但创造经济效益的同时却对环境产生了不利影响，造成了严重的环境污染，尤其近年来的雾霾正在影响着人们赖以生存的生态环境。因此保护环境资源、回归自然便也成了机电一体化系统研发的目标和要求之一。绿色机电一体化系统就是在这种呼声下应运而生的，未来绿色化也是时代的趋势。绿色主要是指在设计、制造、使用和销毁的生命环节中对可持续发展观的落实和响应，能以人们的健康生活为出发点设计相应的产品，对生态环境无害或危害极少，坚持资源分类并进行回收，从而提高资源利用率。

习题与思考题

1-1　分别解释机电一体化、机电一体化技术、机电一体化系统、机电一体化产品的概念。

1-2　机电一体化系统具有哪些基本特征？

1-3　请举一实例说明此机电一体化产品的结构或功能单元分别对应于机电一体化系统的哪一个组成部分？

1-4　机电一体化系统设计需要应用哪些关键技术？它们的作用分别是什么？

1-5　机电一体化技术发展分为哪几个阶段？在各个阶段有哪些典型产品？

1-6　机电一体化技术有哪些方面的发展趋势？它们能够满足什么样的社会需求？

第 2 章　机械系统设计

2.1　概　　述

机械单元也称为机械系统，是机电一体化系统的一个重要组成部分，主要起传动、导向、执行、支承等作用。机械系统与机电一体化系统的伺服驱动系统、检测系统以及控制系统通过接口连接成一个整体，相互分工协作，共同实现产品功能。与传统的机械产品相比，机电一体化系统对机械结构强度、传动精度、工作可靠性等要求更高。

1. 机械系统对机电一体化系统的影响

机械系统的结构形式、强度、刚度、传动间隙、零件间摩擦、制造精度等对机电一体化系统的稳定性、运动精度、动态特性、传动效率有重要的影响。

(1) 稳定性。稳定性是机电一体化系统的核心指标，一个高性能的机电一体化系统必须是一个稳定系统。机械单元的结构、刚度、阻尼、摩擦等对机电一体化系统的稳定性都会产生影响。例如，在闭环控制系统中，安装在反馈环节中的机械零件的传动间隙、制造误差会影响系统的结构参数，从而影响系统的稳定性。

(2) 运动精度。运动精度是机电一体化系统的重要技术指标，在机电一体化系统中影响运动精度的因素较多，机械系统、伺服驱动系统、控制系统都会影响运动精度。机械系统的机械结构变形、传动间隙、零件制造误差对运动精度直接产生影响。为了提高运动精度，在机械系统设计中要尽可能减少传动链的长度，提高传动零件的制造精度，消除传动间隙，提高支承件的刚度以减少系统的变形。

(3) 动态特性。系统运行时输出量与输入量之间的关系称为动态特性。机械系统结构对整个系统的动态特性有较大的影响。在传动系统中，如果传动形式选择不合适、传动比分配不当、转动惯量匹配不合理都会使系统的运动滞后，响应速度慢，影响系统的动态响应特性。因此，在机电一体化系统中应当合理设计传动链，使系统的输入与输出之间惯量匹配以提高系统的动态响应特性。

(4) 能耗影响。一个好的机电一体化系统应该要能够充分利用外部输入的能量、尽可能减少系统本身能量消耗。外部输入能量的作用分为三个方面：一是带动负载运行，二是为自身运动提供动能，三是转化为热能、光能、声能等形式消耗掉。机械系统的摩擦、传动间隙、阻尼、结构变形等因素都会影响系统中的能量分配。机械传动、执行机构等运动部件重量越轻，自身消耗的能量越少，所需输入功率就越小，在相同输入功率下输出功率越高，加速性能越好。因此，在机械结构设计时应通过优化，采取选择高效的传动形式等措施提高系统的工作效率、降低系统能耗。

2. 机械系统组成

机电一体化系统的机械系统(机械单元)一般由以下四个部分组成：

(1) 传动机构。传动机构主要功能是完成转速与转矩的匹配，传递能量和运动，包括轴、轴承、齿轮、带轮、丝杠螺母、蜗轮蜗杆、联轴器等零件，传动机构对伺服系统的伺服特性有很大影响。

(2) 导向机构。导向机构主要起支承和导向作用，它限制运动部件，使其按照给定的运动要求和方向运动。

(3) 执行机构。执行机构的功能是根据操作指令完成预定的动作。执行机构需要具有高的灵敏度、精确度和良好的重复性、可靠性。

(4) 支承与连接机构。支承与连接机构的主要作用是支承其他零部件的重量和载荷，同时保证各零部件之间的相对位置。

3. 设计要求

在机电一体化系统设计时，对产品功能、性能、使用、经济性方面提出了相应的技术指标，设计人员围绕这些技术指标开展系统设计。设计中通常会把技术指标分解到系统不同功能单元中，在单元中通过技术应用解决功能、运动精度、可靠性等问题。为了满足整个系统的技术指标要求，在设计机械结构时，根据它对整个机电一体化系统的作用提出相应的设计要求。在机电一体系统设计中，机械结构在满足产品功能的前提下，应做到结构新颖、制造精度高、响应迅速、工作稳定可靠。

(1) 功能要求。机电一体化产品能够供给市场并能满足人们某种需求，具有一定的功能是它被开发、赢得市场最基本的原因。根据功能多少可把产品分为单一功能和多功能产品，功能越多，结构越复杂，设计制造越困难，成本越高，开发周期越长。根据机电一体化系统实现功能的总体要求，系统的一部分功能指标将分配在机械系统中实现。

(2) 性能要求。在明确系统功能要求后，各项功能都应该满足一定的性能指标。产品的性能指标一般用技术指标或参数来描述。机械系统中的性能指标有运动速度、运动范围、精度、加速性能、产品重量、体积、负载能力等。性能指标决定了机械系统的结构设计、材料选择等。性能指标的制定既要满足使用要求又要符合实际，性能指标定得过高会增加设计难度与制造成本。

(3) 使用要求。产品在使用过程中要满足一定的使用要求。产品的使用要求包括产品使用环境温度、湿度、电磁干扰、噪声、供电、腐蚀等，还包括产品使用过程中的安全要求、可靠性要求、维修要求。一个好的产品应该是使用方便、适应环境、工作安全可靠、使用寿命长、维修方便。

(4) 成本要求。产品通过销售进入用户手中，决定用户是否购买产品的一个重要因素就是产品的性价比。产品价格组成包括开发成本、制造成本、销售成本、利润等，在满足功能与性能指标的前提条件下应尽可能降低产品成本。在设计阶段主要考虑产品的开发成本与制造成本，获取高的性价比。机械系统成本是总成本一个重要部分，在产品设计时应通过合理的结构设计与选材降低机械系统成本。

(5) 经济性要求。这里的经济性主是指使用经济性，它是指单位时间内生产的价值与同时间内使用费用的差值，使用经济性越高，意味着会生产更多的价值。产品使用费用主要包括原材料消耗、辅料消耗、能源消耗、保养维修费用、折旧、工具耗损、操作人员的工资等。

2.2 功能原理设计

机电一体化系统需要实现一定的功能，这些功能是在工作原理的指导下通过机械、液压、电磁等执行机构实现的。机械系统设计需要遵循机械工作原理，主要为机构学与机械动力学知识。功能原理设计是机械系统目标设定后进行产品设计的第一步，是产品的工作原理和结构原理的开发阶段，它从质的方面保证了整个系统的设计水平，因此，特别需要创新思维，以设计出具有市场竞争力的新颖产品。

2.2.1 功能分类

功能是从技术实现的角度对产品特定工作能力的抽象描述。功能反映了产品的特定用途和各种特性，但与用途、性能等概念有所不同。根据机电一体化系统的组成，机械系统的功能包括传动、导向、支承、执行，其中传动、导向、支承功能为中间功能，而执行功能是机械系统的主要功能。根据执行机构的使用目的，执行功能又可以分为工艺功能和动作功能两种类型，工艺功能以加工为目的，动作功能以实现动作为目的。

1. 动作功能

根据动作复杂程度可将动作功能分为简单动作功能和复杂动作功能。

简单动作功能由两个或两个以上具有特殊几何形状的构件实现运动或锁合动作。简单动作一般是一次性动作，不进行连续运动，如圆珠笔的伸缩双动功能，各种枪炮的击发功能等。

复杂动作功能不仅实现连续的传动，而且可实现复杂的运动规律和运动转变，这类功能主要来自基本机构以及基本机构的组合。复杂运动的装置一般由多个简单的运动机构组合或叠加而成，形成一个相对独立的机构，例如通用型工业机器人，一般由 3～6 个直线或旋转运动的手臂组合而成，可实现复杂运动。

2. 工艺功能

工艺功能是对某物体施行某种加工工艺，主要执行构件是工作台或工作头，如机床的刀具、挖掘机的挖斗等。犁的翻地功能也是一种工艺功能，犁头的工作面(复杂的空间曲面)将泥土犁起，翻扣在犁沟边上。工艺功能不同于动作功能的是其工作头对物体进行的加工作用。这种作用有时可能不是纯机械的，而是采用其他的物理效应，因此工艺功能是最具有灵活性的功能。例如，传统机械切削的金属切削工艺现在可以采用激光切割、水力切割等。

2.2.2 功能分解

由于问题的复杂程度不同，因此系统功能的复杂程度也不同。为了便于设计，可以将机械的总功能分解为若干复杂程度较低的分功能或功能元，并形成机械的工艺动作过程。例如硬币计数包卷机的分功能有整理、清点、计数、按卷将硬币用纸包卷起来或在计数后直接装袋。再如，采用范成法插齿加工齿轮，其总功能可分解为切削、范成、进给和让刀四个分功能。图 2-1 所示为金属片冲压功能分解示意图，总功能可以分解为送料、冲制、退回等分功能。

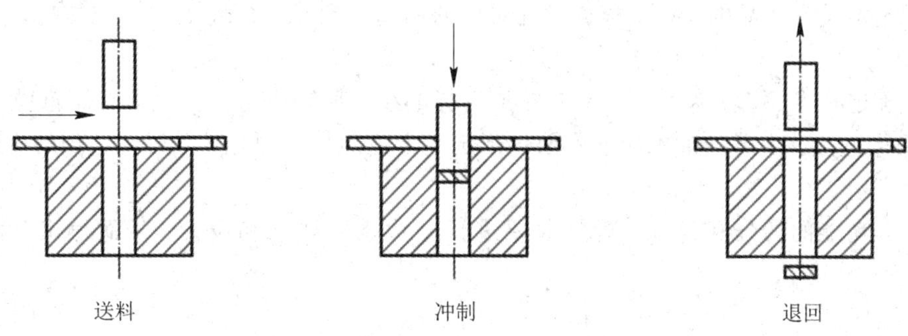

图 2-1　金属片冲压功能分解示意图

将功能进行适当的分解有助于产品的改进设计和创新设计。例如，要开发一种全新功能的产品，可通过改变现有产品的某些功能，或增加现有产品的某些功能，或减少现有产品的某些功能等，来实现产品创新。

2.2.3　功能求解

对机械系统进行功能分解后，寻求每个分功能或功能元的解，是方案设计中的重要阶段。如印刷机、复印机、打印机、传真机、点钞机和包装机等从成叠纸中进行分纸的功能单元，其功能元解可采用各种物理效应，如摩擦力、离心力和气吹等，相应地可用摩擦轮、转动架和气嘴等载体实现。

为了方便设计人员进行功能原理的构思，可把有关的功能元按一定的分类原则用矩阵表示，形成解法目录。表 2-1 为用于数控机床设计的功能-技术矩阵。借助功能-技术矩阵，将数控机床的功能元和相应的功能元解分别以纵坐标、横坐标列出，取每个功能元的一个功能元解进行组合即构成产品的一个原理解，即工作原理，将各功能元解组合可得到系统的多个原理解。对这些系统的总方案进行筛选，根据不相容性和设计约束条件，将不可行方案和不理想的方案删去，再选择几种较好的方案进行比较，就可以确定实现总功能的最佳原理方案。

表 2-1　功能-技术矩阵

功能分解	实现技术方法					
控制功能	CNC	PLC	运动控制卡	单片机	DSP	
驱动功能	步进电机	交流伺服电机	直流伺服电机	直线电机	磁致驱动	摩擦驱动
框架功能	立式框架	卧式框架	龙门式	单臂式		
传动功能	齿轮传动	滚珠丝杠	螺旋机构	挠性机构	棘轮机构	曲柄滑块
移动功能	滚动导轨	滑动导轨	直丝导轨	回转导轨		
测量功能	刻度尺	同步感应器	光栅	旋转编码器	磁尺	旋转变压器
换刀功能	立式刀架	卧式刀架	斗笠式刀库	盘式刀库	链式刀库	

功能求解可概括为三个基本步骤，具体如下：

(1) 确定设计产品的功能。根据设计对象的用途和要求，合理表述机构的功能目标或原理。

(2) 确定技术原理。为实现功能目标而选择的技术原理决定了机械的总体布局、品质、性能和操作方法。在满足机械功能的前提下选择合适的技术原理，可得到合理的机构和机器方案。

(3) 分功能的细分和设计。设计时要进行分功能的细分和设计，从而得出基本功能结构。

2.3 总体设计

通过功能原理设计，选定了机械系统最佳功能原理设计方案，确定了功能的载体，但尚未最终完成设计，还需进行机械系统的总体设计。总体设计是机械系统内部设计的主要任务之一，也是构形设计的依据。总体设计对机械的性能、尺寸、外形、重量及生产成本有重大影响。因此，总体设计时必须在保证实现功能原理方案的基础上，尽可能充分考虑人机环境、加工装配、运行管理等外部系统的条件，使机械系统与外部系统相协调，以求布局更加完善。

2.3.1 设计要求

总体设计确定机械系统中各子系统之间的相对位置关系及相对运动关系，并使整个系统具有一个协调完善的造型。总体设计是全局性的设计，因此在总体设计中始终贯穿着系统观念、全局观念、整体观念。总体设计应满足以下基本要求：

(1) 运动连续性。通常机械系统工作的过程包括多项作业工序。例如，一台包装机械的工序有供料、充填、裹包、封口、清洗、堆码、盖印、计量等。工艺过程的连续和流畅就是要使机械系统的能量流、物质流、信息流流动途径合理，不产生阻塞和相互干涉，这是总体设计的最基本的要求。对于工作条件恶劣和工况复杂的机械，还应考虑运动零部件的惯性力、弹性、过载变形及热变形、磨损、制造及装配误差等因素的影响，确保运动所需的安全空间，相互间不发生运动干涉。

(2) 精度和动态特性。对于机床等精密机械，为了保证被加工工件的精度及所需的性能指标，总体设计时应充分考虑精度、刚度、抗振性及热稳定性的要求。为此，运动和动力的传递应尽量简捷，以简化和缩短传动链，提高机械的传动精度。

(3) 系列化。机械系统设计时应尽可能提高产品的标准化因数和重复因数，以提高产品的标准化程度。产品系列化通过把产品的主要参数、尺寸和型式、基本结构等做出合理的安排与规划，并形成合理的简化零部件的品种规格，实现零部件最大限度的通用性，使产品可以在只增加少数专用零部件的情况下，就能发展变型产品或实现产品的更新换代。产品系列化可以有效地提高产品的标准化程度。

(4) 结构紧凑。紧凑的结构不仅可节省空间，减少零部件，便于安装调试，往往还会带来良好的造型条件。为使结构紧凑，应注意利用机械的内部空间，如把电动机、传动部件、附件、操纵控制部件等布置在大支承件内部。

(5) 操作维修方便。为改善操作者的劳动条件，减少操作失误。在总体布置时应使操作位置、修理位置和信息源的数目尽量减少并适当集中，使操作、观察、调整、维修等省力、便于识别，适应人的生理机能。例如，应合理确定操纵装置的位置和尺寸，根据人的视觉特点布置信号显示装置，确定信号显示方式等。

(6) 外形美观。机械系统设计时应使其外形、色彩和表观特征符合美学原则，并适应销售地区的时尚，使产品受到用户的喜爱。为此，总体布置时应使各零部件的组合匀称协调，形体的比例与尺度具有比率美，前后左右的轻重配置对称和谐，并有稳定感和安全感。

2.3.2　应用举例

不同的机电一体化系统的机械系统的总体设计有不同的内容和要求，考虑的侧重点也有所不同，下面以加工中心为例介绍它的总体设计。

加工中心主机由床身、底座、立柱、横梁、滑座、工作台、主轴箱、进给机构和刀具交换装置和其他辅助装置等基本部件组成，它们各自承担着不同的任务，以实现加工中心的切削以及辅助功能。加工中心总体设计的任务就是使这些基本部件在静止和运动状态下始终保持相对正确的位置，并使机床整机具有较高的刚性。

如图 2-2 所示的两种机床布局形式是卧式加工中心最基本也是常用的布局形式。卧式加工中心根据其技术特点常采用双立柱式的框架结构，主轴箱在其中移动，构成 Y 坐标轴。X、Z 坐标轴的移动方式有所不同，要么是工作台移动(图 2-2(a))，要么是立柱移动(图 2-2(b))。以这两种基本形式为基础，通过不同的组合还可以派生出多种布局形式，比如 X、Z 两坐标轴都采用立柱移动，工作台采用完全固定的结构形式；或 X 坐标轴采用立柱移动，Z 坐标轴采用工作台移动的 T 型床身结构形式等。

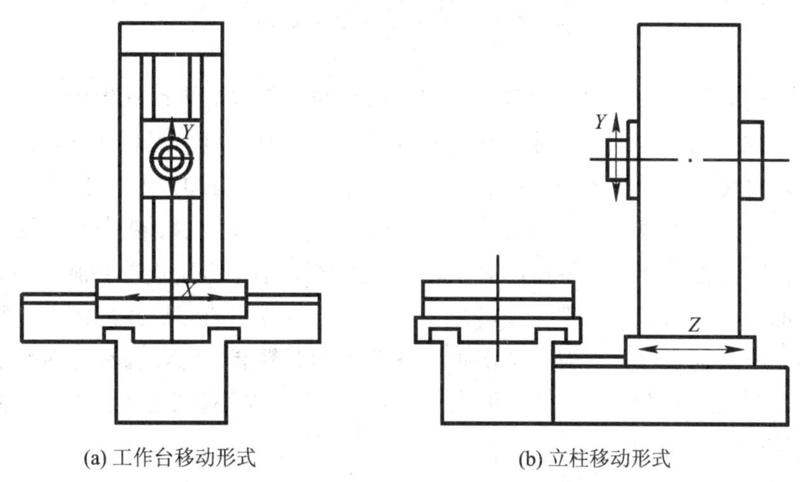

(a) 工作台移动形式　　(b) 立柱移动形式

图 2-2　卧式加工中心布局形式

框架结构的双立柱由于结构对称，主轴箱在两立柱中间上下运动，与传动的主轴箱的侧挂式结构相比，大大提高了整机的结构刚度。另外，主轴箱从左右两导轨的内侧进行定位，热变形产生的主轴中心变位被限制在垂直方向上，因此，可以通过对 Y 轴的补偿，减少热变形的影响。

立式加工中心是加工中心中数量最多的一种，应用范围也最为广泛，常用的布局形式如图 2-3 所示。图 2-3(a)所示为十字滑鞍工作台结构，工作台可以在水平面内实现 X 轴和 Y 轴两个方向的移动，该结构由于工作台承载工件一起运动，故常为中小型立式加工中心采用。图 2-3(b)所示为 T 型床身立柱移动结构，工作台在前床身上移动，可以实现 X 方向的运动，立柱在后床身上移动，可以实现 Y、Z 方向的运动，该结构适用于规格较大的立式加工中心。图 2-3(c)为三坐标单元结构，其特点是在后床身上装有十字滑鞍，可以实现机床 X、Y 两个方向的进给运动，通过主轴箱在立柱中的上下移动可以实现主轴的 Z 向运动。机床三个方向的运动不受工件重量的影响，故承载稳定，再加上工作台为固定式，所以该结构对提高机床的刚性和精度保持性是十分有利的，常为规格较大、定位精度要求较高的加工中心所采用。

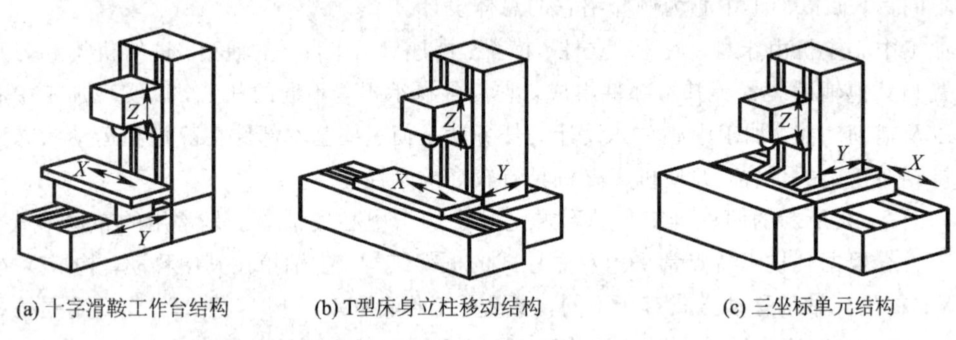

(a) 十字滑鞍工作台结构　(b) T型床身立柱移动结构　(c) 三坐标单元结构

图 2-3　立式加工中心常用的布局形式

2.4　传动链设计

传动装置是一种把动力输出装置产生的运动和动力传递给执行机构的中间装置，是一种扭矩和转速的变换器，其目的是在动力机与负载之间使扭矩得到合理的匹配，并可通过机构变换实现对输出的速度调节。在机电一体化系统中，伺服电动机的伺服变速功能在很大程度上代替了传统机械传动中的变速机构，只有当伺服电机的转速范围满足不了系统要求时，才通过传动装置变速。由于机电一体化系统对快速响应指标要求很高，因此机电一体化系统中的机械传动装置不仅仅是解决伺服电机与负载间的力矩匹配问题，而更重要的是为了提高系统的伺服性能。为了提高机械系统的伺服性能，要求机械传动部件转动惯量小、摩擦小、阻尼合理、刚度大、抗振性好、间隙小，并满足小型、轻量、高速、低噪声和高可靠性等要求。

2.4.1　运动基本形式

实现一定的功能是机电一体化系统设计的目的，为了实现功能，具体的运动设计方案可能有很多种。对于机械系统而言，同一运动功能的实现可以运用不同传动原理的基本机构组合来完成。为使设计过程的科学化、程序化，并帮助设计人员迅速获得准确、丰富的信息，可以借助于一些设计方法进行设计。

目录设计是机械传动系统方案设计常采用的一种设计方法，设计目录分为对象目录、解法目录、工作方法目录三种类型。在机械设计中，目前还没有一个比较完整的、标准化或系统化的设计目录，用户可以借助于已有的设计资料自行编制设计目录。表 2-2 为机械传动系统设计常用的设计目录，表格中的行和列分别为实现的基本功能和机构类型，列与行的位置用序号 1，2，3，…表示，行与列对应的单元格内容为具体采用的机构，该表格内容也可用矩阵 $\boldsymbol{A}=\{a_{ij}\}$表示。

表 2-2　机械传动设计目录

基本机构 \ 实现功能		1	2	3	4	5
		运动形式变换	运动缩放	运动轴线变换	运动方向切换	间隙运动
1	凸轮机构	凸轮摆动机构	增大行程机构	直动凸轮机构	圆柱凸轮机构	圆柱凸轮机构
2	螺旋机构	螺旋机构	螺旋机构	蜗轮蜗杆机构	螺旋槽凸轮机构	凸轮蜗杆机构
3	连杆机构	曲柄滑块机构	杠杆机构	曲柄滑块机构	曲柄滑块机构	六杆机构
4	齿轮机构	齿轮齿条	圆柱齿轮传动	圆锥齿轮	不完全齿轮	不完全齿轮
5	挠性机构	链条摆动机构	带轮减速机构	平带传动机构	链条往复机构	链条停歇机构
6	其他机构	棘轮机构	滚轮机构	双面滚轮机构	齿轮曲柄滑块	槽轮机构

2.4.2　复杂运动实现方式

在设计目录的每一行功能项中选出一个机构，并按基本功能顺序排列后所得到的设计方案不一定是唯一的。这是因为这些机构可以按不同的组合方式组合成不同形式的机械结构。机构常用的组合方式如图 2-4 所示，有串联、并联、复合、闭环等方式，其中 C1，C2，C3 代表不同的机构。基本运动形式通过组合可以构成复杂的运动形式。当组合方式选定之后，机械系统的传动方案也随之确定。

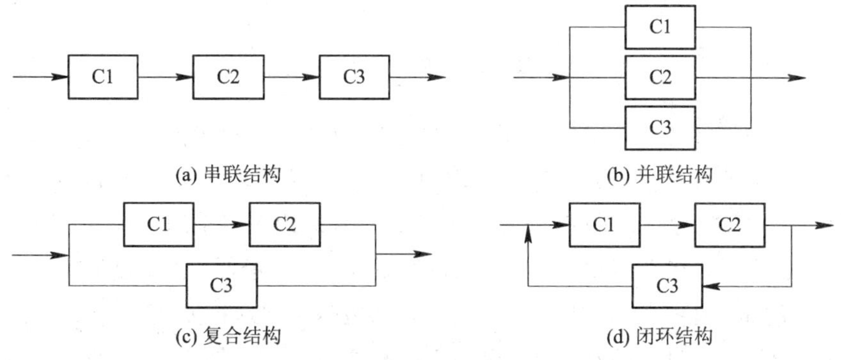

图 2-4　机构的组合方式

机电一体化系统中常见的传动机构组合形式如图 2-5 所示。

图 2-5(a)为滚珠丝杠水平传动方式，电动机经过联轴器、减速器、滚珠丝杠驱动工作台运动。图中 W_L 为负载重量，工作台重量为 W_T，F_C 为工作推力负载。例如，数控机床的

水平进给轴多采用这种传动方式。

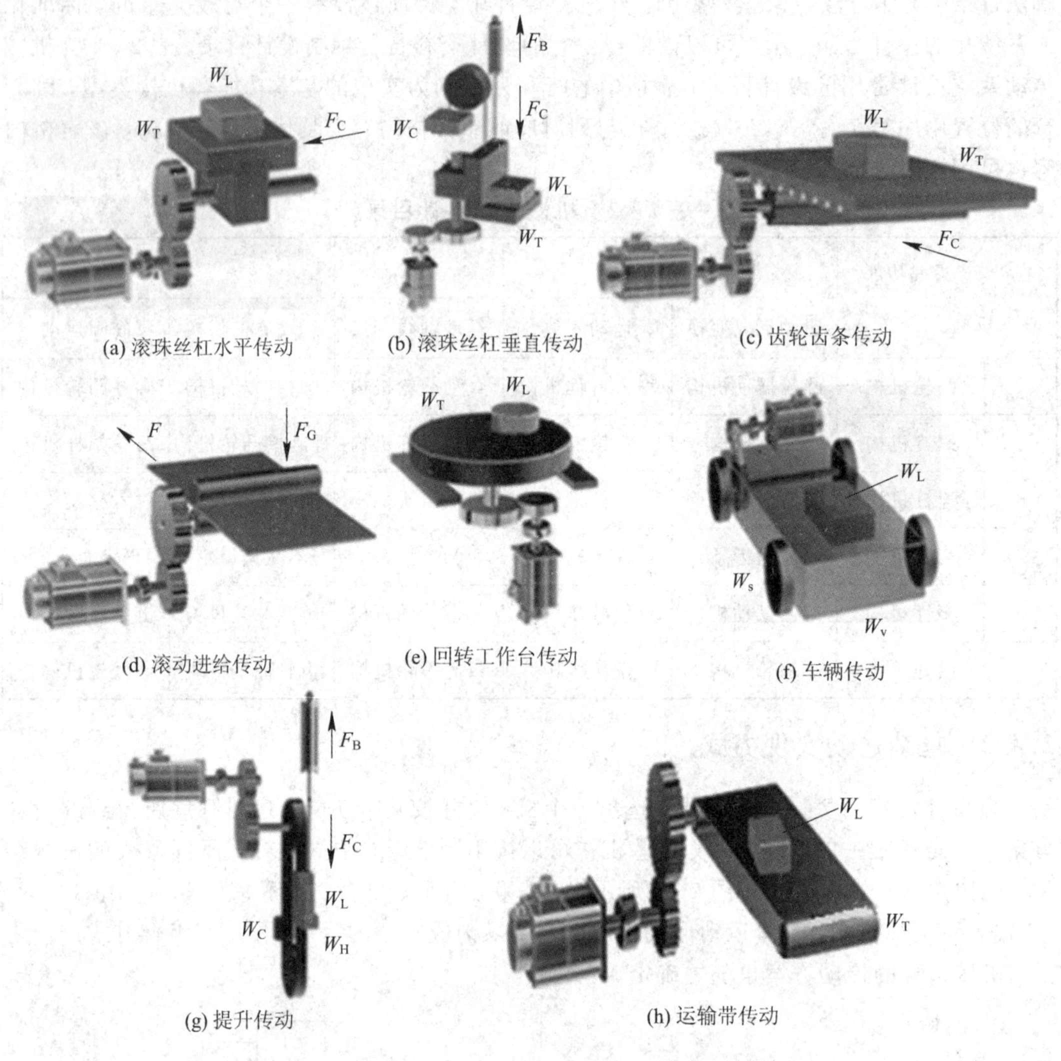

图 2-5　常用传动机构组合形式

图 2-5(b)为滚珠丝杠垂直传动方式，电动机经过联轴器、减速器、滚珠丝杠驱动工作台。在垂直方向上采用了平衡块和平衡缸进行平衡，可以减少电机的输出扭转，W_C 为平衡块重量，F_C 为平衡缸的推力。例如，数控机床的垂直进给轴多采用这种方式。

图 2-5(c)为齿轮齿条传动方式，电动机经联轴器、减速器，再通过齿轮齿条机构驱动工作台运动。例如，有些龙门铣床、刨床工作台的传动采用这种方式。

图 2-5(d)为滚动进给传动方式，电动机经联轴器、减速器驱动主动滚轮，再通过一对滚轮之间的摩擦力驱动工件运动，图中 F 为张紧力，F_G 为夹辊压力。例如，板材生产线的驱动采用这种方式传动。

图 2-5(e)为回转工作台传动方式，电动机经过联轴器、减速器驱动工作台转动。数控机床中的回转工作台、机器人的回转关节、搅拌机械等多采用这种传动方式。

图 2-5(f)为车辆传动方式，电动机经联轴器驱动中间传动轴，再通过带轮传动把动力传递到车辆的驱动轴。图中 W_S 为车轮重量，W_V 为车辆自重，W_L 为负载重量。

图 2-5(g)为提升传动方式，电动机经过联轴器、减速器驱动带轮，通过带轮驱动工作台或工作箱做提升运动，图中 W_H 为提升头重量。例如，汽车维修提升机、电梯等都是采用这种传动方式。

图 2-5(h)为运输带传动方式，电动机输出经联轴器、减速器进行减速，驱动滚轮，再通过滚动轮与传送带之间的摩擦力作用带动传送带运动，货物随传送带一起运动。图中 W_T 为移动部件重量，W_L 为负载重量。

2.4.3　齿轮传动链设计

在齿轮传动设计中，要求设计的传动链除了满足机电一体化系统的传动精度、运动速度、动力传递等方面的要求外，另外对某些产品还需要满足在一些特殊要求。齿轮传动链的设计步骤一般为：首先确定传动系统的总传动比，然后确定传动链的齿轮传动级数以及每一级传动比。

1. 总传动比的确定

传动装置为机电一体化系统输入与输出之间的中间环节，要确定传动装置总传动比，首先要知道系统的输入与输出条件，例如系统的负载、工作速度，电机的转子惯量、扭矩、转速等。传动装置在满足伺服电机与负载的力矩、转速匹配同时，应具有较高的响应速度，即加减速要求。因此，在伺服驱动系统中通常采用角加速度最大原则确定系统的总传动比，以提高伺服系统的响应速度。

下面通过一般齿轮传动模型以系统响应速度为设计目标来确定系统的总传比。传动装置简化模型如图 2-6 所示，M 为电动机；G 为齿轮传动装置(减速器)；L 为负载；J_m 为电动机转子的转动惯量；J_g 为齿轮传动的转动惯量；J_L 为负载的转动惯量；ϕ_m 为电动机的转动角度；T_{LF} 为摩擦力矩；i 为齿轮系 G 的总传动比。

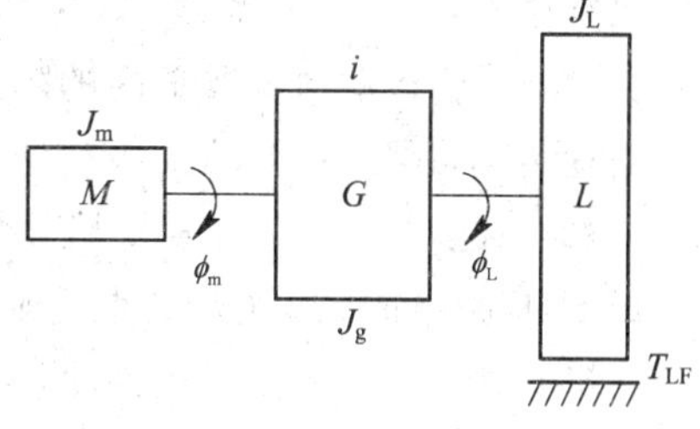

图 2-6　齿轮传动装置的简化模型

根据输入与输出之间的角度、角速度以及角加速度传动关系，则有

$$i=\frac{\phi_m}{\phi_L}=\frac{\dot{\phi}_m}{\dot{\phi}_L}=\frac{\ddot{\phi}_m}{\ddot{\phi}_L} \tag{2-1}$$

式中：ϕ_m、$\dot{\phi}_m$、$\ddot{\phi}_m$ 分别为电动机转动角度、角速度、角加速度；ϕ_L、$\dot{\phi}_L$、$\ddot{\phi}_L$ 分别为负载的转动角度、角速度、角加速度。

T_{LF} 换算到电动机轴上的负载摩擦转矩为 T_{LF}/i；J_L 换算到电动机轴上的转动惯量为 J_L/i^2。设 T_m 为电动机的驱动转矩，在忽略传动装置惯量的前提下，则电动机轴上的合力矩 T_a 为

$$T_a=T_m-\frac{T_{LF}}{i}=\left(J_m+J_g+\frac{J_L}{i^2}\right)\times\ddot{\phi}_m=\left(J_m+J_g+\frac{J_L}{i^2}\right)\times i\times\ddot{\phi}_L$$

对上式进行整理，则有

$$\ddot{\phi}_L = \frac{T_m i - T_{LF}}{(J_m + J_g) i^2 + J_L} \tag{2-2}$$

若要使负载角加速度 $\ddot{\phi}_L$ 最大，根据极值求解方法，对 $\ddot{\phi}_L$ 求导，并令 $d\ddot{\phi}_L/di=0$，求出传动比 i，为

$$i = \frac{T_{LF}}{T_m} + \sqrt{\frac{T_{LF}}{T_m} + \frac{J_L}{J_m + J_g}} \tag{2-3}$$

若不计系统摩擦，即 $T_{LF}=0$，则

$$i = \sqrt{\frac{J_L}{(J_m + J_g)}} \tag{2-4}$$

式(2-4)表明，在不考虑系统摩擦和传动齿轮装置转动惯量的情况下，齿轮传动装置的传动比由 J_L 与 J_m 决定，考虑电动机的启动特性，一般要求 $J_L/J_m \leqslant 4$，则传动比 $i \leqslant 2$，否则会系统的启动性能会变差。

2. 传动链级数和各级传动比的确定

在机电一体化传动系统中，既要满足总传动比要求，又要使结构紧凑，常采用多级齿轮副、蜗轮蜗杆等传动机构组成传动链。下面以齿轮传动链为例，介绍齿轮传动链传动级数和各级传动比的分配原则，这些原则对其他形式的传动链设计也有指导意义。

齿轮传动级数和各级传动比的确定根据设计目标选用相应的设计原则，常用的设计原则有转动惯量最小原则、质量最小原则、输出轴转角误差最小原则。在设计齿轮传动装置时，应根据具体工作条件综合考虑，选择传动比最佳设计方案。齿轮传动系统的设计应考虑以下原则：

(1) 对于传动精度要求高的降速齿轮传动链，可按输出轴转角误差最小原则设计。若为增速传动，则应在开始几级就增速。

(2) 对于要求运转平稳、启停频繁和动态性能好的降速传动链，可按等效转动惯量最小原则和输出轴转角误差最小原则设计。

(3) 对于要求质量尽可能小的降速传动链，可按质量最小原则设计。

下面介绍确定齿轮传动级数与各级传动比方案的三种原则。

1) 等效转动惯量最小原则

等效转动惯量最小原则是指使传动系统中的转动惯量值最小，因为转动惯量越小，系统的启动性能就越好。

齿轮系传递的功率不同，其传动比的分配也有所不同。下面根据系统传递的功率大小分小功率传动和大功率传动两种情况进行讨论。

(1) 小功率传动装置。

对于小功率传动装置，如果已经确定了齿轮传动级数，可按公式(2-5)、(2-6)确定各级传动比，设齿轮传动的传动级数为 n 级。

第一级传动比值为

$$i_1 = 2^{\frac{2^n - n - 2}{2(2^n - 1)}} i^{\frac{1}{2^n - 1}} \tag{2-5}$$

第二级以后的各级传动比为

$$i_k=\sqrt{2}\left(\frac{i}{2^{\frac{n}{2}}}\right)^{\frac{2^{k-1}}{2^n-1}} \quad k=2, \cdots, n \tag{2-6}$$

例 2-1 设一个小功率齿轮传动系统，总传动比 $i=40$，传动级数 $n=3$，试按等效转动惯量最小原则分配传动比。

解 根据转动惯量最小原则，利用公式(2-5)、(2-6)确定齿轮系的各级传动比为

$$i_1=2^{\frac{2^3-3-1}{2(2^3-1)}}\times 40^{\frac{1}{2^3-1}}=2.065$$

$$i_2=\sqrt{2}\left(\frac{40}{2^{3/2}}\right)^{\frac{2^{(2-1)}}{2^3-1}}=3.014$$

$$i_3=\sqrt{2}\left(\frac{40}{2^{3/2}}\right)^{\frac{2^{(3-1)}}{2^3-1}}=6.425$$

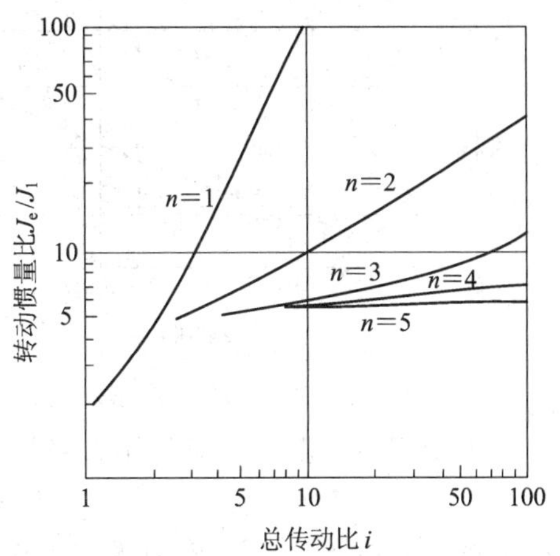

图 2-7 小功率传动装置传动级数曲线

计算得到的系统总传动比为 $i=i_1\cdot i_2\cdot i_3=39.989$。在具体实施时，根据计算结果对各级传动比的值进行微调，使 $i=i_1\cdot i_2\cdot i_3=40$。

对于已知总传动比而没有确定传动级数的情况，如图 2-7 所示，根据齿轮系中折算到电动机轴上的等效转动惯量 J_e 与第一级主动齿轮的转动惯量 J_1 之比 J_e/J_1 和总传动比 i 确定传动级数。

例如，齿轮系的总传动比 $i=10$，计算得到的转动惯量比 $J_e/J_1=10$，由图 2-7 可知，传动级数选择 $n=2$ 比较合适。一般来说，一级齿轮传动的传动比最大值应小于 10，二级齿轮传动的传动比应小于 100。

(2) 大功率传动装置。

大功率传动装置传递的扭矩大，各级齿轮副的模数、齿宽、直径等参数逐级增加，因此各级齿轮的转动惯量差别很大。确定大功率传动装置的传动级数及各级传动比可依据图 2-8、图 2-9、图 2-10 来进行。传动比分配的基本原则仍应为“前小后大”。

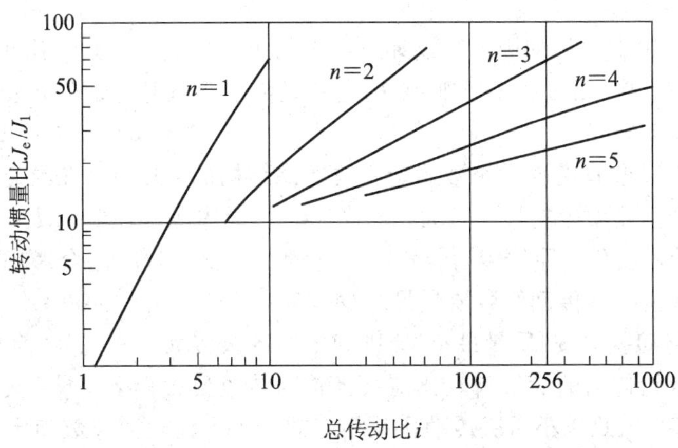

图 2-8 大功率传动装置传动级数曲线

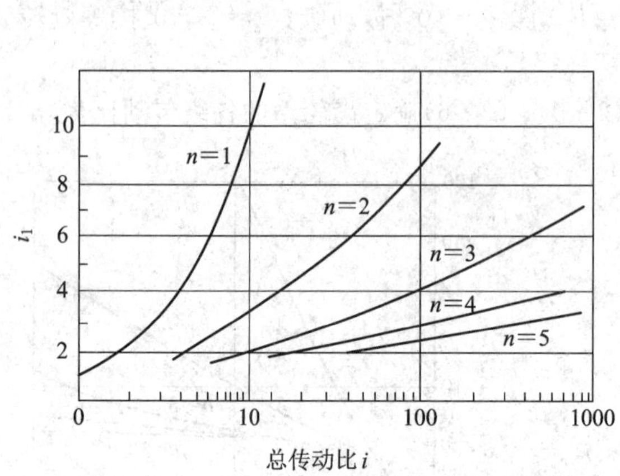

图 2-9　大功率传动装置第一级传动比曲线

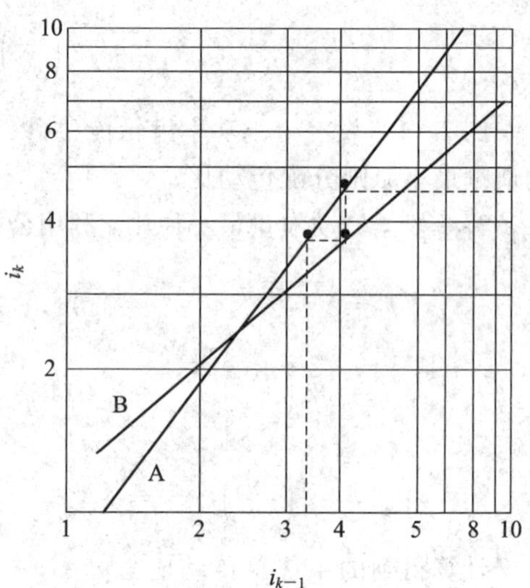

图 2-10　大功率传动装置各级传动比曲线

例 2-2　设某系统总传比 $i=256$ 的大功率传动装置，试按等效转动惯量最小原则分配传动比。

解　根据图 2-8，传动级数可以选择 $n=3$、4、5，如果 $n=3$，$J_e/J_1=70$；$n=4$，$J_e/J_1=35$；$n=5$，$J_e/J_1=26$。考虑到 J_e/J_1 值的大小和传动装置结构紧凑性，在此选 $n=4$。

根据图 2-9，首先确定第一级传动比为 $i_1=3.3$，再在图 2-10 中的横坐标 i_{k-1} 上 3.3 处作垂直线与 A 曲线交于第一点，在纵坐标 i_k 轴上查得 $i_2=3.7$。过该点作水平线与 B 曲线相交求得第二点 $i_3=4.24$。由第二点作垂线与 A 曲线相交得第三点 $i_4=4.95$。计算总传动比为 $i=i_1 \cdot i_2 \cdot i_3 \cdot i_4=256.26$，满足设计要求。

由上述分析可知，无论传递的功率大小如何，按"等效转动惯量最小原则"来分配传动比，从高速级到低速级的各级传动比总是逐级增加的，而且级数越多，总等效惯量就越小。在级数增加到一定数量后，总等效惯量的减少并不明显。但从结构紧凑、传动精度和经济性等方面考虑，传动级数不能太多。

2）质量最小原则

质量方面的限制常常是伺服系统设计应考虑的重要问题，特别是用于航空、航天运输工具中的传动装置，按"质量最小原则"来确定各级传动比就显得十分必要。

（1）大功率传动装置。

对于大功率传动装置的传动级数确定主要考虑结构的紧凑性。在给定总传动比的情况下，传动级数过少会使大齿轮尺寸过大，导致传动装置体积和质量增大；传动级数过多会增加轴、轴承等辅助构件，导致传动装置的质量增加。设计时应综合考虑系统的功能要求和环境因素，通常情况下传动级数要尽量减少。

大功率减速传动装置按"质量最小"原则确定的各级传动比表现为"前大后小"的传动比分配方式。减速齿轮传动的后级齿轮比前级齿轮的转矩要大得多，同样传动比的情况下齿厚、质量也大得多，因此减小后级传动比就相应减少了大齿轮的齿数和质量。

大功率减速传动装置的各级传动比可以按图 2-11 和图 2-12 选择。当传动比小于 10，根据图 2-11 确定，当传动比大于 100 时按图 2-12 确定。

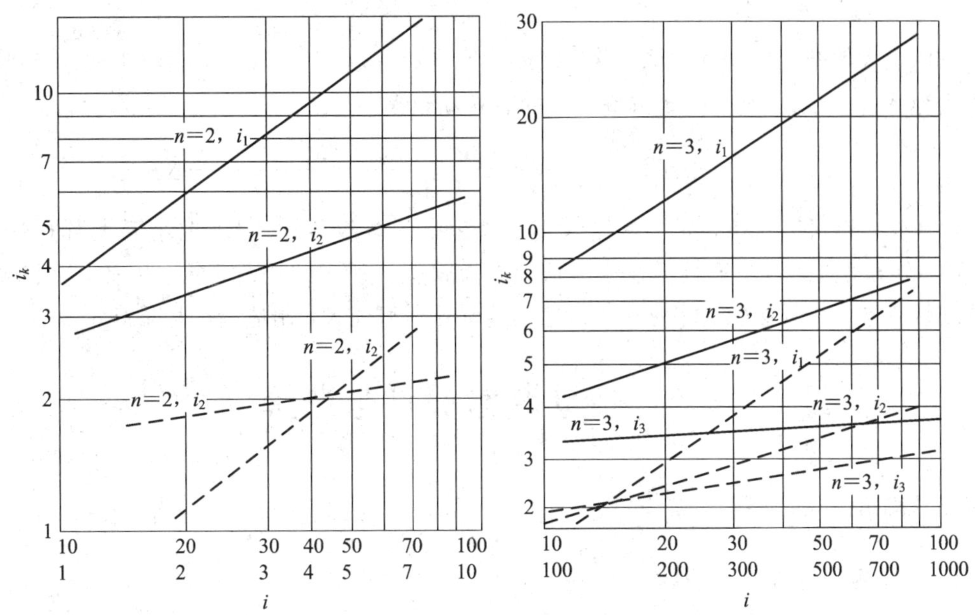

图 2-11　大功率传动装置两级传动比曲线（i<10 时，使用图中的虚线）

图 2-12　大功率传动装置三级传动比曲线（i<100 时，使用图中的虚线）

例 2-3　根据质量最小原则求满足下列条件的传动比：

① 设 $n=2$，$i=40$，求各级传动比；

② 设 $n=3$，$i=202$，求各级传动比。

解　① 根据图 2-11 可得 $i_1 \approx 9.1$；$i_2 \approx 4.4$。

② 根据图 2-12 可得 $i_1 \approx 12$；$i_2 \approx 5$；$i_3 \approx 3.4$。

(2) 小功率传动装置。

对于小功率传动装置，按“质量最小原则”来确定传动比时，通常选择相等的各级传动比。在假设各级主动小齿轮的模数、齿数均相等这样的特殊条件下，各大齿轮的分度圆直径均相等，因而每级齿轮副的中心距也相等。这样便可设计成如图 2-13 所示的回曲式齿轮传动链，其总传动比可以非常大，而且结构十分紧凑。

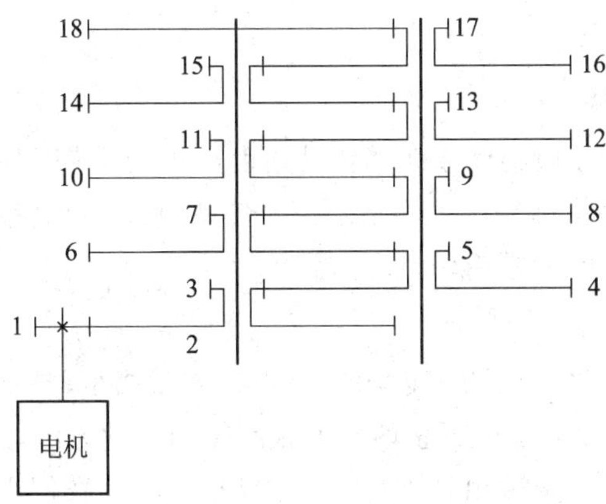

图 2-13　回曲式齿轮传动链

3）输出轴转角误差最小原则

以四级齿轮减速传动链为例，设四级传动比分别为i_1、i_2、i_3、i_4，齿轮1～8的转角误差依次为$\Delta\varphi_1$～$\Delta\varphi_8$。则该传动链输出轴的总转动角误差$\Delta\varphi_{max}$为

$$\Delta\varphi_{max}=\frac{\Delta\varphi_1}{i_1 i_2 i_3 i_4}+\frac{\Delta\varphi_2+\Delta\varphi_3}{i_2 i_3 i_4}+\frac{\Delta\varphi_4+\Delta\varphi_5}{i_3 i_4}+\frac{\Delta\varphi_6+\Delta\varphi_7}{i_4}+\Delta\varphi_8 \tag{2-7}$$

由式(2-7)可以看出，如果从输入端到输出端的各级传动比按“前小后大”的方式排列，则总转角误差较小，而且低速级的误差在总误差中所占的比重很大。因此，要提高传动精度就应减少传动级数。并使末级齿轮的传动比尽可能大，制造精度尽量高。

2.5 传动装置设计与选择

2.5.1 齿轮传动装置

1. 齿轮传动特点

齿轮传动是指由齿轮副传递运动和动力的装置，它传动比较准确，效率高，结构紧凑，工作可靠，寿命长。在各种传动形式中，齿轮传动在现代机械中应用最为广泛，这是因为齿轮传动有以下特点：

(1) 传动精度高。常用的渐开线齿轮的传动比在理论上是准确、恒定不变的。这不仅对精密机械与仪器十分关键，也是高速重载下减轻动载荷、实现平稳传动的重要条件。

(2) 适用范围宽。齿轮传动传递的功率范围极宽；圆周速度可以很低，也可高达150 m/s，带传动、链传动均难以比拟。

(3) 可以实现平行轴、相交轴、交错轴等空间任意两轴间的传动，这也是带传动、链传动做不到的。

(4) 传动效率较高，一般为0.94～0.99。

(5) 制造和安装要求较高，因而成本也较高，工作可靠，使用寿命长；减振性和抗冲击性不如带传动等柔性传动好。

(6) 对环境条件要求较严，除少数低速、低精度的情况以外，一般需要安置在箱罩中防尘防垢，还需要润滑。

2. 齿轮传动间隙调整

齿轮传动间隙会直接影响传动系统的传动精度，也会影响闭环系统的稳定性，在精密传动系统中需要采用一些措施来尽可能消除齿轮传动间隙，提高系统的传动精度。下面介绍几种圆柱齿轮的齿侧间隙的常用调整方法。

1）中心距调整法

中心距调整法就是通过改变两个齿轮中心距的方法调整两齿轮的啮合间隙的一种方法。图2-14所示为采用偏心套来调整两齿啮合间隙的一种方法，它将相互啮合的一对齿轮中的一个齿轮安装在电动机输出轴上，并将电动机2安装在偏心套1中，通过转动偏心套的转角调节两啮合齿轮的中心距，从而消除圆柱齿轮反转时的齿侧间隙。这种调整方法

结构简单，但间隙只能用手动补偿，不能自动补偿。

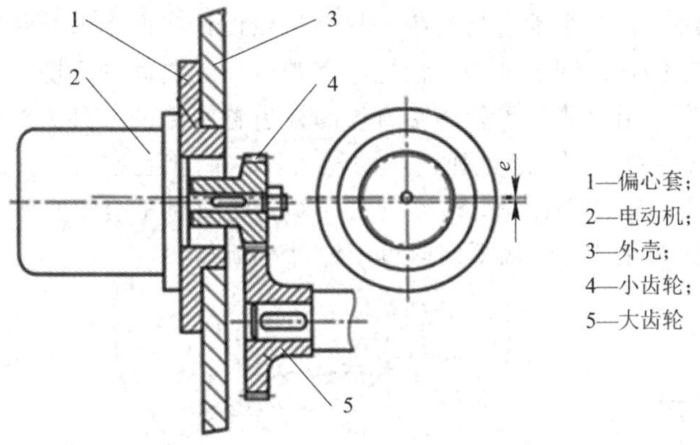

图 2-14　偏心轴套式调整法

2）垫片调整法

垫片调整法是通过调整两齿轮之间的轴向安装位置从而对两齿轮之间的间隙进行调整的一种方法。

图 2-15 所示为一种用于锥形齿轮的轴向垫片式调隙机构，它将齿轮设计成一定锥度，齿轮 1 和齿轮 2 相啮合，在分度圆齿厚沿轴线设计一个很小的锥度，这样就可以用轴向垫片 3 使齿轮 1 沿轴向移动，调整两齿轮的齿侧间隙。在装配时，轴向垫片 3 的厚度要修正适当，应保证齿轮 1 和 2 之间齿侧间隙小，而且两齿轮转动要灵活。该调整方法结构简单，但侧隙也不能自动调节。

图 2-16 所示为一种用于斜齿圆柱齿轮的垫片式调隙机构。宽齿轮 3 同时与两相同齿数的窄斜齿圆柱齿轮 1 和 2 啮合。斜齿圆柱齿轮 1 和 2 的齿形和键槽拼装起来同时加工，加工时在两个斜齿圆柱齿轮间装入厚度为 t 的垫片 4。装配时通过改变垫片 4 的厚度使两齿轮的螺旋面错位，两齿轮的左右两齿面分别与宽齿轮的齿面接触，消除齿侧间隙。

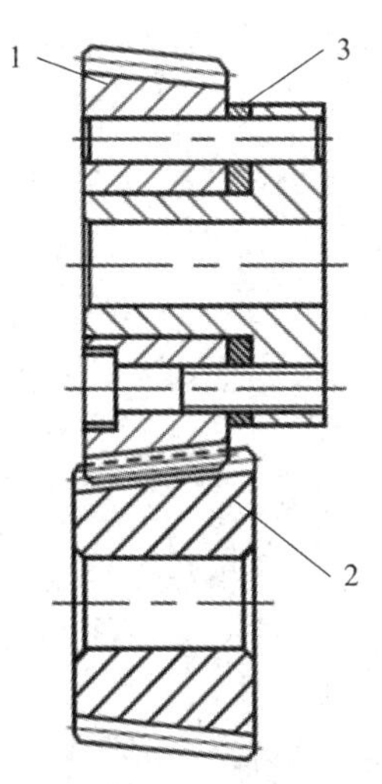

1、2—齿轮；3—轴向垫片

图 2-15　锥形齿轮轴向垫片式调隙机构

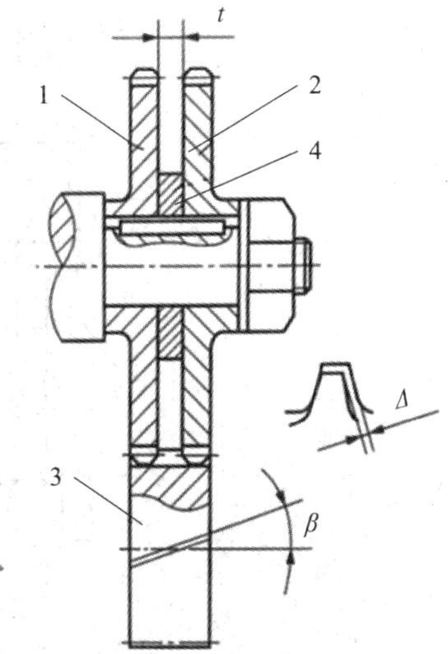

1、2—薄片斜齿轮；3—斜齿轮；4—垫片

图 2-16 斜齿圆柱齿轮垫片式调隙机构

3）薄片齿轮调整法

薄片齿轮调整法是将两个啮合齿轮中的一个齿轮设计成两个薄片齿轮，通过调节两个薄片齿轮之间的安装位置来调节两薄片齿轮与其啮合齿轮之间的间隙。

图 2-17 所示为采用双薄片齿轮调整直齿圆柱齿轮间隙的一种方法，两薄片齿轮 1 和 2 的齿数与齿形参数完全相同，通过弹簧 4 的拉力使它们相互错位，分别与配对传动的另一普通宽齿齿轮的齿槽两侧面贴合，消除反向间隙，反向时不会出现死区。弹簧 4 的拉力大小可通过螺母 5 调节来实现，调整好后再用螺母 6 锁紧。

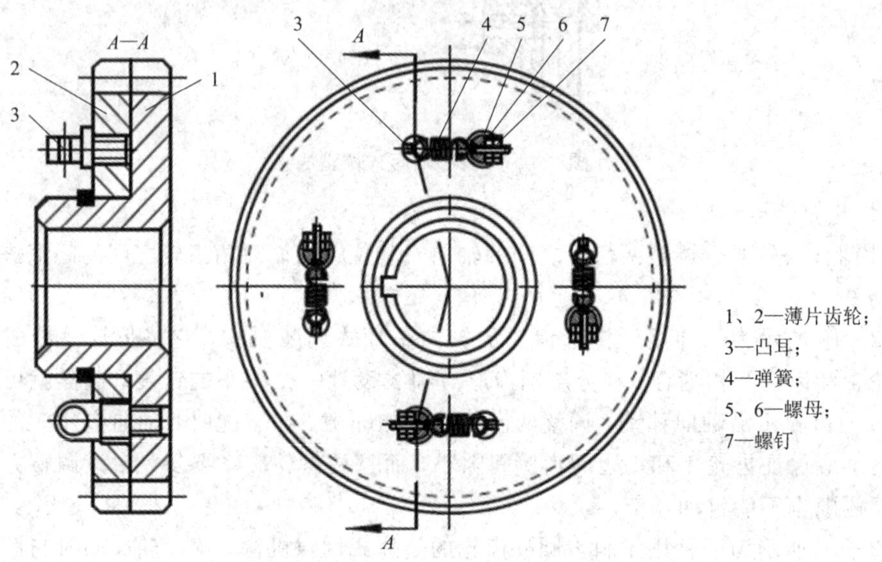

图 2-17　双薄片直齿圆柱齿轮齿隙调整机构

图 2-18 是采用双薄片齿轮调整斜齿圆柱齿轮间隙的一种方法，通过弹簧 5 的轴向力

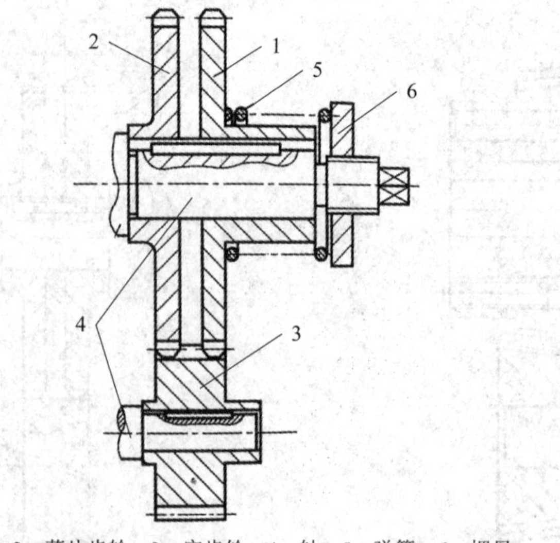

1、2—薄片齿轮；3—宽齿轮；4—轴；5—弹簧；6—螺母

图 2-18　双薄片斜齿圆柱齿轮调隙机构

来使薄片斜齿轮 1 与 2 之间错位，使其齿侧面分别紧贴齿轮齿槽的两侧面。弹簧的轴向力用螺母 6 来调节，其大小必须恰当。该方法的特点是齿轮间隙可以自动补偿，但轴向尺寸较大，结构不紧凑。

2.5.2　滚珠丝杠传动

1. 滚珠丝杠传动的特点

滚珠丝杠是工具机械和精密机械上最常使用的传动元件，其主要功能是将旋转运动转换成线性运动，或将扭矩转换成轴向反复作用力，同时兼具高精度、可逆性和高效率的特点。由于具有很小的摩擦阻力，滚珠丝杠被广泛应用于各种制造装备和精密仪器中。

滚珠丝杠具有以下特点：

(1) 摩擦系数小、传动效率高。由于滚珠丝杠副的丝杠轴与丝杠螺母之间采用滚动形式，摩擦系数小，所以能获得较高的运动效率。

(2) 传动精度高。滚珠丝杠副一般利用高精度制造设备加工，在研磨、组装、检查各工序的工厂环境方面，对温度、湿度须进行严格的控制，制造精度要求高，另外滚珠丝杠螺母采用了调隙机构使传动间隙非常小，提高了传动精度。

(3) 运动平稳性好。滚珠丝杠副由于是利用滚珠运动，所以启动力矩极小，不会出现爬行现象，能保证实现精确进给。

(4) 轴向刚度高。滚珠丝杠副可以施加预压力，由于预压力可使轴向间隙达到负值，进而得到较高的刚性。在滚珠丝杠内通过给滚珠施加预压力，由于滚珠的排斥力可使丝杠螺母部件的刚性增强。

(5) 不能自锁，具有传动的可逆性。

2. 滚珠丝杠的结构形式

滚珠丝杠中滚珠常用的循环方式有外循环和内循环两种形式。滚珠在循环过程中有时与丝杠脱离接触的称为外循环，始终与丝杠保持接触的称为内循环。滚珠每一个循环闭路称为列，每个滚珠循环闭路内所含的导程数称为圈数。内循环滚珠丝杠副的每个螺母有 2 列、3 列、4 列、5 列等几种，每列只有一圈；外循环每列有 1.5 圈、2.5 圈和 3.5 圈等几种。

1) 外循环

外循环是指滚珠在循环过程结束后通过螺母外表面的螺旋槽或插管返回丝杠螺母间重新进入循环。外循环滚珠丝杠螺母副按照滚珠循环时的返回方式不同分为端盖式、插管式和螺旋槽式三种形式。图 2-19 所示为插管式外循环结构，它用弯管作为返回管道，这种结构工艺性好，但是由于管道突出螺母体外，径向尺寸较大。图 2-20 所示为螺旋槽式外循环结构，它是在螺母外圆上铣出螺旋槽，槽的两端钻出通孔并与螺纹滚道相切，形成返回通道，这种结构比插管式结构径向尺寸小，但制造较复杂。

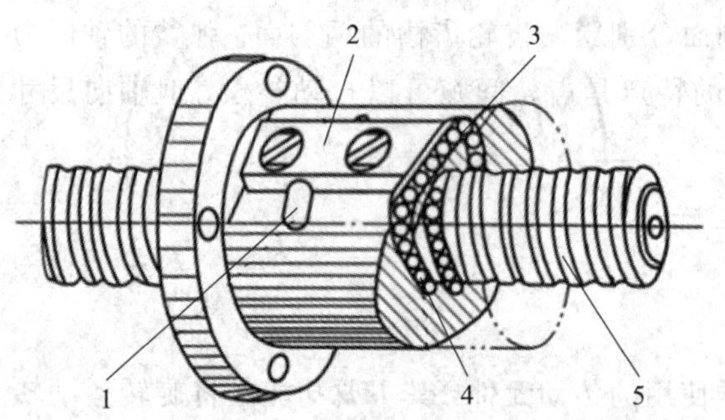

1—弯管；2—压板；3—挡珠器；4—滚珠；5—滚道

图 2-19　插管式外循环结构

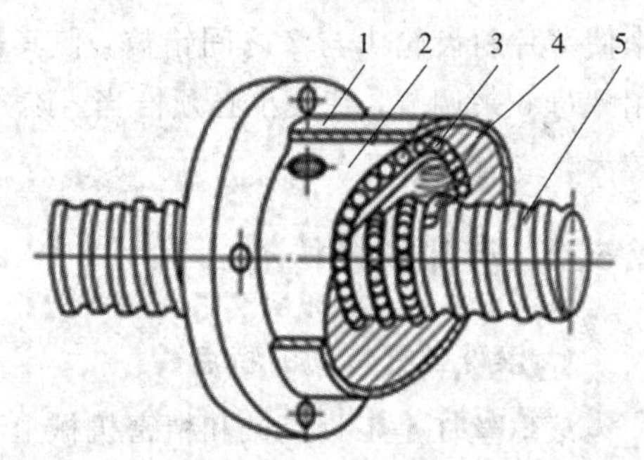

1—套筒；2—螺母；3—滚珠；4—挡珠器；5—滚道

图 2-20　螺旋槽式外循环结构

2）内循环

内循环根据反向器的定位方式可分为固定式和浮动式两种。

图 2-21 所示为固定式内循环结构。在螺母 2 的侧孔内装有接通相邻滚道的反向器 4，借助于反向器上的回珠槽，迫使滚珠 3 沿滚道滚动，越过丝杠螺纹滚道牙顶后，重新回到初始滚道，构成了一个循环的滚珠链。它的优点是循环回路短，流畅性好，但反向器加工困难。

图 2-22 所示为浮动式内循环结构。在反向器的弧面上加工有圆弧槽，槽内安装碟簧片，外部装有弹簧套，借助拱形簧片的弹力，始终给反向器一个径向推力，使回珠圆弧槽内的滚珠与丝杠表面保持一定的压力，从而使槽内滚珠对反向器起到自定位作用。它适用于高速、高灵敏度及高刚度的精密进给装置。

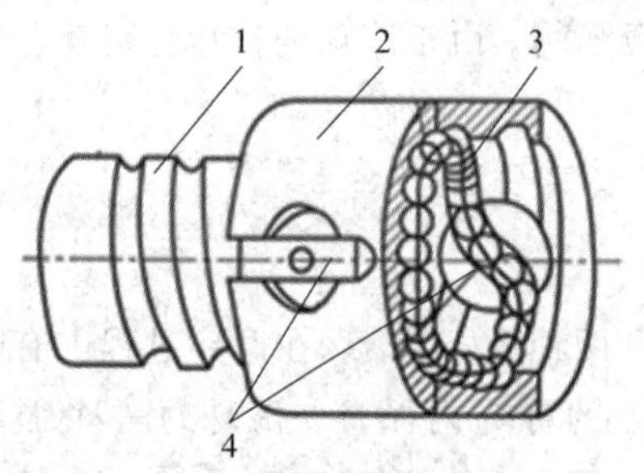

1—丝杠；2—螺母；3—滚珠；4—反向器

图 2-21　固定式内循环结构

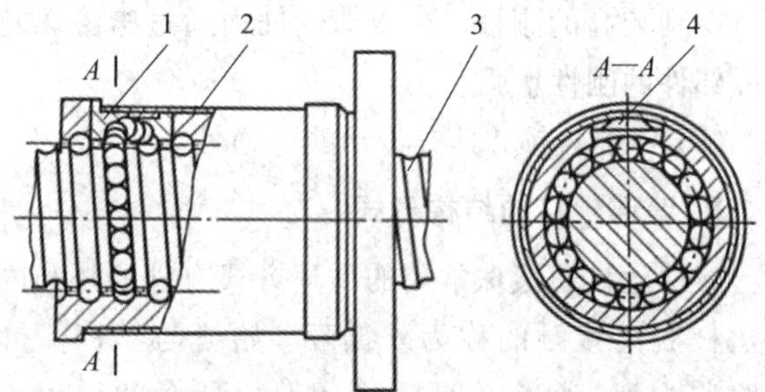

1—反向器；2—弹簧套；3—丝杠；4—碟簧片

图 2-22　浮动式内循环结构

3. 滚珠丝杠的选用

1）滚珠丝杠参数

滚珠丝杠的主要参数有外径(公称直径)、内径、中径、螺距、导程、线数、螺旋升角、牙型角、行程等。

2）滚珠丝杠材料

滚珠丝杠用途不同，材料选用也不同，其材料与精度、负载、使用环境等有关。低精度、轻载荷滚珠丝杠可选用非合金(碳素)结构钢(如 45、50 钢)制造，经正火、调质处理，有些可直接选用冷轧成形钢(如冷轧 60 钢)。高精度、重载荷滚珠丝杠多选用低合金工具钢

(如 9Mn2V、CrWMn 钢)和滚动轴承钢(如 GCr15、GCr15SiMn 钢)制造，采用感应加热表面淬火，也有的采用火焰加热表面淬火或整体淬火工艺。小规格滚珠丝杠一般选用渗碳钢(如 20CrMnTi 钢)，经渗碳、淬火、低温回火后使用。

3) 滚珠丝杠精度

滚珠丝杠精度等级划分的基本原则是依据在传动中实际移动距离和理想移动距离的偏差，偏差越小，精度越高。精度分为三种：一是旋转一周的运行精度，二是整个滚珠丝杠的运动精度，三是任意 300 mm 长度的运动精度，一般情况下精度是指任意 300 mm 长度的运动精度。

我国标准(GB/T17587.3—199)将滚珠丝杠副分为定位滚珠丝杠副(P)和传动滚珠丝杠副(T)两种类型，精度分为七个等级，即 1、2、3、4、5、7、10 级，其中 1 级精度最高。日本工业标准(JIS)把研磨加工的丝杠等级精度分为 C0、C1、C3、C5、C7、C10，其中 C0 级精度最高。例如，P5 精度等级的丝杠任意 300 mm 行程内的行程变动量为 0.023 mm，C7 精度等级的丝杠任意 300 m 行程内行程变动量为 0.050 mm。

滚珠丝杠副的精度选择根据使用要求选用，精度越高，制造工艺越复杂，成本越高，所以滚珠丝杠副的精度满足实际使用要求即可，不必追求高精度。以下是不同设备使用的滚珠丝杠副精度，供选用时参考：

C0 级用于精度特别高的地方，如加工中心、螺纹磨床等。

C1(P1)级和 C3(P2)级用作高精度的传动丝杠，如用于坐标镗床、齿轮磨床、不带校正装置的分度机构和测量仪器。

C5(P5)级用作精确传动丝杠，如用于精密螺纹车床、镗床以及精密的齿轮加工机床。

C7(P7)级用作一般传动丝杠，如用于普通螺纹车床、螺纹铣床等。

C10(P10)级用作低精度传动丝杠，如没有分度盘的进给机构。

4. 滚珠丝杠支承形式

数控机床的进给系统要获得较高的传动刚度，除了加强滚珠丝杠副本身的刚度外，丝杠的正确安装及支承也是不可忽视的。滚珠丝杠在机床上的常用的支承形式如图 2-23 所示。

(1) 单推-单推式。如图 2-23(a)所示，两端装推力轴承，把推力轴承装在滚珠丝杠的两端，并施加预紧力。由于轴向刚度高，预拉伸安装时，预紧力较大，这种形式的轴承寿命比双推-双推式的低，且对丝杠的变形较为敏感。

(2) 双推-双推式。如图 2-23(b)所示，两端为推力轴承及深沟球轴承，它的两端均采用双重支承并施加预紧力使丝杠具有较大的刚度，这种方式还可使丝杠的温度变形转化为推力轴承的预紧力，设计时要求提高推力轴承的承载能力和支承刚度。

(3) 双推-简支式。如图 2-23(c)所示，一端为双推力轴承，另一端为深沟球轴承。这种方式用于丝杠较长的情况，当热变形造成丝杠伸长时，其一端固定，另一端能够微量轴向浮动。

(4) 双推-自由式。如图 2-23(d)所示，一端为推力轴承，另一端自由悬空。这种安装方式适用于短丝杠，它的轴向刚度和承载能力小，一般用于数控机床的调节环节或数控铣床的垂直方向。

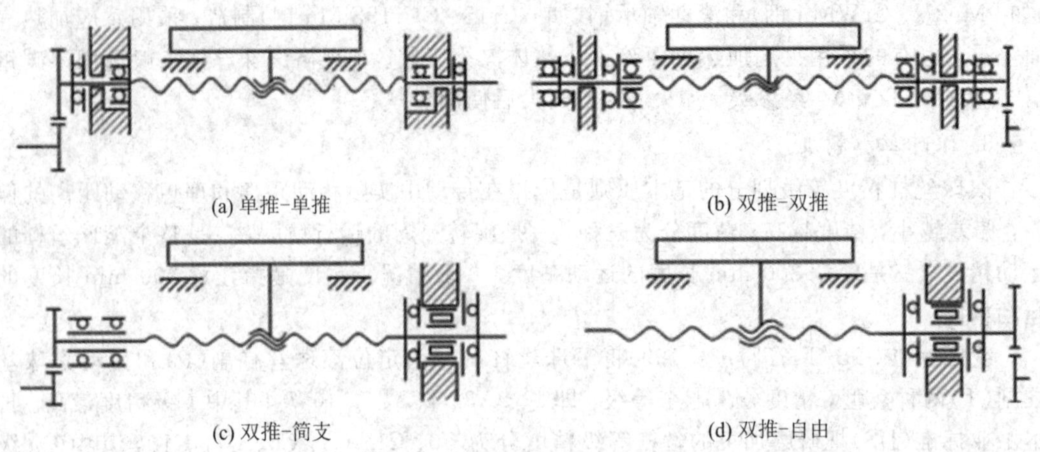

(a) 单推-单推　　(b) 双推-双推

(c) 双推-简支　　(d) 双推-自由

图 2-23　滚珠丝杠支承形式

5. 滚珠丝杠选型计算

丝杠选用时需要进行必要的计算，计算内容包括允许的轴向负载，允许转速，基本额定载荷，丝杠导程、长度、轴径、导程角，基本额定寿命，驱动扭矩等。下面介绍它们的计算方法。

1) 丝杠允许的轴向负载

丝杠允许的轴向负载计算公式为

$$F_a=\frac{\pi^2\alpha_1 nEI}{L^2}=\frac{n\alpha\pi^3 E}{64L^2}d^4 \tag{2-8}$$

式中：F_a 为丝杠许用轴向负载；α_1 为安全系数；E 为杨氏模量；d 为丝杠轴径；L 为丝杠安装间距；I 为丝杠截面最小惯性矩；n 为丝杠安装方式系数。

2) 丝杠允许转速

丝杠允许转速的计算公式为

$$N_n=\alpha_2\frac{60\lambda^2}{2\pi L^2}\sqrt{\frac{EIg}{\rho A}} \tag{2-9}$$

式中：N_n 为丝杠允许转速；α_2 为安全系数(0.8)；g 为重力加速度；ρ 为丝杠材料密度；A 为丝杠最小截面积；λ 为与丝杠安装方法相关的系数。

3) 丝杠导程、安装间距、轴径、导程角

丝杠的导程 l 的计算公式为

$$l=\frac{V_{max}}{N_{max}} \tag{2-10}$$

式中：V_{max} 为负载移动的最大速度；N_{max} 为丝杠的最大转速。

丝杠安装间距 L 的计算公式为

$$L=\text{最大行程}+\text{螺母长度}+\text{轴端预留量} \tag{2-11}$$

丝杠轴径 d 同时要满足以下条件：

$$d_1\geqslant\left(\frac{64F_a L^2}{n\alpha\pi^3 E}\right)^{1/4};\ d_2\geqslant\frac{L}{60};\ d_3\geqslant\frac{8\pi N_{max}L^2}{60\alpha_2\lambda^2}\sqrt{\frac{\rho}{10^3 E}} \tag{2-12}$$

$$d\geqslant\max(d_1,\ d_2,\ d_3)$$

丝杠导程角 β 计算公式为

$$\beta=\arctan\left(\frac{l}{\pi d}\right) \tag{2-13}$$

4）基本额定载荷

平均载荷计算公式如下：

$$F_{am}=\left(\frac{F_{a1}^3N_1t_1+F_{a2}^3N_2t_2+F_{a3}^3N_3t_3}{N_1t_1+N_2t_2+N_3t_3}\right)^{1/3} \tag{2-14}$$

式中：F_{a1}、F_{a2}、F_{a3} 分别为匀加速运动、匀速运动、匀减速运动时的轴向载荷；N_1、N_2、N_3 分别为匀加速运动、匀速运动、匀减速运动阶段的平均速度；t_1、t_2、t_3 分别为匀加速运动、匀速运动、匀减速运动时间。

平均速度 N_m 的计算公式如下：

$$N_m=\frac{N_1t_1+N_2t_2+N_3t_3}{t_1+t_2+t_3} \tag{2-15}$$

基本额定静载荷 C_o 的计算公式为

$$C_o=\max(F_{a1}, F_{a2}, F_{a3})\times f_S \tag{2-16}$$

式中：f_S 为静态安全系数。

5）基本额定寿命

丝杠寿命用转数表示为

$$L_r=\left(\frac{C_a}{f_LF_{am}}\right)^3\times 10^6 \tag{2-17}$$

式中：f_L 为负载系数，无振动、无冲击时，$f_L=1\sim1.2$；小振动、冲击时，$f_L=1.2\sim1.5$；强烈振动、冲击时，$f_L=1.5\sim3$；C_a 为基本额定寿命。

丝杠寿命用时间表示为

$$L_h=\frac{L}{60N_m}=\left(\frac{C_a}{fF_{am}}\right)^3\times\frac{10^6}{60N_m} \tag{2-18}$$

丝杠寿命用行程表示为

$$L_d=\frac{Ll}{10^6}=\left(\frac{C_a}{fF_{am}}\right)^3 l \tag{2-19}$$

基本额定寿命 C_a 为

$$C_a=(60N_mL_h)^{1/3}f_LF_{am}\times 10^{-2} \tag{2-20}$$

6）丝杠驱动扭矩

丝杠驱动的总扭矩为

$$T=T_1+T_2+T_3+T_4 \tag{2-21}$$

式中：T_1 为加速扭矩；T_2 为负载扭矩；T_3 为预压扭矩；T_4 为其他扭矩。

公式(2-20)中加速扭矩 T_1 的计算公方式为

$$T_1=J\ddot{\omega}=J\ \frac{2\pi N}{60t} \tag{2-22}$$

式中，转动惯量 J 为

$$J=J_wi^2+J_si^2+J_Ai^2+J_B \tag{2-23}$$

式中：J_w 为移动物体基于丝杠换算的惯性矩；J_s 为丝杠惯性矩；J_A 为丝杠轴上齿轮的惯量(无齿轮时取 0)；J_B 为电机上齿轮惯量(无齿轮时取 0)；i 为减速比；N 为转速。

$$T_2=\frac{F_a li}{2\pi\eta}\times10^{-3} \tag{2-24}$$

式中：F_a 为丝杠轴向负载。

$$T_3=0.05(\tan\beta)^{-0.5}\ \frac{F_k l}{2\pi}\times10^{-3} \tag{2-25}$$

式中：F_k 为丝杠预加载荷。

有一些专业生产滚珠丝杠的公司为了便于用户选型，专门开发了滚珠丝杠选型计算软件，用户只要把使用条件输入到软件中，软件就可以帮助用户选择滚珠丝杠的型号并进行相关验算。当然用户也可用第三方开发的选型计算软件进行滚珠丝杠计算、选择适合的滚珠丝杠型号。

6. 滚珠丝杠选型步骤

滚珠丝杠选型比较复杂，通常可根据以下步骤选择丝杠。

(1) 根据负载确定直径。电机性能参数中有输出扭矩，如果还带减速器也要算进去(计算一下实际工况中需要多大推力，滚珠丝杠样本有负载参数)，据此选择滚珠丝杠的公称直径。

(2) 根据直线速度和旋转速度确定滚珠丝杠导程。电机确定了就确定了输出转速，考虑一下所需的最大直线速度，将电机转速(如果带减速器再除以减速比)乘以丝杠导程的值就是直线速度，大于需要值即可。

(3) 根据实际需要确定滚珠丝杠长度。丝杠总长包括工作行程、螺母长度、安全余量、安装长度、连接长度、余量。如果增加了防护，例如护套，则需要把护套的伸缩比值(一般是 1∶8，即护套最大伸长量除以 8)考虑进去。

(4) 根据实际需要确定滚珠丝杠精度。一般机械类选 C7 以下即可，数控机床类选 C5 的比较多(对应国内标准一般是 P5～P4 和 P4～P3 级)。

(5) 以安装条件和尺寸结构等确定滚珠丝杠螺母形式。螺母结构有很多种形式，不同的螺母结构有所不同，视情况选择，建议不要选特殊结构以免给维修带来不便。

(6) 咨询所选产品厂家的价格、付款条件和交货时间。

(7) 选择确定安装方式(端部)。轴端安装件可以自行设计，也可以选择标准安装座。设计时要注意受力状态，轴承最好选择 7000 或 3000 系列，因为丝杠工作时主要受轴向力，径向受力要尽可能避免。

(8) 考虑导向件和安装能力。推荐使用和滚珠丝杠配套的导向件，通常选择直线滚动导轨，也可以选择直线轴和直线轴承组合。

(9) 根据以上已确定的条件绘出滚珠丝杠图纸(主要是端部安装尺寸，以及尺寸公差和形位公差)。

2.5.3 蜗轮蜗杆传动

1. 传动原理

蜗轮蜗杆传动机构由蜗杆和蜗轮组成，如图 2-24(a)所示，用于传递空间交错两轴之间的运动和动力，交错角一般为 90°，传动中一般蜗杆是主动件，蜗轮是从动件。蜗轮及蜗杆机构常被用于两轴交错、传动比大、传动功率不大或间歇工作的场合，常用在机床、起重运输机械、冶金机械以及其他机械的减速机构中，最大传递功率为 750 kW，通常用在 50 kW 以下。图 2-24(b)所示为数控回转工作台，它内部采用了 1∶90 蜗杆蜗轮传动。

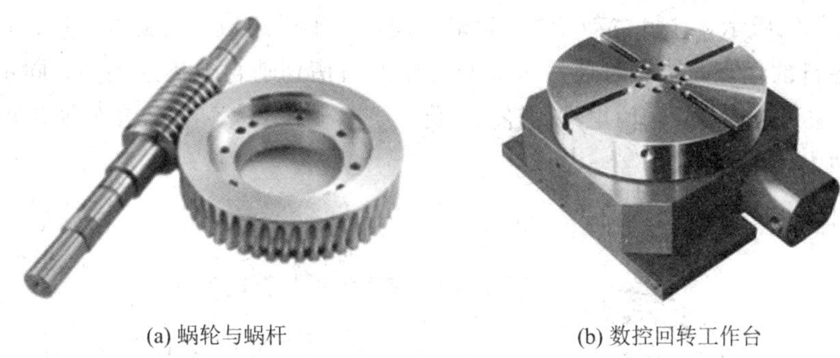

(a) 蜗轮与蜗杆　　(b) 数控回转工作台

图 2-24　蜗轮蜗杆传动机构

2. 蜗轮蜗杆传动的特点

蜗轮蜗杆传动具有以下特点：

(1) 可以得到很大的传动比，一般为 80～100，最大达 1000。

(2) 两轮啮合齿面间为线接触，其承载能力大大高于交错轴斜齿轮机构。

(3) 蜗杆传动相当于螺旋传动，为多齿啮合传动，故传动平稳、噪音很小。

(4) 具有自锁性。当蜗杆的导程角小于啮合轮齿间的当量摩擦角时，机构具有自锁性，可实现反向自锁，即只能由蜗杆带动蜗轮，而不能由蜗轮带动蜗杆。如在起重机械中使用的自锁蜗杆机构，其反向自锁性可起安全保护作用。

(5) 传动效率较低，磨损较严重。蜗轮蜗杆啮合传动时，啮合轮齿间的相对滑动速度大，故摩擦损耗大、效率低。另一方面，相对滑动速度大使齿面磨损严重、发热严重，为了散热和减小磨损，常采用价格较为昂贵的减摩性与抗磨性较好的材料及良好的润滑装置，因而成本较高。

3. 蜗轮传动的精度等级

蜗轮蜗杆传动的制造精度分 12 个等级，1 级最高，12 级最低，常用 6～9 级。当 $v>5$ m/s 时，常用 6 级精度，如中等精度的机床分度机构、发动机调节机构；当 $v\leqslant 7.5$ m/s 时，常用 7 级精度，如一般动力传动机构；当 $v\leqslant 3$ m/s 时，常用 8 级精度，如工作时间较短的低速传动机构；当 v 更低时，常用 9 级精度，例如手动机械等。

4. 蜗轮蜗杆传动的主要参数

蜗轮蜗杆副的主要参数有：减速比、转速、允许转矩、传动间隙。

蜗杆选择因素主要有：精度等级，材料及热处理，轴向模数、头数、导程角、螺旋方向、形状。尺寸参数有全长、轴长、颈长、齿宽、分度圆直径等。

蜗轮选择因素主要有：精度等级，材料及热处理，端面模数、齿数、配对头数、螺旋角、螺旋方向、形状。尺寸参数有：孔径、轮毂径、轮毂径、颈长、齿宽、分度圆直径、齿顶圆直径等。

2.5.4　同步齿形带传动

1. 传动原理

同步齿形带传动是由一根内周表面设有等间距齿形的环行带及具有相应吻合齿的轮所组成，如图 2-25 所示，它由主动轮、从动轮、同步齿形带组成。它综合了带传动、链传动和齿轮传动各自的优点，转动时通过带齿与带轮的齿槽相啮合来传递动力。同步带传动广泛用于纺织、机床、烟草、通信电缆、轻工、化工、冶金、仪表仪器、汽车等各行业各种类型的机械传动中。

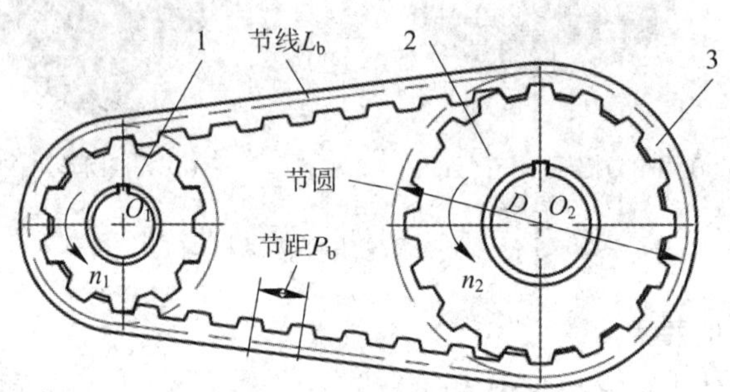

1—主动轮；2—从动轮；3—传动带

图 2-25　同步齿形带传动

2. 传动特点

同步齿形带传动的特点如下：

(1) 传动准确，工作时无滑动，具有恒定的传动比；

(2) 传动平稳，具有缓冲、减振能力，噪声低；

(3) 传动效率高，可达 0.98，节能效果明显；维护保养方便，不需润滑，维护费用低；

(4) 传动比范围大，一般可达 10，线速度可达 50 m/s，具有较大的功率传递范围，可达几瓦到几百千瓦；

(5) 可用于长距离传动，中心距可达 10 m 以上。

3. 主要参数

如图 2-26 所示，同步齿形带的结构由带背、张力绳芯、齿带、包布组成。它的主要参数有：

(1) 节距 P_b。指相邻两齿对应齿轮沿节线方向所测得的间距。

(2) 节线长度 L_p。同步带上通过强力层中心、长度不发生变化的中心线称为节线，节线长度为带的公称带长。

(3) 宽度 b。指同步齿形带横截面的宽度，带宽越宽，带中承载绳的根数越多，圆周力越大。

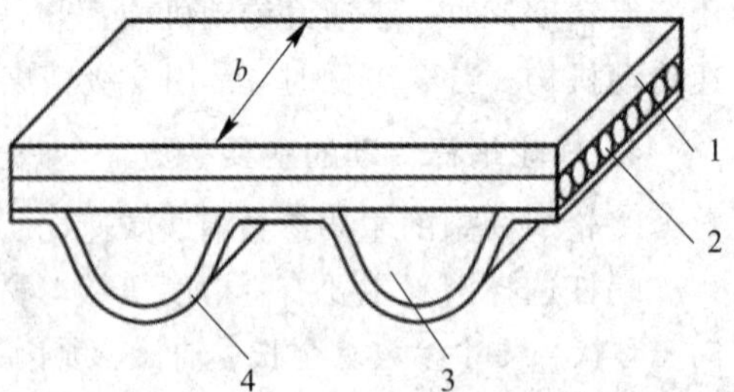

1—带背；2—张力绳芯；3—齿带；4—包布

图 2-26　同步齿形带结构

(4) 带轮节圆直径 D。是指皮带轮节线位置的理论直径。

(5) 带轮齿数。是指带轮上分布的轮齿的个数。

4. 同步齿形带的分类

同步齿形带的齿形有梯形齿和弧齿两种类型，弧齿又有圆弧齿、平顶圆弧齿和凹顶抛物线齿。

1) 梯形齿同步带

梯形齿同步带分单面有齿和双面有齿两种，简称为单面带和双面带。双面带又按齿的排列方式分为对称齿型和交错齿型。梯形齿同步带有两种尺寸制：节距制和模数制。我国采用节距制，并根据 ISO 5296 标准制订了同步带传动相应标准。

2) 弧齿同步带

弧齿同步带除了齿形为曲线形外，其结构与梯形齿同步带基本相同，带的节距相当，其齿高、齿根厚和齿根圆角半径等均比梯形齿大。带齿受载后，应力分布状态较好，平缓了齿根的应力集中，提高了齿的承载能力。故弧齿同步带比梯形齿同步带传递功率大，且能防止啮合过程中齿的干涉。弧齿同步带耐磨性能好，工作时噪声小，不需润滑，可用于有粉尘的恶劣环境，已在食品、汽车、纺织、制药、印刷、造纸等行业得到广泛应用。

2.5.5 精密减速器

减速器是一种由封闭在刚性壳体内的齿轮传动、蜗杆传动、齿轮-蜗杆传动所组成的独立部件，常用作原动件与工作机之间的减速传动装置，在原动机和工作机或执行机构之间起匹配转速和传递转矩的作用，在现代机械中应用极为广泛。在机电一体化系统中采用的减速器一般为精密减速器。

精密减速器是一种精密传递动力与运动的减速器，其利用齿轮、蜗轮蜗杆、谐波传动等传动机构，将电机的转速减低到所需要的转速，并得到较大的转矩。精密减速器是一种相对精密的机械，使用目的是降低转速，增加转矩。根据精度可分为标准精度减速器和高精度减速器。

精密减速器具有传动比大、范围广、精度高、空回小、承载能力大、效率高、体积小、重量轻、传动平稳、噪声小、可向密封空间传递运动、输出刚度大，回差小等特点，现已广泛应用于数控机床、机器人、仪器仪表、纺织机械、印刷机械、包装机械、起重运输机械、医疗器械、食品加工机械等行业中。

在机电一体化系统中常采用的精密减速器类型有行星齿轮减速器、谐波减速器等。

1. 行星齿轮减速器

行星齿轮减速机是利用行星齿轮传动原理实现减速传动的一种减速器，它可以降低电机的转速，同时增大输出转矩。由于行星齿轮减速器具有重量轻、体积小、传动比范围大、效率高、运转平稳、噪声低轮适应性强等特点，因而在机电一体化系统中运用广泛。

1) 传动原理

如图所示 2-27 所示，简单的行星齿轮机构通常称为三构件机构，三个构件分别指太阳轮、行星架和齿轮圈。这三构件如果要确定相互间的运动关系，一般情况下首先需要固定其中的一个构件，然后确定哪个是主动件，并确定主动件的转速和旋转方向，之后被动件的转速、旋转方向也就确定了。

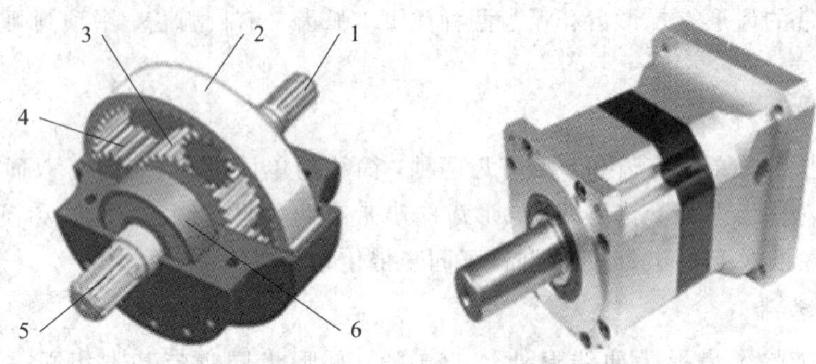

1—输入轴；2—齿轮圈；3—太阳轮；4—行星架；5—输出轴；6—轴承

图 2-27　行星齿轮减速器

行星齿轮是指除了能如同定轴齿轮那样围绕着自己的转动轴转动之外，它们的转动轴还随着行星架绕其他齿轮的轴线转动的齿轮系统。绕自己轴线的转动称为“自转”，绕其他齿轮轴线的转动称为“公转”。在整个行星齿轮机构中，若行星轮的自转存在，而行星架则固定不动，这种类似平行轴式的传动称为定轴传动。

2）特点

行星齿轮在结构方面存在以下特点：

(1) 太阳轮、行星架和齿轮圈都是同心的，即都围绕公共轴线旋转，这能够省掉诸如手动变速器所使用的中间轴和中间齿轮；

(2) 所有齿轮始终相互啮合，换挡时无需滑移齿轮，因此摩擦小，磨损少，寿命较长；

(3) 结构简单、紧凑，其载荷被分配到数量众多的齿上，因此整个机构的强度大；

(4) 可获得多个传动比。

3）选型与应用

图 2-28 所示为纽氏达特行星减速器有限公司生产的不同系列的行星减速器，最多为四级减速，传动比范围为 3～10 000，输出转矩最大值为 16 000 Nm，可满足不同工况要求。

(a) PS/WPS　　(b) PF/WPF　　(c) PL/WPL

图 2-28　行星齿轮减速器系列

图 2 - 29 为纽氏达特公司生产的行星齿轮减速型号组成，其中，“PL”为系列代号，“90”为输出额定转矩，“30”为减速比，“P2”为精度代号，“S2”为输出安装类型，“OP2”为输入端连接方式。

PL	90	—	30	P2	S2	OP2(MOTOR)
MODEL 系统代号	SIZE 规格 40、60 80、120 140、160 200、250 300、350 400、450 550、700 800		Ratio i 减速比i 1-stage/1-级： 3、4、5、6、8、10 2-stage/2-级： 9、12、15、16、18、 20、24、25、30、32、 36、40、48、64、100 3-stage/3-级： 60、64、72、80、90、 100、120、144、150、 160、180、200、240、 256、288、320、384、 512、600、800、1000	Backlash 背隙 P0：超精 P1：精密 P2：标准	Output type 输出安装型式 S1：shaft光 S2：shaft with key单键轴 S3：splined shaft花键轴 K1：Hollow shaft光孔 (外配胀紧套) K2：Hollow with key单键孔 K3：Spline hollow花键孔 T：Special require用户特殊要求 OP4：Foot mounting底座装配 Standard connection if no mark 不标注为标准S2型单键 实轴法兰连接	Input type 输入端连接方式 OP 2：Motor mounting 电机连接请告知选用 电机品牌、规格型号 或电机输出端尺寸 OP 1：shaft mountion 轴连接

图 2 - 29　行星齿轮减速器型号组成

行星减速器的选用应遵循适用性、经济性相结合的原则，就是要行星减速器的各项技术指标，既能满足设备的要求又能节约成本。过与不及都会带来成本浪费，因此正确选用行星减速器非常重要。减速器应考虑其结构类型、承载能力、减速比、输出转速、轴向力、径向力、扭转刚性、回程间隙等内在性能指标，也应充分考虑安装形式、工况条件、工作环境等外部因素。行星减速器选用时需要考虑以下因素：

(1) 结构类型。行星减速器按输出方向分为直线型和直角型两种类型：直线型是电机输入方向与输出方向同向，直角型指电机输入方向与减速器的输出方向成直角。

(2) 减速比。行星减速器按齿轮级数一般分为 1～4 级：一级减速(一般大于 3 : 1，小于 10 : 1)，二级减速(一般大于 10 : 1，小于等于 100 : 1)；三级减速(一般大于 100 : 1，小于 1000 : 1)。级数越少，结构越紧凑，外形尺寸小，因此要根据传动比设计要求选择适合的减速器。

(3) 精密等级。行星减速器精度可分为超精密级、精密级、标准级三个级别。不同等级的减速器的背隙值不同，例如，纽氏达特行星减速器的超精密级背隙为 1～3 arc min，精密级的背隙为 3～5 arc min，标准级的背隙为 7～9 arc min。选用时需要计算选择相应的精度等级。

(4) 输出转矩。减速器的输出转矩有额定输出转矩和最大输出转矩，通常最大输出转矩为 1.5～3 倍的额定输出转矩。

(5) 允许的作用力。在选用减速器时要检验传动的径向力与轴向力是否在减速器的允许作用力范围内。

(6) 转动惯量。减速器的转动惯量是选择电机的重要因素，会影响系统的启动扭矩、加减速性能、响应特性。减速器转动惯量应与整个系统的惯量匹配。

（7）减速器外形尺寸、安装尺寸等。外形尺寸应满足安装空间要求，安装尺寸应与电机连接尺寸一致。

2. 谐波减速器

1）传动原理

谐波齿轮减速器是齿轮减速机中的一种新型传动结构，是一种由固定的内齿刚轮、柔轮和使柔轮发生径向变形的波发生器组成，它利用柔性齿轮产生可控制的弹性变形波，引起刚轮与柔轮的齿间相对错齿来传递动力和运动。这种传动与一般的齿轮传递有本质上的差别，在啮合理论、集合计算和结构设计方面具有特殊性。

谐波齿轮减速器的基本工作原理就是谐波传动，它是利用柔性元件可控的弹性变形拉力传递运动和动力的。如图 2－30 所示，谐波传动主要包括三个基本组件：波发生器、柔轮和刚轮，三个组件可任意组合，一个固定，其余两个一个做主动，一个做从动，可实现减速或增速（固定传动比），也可变换成两个输入、一个输出，组成差动传动。

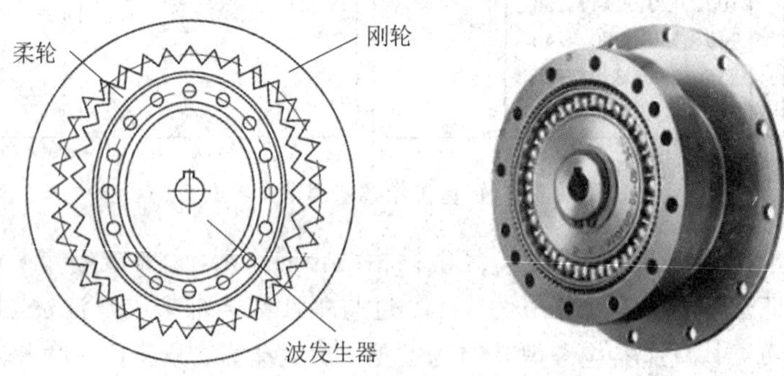

图 2－30　谐波齿轮减速器传动原理

柔轮随着波发生器转动过程中，其中一个齿从与刚轮的一个齿啮合到再一次与刚轮上的这个齿相啮合时，柔轮恰好旋转一周，而此时波发生器旋转了很多圈，波发生器的旋转圈数与柔轮旋转圈数（1 圈）之比，即为谐波齿轮减速器的减速比，故其减速比很大。在整个运动过程中，柔轮的变形在柔轮圆周的展开图上是连续的简谐波形，因此，这一传动被称为谐波齿轮传动。

谐波齿轮减速器按其机械波数目的多少可分为：单波、双波及三波，其中最常用的是双波传送。在谐波传动中，刚轮与柔轮的齿数差应等于机械波数的整数倍，常取其等于波数。

设 n_g、n_r、n_H 分别为刚性齿轮、柔性齿轮和波发生器的转速，Z_g、Z_r 分别为刚轮和柔轮的齿数，则

$$i_{rg}^{H}=\frac{n_r-n_H}{n_g-n_H}=\frac{Z_g}{Z_r} \tag{2-26}$$

当柔性齿轮固定时，$n_r=0$，则

$$i_{rg}^{H}=\frac{0-n_H}{n_g-n_H}=\frac{Z_g}{Z_r},\ \frac{n_g}{n_H}=1-\frac{Z_r}{Z_g}=\frac{Z_g-Z_r}{Z_g} \tag{2-27}$$

$$i_{Hg}=\frac{n_h}{n_g}=\frac{Z_g}{Z_g-Z_r} \tag{2-28}$$

当刚轮固定时，$n_g=0$，则同理可得

$$i_{Hr}=\frac{n_H}{n_r}=\frac{Z_r}{Z_r-Z_g} \tag{2-29}$$

假设，$Z_g=202$、$Z_r=200$，将其分别代入式(2-27)与式(2-28)，可得 $i_{Hg}=101$，$i_{Hr}=-100$,这说明当柔性齿轮圆一定时，刚性轮与波发生器转向相同，当刚性轮固定时，柔性齿轮与波发生器转向相反。

2）特点

谐波齿轮减速器具有高精度、高承载力等优点，和普通减速器相比，由于使用的材料要少 50%，其体积及重量至少减少 1/3。具体特点如下：

(1) 传动速比大。单级谐波齿轮传动速比范围为 70～320，在某些装置中可达到 1000，多级传动速比可达 30000 以上。它不仅可用于减速，也可用于增速。

(2) 承载能力高。这是因为谐波齿轮传动中同时啮合的齿数多，双波传动同时啮合的齿数可达总齿数的 30%以上，而且柔轮采用了高强度材料，齿与齿之间是面接触。

(3) 传动精度高。因为谐波齿轮传动中同时啮合的齿数多，误差平均化，即多齿啮合对误差有相互补偿作用，故传动精度高。在齿轮精度等级相同的情况下，谐波齿轮减速器的传动误差只有普通圆柱齿轮传动的 1/4 左右。同时可采用微量改变波发生器的半径来增加柔轮的变形使齿隙很小，甚至能做到无侧隙啮合，故谐波齿轮减速器传动空程小，适用于反向转动。

(4) 传动效率高、运动平稳。由于柔轮轮齿在传动过程中作均匀的径向移动，因此，即使输入速度很高，轮齿的相对滑移速度仍是极低，所以轮齿磨损小，效率高。又因为啮入和啮出时，齿轮的两侧都参与工作，因而无冲击现象，运动平稳。

(5) 结构简单、零件数少、安装方便。谐波齿轮减速器仅有三个基本构件，且输入与输出轴同轴线，所以结构简单，安装方便。

(6) 体积小、重量轻。与一般减速器比较，输出力矩相同时，谐波齿轮减速器的体积可减小 2/3，重量可减轻 1/2。

(7) 可向密闭空间传递运动。利用柔轮的柔性特点，谐波齿轮传动的这一优点是现有其他传动无法比拟的。

3）应用与选型

谐波齿轮减速器在航空航天、能源、航海、造船、仿生机械、常用军械、机床、仪表、电子设备、矿山冶金、交通运输、起重机械、石油化工机械、纺织机械、农业机械以及医疗器械等方面得到日益广泛的应用，特别是在高动态性能的伺服系统中，采用谐波齿轮传动更显示出其优越性。它传递的功率从几十瓦到几十千瓦，但大功率的谐波齿轮传动多用于短期工作场合。在数控机床、工业机器人等机电一体化系统中运用较多。

图 2-31 所示为意大利 BEGEMA 公司生产的部分谐波齿轮减速器型号。谐波减速器按照柔轮的形状可以分为杯型和中空型两大类，每类根据柔轮的长度又有标准和短筒两种类型。产品的型号由英文首字母、产品形式代号、规格代号、减速比、结构代号及输入端与波发生器凸轮连接形式六部分组成。

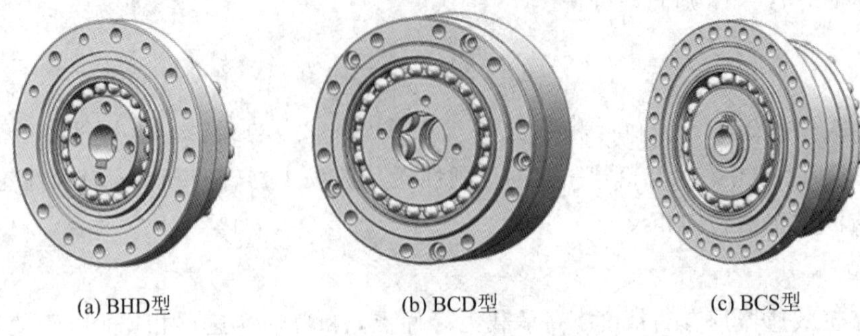

(a) BHD型　(b) BCD型　(c) BCS型

图 2-31　谐波齿轮减速器型号

例如，BEGEMA公司生产的谐波齿轮减速器产品其中一款型号为：B-CSG-17-80-U-Ⅱ。

型号中各字母的含义具体如下：

① "B"为企业代号。

② "CSG"为产品形式代号，由柔轮的形状、柔轮的长度及是否为高扭矩机型三部分组成。柔轮的形状分为杯型和中空型两类，杯型柔轮用字母"C"表示，中空型柔轮用字母"H"表示。

柔轮的长度分为标准、短筒两类，标准长度的柔轮用字母"S"表示，短筒长度的柔轮用字母"D"表示。

形式代号中的第三位字母"G"表示该机型为高扭矩型，否则为普通机型。

③ "17"为规格代号，对应谐波齿轮的节圆直径，可提供14、17、20、25、32、40六种规格。

④ "80"为谐波齿轮减速器的减速比，规格有30、50、80、100、120、160，六种可选。

⑤ "U"为谐波齿轮减速器的结构类型，分为整机型"U"、部件型"P"两类。

⑥ "Ⅱ"为输入端与波发生器凸轮连接形式代号，可分为四类。Ⅰ型：标准型，输入轴与凸轮内孔配合，通过平键连接。Ⅱ型：十字滑块联轴器型，输入轴与凸轮采用十字滑块连接。Ⅲ型：筒形中空型，输入端部件与中空凸轮通过螺钉连接。Ⅳ型：实轴输入型，减速器高速端自带输入轴。

2.6　主轴部件设计

2.6.1　主轴

1. 设计要求

主轴指的是机床上带动工件或刀具旋转的轴，其作用为支承并带动工件或刀具完成工件表面的成形运动，传递运动和动力。主轴、轴承和传动件等组成主轴部件。在机器中主轴主要用来支承传动零件(如齿轮、带轮等)，传递运动及扭矩(例如机床主轴)，有的主轴用来装夹工件(例如心轴)。

主轴部件设计时主要考虑旋转精度、刚度、运动速度、主轴温升与热变形等问题。

(1) 旋转精度。主轴旋转时在影响加工精度的方向上出现的径向和轴向跳动，主要取决于主轴和轴承的制造和装配质量。

(2) 动、静刚度。主要取决于主轴的弯曲刚度、轴承的刚度和阻尼。

(3) 运动速度。允许的最高转速和转速范围，主要取决于轴承的结构和润滑、散热条件。

(4) 温升与热变形。机床在工作时，各相对运动处由于摩擦、搅油等耗损而发热造成的温差使主轴部件的形状和位置产生畸变，产生热变形。一般滑动轴承的温升应小于30℃，工作温度应小于 60 ℃，滚动轴承的温升应小于 40℃，工作温度应小于 70℃。

2. 主轴传动形式

1) 主轴结构

主轴传动通常采用机械传动或采用无传动结构。按主轴自身结构以及传动方式可将其分为齿轮式传动主轴、皮带式传动主轴、直连式主轴、内藏式主轴等形式，如图 2－32 所示。

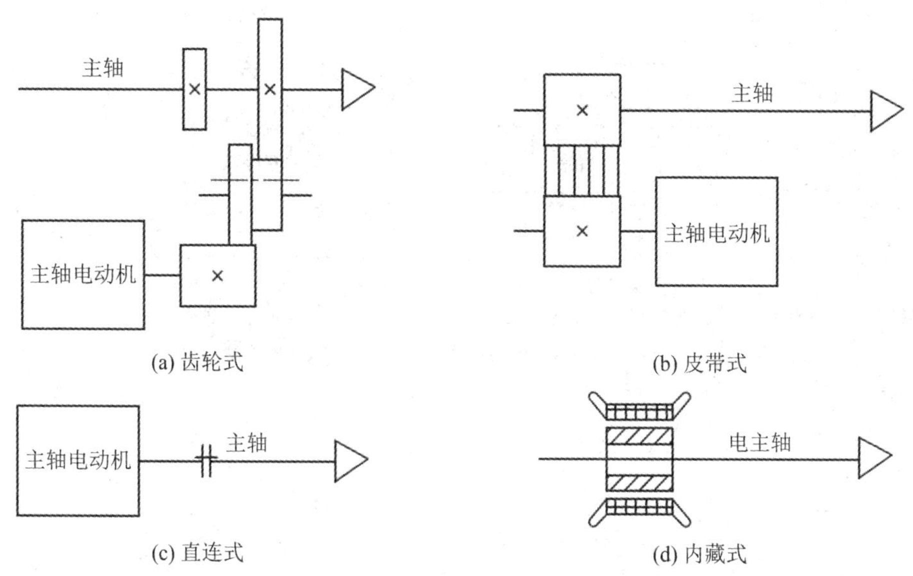

图 2－32　机械主轴传动形式

齿轮式传动主轴如图 2－32(a)所示，最大的优点是可传递高扭力，重切削能力好，其缺点为转速受限于齿轮设计、不易提升等。

皮带式传动主轴如图 2－32(b)所示，它以皮带传送主轴电机运动至主轴，其优点为振动较齿轮式主轴小，易组装；缺点为高速时噪音大，皮带张力不易控制等。

直连式主轴如图 2－32(c)所示，直连式主轴属于刚性连结，电机输出动力直接传递给主轴，机械效率较高，主轴运动时联轴器传递运动与动力，联轴器校正得好坏会影响主轴运动精度，若联轴器校正不好将产生主轴温升急剧升高、主轴振动过大、主轴偏摆过大、加工精度降低甚至主轴烧毁等影响。

内藏式主轴结构如图 2-32(d)所示，即将电机与主轴合二为一，将电机转子安装于主轴轴心，定子在外，工作原理和一般主轴电机相同，其具有低振动特性，动态回转精度较好，但因主轴内必须放置电机转子造成轴承跨距较大，因刚性原因并不适于重切削。

2）主轴材料及热处理

主轴的材料根据主轴的耐磨性、热处理方法和热处理后的变形量来选择，应选择刚性好、承载能力大、耐磨性好、加工性能好、热处理变形小、价格便宜的材料。材料的刚性取决于弹性模量，主轴材料常采用中碳结构钢、优质结构钢45、合金结构钢(如40Cr，50Mn，65Mn)，也有少数用球墨铸铁。

主轴的一般热处理方法为：在安装轴承的定位表面淬硬到HRC50～55，低碳钢需要渗碳淬火，合金可以采用化学处理方法。

3. 电主轴

电主轴是将异步电机直接装入主轴内部，通过驱动电源直接驱动主轴，以实现机床主轴系统的零传动，是内藏式主轴，基本结构如图 2-33 所示。

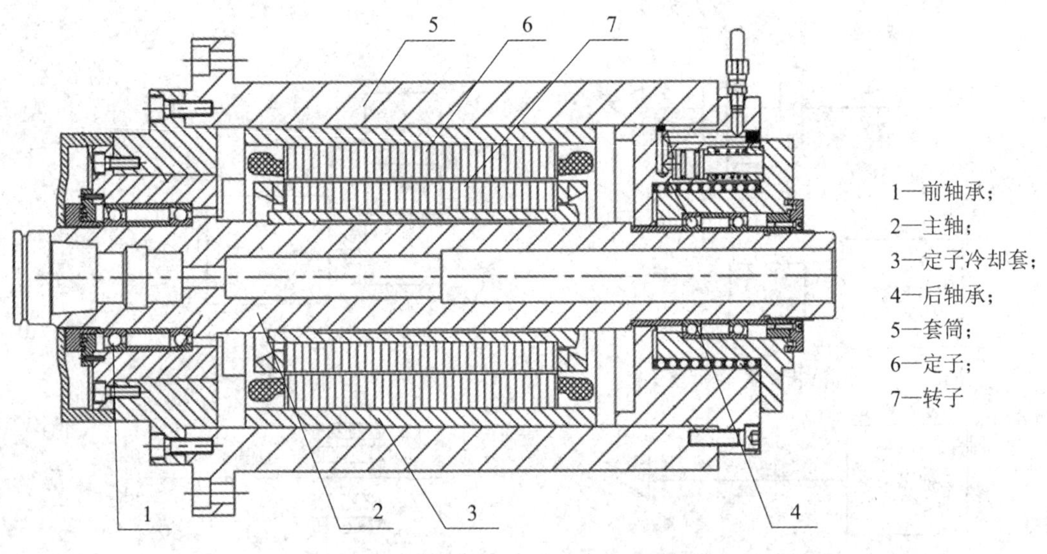

图 2-33　电主轴结构

电主轴具有以下优点：

(1) 电主轴实现了机械与电机一体化，减少了中间环节、振动和噪音等，因此主轴振动小，回转精度高，快速响应性好，机械效率高。

(2) 电主轴采用交流变频调速和矢量控制技术，输出功率大调速范围宽，功率-扭矩特性好，可在额定转速范围内实现无级调速，以适应各种负载和工况变化的需要。

(3) 电主轴可实现精确的主轴定位，并能够实现很高的速度、加速度及快速准停，动态精度和稳定性好，可满足高速切削和精密加工的需要。

伺服电主轴单元是一项综合运用技术，对组成其的电机、轴承、润滑、冷却、调速控制有较高的要求，其组成包括：

(1) 支承轴承。电主轴通常采用复合陶瓷轴承，耐磨耐热，寿命是传统轴承的几倍；有时也采用电磁悬浮轴承或静压轴承，内外圈不接触，理论上寿命无限。

(2) 主轴电机。电主轴是电动机与主轴融合在一起的产物，电动机的转子即为主轴的旋转部分，理论上可以把电主轴看作一台高速电动机，关键技术是高速度下的动平衡。

(3) 润滑装置。电主轴的润滑一般采用定时定量油气润滑，也可以采用脂润滑，但相应的速度要打折扣。所谓定时，就是每隔一定的时间间隔注一次油。所谓定量，就是通过定量阀精确地控制每次注入润滑油的油量。

(4) 冷却装置。为了尽快给高速运行的电主轴散热，通常对电主轴的外壁通以循环冷却剂，冷却装置的作用是保持冷却剂的温度。

(5) 检测装置。为了实现自动换刀以及刚性攻螺纹，电主轴内置脉冲编码器，以实现准确的相角控制以及与进给的配合。

(6) 调速控制。要实现电主轴每分钟几万甚至十几万转的转速，必须用高频变频装置来驱动电主轴的内置高速电动机，变频器的输出频率必须达到上千赫兹。

目前国内生产的加工中心伺服电主轴的转速一般都在 30 000 r/min 以下，这主要是因为编码器反馈的限制，目前采用的磁感应编码器只能达到这个转速。如需要更高的速度的话，就需要更高转速的感应式编码器配合。采用皮带驱动的机械式加工中心主轴转速一般不超过 12 000 r/min，多数在 8000 r/min 左右。这并非是主轴的条件不允许，而是受皮带的噪音、传动精度、电机及主轴的径向载荷等条件限制。

2.6.2　轴承及支承

主轴轴承一方面要承受主轴重量、切削力、振动等，同时还要保证主轴具有较高的旋转精度等，因此主轴轴承对主轴的性能发挥有直接影响。在一般主轴部件中，使用较多的是角接触球轴承、圆柱滚子轴承、圆锥滚子轴承、推力球轴承。随着主轴转速、精度等性能要求提升，上述的通用型轴承不能满足要求，因此，现在也发展出了由一些由特殊材料制造或具有特殊结构的轴承。

1. 常用轴承

在机电一体化系统中主轴常用的轴承类型主要有角接触球轴承、圆柱滚子轴承、圆锥滚子轴承和推力球轴承等四种结构类型。

角接触球轴承可同时承受径向载荷和轴向载荷，能在较高的转速下工作，接触角越大，轴向承载能力越高。接触角为径向平面内球和滚道的接触点连线与轴承轴线的垂直线间的角度。高精度和高速轴承通常取 15°接触角。在轴向力作用下，接触角会增大。

圆锥滚子轴承属于分离型轴承，轴承的内、外圈均具有锥形滚道。该类轴承按所装滚子的列数分为单列、双列和四列圆锥滚子轴承等不同的结构型式。单列圆锥滚子轴承可以承受径向载荷和单一方向的轴向载荷。当轴承承受径向载荷时，将会产生一个轴向分力，所以需要另一个可承受反方向轴向力的轴承来加以平衡。

圆柱滚子轴承的载荷能力大，主要承受径向载荷，滚动体与套圈挡边摩擦小，适于高速旋转。根据套圈有无挡边，分为 NU、NJ、NUP、N、NF 等单列圆柱滚子轴承，以及 NNU、NN 等双列圆柱滚子轴承。该类轴承是内圈、外圈可分离的结构，由于圆柱滚子与滚道是线接触，承受径向载荷的能力大，因此既适用于承受重载荷与冲击载荷，也适用于高速旋转。

推力球轴承是一种分离型轴承，轴圈、座圈可以和保持架、钢球的组件分离。推力球轴承只能够承受轴向载荷，单向推力球轴承只能承受一个方向的轴向载荷，双向推力球轴承可以承受两个方向的轴向载荷。推力球轴承不能限制轴的径向位移，极限转速很低，单向推力球轴承可以限制轴和壳体的一个方向的轴向位移，双向轴承可以限制两个方向的轴向位移。

2. 特殊轴承

除了普通轴承之外，在机电一体化系统中还有一些特殊材料或特殊结构的轴承，它们具有耐高温、耐腐蚀、摩擦小等特点，如陶瓷轴承、静压轴承、磁悬浮轴承等。

1）陶瓷轴承

陶瓷轴承作为一种重要的机械基础件，由于其具有金属轴承所无法比拟的优良性能，如耐高温、超高强度等而在新材料中尤其突出。陶瓷轴承具有耐高温、耐寒、耐磨、耐腐蚀、抗磁、电绝缘、无油自润滑、高转速等特性，可用于极度恶劣的环境及特殊工况，现已广泛应用于航空、航天、航海、石油、化工、汽车、电子设备、冶金、电力、纺织、泵类、医疗器械、科研和国防军事等领域。

2）静压轴承

静压轴承是利用油泵将压力润滑剂强行输入轴承和轴之间的微小间隙的滑动轴承。按润滑剂的种类可以分为两类，一类为液体静压轴承，主要是使用油为润滑剂；另一类为气体静压轴承，使用的是气体作润滑剂，主要是使用空气作为润滑剂。目前使用较多的还是液体静压轴承，空气静压轴承使用范围较小。液体静压轴承的工作原理如图 2 - 34(a)所示，在轴承外圈内壁上开有油腔，通过节流阀、压力阀调节油腔内压力与流速，因此需要一套液压供油系统。液体静压轴承实物如图 2 - 34(b)。

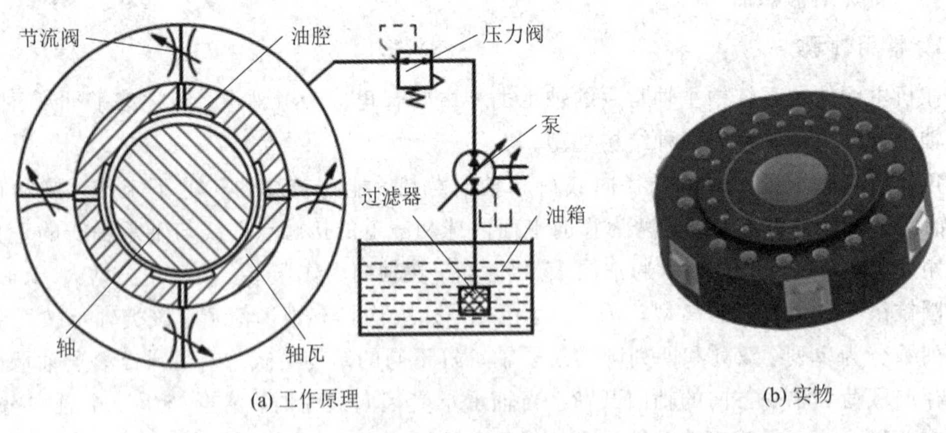

(a) 工作原理　　(b) 实物

图 2 - 34　液体静压轴承

3）磁悬浮轴承

磁悬浮轴承是利用磁力作用将转子悬浮于空中，使转子与定子之间没有机械接触，工作原理如图 2－35(a)所示。它由转子、磁极、放大器、传感器等组成。磁感应线与磁浮线相互垂直，而轴芯与磁浮线平行，所以转子的重量就固定在运转的轨道上，利用几乎是无负载的轴芯向反磁浮线方向顶撑，使整个转子悬空在固定运转轨道上。与传统的滚动轴承、滑动轴承以及油膜轴承相比，磁悬浮轴承不存在机械接触，转子可以运行到很高的转速，具有机械磨损小、能耗低、噪声小、寿命长、无需润滑、无油污染等优点，特别适用于高速、真空、超净等特殊环境中。

图 2－35(b)为 FAG 公司生产的主动磁悬浮轴承结构，由定子、转子、磁极、滚动轴承等组成。FAG 主动磁悬浮轴承可匹配 14A 到 150A 的变频器，在 540 伏直流电压的电路上使用。它在恒定电压下采用更高的电流，极大地提升了磁悬浮轴承的动态承载能力。

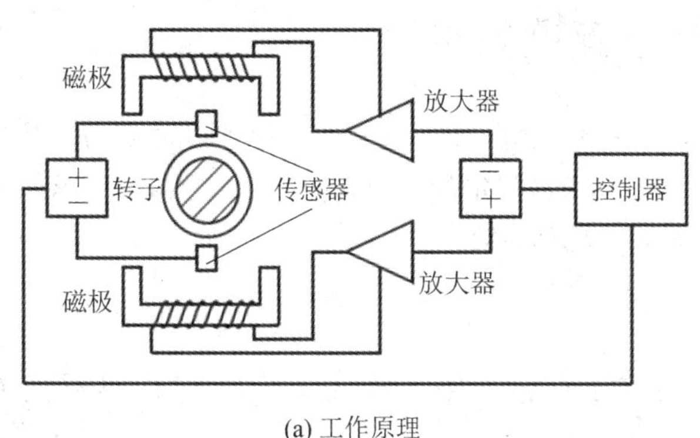

(a) 工作原理

(b) FAG主动磁悬浮轴承

图 2－35 磁悬浮轴承

3. 支承形式

根据主轴部件的工作精度、刚度、温升和结构的复杂程度合理配置轴承可以提高主传动系统的精度。主轴常用的轴承支承形式主要有以下四种。

(1) 如图 2－36(a)所示，前支承采用双列圆柱滚子轴承和角接触双列球轴承组合，后支承采用成对安装的角接触球轴承。这种配置形式使主轴的综合刚度大幅度提高，可以满足强力切削的要求，因此普遍应用于各类数控机床主轴中。

(2) 如图 2－36(b)所示，前轴承采用高精度的双列角接触球轴承后轴承采用单列或双列角接触球轴承。这种配置具有良好的高速性能，但其承载能力小，因而适用于高速、轻载和精密的数控机床主轴。例如在加工中心的主轴中，为了提高承载能力，可用 4 个角接触球轴承组合的前支承，中间用隔套进行预紧。

(3) 如图 2－36(c)所示，前后轴承采用双列和单列圆锥轴承。这种轴承径向刚度和轴向刚度高，能承受重载荷，尤其能承受较强的动载荷，安装与调整性好。但这种配置限制了轴的最高转速和精度，适用于中等精度、低速与重载的主轴部件。

(4) 如图 2－36(d)所示，前轴承采用双列角接触球轴承，后轴承采用双列圆柱滚子轴承。这种配置具有良好的高速性能和承载能力，适用于高速、较重载荷的主轴部件。

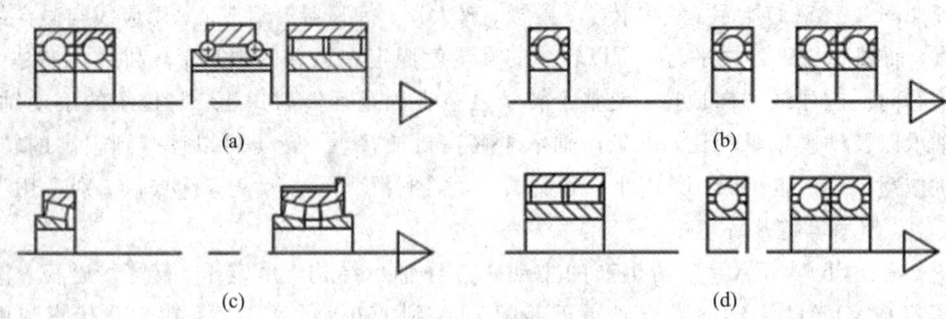

图 2-36 主轴支承形式

2.7 导向与支承部件设计

导向支承部件是数控机床、三坐标测量机等机电一体化系统一个重要组成部分，其功能是支承和限制运动部件使其按给定的运动要求和规定的运动方向运动，导向与支承部件中使用最为广泛的一种结构形式称为导轨副，也称导轨。

2.7.1 导轨基本要求

机电一体化系统对导轨的基本要求是导向精度高、刚度好、运动轻便平稳、热变形小、耐磨性好等。

1）导向精度

导向精度是指导轨按给定方向做直线运动的准确程度。影响导轨导向精度的因素较多，主要因素包括导轨的几何精度和接触精度，几何精度一般包括在竖垂直平面内的直线度、在水平面内的直线度和导轨面之间的平行度。此外，导轨的结构形式、导轨和支承构件的刚度、导轨的油膜厚度和油膜刚度、导轨和支承构件的热变形也会对导向精度产生影响。

2）承载能力

导轨承载能力与导轨刚度有关，导轨刚度是导轨抵抗载荷变形的能力，抵抗恒定载荷的能力称为静刚度，抵抗交变载荷的能力称为动刚度。若导轨的刚度不足，将使导轨面上的比压分布不均，并会加剧导轨面的磨损，从而直接影响部件之间的相对位置精度和导轨的导向精度。应根据导轨承受载荷的性质、方向和大小，合理地选择导轨的截面形状和尺寸，使导轨具有足够的刚度和承载能力。

3）精度保持性

精度保持性主要由导轨的耐磨性决定，导轨的耐磨性是决定导向精度能否长期保持的关键。导轨的耐磨性与导轨材料、导轨面的摩擦性质、载荷状况、两导轨相对运动速度及润滑和防护条件等有关。

4）低速运动平稳性

低速运动平稳性是导轨低速时表现出的运动特征。如果导轨副的动静摩擦系数之差大，则会产生爬行现象，运动平稳性差，影响运动精度。产生低速运动不平稳性的因素有导轨的结构形式、润滑情况、导轨摩擦面的静动摩擦系数差等。

5）结构工艺性

应在满足性能要求的情况下，尽可能使导轨的结构简单，易于导轨的加工、间隙调整，方便在设备上的安装与维护。

6）抗热变形能力

导轨在使用中周围环境温度、导轨摩擦、外部热源的辐射与传导都会使导轨产生热变形，从而影响导向精度。因此，导轨材料应选择对温度变化敏感小的材料，在结构上还可以采取一些措施对热变形进行补偿，减少热变形对导轨影响。

2.7.2　导轨选择与设计

导轨选择时一般应遵循以下步骤：

（1）根据工作条件，选择合适的导轨类型。

（2）选择合理的导轨截面形状，以保证导向精度。

（3）选择适当的导轨结构及尺寸，使其在给定的载荷及工作温度范围内有足够的刚度，良好的耐磨性，并能保证运动轻便和平稳。

（4）选择导轨的补偿及调整装置，经长期使用后，通过调整能保持需要的导向精度。

（5）选择合理的润滑方法和防护装置，使导轨有良好的工作条件，以减少摩擦和磨损。

（6）制定保证导轨质量的技术条件，例如选择适当的材料以及热处理、加工方法等。

2.7.3　导轨类型

按导轨面的摩擦性质可将导轨分为滑动导轨、滚动导轨、液体静压导轨、气浮导轨、磁浮导轨等。滑动导轨结构简单，刚性好，摩擦阻力大，连续运行磨损快，制造中对导轨工作表面刮研工序要求很高。滑动导轨的静摩擦因数与动摩擦因数差别大，因此低速运动时容易产生爬行现象。

1. 导轨形状

直线运动导轨截面的基本形状如表 2 - 3 所示，基本形状主要有矩形、三角形、燕尾形和圆柱并可互相组合，在每种导轨副之中还有凸、凹之分。凸形导轨容易清除掉切屑，但不容易储存滑油，凹形导轨则相反。

矩形导轨的导向面为顶面与侧面，承载能力大、刚度高、制造简单、检验和维修方便。矩形导轨具有水平和垂直个方向的导轨面，便于安装调整，但侧面磨损后不能自动补偿，需要有间隙调整装置，适用载荷较大而导向性要求不高的场合。

三角形导轨的导向面为三角形的两侧面，导向面磨损后，动导轨会自动下沉，能够自动补偿磨损量，导向精度保持性好，但导轨水平和垂直两个方向上的误差相互影响，给制造检修带来困难。支承导轨若为凸形时，称为山形导轨；支承导轨为凹形时，称为 V 形导轨。

燕尾形导轨利用两侧面导向，可以承受较大的颠覆力矩，导轨的高度尺寸较小，结构紧凑，间隙调整方便，但磨损后不能自动补偿间隙，需用镶条调整，加工、检验、维修都比较复杂。燕尾形导轨一般用于中、低速的多层导轨，或者用于受力小、层次多、要求间隙调整方便的场合。

圆柱形导轨制造方便，工艺性好，安装要求高，磨损后的间隙难以补偿，常用在承受轴向载荷的场合，应用较少。

表 2-3　直线运动导轨的截面几何形状

	对称三角形	不对称三角形	矩形	燕尾形	圆柱形
凸形	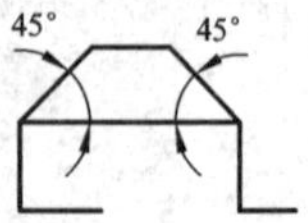 45°　45°	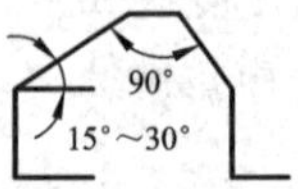 90°　15°～30°	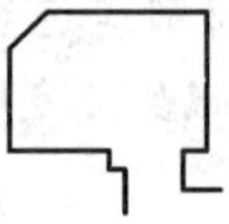	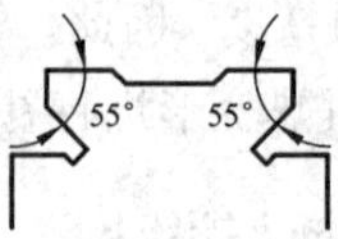 55°　55°	
凹形	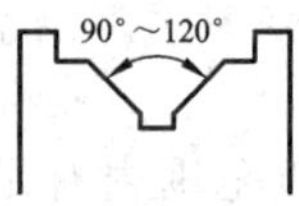 90°～120°	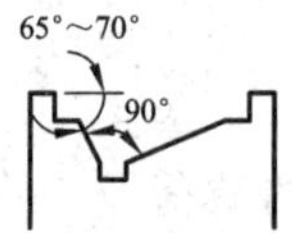 65°～70°　90°	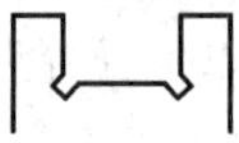	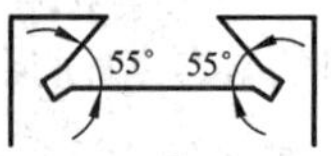 55°　55°	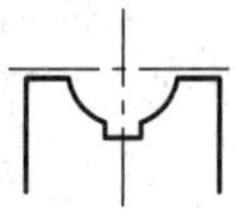

2. 导轨组合及特点

直线运动导轨一般都是由两条导轨副组合而成，而有些重型装备的移动部件宽度较大或承受载荷较重，也可采用三条甚至三条以上导轨组合。此时，一般两边的矩形导轨主要起支承作用，而中间矩形导轨的双侧起导向功能。直线导轨有以下几种组合形式。

(1) 三角形-三角形组合，如图 2-37(a)。双三角形组合的特点是导向精度高，磨损后能自动补偿，不需要条隙，接触刚度好，具有较好的精度保持性，但加工、检验和维修不方便。

(2) 矩形-矩形组合，如图 2-37(b)所示。双矩形组合的特点是承载能力大，制造与维修简单，但导向性差，磨损后不能自动补偿，因此导向侧面都需用镶条调整间隙。双矩形导轨的导向方式分为窄导向和宽导向，窄导向由一条导轨两侧导向，宽导向由两条导轨的外侧或内侧导向，窄导向的导向精度比宽导向要高。

(3) 三角形-矩形组合，如图 2-37(c)所示。三角形-矩形组合特点是导向性好、刚度高和制造方便的优点，应用最广，例如 CA6140 型卧式车床的溜板，B2020 型龙门刨床的床身导轨等。

(4) 燕尾形-燕尾形组合，如图 2-37(d)所示。两个燕尾平面同时起导向及压板作用，用一根镶条就可调整各接触面的间隙，但不能承受过大的颠覆力矩，摩擦损失也较大。用于要求层次多、高度尺寸小、调整间隙方便和移动速度不大的场合，如卧式车床刀架、牛头刨床的滑枕导轨等。

(5) 燕尾形-矩形组合，如图 2-37(e)所示。燕尾形-矩形组合的导轨能承受较大力矩，间隙调整也较方便，适用于横梁、立柱等移动导轨中，例如 B2020 型龙门刨床横梁导轨等。

(6) 圆柱形-圆柱形组合，如图 2-37(f)所示。双圆柱形组合制造容易，耐磨性较好，但磨损后不易补偿。常用于受轴向力的场合，如压力机、机械手的导轨。

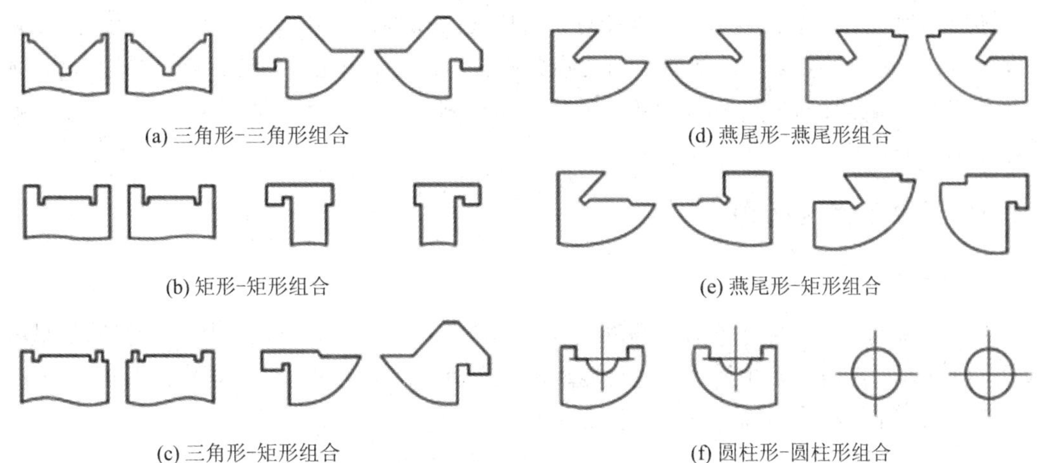

图 2-37　直线导轨组合形式

2.7.4　导轨材料

导轨常用材料有铸铁、钢、有色金属和塑料等。

1. 铸铁

铸铁有良好的耐磨性、抗振性和工艺性，铸铁导轨的热处理方法通常有接触电阻淬火和中高频感应淬火。接触电阻淬火，淬硬层为 0.15～0.2 mm，硬度可达 HRC55。中高频感应淬火，淬硬层为 2～3 mm，硬度可达 HRC48～55，耐磨性可提高两倍，但在导轨全长上依次淬火易产生变形，同时淬火需要相应的设备。导轨常用的铸铁类型有：

(1) 灰铸铁。一般选择 HT200，用于手工刮研、中等精度和运动速度较低的导轨，硬度在 HB180 以上。

(2) 孕育铸铁。把硅铝孕育剂加入铁水而得，耐磨性高于灰铸铁。

(3) 合金铸铁。包括含磷量高于 0.3%的高磷铸铁，耐磨性高于孕育铸铁一倍以上；以及磷铜钛铸铁和钒钛铸铁，耐磨性高于孕育铸铁二倍以上；

(4) 稀土铸铁。它具有强度高、韧性好的特点，耐磨性与高磷铸铁相近，但铸铁性能和减振性较差，成本也较高。

2. 钢

钢导轨具有较好的耐磨性，用于导轨的常用钢材料有 45、40Cr 、9Mn2V、CrWMn、GCr15、T8A 等，采用表面淬火或整体淬硬处理，硬度为 HRC52～58；要求高的导轨常采用的钢有 20Cr、20 CrMnTi 等，表面渗碳淬硬至 56～62HRC，磨削加工后淬硬层深度不得低于 1.5 mm。

3. 有色金属

常用的有色金属有黄铜 HPb59-1、锡青铜 ZCuSn6Pb3Zn6、铝青铜 ZQAl9-2、锌合金 ZZn-Al10-5、超硬铝 LC4、铸铝 ZL106 等，其中铝青铜性能较好。

4. 塑料

塑料导轨具有耐磨性好，抗振性能好，适应的工作温度范围宽，抗撕伤能力强，动静摩擦系数低、差别小，可降低低速运动的临界速度，加工性和化学稳定性好，工艺简单，成本低等优点。用作导轨的塑料有锦纶、酚醛夹布塑料，环氧树脂耐磨塑料，以及以聚四氟乙烯为基体的塑料。

2.7.5 导轨润滑与防护

1. 导轨润滑

做好导轨润滑可以减小磨损、和降低温度以改善工作条件，降低摩擦力以提高机械效率，保护导轨表面防止发生锈蚀，延长导轨使用寿命。为了使润滑油在导轨面上均匀分布，保证充分的润滑，在导轨面上开有油沟或油槽。

导轨的润滑方式有人工润滑、半自动润滑和自动润滑三种。

(1) 人工润滑方式是人工定期地直接在导轨上浇油或用油杯供油，这种方法成本低廉，但不能保证充分润滑，一般用于调位导轨或移动速度较低的滑动导轨和滚动导轨。

(2) 半自动润滑方式是在机床上装液压泵，在系统控制面板上有润滑控制按钮，按一次按钮润滑一次，这种方式操作方便但不能保证连续供油，一般用于低中速、低载荷、小行程或不经常运动的导轨。现代机床上多采用压力油强制润滑，这种方法效果较好，不受运动速度影响，可保证充分润滑，但必须有专门的供油系统，成本较高。

(3) 自动润滑方式是自动实现润滑，不需要人工干预。大部分进口机械的导轨润滑采用集中给油方式，将导轨油或润滑脂装在一个透明容器内，系统将自动补给。常用的自动润滑方式有定时润滑和定程润滑两种。定时润滑是在系统中设置定时润滑时间，当定时时间一到润滑系统自动润滑一次。定程润滑的前提条件是控制系统能够记录导轨运动的行程长度，在控制系统中有设定润滑行程长度的参数，控制系统根据设定的行程长度自动进行润滑。

常用的导轨用润滑剂有导轨油(润滑机油)、润滑脂、液压导轨两用油。

导轨油最主要的特性是有极强的粘附性和耐水冲洗性能以及极强的抗极压性能。导轨的载荷一般在 10～100 kPa，精密机床在 30 kPa 左右，中等载荷在 350 kPa，重载荷可达 1 MPa。导轨油的目的在于保护导轨及滑块，使套环不被磨损，长时间保护导轨的最佳精度。

某些较为粗犷的机械，导轨较大，结构简单，且导轨有坑点，这类导轨一般用润滑脂进行润滑，多数采用手工方式用油脂枪挤压给油，要求所有的油脂为 EP 极压型，否则被挤出后，导轨上残留的油脂无法承受重载荷。

导轨用润滑油有 32＃、68＃、150＃、220＃四种。与液压系统共享的液压导轨油只有 32＃一个规格，适用于额定压力 7 MPa 以下。若导轨滑动速度小于 10 m/min，导轨载荷压力小于 70 KPa 用 68＃，若导轨载荷力大于 70 KPa 用 150＃油，若为主导轨或面压大于 400 KPa 用 220＃；若导轨滑动速度大于 10 m/min，只能用 32＃、68＃两种，重载荷用 68＃，轻载荷用 32＃。

若导轨采用润滑脂润滑时，集中润滑选用 0＃或 1＃极压润滑脂，用油脂枪或手工涂抹则要选用 2＃极压润滑脂。

2. 导轨防护

导轨的防护装置设计时最好能将导轨面封闭起来，如不能封闭则应尽可能将落在导轨上的铁屑除去。导轨的防护形式有钢板防护罩、风琴防护罩、盔甲防护罩、卷帘防护罩，如图 2 - 38 所示。

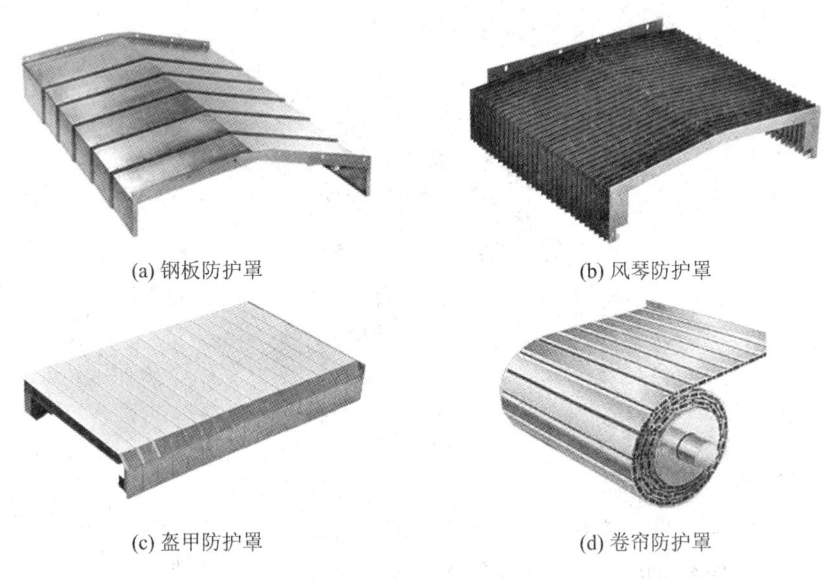

(a) 钢板防护罩　(b) 风琴防护罩

(c) 盔甲防护罩　(d) 卷帘防护罩

图 2 - 38　导轨防护形式

(1) 钢板式防护罩。如图 2 - 38(a)所示，钢板防护罩材质分为冷板和不锈钢，其特点是坚固耐用，运行平稳，噪音小，外形美观，适合高速运动机床的导轨防护，既平稳又无振动噪音。钢板防护罩装置不但保护护板的使用寿命，更重要的是保证了机床精度。钢板防护罩不会使护板脱节，既美观又提高了护板的使用寿命。

(2) 风琴式防护罩。如图 2 - 38(b)所示，风琴防护罩材质为三防布，产品特点有：硬物冲撞不变形、寿命长、密封好和运行轻便；防护罩行程长，压缩小；护罩的风箱速度可达 200 m/min；护罩内没有任何金属零件，不用担心护罩工作时会出现零件松动而给机器造成严重的破坏。

(3) 盔甲式防护罩。如图 2 - 38(c)所示，盔甲防护罩材质是三防布和不锈钢片，其特点为：它的每个折层能经受强烈的振动而不变形，相互之间彼此支持，可以阻碍小碎片渗透。

(4) 卷帘式防护罩。如图 2 - 38(d)所示，卷帘防护罩材质为三防布和弹簧轴，其特点为：在空间小而且不需严密防护的情况下，卷帘防护罩可以代替其它护罩，可在水平、竖直或任意方向上安装使用；占用空间小、行程大、速度快、无噪音、寿命长等。

2.7.6　直线滚动导轨副

1. 直线滚动导轨副结构

直线滚动导轨副是由导轨、滑块、滚珠、反向器、密封端盖、刮油片、油嘴等组成，如

图 2-39 所示。当导轨与滑块作相对运动时，钢球就沿着导轨上的经过淬硬和精密磨削加工而成的四条滚道滚动，在滑块端部钢球又通过反向器进入反向孔后再进入滚道，钢球就这样周而复始地进行滚动运动。反向器两端装有防尘密封端盖，可有效地防止灰尘、屑末进入滑块内部。

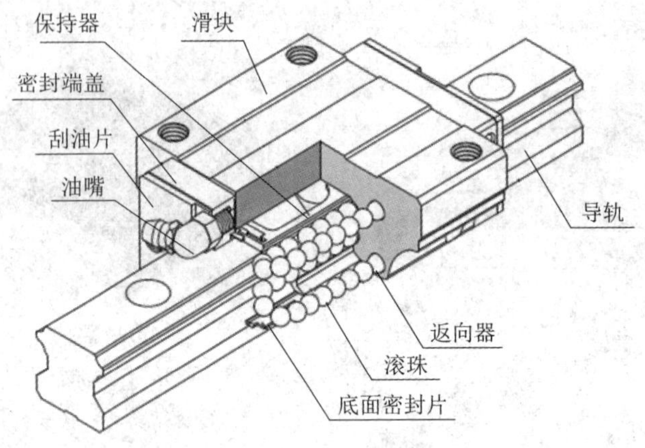

图 2-39　直线滚动导轨副结构

2. 直线滚动导轨副特点

直线滚动导轨副作为一种精密直线导向部件，由于其大承载、高精度、高速度、低磨损、高可靠性及标准化等优点，已经越来越多地被数控机械、自动化生产线等领域应用和关注，相对普通机床所用的滑动导轨而言它有以下几方面的优点。

(1) 定位精度高。直线滚动导轨可使摩擦系数减小到滑动导轨的 1/50。由于动摩擦与静摩擦系数相差很小，运动灵活，可使驱动力矩减少 90%，可将机器的定位精度提高到微米级。

(2) 驱动力矩小。采用直线滚动导轨的机床由于摩擦阻力小，特别适用于反复起动、停止的往复运动，可使所需的动力源及动力传递机构小型化，减轻了重量，使机器材的驱动功率降低 90%，具有较好的节能效果。

(3) 运动速度高。直线滚动导轨由于摩擦阻力小，因此发热少，可实现机床的高速运动，将机床的工作效率提高 20%～30%。

(4) 精度保持性好。滚动导轨滚动面的摩擦系数小，损耗也相应减少，故能使直线滚动导轨长期处于高精度状态。同时，由于使用润滑油也很少，大多数情况下只需要脂润滑就足够了，这使得机器的润滑系统设计及使用维护相对容易。

3. 直线滚动导轨副的选用

直线滚动导轨副选用时必须根据选用的型号与使用条件来验算其载荷容量及寿命，根据计算结果来判断所选择的滚动导轨型号是否符合需求。载荷容量的验算是利用基本额定静载荷求出静安全系数，即确定其静载荷限度，而寿命的验算则是利用基本额定动载荷计算额定寿命。直线滚动导轨的寿命是指在滚动体或滚动面由于材料的滚动疲劳所发生的金属表面剥落时所行走的总距离。下面介绍直线滚动导轨选用过程中所用的参数。

(1) 基本额定静载荷。当导轨在静止或低速运行中承受过大或冲击载荷时，在滚动体与滚动面之间会产生局部的永久变形，这个永久变形量如果超过某个限度时就会影响滚动导轨运动的顺畅性。所谓的基本额定静载荷是指在产生最大应力的接触面处使滚动体与滚动面间的永久变形量之和达到滚动体直径的 0.0001 倍时的方向和大小一定的静止载荷。基本额定静载荷即为容许静载荷的限度。

(2) 容许静力矩。所谓的容许静力矩(M_o)，是指在产生最大应力的接触面处，使滚动体与滚动面间的永久变形量之和达到钢珠直径的 0.0001 倍时，方向和大小一定的静止力矩。容许静力矩即为静作用力矩的限度。

(3) 静安全系数。当滚动导轨使用在有振动、冲击或频繁启动停止的场合，由于惯性力(或力矩)等外力的作用，会有较大的载荷产生，对于这样的载荷状况，有必要考虑静安全系数。静安全系数 f_s是用直线滚动导轨的基本额定静载荷 C_o 作用在滚动导轨上的载荷的倍数来表示的，即

$$f_s=\frac{C_o}{P_c} \quad \text{或} \quad f_s=\frac{M_o}{M} \tag{2-30}$$

式中：f_s 为静安全系数，普通载荷工况下限值取 1～2，振动、冲击工况下取值 2.5～7.0；C_o 为基本额定静载荷；M_o 为容许静力矩；P_c 为计算载荷；M 为计算力矩。

直线滚动导轨选择的一般步骤如下：

(1) 确定导轨的使用条件。包括安装部位、安装空间、尺寸(跨距、滑块个数、滑轨支数)、使用配置(水平、垂直、倾斜等)、工作载荷、位置、使用频率(载荷周期)、行程、运行速度、加速度、寿命需求、精度要求、使用环境等。

(2) 选择型号与尺寸。根据使用条件选定符合使用条件的型号和规格，直线滚动导轨生产厂家较多，例如日本 THK、NSK，瑞典 SKF，中国艺工、汉江等品牌。

(3) 计算滑块载荷。根据导轨与滑块分布、使用条件、受力等情况计算各个滑块的载荷情况。滑块载荷计算可参考厂家提供的产品选型手册。

(4) 计算等效载荷。将各滑块所承受的各方向载荷转换成等效载荷。

(5) 计算静态安全系数。以基本额定静载荷与最大的等效载荷验算静态安全系数，根据使用条件判断静安全系数是否满足要求。

(6) 计算平均载荷。将运行中的变化载荷平均化，换算成平均载荷。

(7) 寿命验算。根据寿命计算式算出额定寿命。对于使用滚珠的滚动导轨副的场合，计算公式为

$$L=50\left(\frac{f_h f_t f_c \mathrm{f}_a}{f_w}\cdot\frac{C}{P_c}\right)^3 \tag{2-31}$$

对于使用滚柱的滚动导轨副的场合，计算公式为

$$L=100\left(\frac{f_h f_t f_c f_a}{f_w}\cdot\frac{C}{P_c}\right)^3 \tag{2-32}$$

式中：L 为额定寿命；C 为额定动载荷；P_c 为计算载荷；f_h 为硬度系数；f_t 为温度系数；f_c 为接触系数；f_w 为载荷系数。

(8) 选择预压等级，决定固定方法及安装部位的刚性。根据需要选择无预压、轻预压、中预压等预压等级。

(9) 选择精度等级。国外导轨精度等级多用普通级、精密级、超精密级、超超精密级表

示，国内生产的导轨多用2、3、4、5等级表示。

(10) 润滑与防尘选择。选择润滑剂种类(润滑脂、润滑油、特殊润滑剂)、润滑方法(手动或强制润滑)、防尘方式。

图2-40为日本THK公司生产的LM型直线滚动导轨型号定义及参数说明。其他品牌导轨型号可参考厂家提供的导轨产品选型手册。

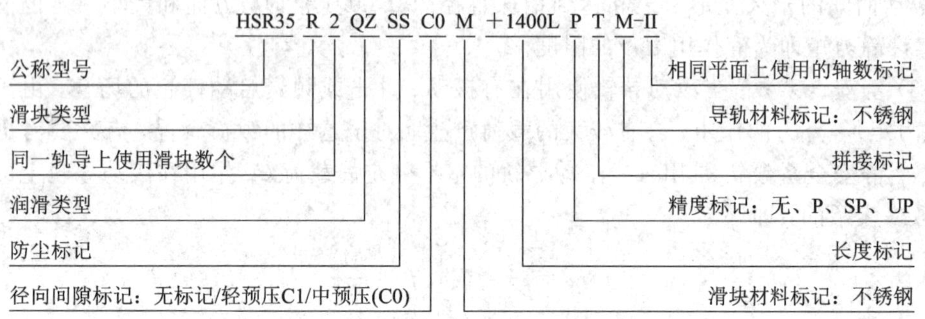

图2-40　LM型导轨型号参数说明

2.8　支承件设计

2.8.1　支承件的设计要求

支承件是支承机电一体化设备上其他零部件的基础部件，它承受着其他零部件的重量和工作载荷，又要保证各零部件的相对位置以及相对运动精度，因此它应具有足够的静刚度、抗振性、热稳定性和耐用度。支承件的合理设计是整个产品设计的重要环节之一。机电一体化系统的支承件构件形式较多，常见形式为机座或机架，例如机床的支承构件包括床身、立柱、横梁、摇臂、底座、工作台、箱体等尺寸和质量较大的零件。

机座多采用铸件，机架多由型材装配或焊接而成，其特点是尺寸较大、结构复杂、加工面多、几何精度和相对位置精度要求较高。在设计时，首先应对某些关键表面及其相对位置精度提出相应的精度要求，以保证设备的总体精度；其次，机架或机座的变形和振动将直接影响设备的质量和正常运转，故应对其刚度、抗振性等提出了相应要求。

1) 静刚度

支承件具有的抵抗恒定载荷变形的能力用静刚度来衡量，如果没有足够的静刚度，在工件的重力、夹紧力、摩擦力、惯性力和工作载荷等的作用下支承构件就会产生变形、振动或爬行，从而影响产品的定位精度、加工精度及其他性能。静刚度与质量的比值大小在很大程度上反映了支承件设计的合理性，因此在满足静刚度的前提下，应尽量减小支承构件的质量。

2) 抗振性

抗振性是指材料抵抗受迫振动的能力，它与静刚度、材料阻尼及固有振动频率有关，常用动刚度指标衡量。受振动的振源可能存在于系统内部，如电动机转子或转动部件旋转时的不平衡等，也可能来自设备的外部，例如邻近的机器设备、运行车辆、人员活动以及恒温设备等。当支承构件受到振源的影响时，整个设备振动，使各主要部件及其相互间产生弯曲或扭转，尤其是当振源的振动频率与支承构件的固有振动频率重合时将产生共振，而严重影响机电一体化系统的正常工作和使用寿命。

3）热变形

机电一体化系统工作过程中的摩擦机构、切削机构、电动机、液压系统等热源都会传到设备支承构件中，引起热变形和热应力，从而影响定位精度、传动精度和运动精度等，可采用的措施包指控制温升、加强散热、均衡温度场和采取热补偿装置等。

4）稳定性

稳定性是指零部件长时间保持其几何尺寸和主要表面相对位置精度的能力，为此，对框架类支承构件通常采用时效处理来消除其内应力。常用的时效方法有自然时效和人工时效，人工时效有热处理法、振动法等。振动时效是指将铸件或焊接件在其固有振动频率下，共振 10～40 min 即可，其优点是操作简便，消耗动力小，时效后无氧化皮和尺寸变化，还可消除非金属材料的内应力。

5）其他要求

支承构件的设计应便于制造、装配、维修、排屑等，并具有良好的结构工艺性。

2.8.2　支承件的选择与设计

1. 支承件分类与制造工艺

从形状来分，支承件可以分为三类。

（1）箱体类。这类支承件的三个方向的尺寸相差不大，如各类箱体、底座、升降台等。

（2）板块类。这类支承件在两个方向的尺寸比第三个方向的尺寸大得多，如工作台、刀架等。

（3）梁类。这类支承件在一个方向的尺寸比另两个方向的尺寸大得多，如立柱、横梁、摇臂、滑枕、床身等。

从制造工艺来分，支承件可分为以下几类。

（1）铸造结构。这种结构采用的材料是灰口铸铁，其生产方法为铸造工艺，其生产周期一般较长，适合大、中批量的中、小型产品的生产，其产品的精度等级多为普通精度级和精密级。铸造结构也是最为广泛使用的结构工艺方式。

（2）焊接结构。这种结构采用的材料是钢板和型钢，其生产方法为焊接工艺，其生产周期一般较短，适合单件、小批量的大、中型产品的生产，其产品精度较多为精密级精度和高精度等，市场的适应性很好。支承件可制成封闭结构，刚性好，便于产品更新和结构改进。钢板焊接支承件固有频率比铸铁高，在刚度要求相同的情况下，采用钢材焊接支承件可比铸铁支承件壁厚减少一半，重量减轻 20%～30%。

（3）其他工艺。还有一些其他的结构工艺，如钢与铸铁的复合结构，金属与金属、金属与非金属等复合结构，其使用的范围和产品数量较少。

2. 提高支承件刚度的措施

支承件主要是承受力矩、转矩以及弯扭复合载荷，在弯、扭载荷作用下，支承件的变形与截面的抗弯惯性矩和抗扭惯性矩有关，并且与截面惯性矩成正比。支承件结构的合理设计要求是应在最小重量条件下，具有最大静刚度。支承件的静刚度包括自身刚度、局部刚度和接触刚度。自身刚度包括弯曲刚度和扭转刚度，它取决于支承构件的材料、构造、形状、尺寸和隔板的布置等。局部刚度是指抵抗局部变形的能力，主要取决于受载部位的构造、尺寸以及肋板、肋条的布置。接触刚度是指支承件的接触面在外载荷作用下抵抗接触变形的能力，接触刚度用平均压强与变形之比来衡量。为了提高支承件的静刚度，可以从以下几个方面采取措施：

1）截面形状和尺寸选择

支承件主要是受拉、压、弯、扭力作用。当受简单拉压作用时，变形只和截面积有关，设计时主要根据拉力或压力的大小选择合理的结构尺寸。如果受弯曲和扭转作用，构件变形不但与截面积大小有关，而且与截面形状有关，可通过合理运择截面形状来提高机座的自身刚度。一般来讲，封闭空心截面结构的自身刚度比实心大；无论是实心还是空心的封闭截面，都是矩形的抗弯刚度最大，圆形最小，而抗扭刚度则相反。保持横截面积不变，减小壁厚、增大轮廓尺寸，可提高刚度。封闭截面比不封闭截面的抗扭刚度大得多。

2）壁厚选择

从理论上来说，支承件的壁厚在满足强度、刚度、抗振性等条件下越薄越好，这样可以达到节省材料、降低成本的目的。铸造支承件的壁厚选择取决于强度、材料、铸件尺寸、质量和工艺等因素，壁厚可以先通过经验公式选取，然后可以利用有限元分析等工具进行计算，判断强度、刚度是否满足设计要求。箱体类铸件壁厚的一般预选方法为：首先计算当量尺寸 L_n，再根据表 2-4 选择壁厚尺寸。

表 2-4　箱体铸件壁厚尺寸

当量尺寸 L_n	箱体材料			
	灰铸铁	铸钢	铸铝合金	铸钢
0.3	6	10	4	6
0.75	8	10～15	5	8
1.00	10	15～20	6	—
1.50	12	20～25	8	—
2.00	16	25～30	10	—
3.00	20	30～35	≥12	—
4.00	24	35～40	—	—

表 2-4 中推荐值是铸件最薄部分的壁厚，对于支承面、凸台等应根据强度、刚度以及结构上的需要适当增加壁厚。当量尺寸 L_n 的计算方法为

$$L_n=\frac{2L+B+H}{3} \tag{2-33}$$

式中：L 为铸件长度；B 为铸件宽度；H 为铸件高度。

3）肋板或肋条布置

肋板是指连接支承件四周外壁的内板，它能使支承件外壁的局部载荷传递给相连接的

壁板，使整个支承件各壁板均能承受载荷，从而加强支承件的整体刚度。

当支承件采用全封闭截面或不能采用全封闭截面时，都可增添肋板来提高支承件的自身刚度。例如中、小型车床床身，为了排屑上下都不能封闭，因此常用肋板来连接前后壁板。切削力经三角形导轨作用于前壁，薄壁板的抗弯刚度较低，通过肋板就可把载荷传递到后壁。这样前壁的弯曲转化为整个床身的弯曲，大幅度地提高抗弯刚度。又如龙门机床的床身，虽然截面可以封闭，但尺寸大而壁薄，也在内部设置肋板，把外壁连起来。

肋板布置有纵向、横向和斜向三种基本形式。肋板的布置取决于支承件的受力变形方向。其中，水平布置的肋板有助于提高支承件水平面内的弯曲刚度；垂直放置的肋板有助于提高支承件垂直面内的弯曲刚度；而斜向肋板能同时提高支承件的抗弯和抗扭刚度。采用封闭性肋板结构如三角形、菱形、正方形、X 形等，有助于提高支承件的抗扭与抗弯刚度。图 2－41 为铣床立柱常采用的肋板形式，常采用菱形肋和 X 形肋，菱形肋可以增加箱体相邻面的强度，X 形肋可以增加箱体相对面的强度。

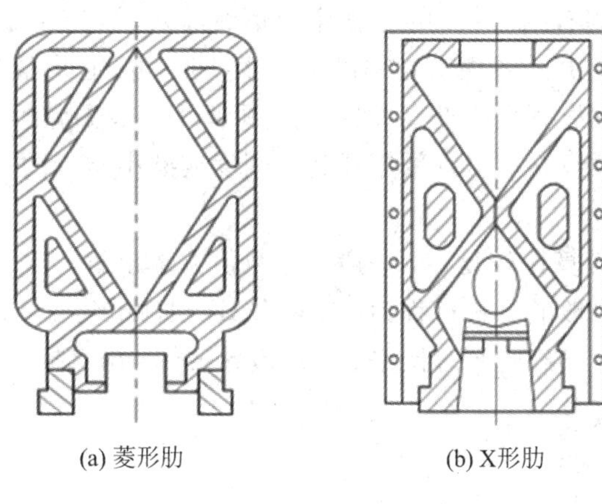

(a) 菱形肋　　(b) X形肋

图 2－41　铣床立柱常采用的肋板形式

4）开孔和加盖

由于结构上或工艺上的要求，例如为了安装机件、清砂、吊装等需要，支承件上常需要开孔，在支承件外壁上开孔会降低抗弯及抗扭刚度，对抗扭刚度的影响更大。设计时应该尽量避免在主要承受力矩的支承壁上开孔。必须开孔时，应靠近支承件几何中心附近。孔宽或孔径以不超过支承件宽度的 0.25 倍为宜，并使孔口边缘适当加厚，工作时加盖，用螺钉上紧，以补偿一部分刚度的损失。

3. 提高支承件抗振性的措施

支承件抗振性与动态特性有关，提高支承件的抗振性措施主要从提高静刚度、改变固有频率、提高阻尼三方面着手，其中提高静刚度措施在前面已介绍过，下面从固有频率和阻尼两个方面来提高支承件的抗振性。

1）改变阻尼特性

改变支承件的阻尼特性一般通过以下几种手段：

（1）采用具有阻尼性能的焊接结构，利用接合面间的摩擦阻尼来减小两焊接件之间留有的贴合而未焊死的表面，在振动过程中，两贴合面之间的相对摩擦起阻尼作用，使振动减小，可采用间断焊缝、减振接头等来加大摩擦阻尼。

(2) 在支承件内腔中充填泥心、混覆土或高黏度的润滑油等具有高内阻尼的材料，振动时利用相对摩擦来耗散动能量。对于焊接支承件，在内腔中填充混凝土减振；对于铸铁支承件，件内砂芯不清除，或在支承件中填充型砂或混凝土等阻尼材料，可以起到减振作用。如有些机床床身和主轴箱，为增大阻尼、提高动态特性，将铸造砂芯封装在箱内。

(3) 采用阻尼涂层，对弯曲振动结构，尤其是薄壁结构，在其表面喷涂具有高内阻尼的黏滞弹性材料，如沥青基制成的胶泥碱剂、高分子合物和油漆腻子等，或采用石墨纤维约束带和内阻尼高、切变模量极低的压敏式阻尼胶等，涂层愈厚，阻尼愈大。

2) 改变固有频率

固有频率是指某种物质特有的固定振动频率。每种物质都会振动，但因为物质中微观粒子的差异性，每种物质的振动频率都不同。物质在一定频率的外力作用下会以该外力的频率振动，在物理学上叫受迫振动，但因为会消耗能量，所以受迫振动的振幅会逐渐变小。当外力的频率与物质的固有频率相同时，振幅会达到最大，即发生了共振。

支承件固有频率应避开外界振动频率以免发生共振，发生共振时，振幅增大，会影响系统的精度。支承件的固有频率应远离外界干扰频率，一般振源的频率较低，故应提高支承件的固有频率，避开共振区，可以采用提高静刚度或减小质量的方法来提高支承件的固有频率。

支承件的固有频率计算比较复杂，一般通过数值方法求解，常采用的方法是采用有限元分析软件进行分析。一般的分析过程为：先在 CAD 软件中建立支承件的三维模型，之后导入有限元分析软件中，再经过划分网格、设定边界条件、选定振动模式、求解过程，最后输出分析结果，得到固有频率。

4. 支承件材料的选择

支承件的重量在机械系统中占有很大比重，因此合理选择材料可降低制造成本。支承件常用的材料有铸铁、型钢、天然花岗岩、预应力钢筋混凝土、树脂混凝土等。

1) 铸铁

铸铁的铸造性能好，内摩擦力大，阻尼系数大，振动衰减性能好，成本低，成型性能好。但铸件需要木模芯盒，制造周期长，有时会产生缩孔、气泡等缺陷，成本高，适于成批生产，常用于制造支承件的铸铁牌号有 HT200、HT150、HT100。HT200 抗压抗弯性能较好，可制成带导轨的支承件，不适宜制作结构太复杂的支承件。HT150 流动性好，铸造性能好，但力学性能较差，适用于制作形状复杂的铸件以及受力不大的床身和底座。HT100 力学性能差，只用于制造镶装导轨的铸铁支承件。铸造支承件要进行人工或自然时效处理，以消除内应力。

2) 预应力钢筋混凝土

预应力钢筋混凝土主要用于制作不经常移动的大型机械的机身、底座、立柱等支承件。混凝土的比重是钢的 1/3，弹性模量是钢的 1/10～1/15，刚度和阻尼比铸铁大几倍，抗振性好，成本较低，适用于制造受载均匀、截面积大、抗振性要求较高的支承件。采用钢筋混凝土可节约大量钢材，降低成本；但缺点是脆性大，耐腐蚀性差，容易渗油导致材质疏松，所以表面应进行喷漆或喷涂塑料。

3）天然花岗岩

天然花岗岩性能稳定，精度保持性好，抗振性好，阻尼系数是钢的 15 倍，耐磨性比铸铁高 5～6 倍，导热系数和线膨胀系数小，热稳定性好，抗氧化性强，不导电，抗磁，与金属材料不粘合，加工方便，通过研磨和抛光容易得到很高的精度和表面粗糙度。目前用于三坐标测量机、气浮导轨基座等精密设备中。缺点是结晶颗粒粗，抗冲击性能差，油和水等液体易渗入晶界中，使表面局部变形胀大，难于制作复杂的零件。

4）树脂混凝土

树脂混凝土是制造支承件的一种新型材料，它是用树脂和稀释剂代替水泥和水，将骨料固结成为树脂混凝土，也称人造花岗岩。树脂混凝土的特点是刚度高，具有良好的阻尼性能，阻尼比为灰铸铁的 8～10 倍，抗振性好；热容量大，热传导率低，导热系数为铸铁的 1/25～1/40，热稳定性高，其构件热变形小；密度为铸铁的 1/3，质量轻；可获得良好的几何形状精度，表面粗糙度也较低；对切削油、润滑剂、冷却液有极好的耐腐蚀性；与金属黏结力强，可根据不同的结构要求预埋金属件，使机械加工量减少，降低成本；生产周期短，工艺流程短；浇铸出的床身静刚度比铸铁床身提高了 16%～40%。

5. 减小支承件的热变形

机器工作时，金属切削、电动机运行、液压系统工作和机械摩擦都会产生热量，支承件受热以后，形成不均匀的温度场，产生不均匀的热膨胀，从而产生热变形。热变形是影响加工精度的重要因素之一，热变形对精密机床、自动机床及重型机床加工精度的影响很大，应设法减少热变形，特别是不均匀的热变形。为了降低热变形对机器精度的影响，可采取如下措施：

1）温升控制

机器运转时，机械摩擦、电动机、液压系统等都会发热。采取导热、散热措施可以有效降低机器温升。例如适当加大散热面积，设置风扇、冷却器等。此外，还可以采用分离或隔绝热源的措施，例如把主要热源(电动机、电气箱、液压油箱、变速箱)与机床分离，移到与机床隔离的地基上；在液压马达、液压缸等热源外面加隔热罩以减少热源的热量辐射等。

2）温度场控制

对加工精度起重要影响的因素不仅是温升还有温度场分布，它是指温度的梯度与温度场相对于主轴的对称性分布。例如主轴部件的温升比较高，但是其温度场的分布比较均匀，主轴系统每个点上的温差比较小，主轴上温度的梯度也就小，因而由温升引起的误差很小。在设计时主要是要使支承件的温度场分布均匀，减少变形。

3）热对称结构设计

热对称结构设计是指在对整体结构布局及其零部件结构设计时，尽量使零部件的热源、散热面积、导热途径和零件的质量等对称分布，并同时达到几何形状、支承、刚度对称于其中间面或中间轴，以减少零部件的热变形，同时保持热变形后机床敏感精度的中心位置不变。

4）热补偿

因发热而导致的误差即所谓的热变形误差，该误差可以采用一些措施进行补偿。热补偿的基本方法是在热变形的相反方向上采取措施，以产生相反的热变形，使两者之间的影响相互抵消，减少综合热变形。例如，FANUC数控系统采用了外部机床坐标系偏置功能，将数学模型所预报的热误差通过外部机床坐标系的偏置加到位置伺服环的控制信号中以实现热误差的实时补偿，该方法对原有系统不产生任何影响，补偿效果较好。

习题与思考题

2-1　什么叫产品功能？它是如何分类的？

2-2　什么叫功能分解、功能求解？如何进行产品的功能求解？

2-3　什么叫总体设计？总体设计有什么要求？

2-4　传动链的作用是什么？运动的基本形式有哪些？复杂运动的实现方式有哪几种？

2-5　试述齿轮传动系统中齿轮传动比确定的基本步骤。

2-6　齿轮传动系统的设计有哪几种设计原则，具体是如何实现的？

2-7　齿轮传动装置有什么特点？齿轮传动间隙调整方法有哪几种？分别是如何调整的？

2-8　滚珠丝杠传动有什么特点？滚珠丝杠有哪几种结构形式，有什么特点？

2-9　滚珠丝杠的选用应考虑哪几个方面的因素？

2-10　简述滚珠丝杠选型的基本步骤。

2-11　同步齿形带传动有什么特点？主要参数有哪些？举例说明它应用于哪些场合？

2-12　主轴结构有哪几种形式？各有什么特点？

2-13　主轴支承采用的轴承支承形式有哪几种？各有什么特点？

2-14　导轨有什么基本要求？导轨有哪几种组合形式，其特点分别是什么？

2-15　常用的导轨材料有哪几种？各有什么特点？

2-16　导轨防护的目的什么？常用的导轨防护形式有哪几种？

2-17　直线滚动导轨有什么特点？导轨选型的基本步骤是什么？

2-18　支承件的作用是什么？有什么要求？

2-19　支承件分为哪几种类型？它的制造工艺有哪几种？

2-20　提高支承件刚度的措施有哪些？提高支承件抗振性的措施有哪些？

2-21　热变形对机床精度有什么影响？减小支承件热变形的措施有哪些？

第 3 章　伺服驱动系统与执行元件

3.1　伺服驱动系统的组成、要求及分类

3.1.1　伺服驱动系统的组成

机电一体化系统的伺服驱动单元也称为伺服驱动系统。伺服(Servo)是 Servo Mechanism 一词的简写，是指系统跟随外部指令实现人们所期望的运动，而其中的运动要素包括位置、速度和力矩等物理量。伺服驱动系统最初用于航空航天、军工等，如火炮的控制、船舰及飞机的自动驾驶、导弹发射等，后来逐渐推广应用到其他行业，如自动机床、无线跟踪控制等。

伺服驱动系统又称随动系统，它能够使物体的位置、方位、状态等输出跟随输入目标变化。它的主要功能是按控制命令的要求，对功率进行放大、变换、调控等处理，使驱动装置灵活地输出力矩、速度和位置。

从自动控制理论角度来看，伺服驱动系统一般由比较环节、控制器、执行元件、被控对象、检测装置五个部分组成，如图 3-1 所示。

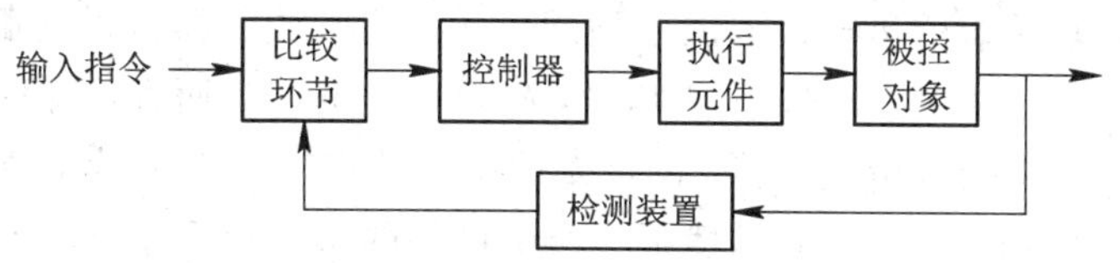

图 3-1　伺服驱动系统的组成

(1) 比较环节。比较环节是将输入的指令信号与系统的反馈信号进行比较，以获得输出与输入的偏差信号，通常由专门的电路或计算机来实现。根据比较的对象不同，比较环节又分为位置比较、速度比较、电流比较等。

(2) 控制器。控制器一般是由计算机或控制电路组成，其主要任务是对比较环节输出的偏差信号进行变换处理，控制执行元件按要求动作。

(3) 执行元件。执行元件的作用是按控制信号的要求，将输入的不同形式的能量转化成机械能，驱动被控对象工作。机电一体化系统中的执行元件一般指各种电机、液压、气动伺服机构等。

(4) 被控对象。被控对象是指伺服驱动系统控制的对象。机电一体化系统中的被控对象形式较多，例如数控机床的工作台与主轴，工业机器人的手臂、手腕、抓手等。

(5) 检测装置。检测装置的作用是对被控对象的输出进行测量并将其转换成比较环节所需量纲的装置，通常由传感器和转换电路组成。根据检测对象的不同又分为位置检测、速度检测、力矩检测等，分别采用位置、速度、力矩传感器实现。

3.1.2　伺服驱动系统要求

在大多数情况下，伺服驱动系统是指被控制量为机械位移或者为速度、加速度的反馈控制系统，其作用是使输出的机械位移(或转角)准确地跟踪输入机械位移(或转角)指令，其结构组成和其他形式的反馈控制系统没有本质上的区别。机电一体化系统对伺服驱动系统的基本要求有如下几点：

(1) 稳定性。机电一体化系统应具有较好的稳定性能。稳定性是指作用在系统上的扰动消失后，系统能够恢复到原来稳定状态下运行，或者在输入指令信号作用下系统能够达到新的稳定运行状态的能力。一个稳定系统在给定输入或外界干扰作用下，能在短暂的调节过程后到达新的或者回复到原有的平衡状态。稳定性与伺服驱动系统的机械结构、电气元件组成有关。

(2) 伺服精度。伺服精度是指输出量能跟随输入量的精确程度。伺服精度是反映伺服驱动系统性能的重要指标之一，它取决于控制器的控制策略，即检测精度、执行元件等。伺服精度影响系统的定位精度、重复定位精度、轮廓加工精度等。

(3) 快速响应性。快速响应性有两方面含义，一是指动态响应过程中输出量跟随输入指令信号变化的迅速程度，二是指动态响应过程结束的迅速程度。快速响应性是衡量伺服驱动系统动态性能的指标之一，即要求跟踪指令信号的响应速度要快。一方面要求过渡过程的时间要短，一般在200 ms以内，甚至小于几十毫秒；另一方面，为了满足超调要求，要求过渡过程的前沿陡，即上升率要大。

(4) 可靠性。可靠性是指伺服驱动系统在规定的条件下和规定的时间内实现所要求功能的能力。伺服驱动系统的可靠性取决于伺服电机、伺服放大器以及伺服电源的可靠性。可靠性指标可用平均无故障工作时间来衡量，对可修复的产品而言，指两个相邻故障的平均时间间隔，它是一个统计数据。系统的可靠性是设计出来的而不是制造出来的，如果设计本身不可靠，即使制造质量再好仍然是一个不可靠的系统；反过来，可靠的设计必须依赖于可靠的制造过程才能制造出可靠的系统。一般情况下，经过质量保证体系认证的企业制造的产品质量能够较好满足产品可靠性要求。

3.1.3　伺服驱动系统的分类

伺服驱动系统的分类方法较多，常见的分类方法如下：

1) 按被控量的类型分类

按被控量的类型不同，伺服驱动系统可分为位移、速度、力矩等伺服驱动系统。此外，还可以按温度、湿度、磁场、光等被控量进行分类。

2) 按驱动元件的类型分类

按驱动元件的不同伺服驱动系统可分为电气伺服驱动系统、液压伺服驱动系统、气动伺服驱动系统。电气伺服驱动系统根据电机类型的不同又可分为直流伺服驱动系统、交流伺服驱动系统和步进伺服驱动系统。

3) 按控制类型分类

按控制类型的不同，伺服驱动系统可分为开环控制伺服驱动系统、闭环控制伺服驱动系统和半闭环控制伺服驱动系统。

(1) 开环控制伺服驱动系统。开环控制伺服驱动系统的组成如图 3-2 所示。开环控制伺服驱动系统是没有位置和速度反馈的系统，其驱动元件一般为步进电机或液压脉冲马达，这两种驱动元件的工作原理实质是数字脉冲到角度位移的变换，它不用位置检测元件实现定位而是靠驱动装置本身，转过的角度正比于指令脉冲的个数，转动速度由控制脉冲频率决定。开环控制伺服驱动系统的结构简单，易于控制，但精度差，低速运动不平稳，扭矩小，一般用于轻载、负载变化不大的场合，例如经济型数控机床。

(2) 半闭环控制伺服驱动系统。半闭环控制伺服驱动系统组成如图 3-3 所示。位置或位移检测元件不是直接安装在最终的执行元件上，而是安装在中间传动元件上，例如电机的旋转轴，反馈得到的位置或位移量不是最终执行元件的位置或位移量，而是通过间接测量得到的。半闭控制伺服驱动系统的运动传动链有一部分在位置环以外，例如联轴器、滚珠丝杠。由于在环外的传动误差没有得到系统的补偿，因此这种伺服驱动系统的精度低于闭环控制伺服驱动系统。

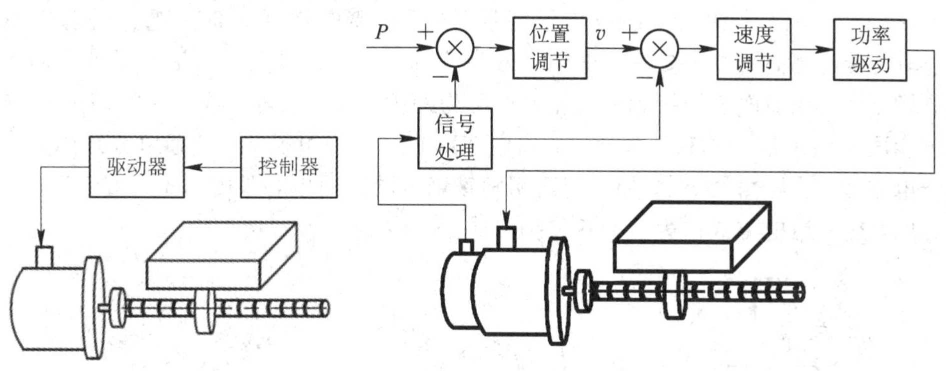

图 3-2　开环控制伺服驱动系统　　图 3-3　半闭环控制伺服驱动系统

(3) 闭环控制伺服驱动系统。闭环控制伺服驱动系统组成如图 3-4 所示。闭环控制伺服驱动系统的位置检测元件直接安装在最终执行元件上，因此它能够检测出最终执行元件的实际位移量或者实际所处的位置，并将测量值反馈给控制器，与指令进行比较，构成位置闭环控制。闭环控制伺服驱动系统的控制精度高，控制系统相对复杂，成本高。

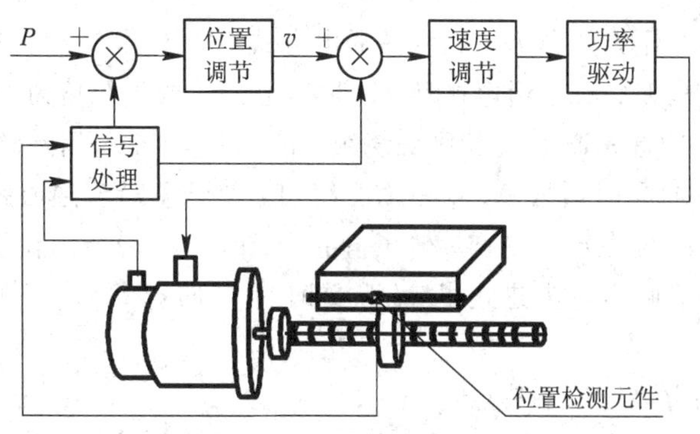

图 3-4　闭环控制伺服驱动系统

3.2　步进电机及驱动

3.2.1　步进电机工作原理

步进电机也叫脉冲电动机，是把电能转换为机械能的一种驱动元件，它是利用电磁学原理将电脉冲信号转换成机械角位移的执行元件。当电动机绕组接收一个电脉冲，转子就转过一定角度，称为步距角。早在 20 世纪 20 年代就开始使用这种电机，随着嵌入式系统的日益流行，步进电机开始得到广泛应用。

1. 工作原理

下面以三相步进电机为例说明步进电机的工作原理。如图 3-5 所示，在电机定子圆周方向上分布有 6 个磁极，相对的一对磁极称为一相，即有 A 相(A-A′)、B 相(B-B′)、C 相(C-C′)，其磁极上绕有电磁绕组。转子上均匀分布 4 个齿，当 A、B、C 相绕组依次通电时，则 A、B、C 相三对磁极依次产生磁场吸引转子转动。若单位时内通入的脉冲数量越多，电动机转速越高，如果按 A→B→C→A 顺序通电时，步进电机将沿逆时针方向一步一步地转动。从一相通电换切换到另一相通电称为一拍，每一拍转子转动一个步距角。步进电机的三相励磁绕组依次单独通电运行，通电三次为一个通电循环，这通电方式称为三相单三拍通电方式，步距角为 30°。如果使两相励磁绕组同时通电，即按 AB→BC→CA→AB→顺序通电，这种通电方式称为三相双三拍方式。

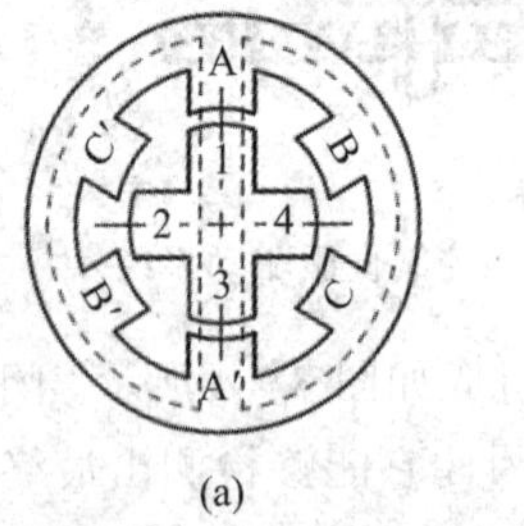

(a)

(b)

(c)

图 3-5　三相步进电机工作原理

此外，还有一种工作方式称为三相六拍通电方式，即按照 A→AB→B→BC→C→CA→A 顺序通电，通电六次完成一个通电循环，这种通电方式的步距角为 15°。其工作过程如图 3-6 所示。若将电脉冲首先通入 A 相励磁绕组，转子 1、3 与 A 相磁极对齐，如图 3-6(a)所示。然后再将电脉冲同时通入 A、B 相励磁绕组，使转子沿着逆时针方向转动，当转过 15°时，A、B 两相的磁拉力正好平衡，转子静止于图 3-6(b)所示位置。如果继续按 B→BC→C→CA→A 顺序通电，步进电机就沿逆时针方向以每步 15°的步距角一步一步转动。

步进电机在结构上具有以下特点：

(1) 步进电机的工作状态不易受各种因素干扰，例如电源电压的波动、电流的大小与波形的变化、湿度等影响，只要它们的大小不引起步进电机产生丢步，就不影响其正常工作。

(2) 步进电机的步距角有误差，转子转过一定步数也会出现累积误差，但转子转过一转以后，其累积误差变为零，因此不会长期积累。

(3) 控制性能好，在启动、停止、反转时不易丢步。因此，步进电机可以应用于开环控制的机电一体化系统，使系统简化，并且可获得较高的位置精度。

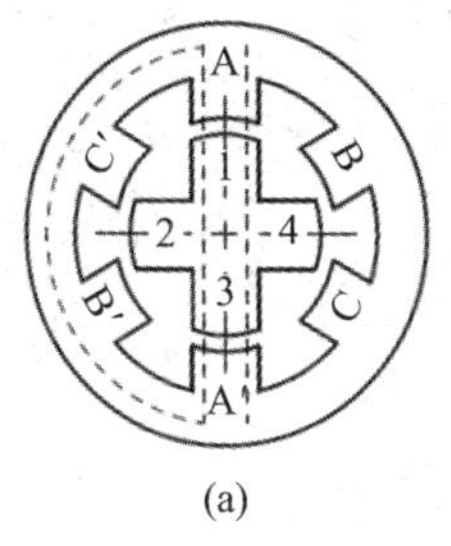

(a)

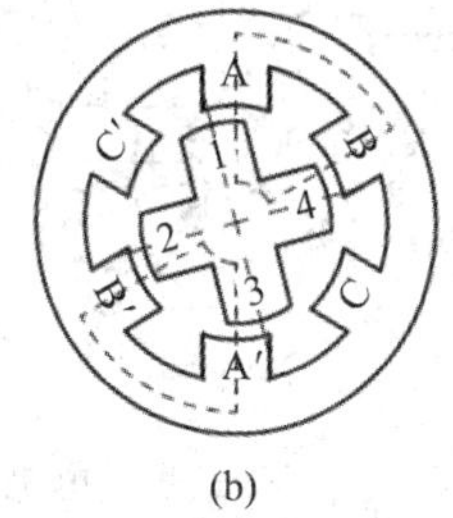

(b)

(c)

图 3-6　三相六拍工作方式

2. 步进电机类型

步进电机可从不同角度进行分类，根据运动形式可分为旋转式步进电机和直线步进电机；根据励磁相数可分为三相、四相、五相、六相步进电机；根据其结构形式可分为反应式、永磁式和混合式三种类型。

1) 反应式步进电机

反应式步进电机又称为可变磁阻式、VR型步进电机，电机截面结构如图3-7所示，由定子、转子、绕组组成。定子与转子都由软磁材料制造，在定子上嵌有线圈，通电后转子向着定子与转子之间磁阻最小的位置转动，由此而得名可变磁阻式。该类电动机的转子结构简单，转子直径小，响应快。由于反应式步进电机的铁芯无极性，故不需改变电流极性，因此多为单极性。该类电动机的定子与转子为非永久磁铁，因此断电后转子与定子之间没有保持力，动态性能差，效率低，发热大，可靠性难保证。

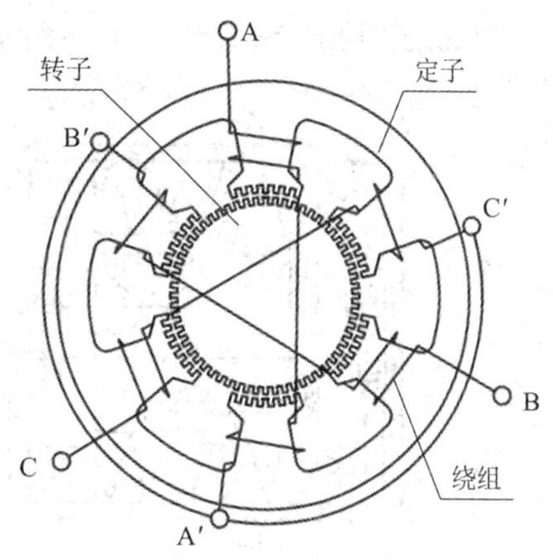

图 3-7　反应式步进电机结构

2) 永磁式步进电机

永磁式步进电机又称为PM型步进电机，其结构如图3-8所示，由定子、转子、绕组组成。转子用永磁材料制成，定子采用软磁材料制成。给定子、绕组轮流通电，定子产生的电磁场与转子永久磁铁的恒定磁场相互吸引或排斥而产生转矩。由于永磁式步进电机的转子采用了永久磁铁，定子绕组断电后也能保持一定转矩，故具有记忆能力，可用于定位驱动。但由于转子磁铁的磁化间距受到限制，制造困难，故步距角一般较大。此外，永磁式步进电机所需的励磁功率小、效率高、造价低，与反应式步进电机相比输出转矩大，转子惯量较大。

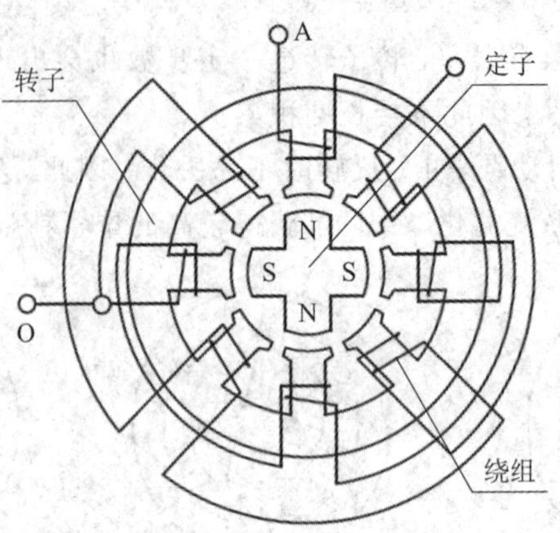

图 3-8　永磁式步进电机结构

3）混合式步进电机

混合式步进电机又称为 HS 型步进电机，它综合了反应式和永磁式步进电机的优点，结构如图 3-9 所示。定子上有多相励磁绕组，转子采用永磁材料，但从定子和转子的导磁体来看，又和可变磁阻式相似，所以是永磁式和可变磁阻式相结合的一种形式，转子和定子上均有多个小齿以提高步距精度。其特点是输出力矩大、动态性能好，步距角小，但结构复杂、成本相对较高。混合式与永磁式多为双极性励磁，定子与转子都采用了永久磁铁，所以无励磁时具有保持力。另外，励磁时的静止转矩都比 VR 型步进电机大。

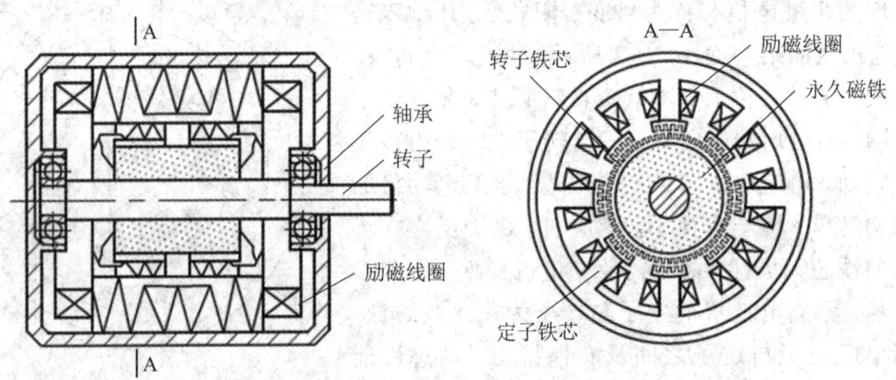

图 3-9　混合式步进电机结构

3.2.2　步进电机驱动技术

步进电机运行需要一套驱动系统，主要由脉冲分配器和功率放大器两部分组成，如图 3-10 所示。脉冲分配器的作用是将控制器送来的脉冲信号及方向信号按要求的驱动方式供给电动机各相绕组，以驱动电机转子正反向旋转。功率放大器的作用是把脉冲信号进行放大，提供足够的动力驱动步进电机运行。为了驱动方便，现在多把脉冲分配器与功率放大器两个功能集成在步进电机驱动器中。

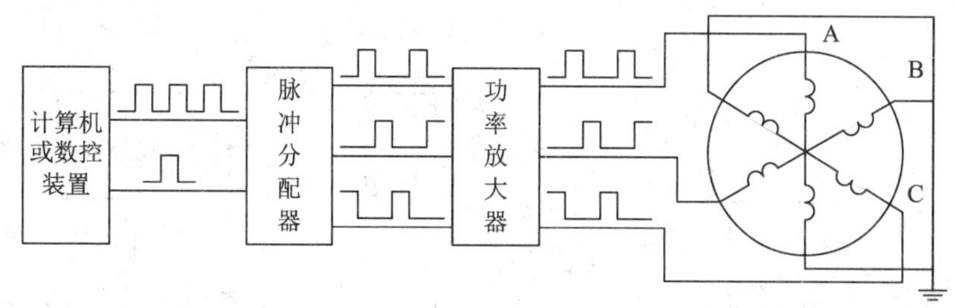

图 3-10　步进电机驱动系统组成

1. 脉冲分配器

脉冲分配器将计算机或数控装置发出的脉冲信号和方向信号按步进电机所需要的通电方式分配给各相输入端，用来控制励磁绕组的开(通)和关(断)。实现控制脉冲分配的方法有软件分配和硬件分配两种形式。

2. 功率放大器

从计算机输出或分配器输出的信号脉冲电流一般只有几个毫安，其功率不足以直接驱动步进电机运行，因此需要采用功率放大器将脉冲信号的电流进行放大，使其放大为几个至十几安培，从而能够驱动步进电机运行。步进电机驱动常用的功率放大电路有单电压驱动功率放大电路、高低压驱动功率放大电路、斩波恒流功率放大电路、调频调压功率放大电路等。

单电压驱动功率放大电路采用单一电源进行功率放大。图 3-11 所示为三相步进电机中 A 相绕组的功率放大电路，其他相与它相同。功率放大器输入端与脉冲分配器输出相连。在没有脉冲输入时，功率晶体管 VT_1 和 VT_2 均截止，绕组中无电流通过，电动机不转。当 A 相通电时，电动机转动一步。当脉冲依次加到 A、B、C 相三个输入端时，三组放大器分别驱动不同的绕组，使电动机一步一步地转动，电路中与绕组并联的二极管 VD_1 起续流作用，即在功放管截止时，使存在绕组中的能量通过二极管形成电流回路进行释放，从而保护功放管。

高低压驱动功率放大电路采用高低压两种电压驱动，有较好的驱动效果，工作原理如图 3-12 所示。在没有脉冲信号输入时，$VT_1 \sim VT_4$ 均截止，步进电机绕组中没有电流通过，电机静止。在有脉冲输入时，VT_1、VT_2、VT_4 饱和导通，在 VT_2 导通期间，集电极电流使变压器 T_1 的初级绕组一侧电流急剧增加，在 T_1 的次级绕组一侧产生一个电压，使 VT_3 导通，高压电源 U_2 通过 VT_3 加到绕组 L_1 上，使电机绕组电流迅速上升，当 VT_2 进入稳定状态后，T_1 初级绕组侧电流暂时恒定，无磁通量变化，次级绕组侧感应电压为零，VT_3 截止。这时，低压电源 U_1 经 VD_1 施加到电动机绕组 L_1 上并维持绕组中的电流。脉冲输入结束后 $VT_1 \sim VT_4$ 又截止，储存在 L_1 中的能量通过 R_6 电阻和 VD_5 放电。由于脉冲输入开始时采用高压驱动，因此绕组中电流增长加快，脉冲电流前沿变陡，电动机输出转矩增大，运行频率提高。

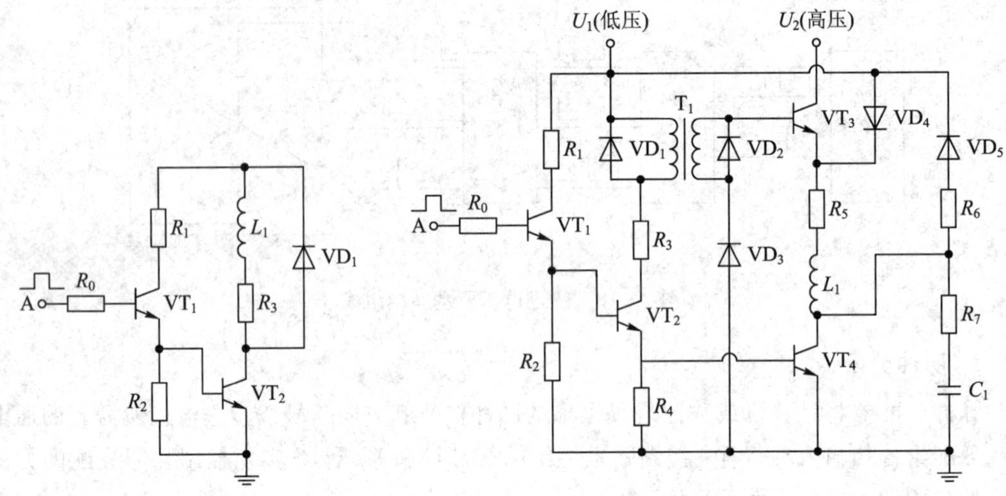

图 3－11　单电压功率放大电路　　　　图 3－12　高低压功率放大电路

3. 驱动细分技术

步进电机细分技术是 20 世纪 70 年代中期发展起来的一种可以显著改善步进电机综合使用性能的驱动控制技术。步进电机通过细分驱动器驱动，其步距角就会变小。例如驱动器工作在 10 细分状态时，其步距角只为步进电机固有步距角的十分之一，即当驱动器工作在不细分的整步状态时，控制器每发一个脉冲，电机转动 1.8°；而用细分驱动器驱动，工作在 10 细分状态时，步进电机只转动了 0.18°。细分功能在驱动器中是通过精确控制电机的相电流产生的结果，而与步进电机本身结构无关。

步进电机驱动中采用细分的主要目的是提高电机的运转精度，实现步进电机步距角的高精度细分。其次，细分技术的附带功能是减弱或消除步进电机的低频振动，低频振动是步进电机，尤其是反应式电机的固有特性，而细分是消除它的唯一途径。如果步进电机需要在共振区工作，那么选择细分驱动器是唯一的选择。步进电机细分驱动常用的细分方式有半拍步进法、PWM 脉冲分解法等。

1）半拍步进法

半拍步进法是在对步进电机的步距角进行细分时，对步进电机的通电方式进行改变，例如将四相混合式步进电机的四拍通电逻辑顺序改变为八拍通电逻辑顺序，从而使步距角缩小为原来的一半。

2）PWM 脉冲分解法

PWM 脉冲分解法是利用单片机产生的脉冲宽度可调制波使原来的一个矩形脉冲波分解成阶梯波形。若设原来阶梯波的角度为 α，则阶梯波的步距角应为 α/n，其中 n 为阶梯波的个数。其优点是在阶梯波驱动步进电机的时候，能通过单片机产生的 PWM 波灵活地改变输出脉冲的高低和长短，从而可以实现对步进电机的柔性控制和对大功率步进电机的驱动。

例如，日本山社公司 MA－2280 步进电机驱动器可设置 16 种细分值，分别为 200、400、800、1600、3200、6400、12800、25600、1000、2000、4000、5000、8000、10000、20000、25000，细分值在驱动器上用 4 位拨码开关设定。另外，它的细分值还可以根据要求定制，内部细分插补技术也可以选择。

3.2.3　步进电机特性

1. 步距角

步距角是指控制器发出一个脉冲步进电机转子转过的角位移，步距角越小，分辨力越高。步距角计算公式为

$$\alpha=\frac{360^{\circ}}{kmz} \tag{3-1}$$

式中：m 为步进电机相数；z 为电机转子齿数；k 为通电方式系数，单相或双相通电时，$k=1$，单双相轮流通电时，$k=2$。

2. 静态特性

静态特性是指步进电机在静止时的角度变化特性，包括矩-角特性、最大静转矩及静态稳定区。

(1) 矩-角特性。如图 3-13(a)所示，如果在空载状态下，在步进电机转子上施加一个负载转矩 T_L，则转子齿的中心线与定子齿的中心线将错过一个角度 θ_e 才能重新稳定下来，此时转子上的电磁力矩 T_j 与负载转矩 T_L 相等，T_j 称为静态转矩，θ_e 为失调角。失调角 θ_e 与静态转矩 T_j 的关系曲线称为矩-角特性曲线，如图 3-13(b)所示。

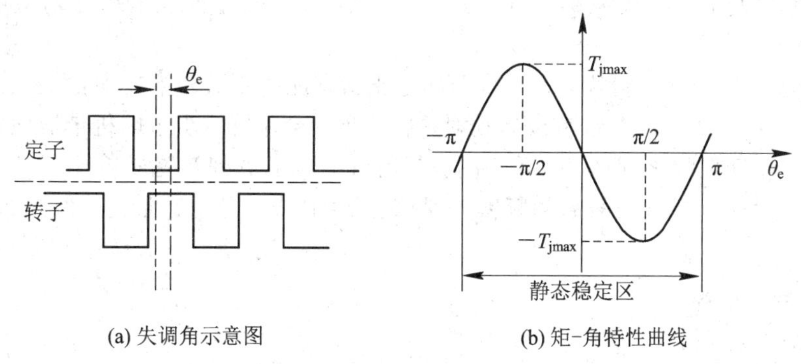

(a) 失调角示意图　　(b) 矩-角特性曲线

图 3-13　步进电机静态特性

(2) 最大静转矩。当 θ_e 为 $\pm 90^{\circ}$ 时，静态转矩 T_j 达到最大值，称为最大静转矩，用 T_{jmax} 表示。电机静转矩越大，自锁力矩越大，静态误差就越小。步进电机说明书中标注的最大静转矩就是指在额定电流下的 T_{jmax}。

(3) 静态稳定区。当失调角 θ_e 在 $-\pi$ 到 $+\pi$ 的范围内，若去掉负载转矩 T_L，转子仍能回到初始的平衡位置。因此，$-\pi<\theta_e<+\pi$ 区域称为步进电机的静态稳定区。

3. 动态特性

动态特性是指步进电机启动和旋转时的特性，它直接影响系统的快速响应、工作可靠性。动态特性包括动态稳定区、启动转矩、矩-频特性、惯-频特性等。

(1) 动态稳定区。步进电机从 A 相通电状态切换到 B 相(或 AB 相)通电状态时，不会引起丢步的区域称为动态稳定区。图 3-14(a)为三相步进电机在三相三拍工作方式下各相的矩-角特性曲线，图 3-14(b)为三相步进电机在三相六拍工作方式下各相的矩-角特性曲

线。由于每一相的矩-角特性曲线依次错开一个相位角，故步进电机在工作拍数越多的运行方式下，其动态稳定区就接近于静态稳定区，裕量角 θ_r 也就越大，越不容易丢步。

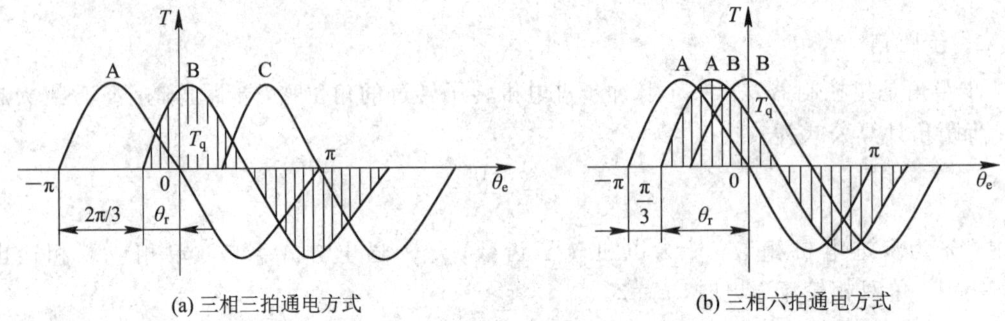

图 3-14　三相步进电机的矩-角特性曲线

(2) 启动转矩。A 相与 B 相的矩-角特性曲线相交处所对应的转矩称为启动转矩 T_q，它表示步进电机单相励磁时所能带动的极限负载转矩。启动转矩常与电机的相数和通电方式有关，相数与工作节拍越多，电机所能够承受的启动转矩越大。例如，如图 3-14(b)所示的三相六拍通电方式的启动转矩就比如图 3-14(a)所示的三相三拍通电方式的启动转矩要大。

(3) 矩-频特性。步进电机在连续运行时所能接受的最高连续频率称为最高运行频率，用 f_{max} 表示。电机在连续运行状态下，输出的电磁转矩随控制频率的提高而下降，这种转矩与控制频率之间的变化关系称为连续运行矩-频特性，与不同控制频率对应的输出转矩称为动态转矩。

(4) 惯-频特性。在空载状态下，转子从静止状态能够不丢步启动时的最大频率称为空载启动频率，用 f_q 表示，在带负载启动时，启动频率会下降。步进电机带惯性负载时的启动频率与负载转动惯量之间的关系称为惯-频特性。为了更好地选择合适的步进电机，电机说明书中一般都会提供空载启动频率与惯-频持性曲线以及空载最高连续运行频率与矩-频特性曲线。

4. 步进电机的特点

步进电机具有如下特点：

(1) 步进电机受数字脉冲信号控制，输出角位移与输入脉冲数成正比。

(2) 步进电转速与输入脉冲频率成正比。

(3) 步进电机的转向可以通过改变通电顺序来改变。

(4) 步进电机具有自锁能力，如停止输入，只要维持绕组供电，电机可以保持在当前位置。

(5) 步进电机工作状态不易受电源电压的波动、电流的大小与波形的变化、温度等因素影响，只要干扰未引起步进电机产生丢步，就不会影响其正常工作。

(6) 步进电机的步距角存在制造误差，转子转过一定步数以后也会出现累积误差，但转子每转过一转以后，其累积误差为零，不会长期积累。

3.2.4　步进电机选型与计算

1. 步进电机选型

1) 步距角选择

步进电机的步距角精度将会影响开环系统的精度，步距角由系统的脉冲当量、传动比等因素来决定。例如某机床的脉冲当量，在传动系统中步进电机输出通过齿轮、丝杠螺母机构传动到工作台，那么就要根据脉冲当量、传动比以及丝杠螺距等参数确定步距角。步进电机最常见的步距角有0.6°/1.2°、0 .75°/1.5°、0.9°/1.8°、1°/2°、1.5°/3°等，但并非任意值，所以在设计时需要通过调整齿轮的传动比、丝杠螺距等参数选择到合适的步距角。

2）转矩与惯量选择

步进电机的物理结构完全不同于交流、直流电机，它的输出转矩是可变的。步进电机的输出转矩与转速成反比，在每分钟几百转或更低转速下其输出转矩较大，在高速旋转状态的转矩就会下降。

为了使步进电机具有良好的启动性能及较快的响应速度，通常要做到负载转动惯量与电动机转子的转动惯量相互匹配，即满足：

$$\frac{T_L}{T_{jmax}} \leqslant 0.5,\ \frac{J_L}{J_m} \leqslant 4 \tag{3-2}$$

式中：T_{jmax} 为步进电机的最大静转矩（N · m）；T_L 为折算到电动机轴上的负载转矩；J_m 为步进电机转子的转动惯量；J_L 为折算到步进电机转子轴上的等效转动惯量。

3）启动频率确定

由于步进电机的启动惯-频特性曲线是在空载下做出的，检查其启动能力时应考虑负载对启动转矩的影响，即从启动惯-频特性曲线上找出带惯性负载的起动率，然后再查找启动转矩并计算起动时间。当在启动惯-频特性曲线上查不到带惯性负载的最大启动频率时，可用下式进行估算：

$$f_L = \frac{f_m}{\sqrt{1 + J_L / J_m}} \tag{3-3}$$

式中：f_L 为带惯性负载的最大启动频率；f_m 为电机最大空载启动频率；J_m 为电机转子的转动惯量；J_L 为折算到电机转子轴上的负载转动惯量。

4）电机类型选择

空载启动频率是选购步进电机很重要的一项指标。如果要求在瞬间频繁启动、停止，并且转速在1000 r/min左右或更高，最好选择反应式或永磁式步进电机，因为这些电机的空载启动频率比较高，如果要考虑到综合性能一般选择混合式类型。

5）电机相数选择

步进电机的相数多少对电机的运行特性会产生一定的影响，相数越多步距角就能够越小，工作时的振动相对较小。大多数场合选用两相、三相、五相混合式步进电机，如果用在高速大力矩的工况下，则选择三相步进电机比较合适。

2. 步进电机品牌选择

目前，在机电一体化系统中常用的步进电机品牌有日本的信农、安川、山社以及国产的北京东方等。例如北京东方的二相混合式步进电机的型号有42、57、86、110、130系列，三相混合式步进电机型号有57、86、110系列等。步进电机说明书提供的参数主要有步距角、相电压、相电流、最大静转矩、空载启动频率曲线、电感、电阻、引线数、外形尺寸、电机重量、转子转动惯量等。

3. 步进电机选型实例

例 3-1　图 3-15 所示为数控车床 z 轴的传动系统，采用步进电机驱动，已知工作台的重量为 $W_T=250$ kg，拖板与导轨之间的摩擦系数 $\mu=0.06$，车削时最大切削载荷 $F_z=2000$ N，y 向的切削分力为 $F_y=4000$ N，要求最大工进速度 $v_f=500$ mm/min，最大快进速度 $v_s=3000$ mm/min，滚珠丝杠的直径为 $d_0=32$ mm，导程 $t_s=6$ mm，丝杠总长 $l=1500$ mm，脉冲当量 $\delta=0.01$ mm/p，电机启动时间要求小于 1 s，试选择合适的步进电机型号，并检查电机的启动性能和工作速度是否满足要求。

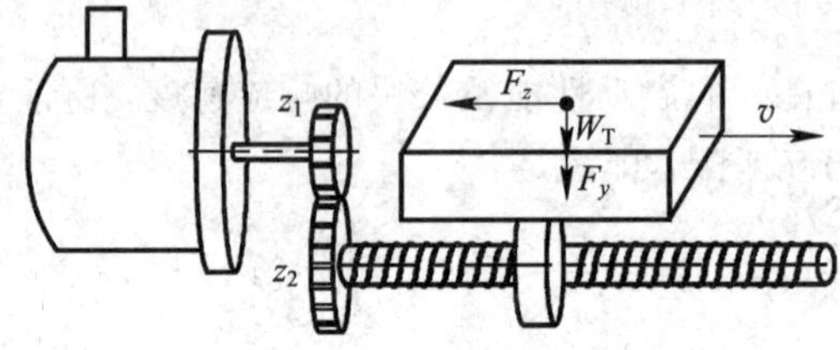

图 3-15　数控车床 z 轴传动系统

解　(1) 初选步进电机的步距角为 1.2°，根据脉冲当量和丝杠螺距计算得到齿轮的传动比为

$$i=\frac{\alpha t_s}{360\delta}=\frac{1.2\times 6}{360\times 0.01}=2$$

在此，选小齿轮的齿数 $Z_1=20$，大齿轮齿数 $Z_2=40$，模数 $m=2$。

(2) 等效负载转矩的计算。

① 空载时的等效摩擦转矩为

$$T_f=\frac{\mu W_T g t_s}{2\pi\eta_s i}=\frac{0.06\times 250\times 9.8\times 0.6}{2\pi\times 0.8\times 2}=8.78\ \text{N}\cdot\text{cm}$$

② 车削加工时的等效摩擦转矩为

$$T_L=\frac{[F_z+\mu(W_T+F_y)]t_s}{2\pi\eta_s i}=\frac{[2000+0.06\times(250\times 9.8+4000)]\times 0.6}{2\pi\times 0.8\times 2}=142.5\ \text{N}\cdot\text{cm}$$

式中：η_s 为丝杠预紧时的传动效率，取 0.8。

(3) 等效转动惯量计算。

① 滚珠丝杠的转动惯量为

$$J_{sp}=\frac{\pi {d_0}^4 l\rho}{32}=\frac{\pi\times 3.2^4\times 150\times 7.8\times 10^{-3}}{32}=12.04\ \text{kg}\cdot\text{cm}^2$$

② 拖板惯量换算到电机轴上的转动惯量为

$$J_W=W_T\left(\frac{t_s}{2\pi}\right)^2\times\frac{1}{i^2}=250\times\left(\frac{0.6}{2\pi}\right)^2\times\frac{1}{2^2}=1.5\ \text{kg}\cdot\text{cm}^2$$

③ 大齿轮的转动惯量为

$$J_{g2}=\frac{\pi d_2^4 b_2\rho}{32}=\frac{\pi\times 8^4\times 1.2\times 7.8\times 10^{-3}}{32}=3.76\ \text{kg}\cdot\text{cm}^2$$

式中：b_2 为大齿轮宽度；d_2 为大齿轮直径；ρ 为丝杠材料密度，取 $\rho=7.8\times 10^{-3}$ kg/cm³。

④ 小齿轮的转动惯量为

$$J_{g1}=\frac{\pi d_1^4 b_1 \rho}{32}=\frac{\pi\times 4^4\times 1.2\times 7.8\times 10^{-3}}{32}=0.24\ \mathrm{kg\cdot cm^2}$$

式中：b_1 为小齿轮的宽度；d_1 为小齿轮直径。

整个传动系统折算到电机转子轴上的总等效转动惯量为

$$J_L=J_{g1}+J_W+\frac{J_{g2}+J_{sp}}{i^2}=0.24+0.57+\frac{3.76+12.04}{2^2}=4.76\ \mathrm{kg\cdot cm^2}$$

(4) 初选步进电机型号。

根据所计算的转矩和转动惯量初选步进电机型号，此例中选择 110HCY137AL3S 型号步进电机，其最大静转矩 $T_{jmax}=800\ \mathrm{N\cdot cm}$，转子惯量 $J_m=8.6\ \mathrm{kg\cdot cm^2}$，由此可得

$$\frac{T_L}{T_{jmax}}=\frac{142.5}{800}=0.178<0.5,\quad \frac{J_L}{J_m}=\frac{4.76}{8.6}=0.55<4$$

因此，所选步进电机的惯量和容量满足匹配条件。

快速进给时，电机空载运行，查找该步进电机的启动矩-频特性曲线，最高启动频率为 $f_{s\_max}=1000\ \mathrm{Hz}$，由于带惯性负载启动，实际最大启动频率会下降，计算公式为

$$f_{s\_max\_L}=\frac{f_m}{\sqrt{1+\dfrac{J_L}{J_m}}}=\frac{1000}{\sqrt{1+\dfrac{4.76}{8.6}}}=802\ \mathrm{Hz}$$

步进电机带惯性负载的启动速度为

$$n_m=\frac{\alpha f_{s\_L}}{6}=\frac{1}{6}\times 1.2\times 802=160.4\ \mathrm{r/min}$$

查启动矩-频特性曲线，当启动频率为 802 Hz 时，电机对应的输出转矩为 320 N · cm，那么空载时的启动时间为

$$t_a=\frac{2\pi}{60}\frac{(J_L+J_m)n_m}{T_m-T_f}=0.1047\times\frac{(4.76+8.6)\times 10^{-4}\times 160.4}{(320-8.78)\times 10^{-2}}=0.01\ \mathrm{s}<1\ \mathrm{s}$$

(5) 速度验算。

① 快进速度验算。

查该电机的运行矩-频特性曲线得到该电机的最大运行频率为 6000 Hz，电机输出转矩 $T_m=85\ \mathrm{N\cdot cm}$，最大的快进速度为

$$v_f=\frac{\alpha f_{s\_L}}{6}\frac{t_s}{i}=\frac{1}{6}\times 1.2\times 6000\times\frac{6}{2}=3600\ \mathrm{mm/min}>3000\ \mathrm{mm/min}$$

② 工进速度验算。

查该电机的运行矩-频特性曲线可知，当 $T_L=142.5\ \mathrm{N\cdot cm}$，对应的运行频率为 $f_W\approx$ 3800 Hz，那么最大的工进速度为

$$v_W=\frac{\alpha f_W}{6}\frac{t_s}{i}=\frac{1}{6}\times 1.2\times 3800\times\frac{6}{2}=2280\ \mathrm{mm/min}>500\ \mathrm{mm/min}$$

根据以上计算结果可知，该型号的步进电机满足工作台工进和快进速度要求。步进电机速度验算是根据步进电机提供的启动惯-频特性曲线、启动矩-频特性曲线、运行矩-频特性曲线计算得到的。

3.3 直流伺服驱动

3.3.1 直流伺服驱动系统

1. 组成和特点

直流伺服驱动系统是由直流伺服电机作为驱动元件的伺服驱动系统，由直流伺服电机、检测元件、比较环节组成。按用途可分为直流进给伺服驱动系统和直流主轴伺服驱动系统。常用的直流伺服驱动电机类型有：永磁式直流伺服电机(有槽、无槽、杯型、印刷绕组)、励磁式直流伺服电机、混合式直流伺服电机、无刷直流伺服电机、直流力矩电机。

直流伺服电动机有如下特点：

(1) 稳定性好。直流伺服电动机具有下垂的机械特性，能在较宽的速度范围内稳定运行。

(2) 可控性好。直流伺服电动机具有线性调节特性，能使转速正比于控制电压的大小；转向取决于控制电压的极性(或相位)；控制电压为零时，转子惯性小，能立即停止。

(3) 响应迅速。直流伺服电动机具有较大的起动转矩和较小的转动惯量，在控制信号增加、减小或消失的瞬间，直流伺服电动机能快速启动、快速增速、快速减速和快速停止。

(4) 控制功率低，损耗小。

(5) 输出转矩大。直流伺服电动机广泛应用在宽调速系统和精确位置控制系统中，其输出功率一般为1～600 kW，也有达数千千瓦；工作电压有6 V、9 V、12 V、24 V、27 V、4 V、110 V、220 V等；额定转速一般在1500～3000 r/min。

2. 直流伺服电机分类

直流伺服电机的发展始于20世纪50年代，到了70年代直流伺服电机在相关领域得到广泛应用。例如在数控领域，永磁式直流伺服电动机因其控制电路简单、无励磁损耗、低速性能好等一系列优点成为当时数控机床优先选用的电机类型。

从励磁方式上，直流伺服电机可分为永磁式和电磁式两类。永磁式直流电动机采用氧化体、铝镍钴、稀土钴等磁材料产生励磁磁场，电机结构如图3-16所示，主要由转子、定子、励磁线圈、换向器、电刷、编码器等组成。由于定子采用永磁体材料，所以称为永磁式直流伺服电机。电磁式直流伺服电机的励磁方式采用电磁方式，根据励磁方式不同又分为他励、串励和并励三种类型。

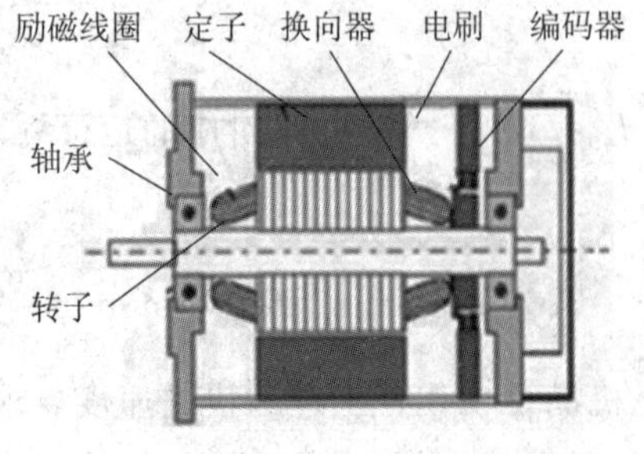

图3-16 永磁式直流伺服电机

从电枢结构上分类，直流伺服电动机可分为有刷型、无刷型、绕丝盘型、空心杯型等。有刷直流伺服电机成本低、结构简单、启动转矩大、调速范围宽、控制容易，但需要维护，会产生电磁干扰，对环境有一定要求。无刷直流伺服电机的体积小、重量轻、响应快、惯量小、转动平滑、力矩稳定，但电机功率受到一定限制。

从控制方式上分类，直流伺服电动机可分为励磁控制方式和电枢控制方式。励磁控制方式通过改变励磁电流的大小来改变定子磁场强度，从而控制电动机的转速和输出。电枢电压控制是在定子磁场不变的情况下，通过控制施加在电枢绕组两端的电压信号来控制电动机的转速和输出转矩。采用电枢电压控制方式时，由于定子磁场保持不变，其电枢电流可以达到额定值，相应的输出转矩也可以达到额定值，因而这种控制方式实现最为方便，一般直流伺服电机以电枢控制方式为主。

3.3.2　直流伺服电机工作原理

1. 工作原理

直流伺服电机的工作原理如图 3－17(a)所示。N、S 为固定磁极，由永久磁钢或电磁线圈励磁产生，两极之间是由 abcd 线圈组成的电枢，线圈两端与固定于轴上的两个换向器相连，换向器随电枢轴转动。上下两个电刷固定不动，与换向器保持良好接触，两个电极分别接到电源的正、负端。当有电流进入电刷时，导线 ab 与 cd 受到方向相反的电磁力作用使转子转动起来。当电枢转到磁极的中心面内时，电磁转矩为零，但由于惯性，电枢继续转动，使换向器与另一个电刷接触，此时导线 ab 与 cd 中的电流方向改变，产生相同方向的电磁转矩，维持转子继续转动。

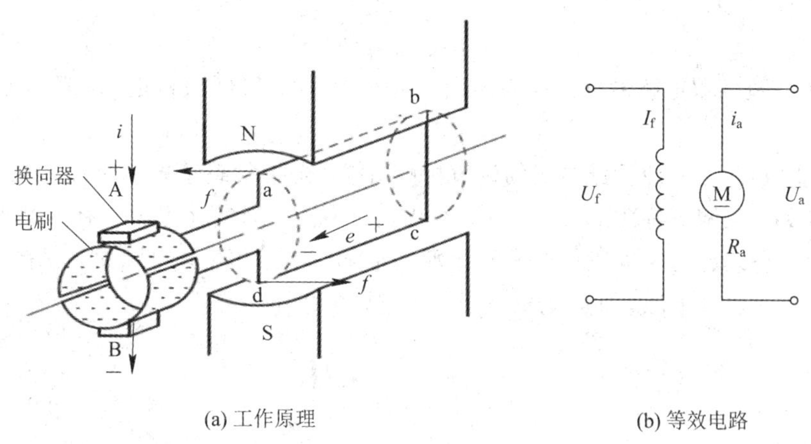

(a) 工作原理　　(b) 等效电路

图 3－17　直流电机工作原理

为了更好地理解直流伺服电机工作原理，把电机电路等效成图 3－17(b)所示的电路，那么电枢回路中的电压平衡方程式为

$$U_a = L_a \frac{di_a}{dt} + E_a + i_a R_a \tag{3-4}$$

式中：U_a 为电枢电压；E_a 为反电动势力；L_a 为电枢电感；i_a 为电枢电流；R_a 为电枢电阻。

在电枢中产生的反电动势 E_a 与转速 n 之间的关系为

$$E_a = K_e \Phi n \tag{3-5}$$

式中：K_e 为反电动势常数；Φ 为定子磁通。

电枢切割磁场磁力线所产生的电磁转矩为

$$T_M = K_m \Phi i_a = K_T i_a \tag{3-6}$$

式中：K_m 为电机转矩系数；K_T 为电机转矩常数。

对式(3-4)、式(3-5)、式(3-6)进行整理，得到电机转速 n 与转矩 T_M 关系为

$$n = \frac{U_a}{K_e \Phi} - \frac{R_a}{K_e K_m \Phi^2} T_M \tag{3-7}$$

由公式(3-7)可知，若要调节直流电机的转速，从理论上可以通过三种方法实现。第一种方法是改变电枢电压 U_a 进行调速；第二种方法是在电枢回路中串入可调电阻 R_a 进行调速；第三种方法是在他励电动机中保持 U_a 恒定，在励磁回路中串入调节电阻调速。

第二种方法在电枢回路中串入可调电阻 R_a 调速，这将引起功率损耗，效率低，机械特性变软，而且只能将转速调低。第三种方法励磁调速的调速范围小，所以在伺服驱动系统的调速中，这两种方法都很少采用。第一种方法电枢电压调速具有启动力矩大、阻尼效果好、响应速度快且线性度好等特点，在直流电机调速中最常使用。

2. 直流伺服特性

1）静态特性

图 3-18 所示为直流伺服电机的机械特性曲线，机械特性是指电机转速与转矩之间的关系。若电枢电压不变时，则电机的机械特性方程为

$$n = n_0 - \frac{R_a}{K_e K_m \Phi^2} T_M \tag{3-8}$$

式中：n_0 为直流伺服电机的理想空载转速，当 $n=0$ 时，得到的转矩 T_M 称为堵转转矩或启动转矩。

图 3-19 所示为直流伺服电机的调节特性曲线，是指负载转矩不变时，转速与电枢电压之间的关系。在调节特性中，$T_{L1}=0$，曲线经过原点，而实际中由于有摩擦力在内的各种阻力存在，空载起动时负载转矩不可能为 0。因此，对于电枢电压来讲，它有一个最小的电压限制，称为启动电压，如果电枢电压小于它则电机不能启动。

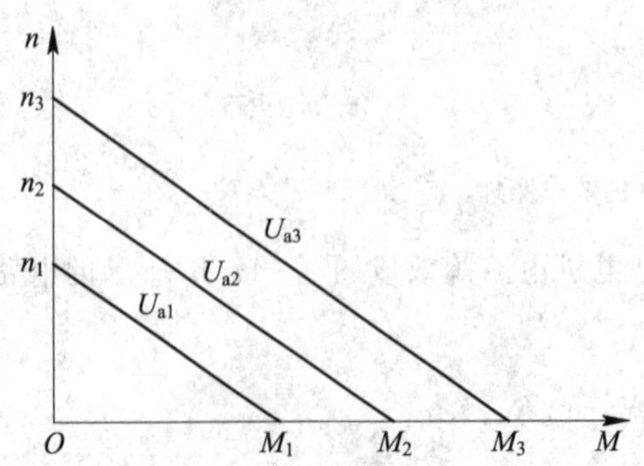

图 3-18 直流伺服电机的机械特性

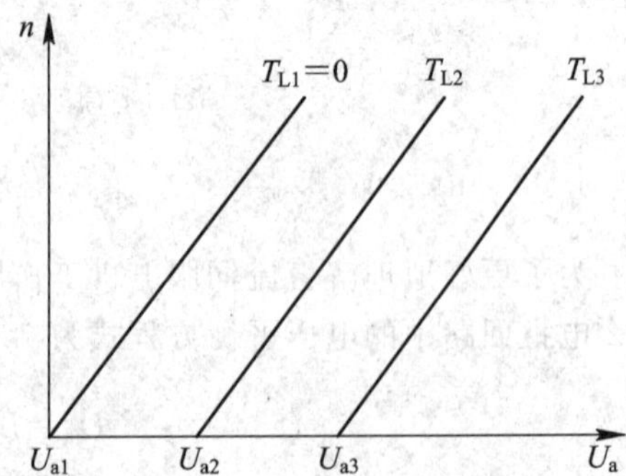

图 3-19 直流伺服电机的调节特性

2）动态特性

当电机带动负载时，直流电机转子的转矩平衡方程为

$$J_m \frac{d^2\theta}{dt^2}+C_t \frac{d\theta}{dt}=T_M-T_L \tag{3-9}$$

式中：T_M 为电机电磁转矩；T_L 为折算到电机轴上的负载转矩；C_t 为电机黏性阻尼系数；θ 为电机转角；J_m 为电机转子的转动惯量；t 为时间自变量。

根据直流电机工作原理，得到电机的控制框图，如图 3-20 所示。

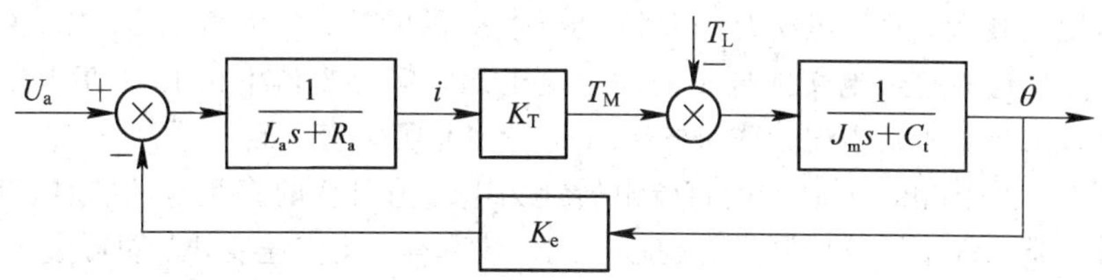

图 3-20　直流伺服电机控制框图

图 3-20 中：K_e 为反馈增益；K_T 为电机转矩常数。

根据图 3-20，得到系统的传递函数为

$$\frac{\dot{\theta}(s)}{U_a(s)}=\frac{K_T}{(L_a s+R_a)(J_m s+C_t)+K_T K_e} \tag{3-10}$$

令 $\tau_e=\frac{L_a}{R_a}$，称之为电磁时间常数；令 $\tau_M=\frac{J_m}{C_t}$，称之为机电时间常数。

由式(3-10)可知，该系统为一个二阶系统，把它变换成二阶系统的标准形式：

$$\frac{\dot{\theta}(s)}{U_a(s)}=\frac{K_T\omega_n^2}{s^2+2\xi\omega_n s+\omega_n^2} \tag{3-11}$$

式中：$\omega_n=\sqrt{\frac{K_e K_T+R_a C_t}{L_a J_m}}$；$\xi=\frac{C_t\sqrt{L_a/J_m}+R_a\sqrt{J_m/L_a}}{2\sqrt{K_e K_T+R_a C_t}}$。

3.3.3　直流伺服电机驱动控制

直流伺服系统驱动控制的目标是实现对电机转速、输出力矩的控制，要求调控方便、控制电路功率损耗小、响应速度快、速度与力矩输出稳定。直流伺服驱动系统通常包括速度检测与调节、电流检测与调节、整流、功率放大等组成部分。目前直流伺服驱动系统中应用的驱动方式主要有晶闸管直流驱动和晶体管脉宽调制驱动两种。

1. 直流伺服驱动系统

1）晶闸管直流驱动系统

在直流电机的驱动系统中，尤其是在大功率驱动中，通常采用晶闸管驱动。当直流伺服系统驱动采用晶闸管驱动，最常用的形式是可控硅整流方式，通过控制晶闸管的导通角而将交流电直接转换成电压或电流可调的直流电，从而实现对电机电枢的电流控制，获得高性能的直流拖动控制。晶闸管直流驱动系统组成如图 3-21 所示，控制回路包括速度环、电流环、触发脉冲调节器等，主回路中包括可控硅整流器等。

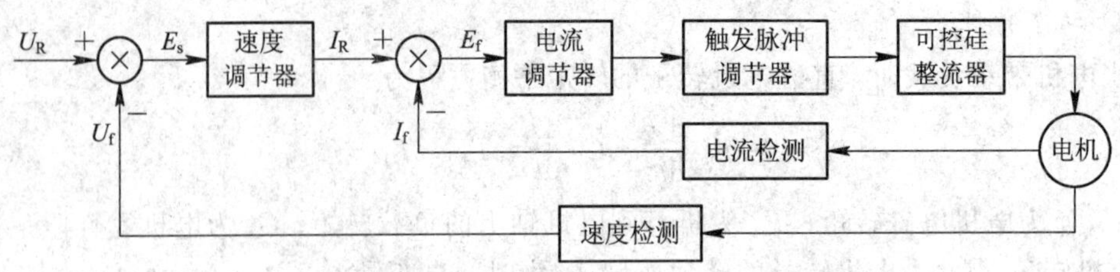

图 3-21　晶闸管直流驱动系统组成

在许多应用场合，直流电机是由直流电压直接供电的，如无轨电车、电动叉车、电瓶拖车等，需要将这些直流电转换成不同的直流电压来满足直流电机的驱动要求。直流电压的转换有多种方式，而其中比较先进的方式是采用晶闸管直流斩波器。

直流斩波器是将电压值固定的直流电转换为电压值可变的直流电的装置，是一种直流对直流的转换器。直流斩波控制具有控制平滑、效率高、反应速度快、能再生等优点。根据电压变化的形式又分为降压斩波和升压斩波两种形式，其中降压斩波最为常见。图 3-22(a)为降压斩波器控制直流电机的电路图，其输出电压波形如图 3-22(b)所示。

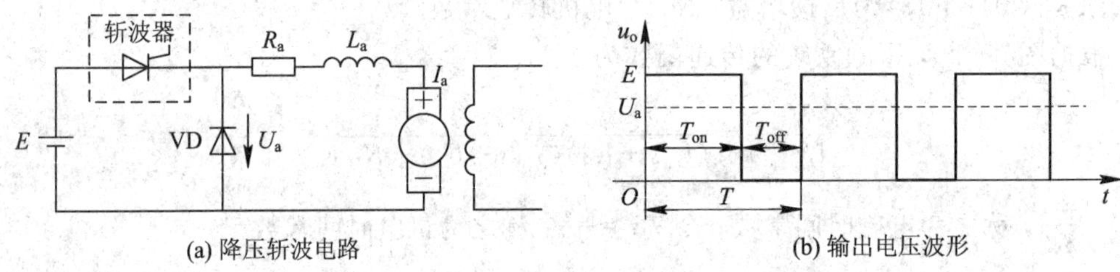

图 3-22　降压直流斩波器原理

设一个工作周期为 T，在 T_{on} 时间内晶闸管导通，负载与电源接通。在 T_{off} 时间内，斩波器断开，负载依靠续流二极管 VD 续流，以保持负载电流的连续性。依靠电机电枢自身的滤波作用，在负载两端得到经过斩波的直流电压，其平均电压为

$$U_a = E\frac{t_{on}}{t_{on}+t_{off}} = \frac{t_{on}}{T}E = \lambda E \tag{3-12}$$

式中：t_{on} 为导通时间；t_{off} 为关断时间；T 为斩波时间；λ 为占空比。

2) 晶体管脉宽调制驱动系统

与晶闸管驱动相比，晶体管驱动电路简单，不需要附加关断电路，开关特性好，而且功率晶体管的耐压性能目前已大大提高。因此，晶体管脉宽调制方式在中小功率直流伺服驱动系统中已得到了广泛应用。脉宽调制就是使功率晶体管工作于开关状态，开关频率恒定，用改变开关导通时间的方法来调整晶体管的输出，使电机两端得到宽度随时间变化的电压脉冲。当开关在单个周期内的导通时间随时间发生连续变化时，电机电枢得到的电压平均值也随时间连续发生变化，而由于内部的续流电路和电枢电感的滤波作用，电枢上的电流则连续改变，从而达到调节电机转速的目的。脉宽调制具有带宽、频率高，电流脉动小，电源的功率因数高，动态硬度好等优点。

图 3-23 为脉宽调制系统的组成原理图。该系统由控制部分、功率放大器和全波整流器三部分组成。控制部分包括速度调节器、电流调节器、振荡器及三角波发生器、脉宽调

制器和基极驱动电路。其中控制部分的速度调节器和电流调节器与晶闸管驱动系统相同，控制方法仍采用双环控制，不同的部分是脉宽调制器和功率放大器。

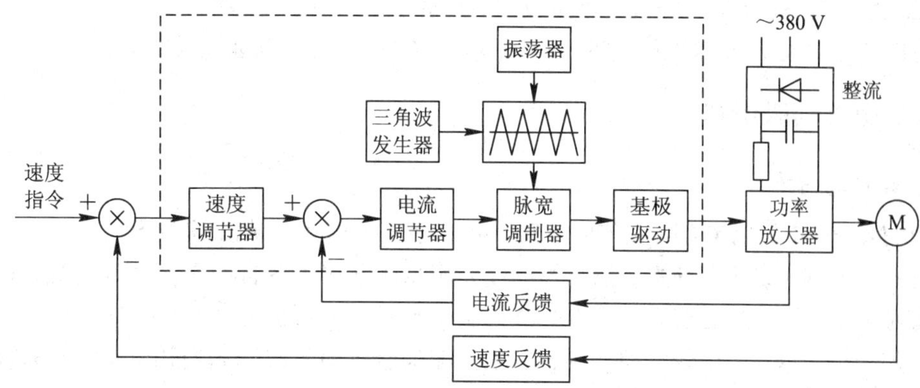

图 3-23　晶体管脉冲调制原理图

2. 电机速度与转矩控制

直流伺服电机的速度控制是驱动系统要实现的主要功能之一。在直流伺服驱动中，速度控制最常用的控制方式为调压调速控制方式。在这种控制方式中，当负载一定时，电机的转速与电枢电压成线性关系，这种关系决定了直流电机具有优良的控制性能。直流伺服驱动系统的电压调压采用晶闸管或晶体管来实现。

直流伺服电机转矩控制一般通过调节电机电流来实现。根据他励直流电机原理，电机运行的决定因素是电枢电流。电枢电流与电机驱动转矩成正比，因此只要控制电机的电枢电流就能对电机的驱动转矩进行控制。

有多种控制电路可以实现直流电机电枢电流的控制，包括电机的正反转控制。其中，最常用的当属 T 型桥驱动和 H 型桥驱动电路，如图 3-24 所示。T 型桥驱动需要有正、负电源，两个功率元件必须是互补的，H 型桥驱动只需要单一电源，但需要 4 个功率元件。目前，H 型桥由于只需要单电源因而获得了更广泛的应用，虽然其驱动比 T 型桥复杂，但由于避免了采用更复杂的正负电源结构，因此在成本上还是合算的。

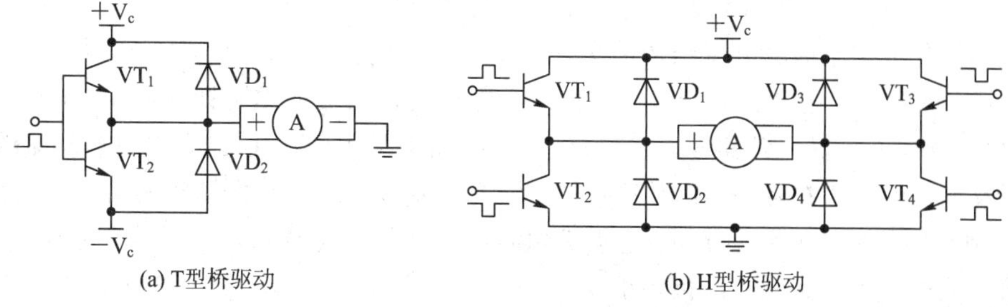

图 3-24　T 型桥驱动和 H 型桥驱动电路

3.4　交流伺服驱动

交流伺服技术是继直流伺服技术后发展起来的新的伺服驱动技术，最早被应用到航天和军事领域，比如火炮、雷达控制，后来逐渐进入到工业领域和民用领域。工业领域的应用主要有高精度数控机床、机器人和其他广义的数控机械，比如纺织机械、印刷机械、包装机械、医疗设备、半导体设备、冶金机械、自动化流水线、各种专用设备等。其中，应用最多的设备有数控机床和食品包装、纺织、电子半导体、印刷机械等。

3.4.1　交流伺服电机

1. 特点与分类

20 世纪 80 年代以来，随着集成电路、电力电子技术和交流变速技术的发展，交流伺服动技术有了迅速发展。日本、德国等电气公司相继推出了各自的交流伺服电机和伺服驱动器系列产品，并不断完善和发展，交流伺服驱动系统成为机电一体化驱动系统的主要发展方向。90 年代以后，全数字控制的正弦波交流伺服驱动系统开始应用，现已成为数控机床、工业机器人等设备首选的驱动系统类型。

交流伺服电机具有以下特点：无电刷和换向器，因此工作可靠，对维护和保养要求低；定子绕组散热比较方便；惯量小，提升了系统的快速性；可适用于高速大力矩工作状态；同功率下有较小的体积和重量；转速和转向可方便地受控制信号的控制，调速范围大；整个运行范围内的特性具有线性关系。

交流伺服电机按定子使用的电源相数可分为单相、两相、三相交流伺服电动机，在实际应用中以单相、三相交流伺服电机为主；按转子转速可分为异步交流伺服电机和同步交流伺服电机。

异步交流伺服电机指的是交流感应电机，有单相和三相之分，有鼠笼式和线绕式两种结构形式，常见的多为鼠笼式三相感应异步电动机。异步交流伺服电动机结构简单，与同容量的直流电动机相比质量轻 1/2，价格仅为直流电动机的 1/3。缺点是不能实现范围很广的平滑调速，必须从电网吸收滞后的励磁电流，因而使电网功率因数变差。

同步交流伺服电机结构比感应电动机复杂，但比直流电机简单。它的定子与感应电动机一样，都在定子上装有对称三相绕组，然而转子结构却不同。根据转子结构又分电磁式及非电磁式两大类，非电磁式又分为永磁式、磁滞式和反应式，其中磁滞式和反应式同步电机存在效率低、功率因数较差、制造容量不大等缺点。

永磁式同步交流伺服电机结构简单、运行可靠、效率较高；缺点是体积大、启动特性欠佳。但永磁式同步电动机采用高剩磁感应、高矫顽力的稀土类磁铁后，可比直流电动外形尺寸小、质量轻、转子惯量小。它与异步电动机相比，由于采用了永磁铁励磁，消除了励磁损耗及有关的杂散损耗，所以效率高。又因为没有电磁式同步电动机所需的集电环和电刷等，其机械可靠性与感应(异步)电动机相同，而功率因数却大大高于异步电动机，使永磁式同步电机的体积比异步电机要小。

2. 工作原理

单相交流伺服电机里面有两组绕组，一组是励磁绕组，也叫工作绕组或主绕组，一组是控制绕组，也称为启动绕组或副绕组。由于单相交流伺服电机采用单相电源供电，所以在绕组上不会产生旋转磁场，而是产生脉动磁场，脉动磁场不会产生扭矩，电机也就不会转动，所以要加一个启动绕组，启动绕组的电源也是从主绕组的电源引出的，但是电路上加了移相器，这样电流通过移相器后电流相位不同，在绕组内部就产生了旋转磁场，电动机也就能够转动起来。

交流伺服电动机使用时，励磁绕组两端施加恒定的励磁电压 U_f，控制绕组两端施加控制电压 U_c，如图 3－25 所示。无控制信号(控制电压)时，只有励磁绕组产生的脉动磁场，转子不能转动。当定子控制绕组加上电压后，伺服电动机很快就会转动起来，将电信号转换成转轴的机械转动。假定励磁绕组有效匝数 N_f 与控制绕组的有效匝数 N_c 相等，这种在空间上相差 90°相位，有效匝数又相等的两个绕组称为对称两相绕组。

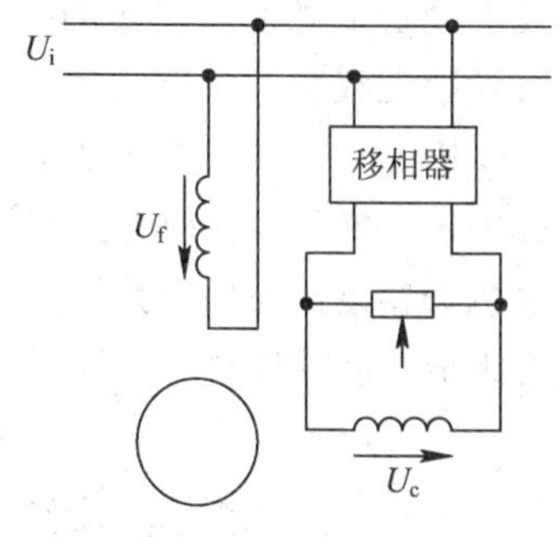

图 3－25 单相电机工作原理

图 3－26 所示为三相交流伺服电机的工作原理。交流电动机的三组线圈按相互间隔 120°配置，当绕组中流过三相交流电流时，如图 3－26(a)所示，各相绕组将按右螺旋定则产生磁场，每一相绕组产生一对 N 极和 S 极，三相绕组的磁场合成起来，形成一对合成磁场的 N 极和 S 极，如图 3－26(b)所示。这个合成磁场是一个旋转磁场，每当绕组中的电流变化一个周期，电机就会旋转一周。三相绕组中通的电流为

$$\begin{cases} i_a = I\sin\omega t \\ i_b = I\sin(\omega t + 120°) \\ i_c = I\sin(\omega t + 240°) \\ i_a + i_b + i_c = 0 \end{cases} \tag{3-13}$$

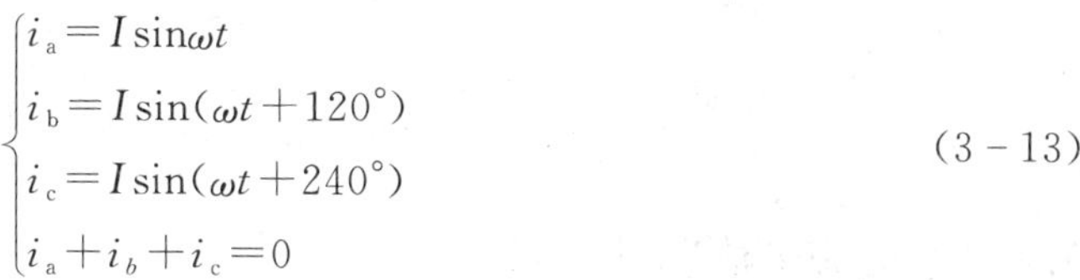

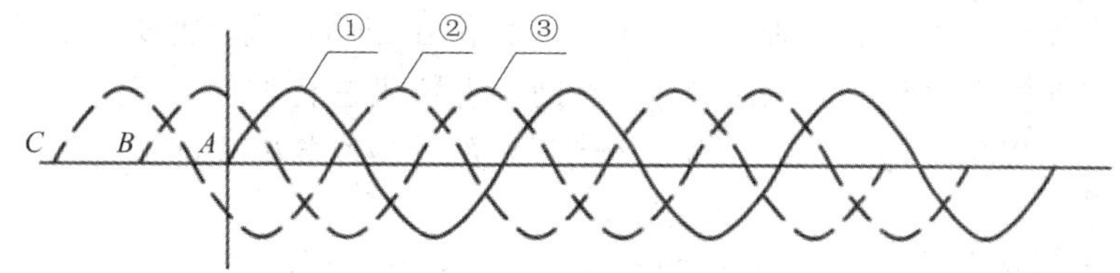

(a) 三相绕组电流

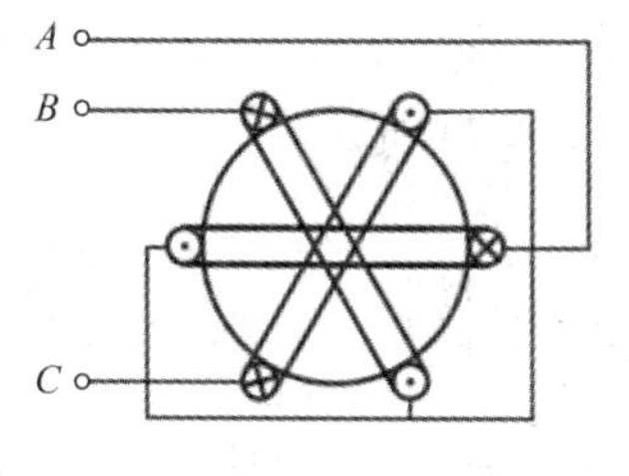

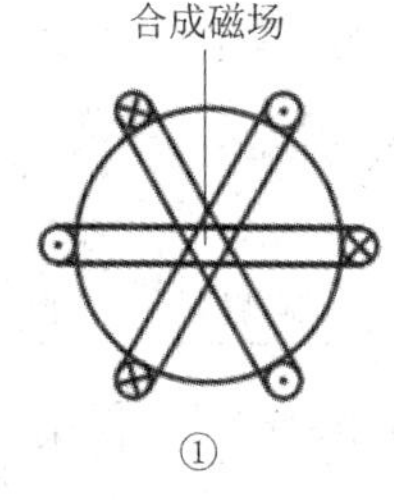

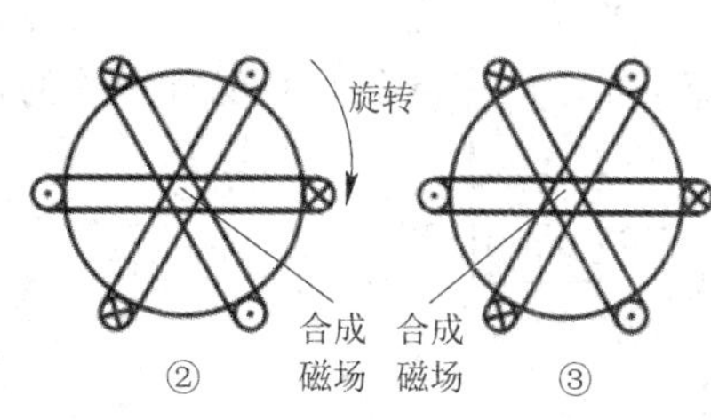

(b) 三相绕组磁场

图 3－26 三相交流伺服电机工作原理

3. 电机结构

感应式异步交流伺服电机转子电流由滑差电势产生，并与磁场相互作用产生转矩，其主要优点是无刷，结构坚固，造价低，免维护，对环境要求低，其主磁通用激磁电流产生，很容易实现励磁控制，转速可以达到 4～5 倍的额定转速；缺点是需要励磁电流，内功率因

数低，效率较低，转子散热困难，伺服驱动器容量要求较大，电动机的电磁关系复杂，要实现电动机的磁通与转矩的控制比较困难，电动机非线性参数的变化影响控制精度，必须进行参数在线辨识才能达到较好的控制效果。

永磁式同步交流伺服电动机主要由定子、转子、绕组、轴承等组成，如图 3-27 所示。其中定子有齿槽，内有三相绕组，形状与普通感应电动机的定子相同。但为避免电机发热对机器精度的影响，其外缘多呈多边形，且无外壳，利于散热。转子由多块永久磁铁和铁芯组成。永磁材料的磁性能在很大程度上影响电动机的外形尺寸、性能指标。

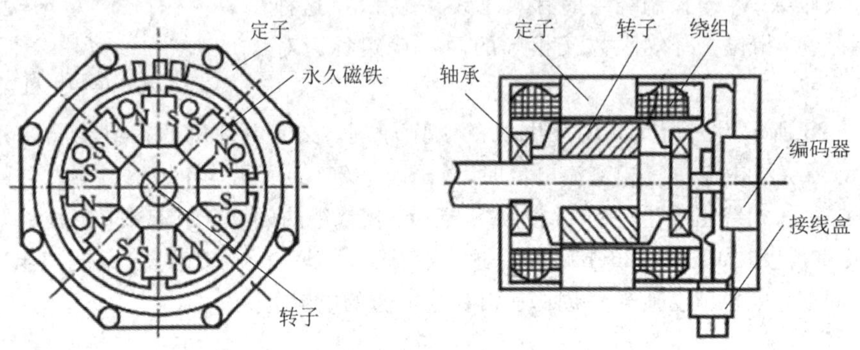

图 3-27　永磁式交流伺服电机结构

3.4.2　交流伺服驱动系统

目前交流伺服驱动系统有三种控制模式，包括位置控制模式、速度控制模式和转矩控制模式。位置控制模式运算量大，通常需要借助于上位机进行控制，而速度与转矩控制模式在驱动器中就可以实现控制。交流伺服驱动系统的三种控制模式都需要利用交流伺服驱动器实现。

交流伺服驱动系统的组成如图 3-28 所示。三相交流伺服电机驱动系统主要由变换器、位置控制、速度控制、转矩控制、交流伺服电机等组成。其中位置控制、速度控制、电流控制分别采用位置环、速度环与电流环闭环控制方式。在控制系统中采用位置调节器、速度调节器、电流调节器实现对系统的稳态精度、动态特性等控制目标。

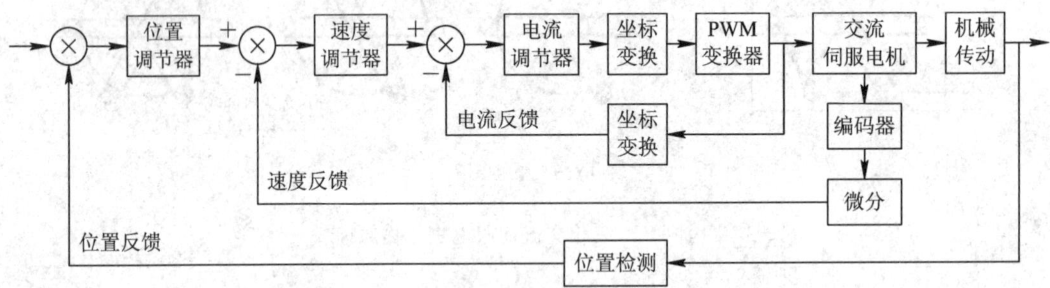

图 3-28　交流伺服电机控制原理图

位置环的作用是保证系统静态精度和动态跟踪的能力。半闭环结构以伺服电动机轴的角位移为反馈量，全闭环结构以工作台的直线位移作为系统的位置反馈。位置环的位置检测元件将运动机构实时的转角变化以脉冲形式传输到控制器中进行编码器脉冲计数，以获得数字化位置信息。位置检测元件类型有光电编码器、旋转变压器、感应同步器、磁性编码器等。

速度环的作用是保证转速跟随给定电压变化，使其具有良好的跟随性；对负载变化具有较强的抗干扰作用，使电机运行稳定。速度检测元件有测速发电机、数字转速传感器等。

电流环的作用是提高系统的快速性，抑制电流环内部干扰，限制最大电流，保障系统安全运行。电流环中的电流调节器输出的控制电压与外加调制电压叠加，送入脉冲形成分配和驱动环节，从而控制 IGBT 等开关器件通断时间，调节 PWM 对电动机输出的平均功率。电流环中通过传感器检测电枢电流，形成电流反馈环节。电流检测元件有霍尔电流传感器、电流检测专用芯片等。

3.4.3　交流伺服调速方法

1. 调速基本方法

速度调节是交流伺服驱动系统控制的目标之一，用于对速度控制有要求的工作场合，例如数控机床进给系统的进给速度，工业机器的手腕关节运动的快慢等。交流伺服电机的旋转速度为

$$\begin{cases} n_1 = \dfrac{60f}{p} = n_0 \\ n_2 = \dfrac{60f(1-s)}{p} = n_0(1-s) \end{cases} \tag{3-14}$$

式中：n_0 为旋转磁场转速；n_1 为同步电机转速；n_2 为异步电机转速；f 为电源频率；p 为转子磁极对数；s 为转速差。

根据交流伺服电机的转速公式，理论上实现交流电机的调速有三种方式。

1）改变磁极对数 p

由于结构上的限制，通常电机转子磁极数量设计成 4/2、8/4、6/4、8/6/4 等几种，为有限个数。一般来说，交流电动机磁极对数不能改变，磁极对数可变的交流电机称为多速电机。如果电机的磁极对数能改变，那么转速的级数也只能为有限级数，因此不能做到连续调速。

2）改变转速差 s

这种方法只适用于绕线转子异步电动机，在转子绕组回路中串入电阻使电动机机械特性变软，转速差增大。串入电阻越大，转速越低，电机功率消耗大。对于绕线式异步电动机，可以在转子回路中增加附加电阻来改变转速差进行调速，运行效率高，也得到广泛应用。

3）改变电源频率 f

如果电源频率能连续调节，那么速度也就能连续改变，可以实现较宽范围的无级调速，且转速与频率成正比，调整效果好。随着高性能电力电子器件的出现，实现电源变频已不是什么难题，因此目前高性能的调速系统大都采用这种方法，为此还设计出了专门用于变频调速的功能单元和器件。

2. 变频调速

1）变频基本方法

目前，变频调速是交流伺服电机采用的主要方法。变频调速系统的控制方式包括

V/F、矢量控制、直接转矩控制等。V/F 控制主要应用在低成本、性能要求较低的场合；而矢量控制的引入，则开始了变频调速系统在高性能场合的应用。变频调速的主要环节是为交流电机提供变频、变压电源的变频器。根据变频器的结构不同，变频器又分为交—直—交变频器、交—交变频器等类型。

(1) 交—直—交变频器。

交—直—交变频器由主电路、中间电路、逆变器组成，分电压型和电流型。电压型先将电网的交流电经整流器变为直流电，再经逆变器变为频率和电压都可变的交流电。电流型是切换一串方波，用方波电流供电，用于大功率场合。目前对中小功率电机，用得最多的是电压型交—直—交变频器。

(2) 交—交变频器。

交—交变频器没有中间环节，直接将电网的交流电变为频率和电压都可变的交流电。变频器电路构成简单、效率高，最高频率一般只能达到电源频率的 1/3～1/2，适用于低频大容量的调速系统。

2) 逆变原理及控制

逆变是交流变频调速的重要环节，其作用是把直流电或交流电变成频率可调的交流电信号。在变频器中起作逆变功能的部分称之为逆变器，它是由功率开关器件及其控制构成。逆变控制是通过一定规律控制开关器件的通断使其达到变频目的。在其控制方法中，脉宽调制是常用的一种控制方法。所谓脉宽调制技术是通过对一系列脉冲的宽度进行调制，来等效的获得所需要的波形。脉宽调制又包括正弦脉宽调制、空间矢量脉宽调制等方法。

(1) 正弦脉宽调制。

正弦脉宽调制(Sinusoidal PWM，SPWM)，是通过对一系列宽窄不等的脉冲进行调制，来等效正弦波形(幅值、相位和频率)。例如，采用正弦波信号去调制三角波信号，会得到一个占空比按正弦规律变化的脉冲序列。脉冲的频率由三角波频率决定，脉冲的占空比由电压幅值决定。脉冲序列可能包含各次谐波的频谱成分，但其基波由调制波决定。

图 3-29 所示为 SPWM 变频器的主电路，主回路一般采用交—直—交变频方式。前半部分为三相桥式整流电路，作用是把频率固定的三相交流电变成直流电；后半部分为逆变器，其作用是把直流电变成频率可调的三相交流电。逆变器采用的功率开关器有 IGBT、GTR、MOSFET 等，逆变器由三相桥式整流电路提供的恒定直流电压供电。

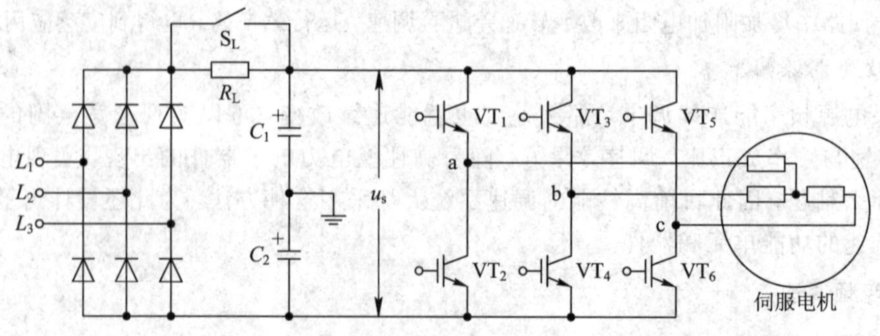

图 3-29 正弦波脉宽调制主电路

图 3-30 所示为 SPWM 的控制电路。参考信号发生器提供一组三相对称的正弦参考电压信号 u_{aref}、u_{bref}、u_{cref}，其频率决定逆变器输出的基波频率，应在所要求的出频率范围内可调。参考信号的幅值也可在一定范围内变化，来决定输出电压的大小。三角载波发生器产生一个三角波信号 u_{t}，提供给比较器的输入端，分别与每相的参考电压比较后，给出"正"或"零"输出，产生 PWMM 脉冲序列波，作为逆变器功率开关器件的驱动控制信号。控制电路输出的给逆变器开关器件的控制信号波形如图 3-31 所示。

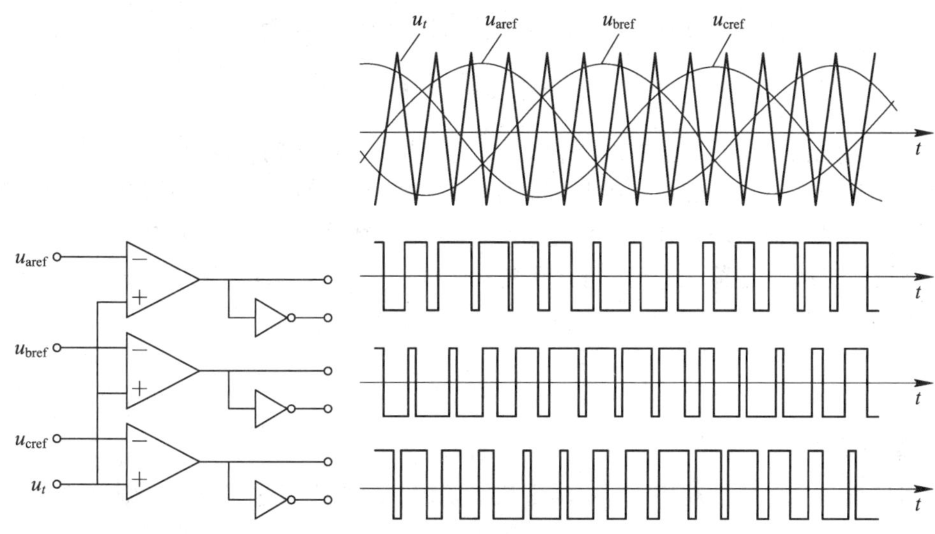

图 3-30　正弦波脉宽调制控制电路　　　　图 3-31　三相 SPWM 调制输出波形

(2) 空间矢量脉宽调制。

空间矢量脉宽调制(Space Vector PWM，SVPWM)的基本思路就是通过控制逆变器功率器件的开关模式及导通时间，产生有效电压矢量来逼近圆形磁场轨迹的一种方法。这种方法利用电压空间矢量直接生成三相 PWM 波，特别适用于 DSP 直接计算，且方法简便。SVPWM 比一般的 SPWM 直流电压利用率提高了 15%。

3.4.4　交流伺服电机选型

交流伺服电机选择要满足系统的定位精度、动态响应、可靠性等工作要求，因此在选择电动机时要做到惯量、转矩(功率)和速度匹配。

1. 惯量匹配

做到电机与负载之间惯量匹配是充分发挥机械及伺服驱动系统最佳效能的前提，特别在要求高速、高精度的系统上尤为重要。交流伺服驱动系统的控制参数调整跟惯量比有很大的关系，若负载电机惯量比过大，伺服参数调整越趋边缘化，也越难调整，振动抑制能力也越差，所以控制容易变得不稳定。在没有自适应调整的情况下，伺服驱动系统在 1～3 倍负载电机惯量比下，系统会达到最佳工作状态。对于电机与负载惯量匹配，分为小惯量电机、中惯量、大惯量电机三种情况。

小惯量交流伺服电动机转子惯量 J_{m} 一般在$(0.2\sim20)\times10^{-4}\ \text{kg}\cdot\text{m}^2$ 范围内，容量一

般在 0.05～5 kW 之间。特点是转矩/惯量比大，时间常数小，加减速能力强，所以其动态性能好，响应快。但是，使用小惯量电动机时容易发生与电源频率响应共振。对于采用惯量较小的交流伺服电动机的伺服驱动系统，负载转动惯量 J_L 与电动机转子惯量 J_m 的比值通常推荐为

$$1<\frac{J_L}{J_m}<30 \tag{3-15}$$

中惯量电机惯量一般在 J_m 在$(5\sim50)\times10^{-4}$ kg·m² 之间，容量一般在 0.9～5 kW 之间，中惯量系统的负载转动惯量与电机转子惯量比值通常推荐为

$$0.5<\frac{J_L}{J_m}<10 \tag{3-16}$$

大惯量电机惯量 J_m 一般在$(25\sim300)\times10^{-4}$ kg·m² 之间，容量一般在 1～5 kW 之间。大惯量宽调速伺服电动机的特点是惯性大、转矩大，且能在低速下提供额定转矩，常常不需要传动装置而与珠丝杠直接相连，而且受惯性负载的影响小，调速范围大，热时间常数大，短期过载能力强。对于采用大惯量交流伺服电动机的伺服驱动系统，其惯量比值通常推荐为

$$0.25<\frac{J_L}{J_m}<5 \tag{3-17}$$

2. 容量匹配

容量匹配是指电机的功率、转矩满足系统要求。如果容量选择偏大，则会造成部分功率浪费，使用成本提高；若容量偏小，则电机启动性能差甚至不能工作。在选择电机容量时，通常情况下要求电机工作在额定转矩以下以获得较好的性能和工作效率。在选择电动机容量时，首先要计算出负载转矩，然后再根据使用条件选择电机容量。表示电机容量的参数有额定转矩、额定功率等。

对于负载不变情况下，则电机额定转矩的选择相对简单，需满足

$$\frac{T_N}{T_L}\geqslant1.26 \tag{3-18}$$

式中：T_N 为电机额定转矩；T_L 为系统负载转矩。

电机额定功率是指电机在额定转速与额定转矩下的功率，计算公式为

$$P_N=\frac{T_N n_N}{9560} \tag{3-19}$$

式中：n_N 为电机额定转速(r/min)；T_N 为电机额定转矩(N·m)。

在正常工作状态下，工作负载转矩不要超过电机额定转矩的 80%。对要求频繁启动、制动的系统，为避免电机过热，必须检查它在一个周期内电机转矩的均方根值，并使它小于电机的连续额定转矩。如果电机不满足使用条件则应采取适当的措施，如更换电机系列或提高电机容量等。

图 3-32(a)为常见的伺服驱动系统三角波形负载计算模型，在一个工作周期内，均方根转矩计算公式为

$$T_{Lr}=\sqrt{\frac{1}{L}\int_0^{t_p}T^2\mathrm{d}t}\approx\sqrt{\frac{T_1^2t_1+3T_2^2t_2+T_3^2t_3}{3t_p}} \tag{3-20}$$

式中：t_p为负载工作周期。

图 3-32(b)为常见的伺服驱动系统的矩形波形负载计算模型，在一个工作周期内，均方根力矩转矩计算公式为

$$T_{Lr}=\sqrt{\frac{T_1^2t_1+3T_2^2t_2+T_3^2t_3}{t_1+t_2+t_3+t_4}} \tag{3-21}$$

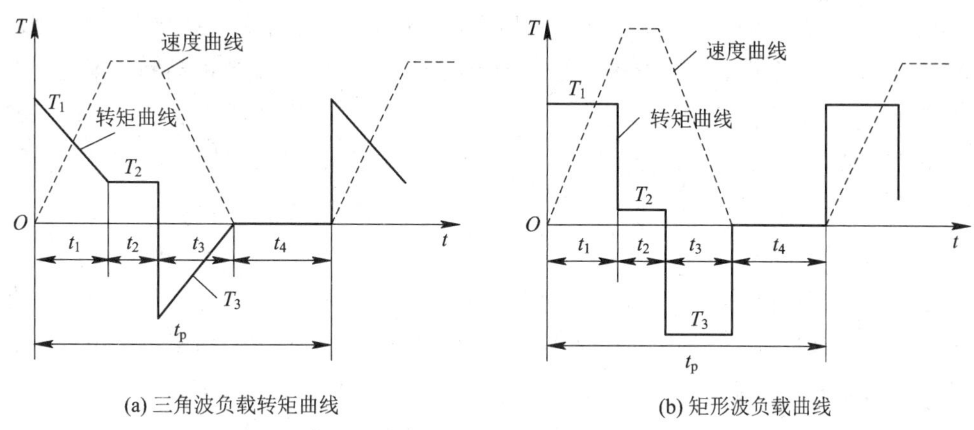

(a) 三角波负载转矩曲线　(b) 矩形波负载曲线

图 3-32　交流伺服电机负载变化模型

当电机工作在负载变化情况下时，按负载均方根负载计算电机功率，计算公式为

$$P_m\approx(1.5\sim2.5)\frac{T_{Lr}n_{Lr}}{9560\eta} \tag{3-22}$$

式中：T_{Lr} 为负载均方根转矩(N·m)；n_{Lr} 为负载均方根转速(r/min)。

在计算出电机所需功率 P_m 后，那么电机的额定功率需要满足

$$P_N\geqslant P_m \tag{3-23}$$

通常电机工作额定负载下，电机发热在允许范围内，因此不必计算电机温升，但在有些特殊情况下电机会过载运行，一般情况下也允许电机短时间内过载运行，连续过载时间应限制在规定时间之内，即满足

$$T_{Lam}\leqslant T_{Mon} \tag{3-24}$$

式中：T_{Lam} 为连续过载时间(min)，T_{Mon} 为电机规定过载时间(min)。

伺服电机除连续运转区域外还有短时间内运转特性，例如最大转矩 T_{LP}，即使容量相同，最大转矩也会因各电机而有所不同。电机输出的最大转矩影响驱动电机的加减速时间，可用公式(3-25)估算线性加减速时间 t_a，据此确定所需的最大转矩 T_{max}，选择电机容量：

$$t_a=95.5n\,\frac{(J_L+J_m)}{(0.8T_{max}-T_L)} \tag{3-25}$$

式中：n 为电机转速(r/min)；J_L 为负载惯量(kg·cm^2)；J_m 为电机转子惯量(kg·cm^2)。

3.4.5　交流伺服驱动系统应用

德国 Rexroth 公司在 1978 年推出 MAC 永磁交流伺服电动机和驱动系统，标志着新一代交流伺服技术已进入实用化阶段。在 20 世纪 80 年代中后期，世界上已有多个公司开发

了完整的交流伺服系列产品，此时整个伺服装置市场由直流伺服转向了采用交流伺服驱动系统。在近几十年中，交流伺服驱动技术不断发展，从模拟控制、数字控制发展到全数字交流伺服系统，目前已成为数控机床、工业机器人、电子产品制造等领域最主要的伺服驱动系统类型。

1. 交流伺服电机

当前，高性能的电伺服驱动系统大多采用永磁同步交流伺服电机，控制驱动器多采用快速、准确定位的全数字伺服驱动系统。在交流伺服产品中，日本、欧美的品牌占据主要市场，著名品牌有日本的松下、发那科、三菱、安川、三洋、富士，美国的罗克维尔、科尔摩根、达那赫、帕克，德国的西门子、伦茨、博世力士乐、施耐德，英国的 Control Technology、SEW 等。

1）电机类型

在选择交流伺服电机时，首先通过计算获得所需的各种参数，例如电机功率、转矩、工作转速、加减速时间、负载转动惯量等，还需要对一些品牌的交流伺服电机类型、特点、性能有所了解，最好能做出比较。用户可以从说明书、客户推荐、互联网等多个渠道了解到伺服电机相关信息，然后再从电机性能、使用场合、参数匹配、经济性等方面综合考虑选择什么品牌、什么类型、哪一个系列、何种型号的交流伺服电机。

在此以日本松下公司交流伺服产品为例进行说明。从 20 世纪 90 年代起松下公司先后推出了 A4、A5、A6 系列电机，形成了功率范围从 0.05 kW 到 6 kW 的较完整的电机体系，可满足工作机械、搬运机构、焊接机械人、装配机器人、电子部件、加工机械、印刷机、高速卷绕机、绕线机等不同需要。松下公司推出的小型永磁交流伺服电机分为低惯量、中惯量、高惯量三种类型，其中大惯量系列适用于数控机床，中惯量系列适用于机器人(最高转速为 3000 r/min，力矩为 0.016～0.16 N·m)，此外还推出了小惯量系列。

2）电机规格

电机规格说明电机的参数值，不同厂商电机规格中多数参数项目相同，即电机通用参数，但也有少数参数为该品牌电机的专用参数。一般电机规格中列出的通用参数有电机型号、适用的驱动型号、电机电源容量、额定功率、额定转矩、额定电流、额定转速、转子转动惯量、旋转编码器规格等。

3）转矩特性

为了帮助用户更好地了解电机的运行性能，在产品说明书中都会提供电机的转矩等运行特性曲线，用户可以通过它了解电机在不同转速、温度环境下的转矩输出情况。

图 3-33(a)为电机的转矩与转速之间关系曲线，例如该电机在连续工作区中，转速调节范围为 0～5000 r/min，在额定转速 3000 r/min 以下能提供额定转矩，当速度超过额定转速时，输出转矩线性下降。瞬时工作区域为电机短时间运行能够输出的转矩，电机在短时间内能够输出比额定转矩大得多的瞬时转矩，主要用于电机加减速。图 3-33(b)曲线反映了额定转矩比与环境温度的关系，额定转矩比是指电机输出转矩与额定转矩的比值。在 40℃以下时，额定转矩比达到最大值 100%，超过该温度时，额定转矩比将下降。

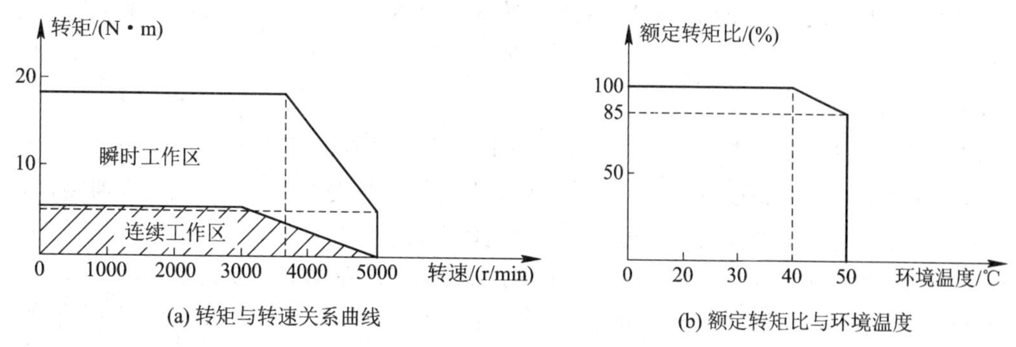

(a) 转矩与转速关系曲线　　(b) 额定转矩比与环境温度

图 3-33　交流伺服电机转矩特性曲线

2. 交流伺服驱动器

伺服驱动器(servo drives)又称为“伺服控制器”、“伺服放大器”，是用来控制伺服电机的一种控制器，其作用类似于变频器，作用于普通交流电机，属于伺服驱动系统的一部分。一般是通过位置、速度和转矩三种方式对伺服电机进行控制，实现高精度的传动定位。一般来说，伺服驱动器是与伺服电机配套使用的，不同厂商生产的伺服控制器的控制方式、使用电压、外部接口等不完全相同，目前不同的伺服驱动器与伺服电机之间还没有做到通用。

1) 基本要求

除了交流伺服电机之外，交流伺服驱动器的性能也对整个伺服驱动系统性能有重要影响，因此交流伺服驱动器具应满足如下基本要求：

(1) 调速范围宽。伺服电机在工作中，有时要求速度不断变化，伺服驱动器要能够实现在一定范围对电机速度的调节，以适应不同工况要求。

(2) 定位精度高。定位精度是机床进给等系统的重要指标之一，因此就要求伺服驱动器能够对电机的运动位置实现精确控制。

(3) 响应快速。为了保证生产率和加工质量，除了要求有较高的定位精度外，还要求有良好的快速响应特性，即要求跟踪指令信号的响应要快，因为电机在启动、制动时，要求加、减速度足够大，缩短过渡过程时间。

(4) 过载能力强。一般来说，伺服驱动器具有数分钟甚至半小时内 1.5 倍以上的过载能力，在短时间内可以过载 4～6 倍而不被损坏。

(5) 可靠性好。通常伺服驱动系统工作时要求在数千小时内无故障运行，故要求伺服驱动器工作可靠、稳定，具有较强的温度、湿度、振动等环境适应能力和很强的抗干扰能力。

2) 内部结构

目前，主流的伺服驱动器均采用数字信号处理器(DSP)作为控制核心，可以实现比较复杂的控制算法，以及数字化、网络化和智能化。功率器件普遍采用以智能功率模块(IPM)为核心设计的驱动电路，IPM 内部集成了驱动电路，同时具有过电压、过电流、过热、欠压等故障检测保护电路，在主回路中还加入了软启动电路以减小启动过程对驱动器的冲击。功率驱动单元首先通过三相全桥整流电路对输入的三相交流电进行整流，得到相应的直流电，再通过三相正弦 PWM 电压型逆变器变频来驱动三相永磁式同步交流伺服电机。

3）接口与连接

伺服驱动器实现对电机的控制需要通过接口传递相关控制信息，在下游通过接口与电机进行连接，主要有两类接口，一是电源接口，为电机运行提供动能；二是编码器接口，为编码器提供运行电源、位置反馈信号。在驱动器的上游，它与数控系统、PLC、单片机等上位机连接，传递控制信息，采用专用接口连接。另外，伺服驱动器需要提供三相、单相交流电或直流控制电源输入接口与上位机的通信接口等。图 3－34 所示为日本松下 A6 伺服驱动器的接口，包括主电源与控制电源接口 XA、电机连接接口 XB、I/O 接口 X4、光栅接口 X5、编码器接口 X6 等，下面介绍各接口的使用。

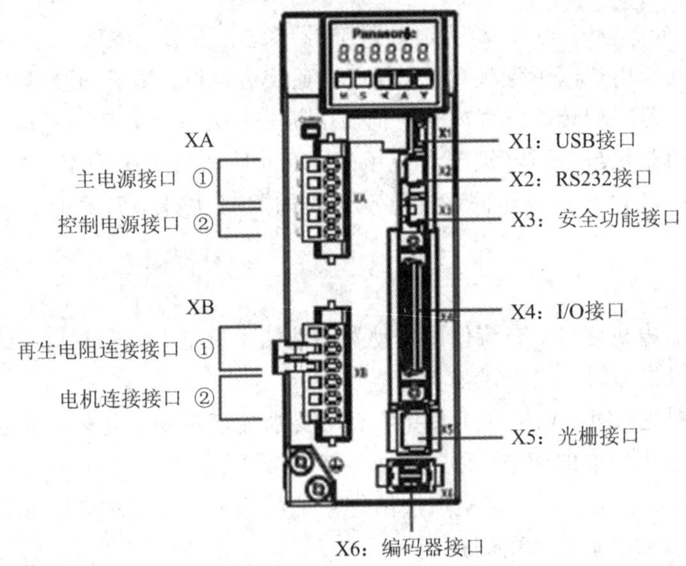

图 3－34　松下 A6 伺服驱动器接口

（1）主电源接口。

主电源接口是为伺服驱动器提供一个纯净、稳定的三相或单项交流电源，使用的电气元件包括断路器、滤波器、接触器、电抗器、变压器、浪涌吸收器等元件。当驱动器工作在复杂电磁环境下时，需要安装滤波器对电源进行滤波，在供电线路中接入电源滤波器可以大大衰减通过交流电传入的噪声，增加抗干扰性能。此外，在伺服驱动器进线中还需要接入电抗器，用以抑制浪涌电压和浪涌电流，延长驱动器使用寿命和防止谐波干扰。由于电机采用变频方式调速，所以在调速的时候经常会产生高次谐波和波形畸变，影响电机正常使用，为此也需在电源输入端加装一个进线电抗器，以改善变频器的功率因数并抑制谐波电流，滤除谐波电压和谐波电流，保护驱动器。

对有些伺服驱动器，供电不是采用三相 380 V 供电，而是采用其他的电压值供电时，就需要采用变压器把三相 380 V 电压变换成伺服驱动器适用电压。例如，日本的伺服驱动器供电方式有单相 100 V 或 200 V，三相 200 V 或 400 V。

（2）控制电源接口。

控制电源接口为伺服驱动器中的控制电路提供电源，控制电源的电压有交流和直流两种形式，交流供电一般为 100 V～220 V 单相供电，直流供电通常采用 12～24 V 直流电源。

（3）电机连接接口。

电机连接接口为交流伺服电机提供变频电源，一般为三相线加接地线，如果有制动器的电机还需要增加两根线为制动器提供制动的电源线。日本松下、安川、三菱，德国西门子等公司都会提供与它们电机配套的电缆线或电机接头附件，用户在订购电机时需要一起订购。图 3－35 所示为日本松下交流伺服驱动系统采用的中继电缆，由主电缆和副电缆组成，主电缆用于连接电机，副电缆用于连接电机制动器。

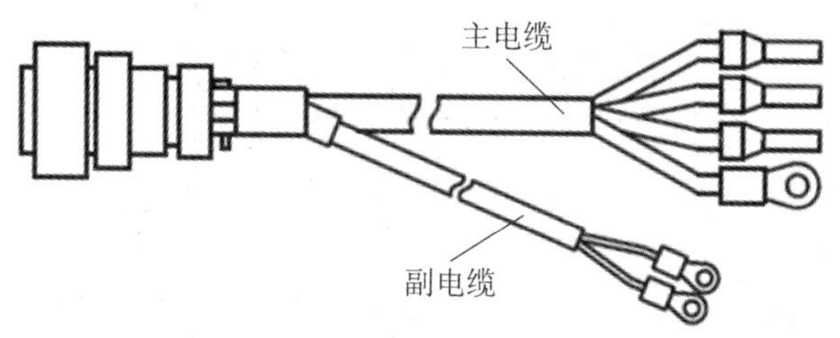

图 3－35 电机中继电缆

（4）编码器接口。

交流伺服电机的编码器安装在电机转子轴的尾部，其信号通过编码器电缆传送到伺服驱动器中。松下交流伺服电机通过 X6 接口与编码器连接。由于编码器分为相对编码器与绝对编码器，因此它们的连接电缆不同。相对编码器记录相对位置信息，工作时通过伺服驱动器给它供电，断电时位置信息丢失。绝对编码器能够测量绝对位置信息，需要通过电池供电保存信息，当外部断电时，其位置信息通过电池供电记录在存储器中，即断电后位置信息不丢失，当重新上电时，电机位置能够恢复到断电前那一时刻的位置。图 3－36 所示为松下交流伺服电机绝对编码器与驱动器连接图，在连接电缆中间有一个电池盒用于安装干电池，给编码器供电。

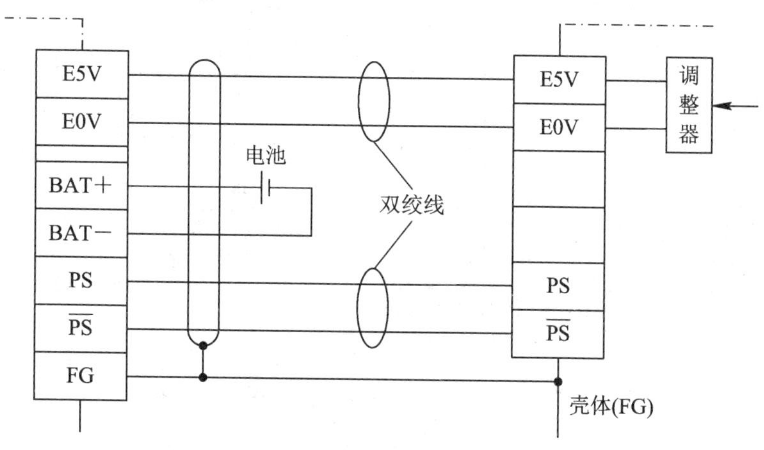

图 3－36 绝对编码器与驱动器连接图

(5) 控制器接口。

伺服驱动器接受上位机的控制，上位控制器的类型有数控系统、PLC、专用控制器等。驱动器与上位机接口的连接线包括数据线、电源线、信号联络线等。数据线主要用于传送控制脉冲，例如，正向脉冲、负向脉冲、零件信号等。信号线又分为输入信号与输出信号线，输入信号线主要用于上位机向驱动器控制命令传送，输出信号线主要用于向上位机发送伺服驱动的工作状态信号，例如伺服就绪、定位结束、伺服报警信号等。

图 3-37 所示为松下交流伺服驱动器与三菱 PLC 定位模块的连接图。伺服驱动器与上位机接口的功能定义需要参考厂家提供的说明书。常用的接口针脚数有 37 针、50 针、60 针等。

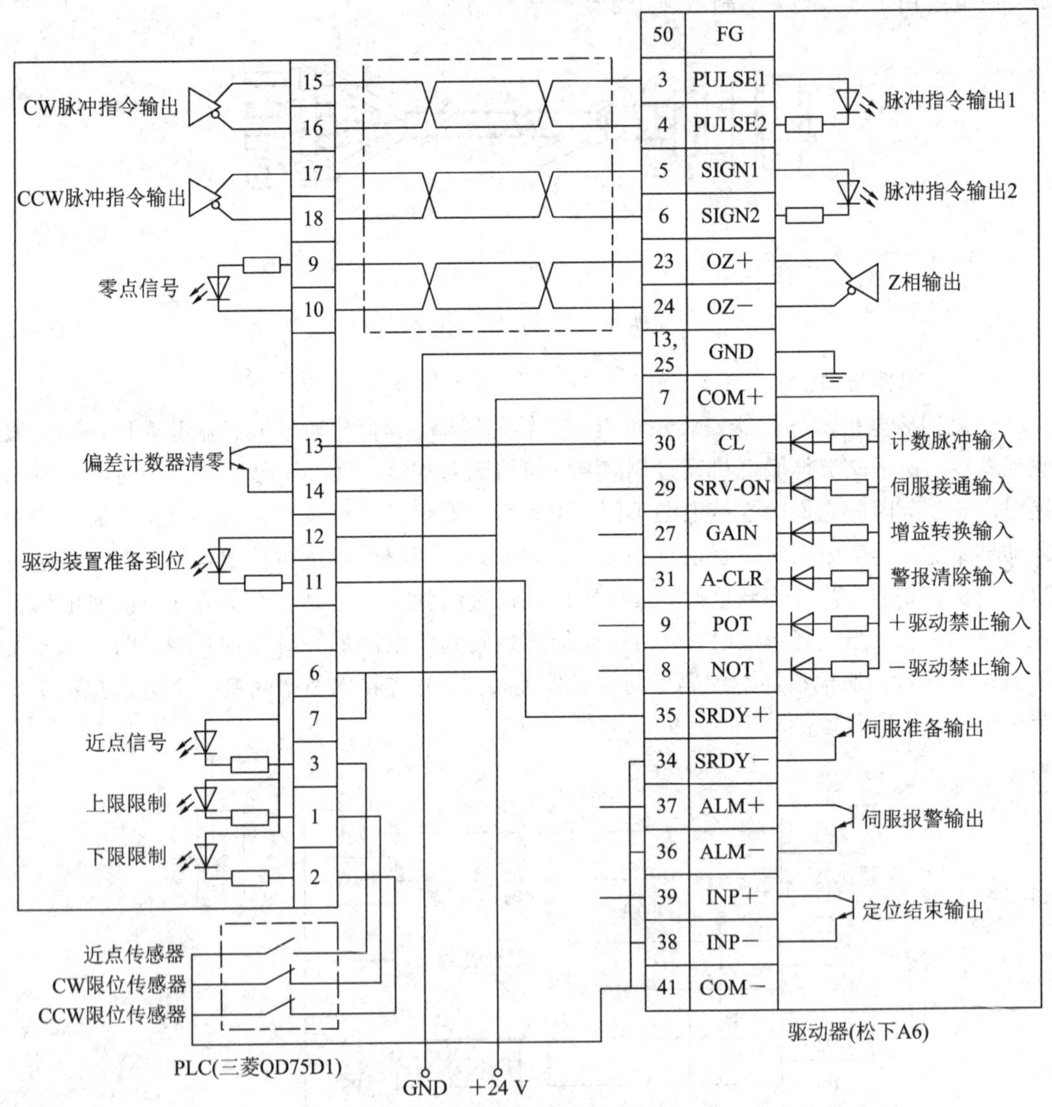

图 3-37 松下交流伺服驱动器与三菱 PLC 连接图

(6) 光栅接口。

光栅是用于测量直线移动位置或旋转位置一种检测元件，一般作为闭环控制的检测元件。在伺服驱动器上一般都有用于光栅连接的接口。光栅也分为相对型与绝对型两种形式。光栅与伺服驱动器信息传送采用串行或并行通信方式，传送的位置信号分为正弦信号和 TTL 电平信号。光栅连接线通常包括电源线，A、B、Z 相信号线、串行通信线等。

(7) 通信接口。

伺服驱动器通信接口主要用于驱动器参数设置、信息读取与上位机通信等。一般驱动器提供 USB、RS232 或 RS485 等多种通信接口，也有些驱动器提供了网络通信接口。

4) 伺服驱动器参数设置

伺服驱动器在使用前要先进行参数设定，以获得较好的控制性能。伺服驱动器参数较多，例如松下伺服驱动器设定的参数包括基本参数设定、增益调整、振动控制、速度与转矩控制、监视器设定、扩展设定、特殊设定等。交流伺服驱动器参数一部分需要通过人工设定，一部分参数可以直接选用厂商提供的缺省值。随着人工智能技术发展，有些伺服驱动器具有了智能控制功能，能够根据系统的使用负载等情况自动调整伺服参数以获得最佳匹配。

指令分倍频比是伺服参数中的一个重要参数，需要通过人手动设置，要与电机反馈脉冲数、丝杠螺距、减速器减速比等参数进行匹配，以获得所需的位置分辨率和运动速度。图 3-38 所示为日本松下交流伺服驱动系统中指令分倍频比参数的设定方法。

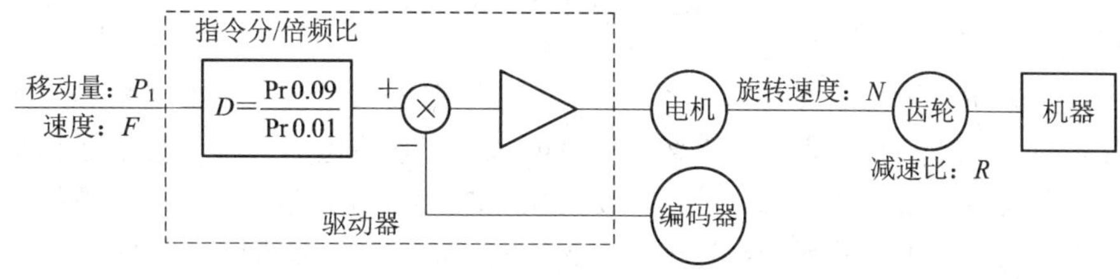

图 3-38　指令分倍频比设定

下面以数控机床中使用滚珠丝杠为例说明指令倍频比的设定流程。

设丝杆螺距为 L，那么对应于指令移动量 P_1(pulse)的丝杠实际移动量 M 为

$$M=P_1\times\frac{D}{E}\times\frac{1}{R}\times L \tag{3-26}$$

式中：D 为指令分倍频比；E 为编码器每转反馈脉冲数；R 为减速器减速比。

位置分辨率(相当于指令 1 脉冲的移动量)ΔM 为

$$\Delta M=\frac{D}{E}\times\frac{1}{R}\times L \tag{3-27}$$

对式(3-27)进行变换，得到指令分倍频比 D 的计算公式为

$$D=\frac{\Delta M\times E\times R}{L} \tag{3-28}$$

设移动速度指令为 F(pulse/s)，则丝杠上螺母的移动速度为 V(mm/s)为

$$V=F\times\frac{D}{E}\times\frac{1}{R}\times L \tag{3-29}$$

电机旋转速度 N 分别为

$$N=F\times\frac{D}{E}\times 60 \tag{3-30}$$

对式(3-28)进行变换，得到系统的指令分倍频比为

$$D=\frac{N\times E}{F\times 60} \tag{3-31}$$

例 3-2 已知一个系统的位置分辨率(脉冲当量)为 0.0005 mm，丝杠螺距 $L=10$ mm，减速比 $R=2$，编码器采用 23 位，编码器每转反馈脉冲数为 $E=2^{23}$，试计算：

(1) 伺服驱动器的指令分倍频比；

(2) 若上位控制器输出脉冲频率为 500 kp/s(千脉冲/秒)，则电机旋转速度 N 为多少？

解 (1) 根据分倍频比计算公式，则有

$$D=\frac{\Delta M\times E\times R}{L}=\frac{0.0005\times 2^{23}\times 2}{10}=\frac{8388608}{10000}=\frac{\text{Pr0.09}}{\text{Pr0.10}}$$

在伺服驱动器参数中设置 Pr0.09=8388608，Pr0.10=10000。

(2) 根据速度计算公式，有

$$N=F\times\frac{D}{E}\times 60=500000\times\frac{0.0005\times 2^{23}\times 2}{10}\times\frac{1}{2^{23}}\times 60=3000\ \text{r/min}$$

即，电机可获得 3000 r/min 的旋转速度。

3.5 直线伺服驱动系统

直线伺服驱动系统是一种直驱系统，它是在交、直流伺服电机基础上发展起来的一种新型伺服类型。直线伺服驱动系统的直线伺服电机是直接将电能转换为直线运动机械能且不需要任何中间转换结构的执行元件。直线伺服电机凭借高速度、高加速、高精度及行程不受限制的特性在电子产品制造与装配、交通运输、军事等领域得到了广泛应用。

3.5.1 直线伺服电机特点与分类

1. 直线伺服电机特点

(1) 响应速度快。直线伺服电机不需要经过中间转换机构而直接产生直线运动，使结构大大简化，运动惯量减少，动态响应性能好，可获得较高加速度，可达(2～10)g，而滚珠丝杠传动的最大加速度一般只有(0.1～0.5)g。

(2) 定位精度高。直线伺服电机取消了由于滚珠丝杠等传动装置产生的传动间隙和误差，减少了插补运动时因传动系统滞后带来的跟踪误差。通过直线位置检测反馈与控制，可大幅度提高机器的定位精度。

(3) 维护简单。直线伺服电机由于部件少，运动时无机械接触，降低了零部件磨损，维护少甚至无须维护，使用寿命长。

(4) 适应性强。直线伺服电机的初级铁芯可以用环氧树脂封成整体，具有较好的防腐、防潮性能，方便于在潮湿、粉尘和有害气体的环境中使用，而且可以设计成多种结构，满足不同工作需要。

2. 直线伺服电机分类

直线伺服电机分类如图 3-39 所示。按工作原理可分为直流直线伺服电机、交流直线伺服电机、直线步进电机、混合式直线伺服电机等，交流直线伺服电机又可分为感应式和同步式。在实际中应用较多的是交流直线伺服电机。

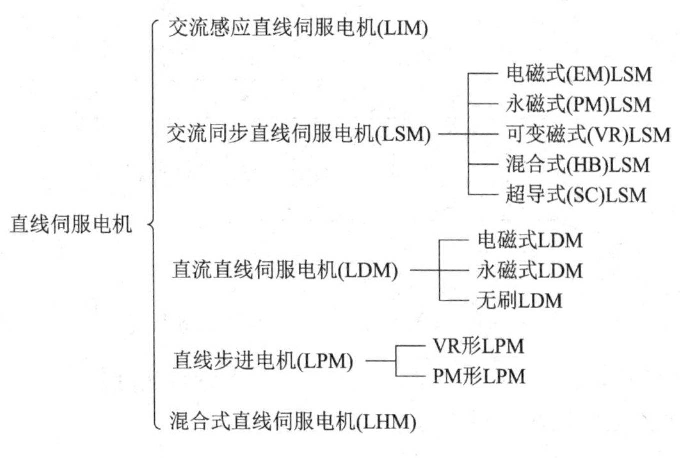

图 3-39　直线伺服电机分类

3.5.2　直线伺服电机工作原理

由于直线伺服电机是从旋转式电机发展而来的，它的工作原理与旋转式电机基本相同，但在结构上也有不同。由于直线伺服电机的类型较多，下面介绍几种常用的直线伺服电机的工作原理。

1. 交流感应直线伺服电机

1）电机工作原理

交流感应直线伺服电机可以看作是由普通的旋转电动机直接演变而来的。图 3-40(a)所示为一台旋转电动机横截面图，如果将它沿径向剖开，并将定子和转子沿圆周展开成直线，这样就得到最简单的平板型直线感应电机，如图 3-40(b)所示。由定子演变而来的一侧称为初级，由转子演变而来的一侧称为次级。初级铁芯一般由硅钢片叠成，在其中的一个面上开有线槽，三相或单相绕组嵌置于槽内。

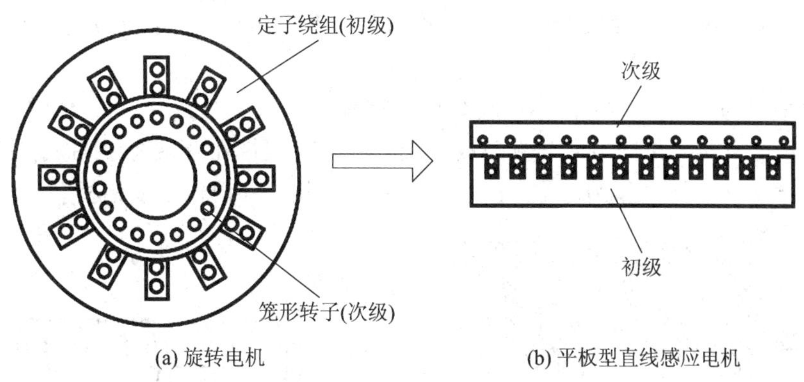

(a) 旋转电机　(b) 平板型直线感应电机

图 3-40　直线伺服电机形成

在旋转式交流感应伺服电机的三相绕组中通入三相交流电后会产生一个旋转磁场，而在直线伺服电机的初级的多相绕组中通入多相电流后，也会产生一个气隙基波磁场，但是这个磁场不是旋转的而是直线移动的，故称为行波磁场，如图 3-41 所示。

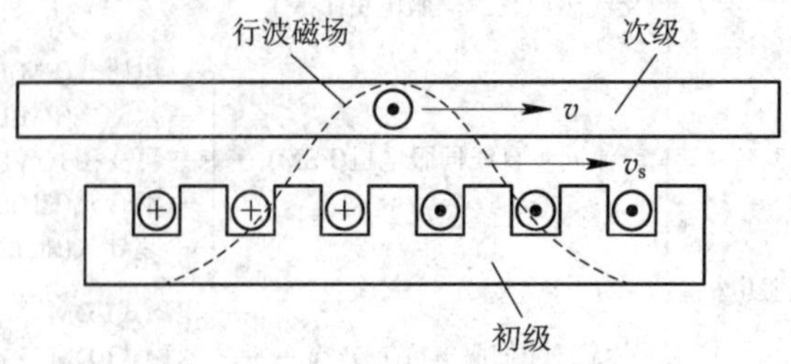

图 3-41　交流感应直线伺服电机工作原理

行波磁场的移动速度与旋转磁场在定子内圆表面上的线速度是一样的，用 v_s 表示，如果是同步电机，则该速度就称为同步速度，其大小为

$$v_s=\frac{2\tau}{T}=2\tau f \tag{3-32}$$

式中：τ 为极距(mm)；f 为电源频率(Hz)；T 为周期(s)。

在行波磁场切割下，次级导条将产生感应电势和电流，所有导条的电流和气隙磁场相互作用，便产生切向电磁力。如果初级是固定不动的，那么次级就沿着行波磁场运动方向作直线运动。若次级移动的速度用 v 表示，则滑差率为

$$s=\frac{v_s-v}{v_s} \tag{3-33}$$

对于交流感应式直线伺服电机，其次级移动速度为

$$v=(1-s)v_s=2f\tau(1-s) \tag{3-34}$$

上式表明，改变极距或电源频率都可改变交流感应直线电机的速度，与旋转型电机类似，改变直线伺服电机初级绕组的通电相序可改变电机运动方向，因而可使直线伺服电机作往复直线运动。

2）电机结构形式

交流直线伺服电机从结构来分有平板型、圆筒型、管型、U 型槽等类型。在运动方式上，可以是固定初级，让次级运动，称为动次级型；相反也可以固定次级而让初级运动，则称为动初级型。

平板型结构如图 3-42(a)所示，次级形式有栅型次级、钢次级、复合次级。栅型次级一般是在钢板上开槽，在槽中嵌入铜条或铸铝，然后用铜带在两端短接而成。钢次级中的钢既起导磁作用又起导电作用。复合次级是在钢板上复合一层铜板或铝板。

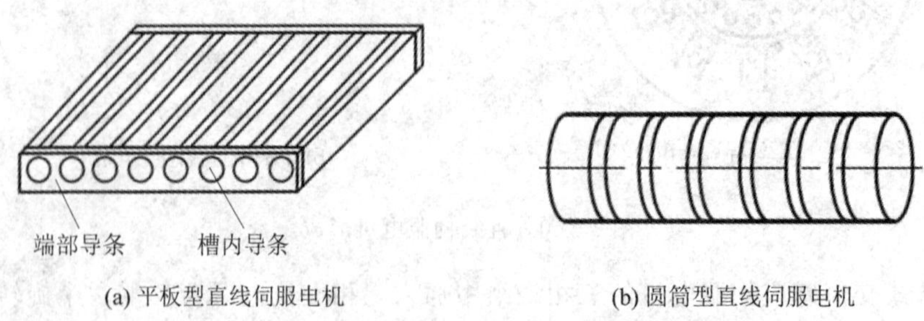

(a) 平板型直线伺服电机　　(b) 圆筒型直线伺服电机

图 3-42　直线伺服电机结构形式

圆筒型直线伺服电机如图 3-42(b)所示，其次级一般是厚壁钢管，为了提高单位体积所产生的启动推力，可以在钢管外圆上覆盖一层 1～2 mm 厚的铜管或铝管，成为复合次级，或者在钢管上嵌置铜环或浇铸铝环，成为类似于笼型的次级。

除了上述的平板型直线伺服电机外，还有管型直线伺服电机。如果将图 3-43(a)所示的平板型直线电机的初级和次级向中心方向卷曲，就成为管型直线电机，如图 3-43(b)所示。

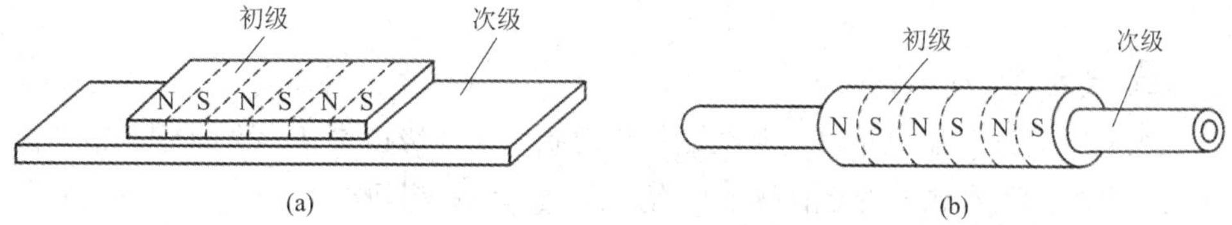

图 3-43　管型直线感应电机的形成

此外，还可以把次级做成一片铝圆盘或铜圆盘，并将初级放在次级圆盘附近的平面，如图 3-44 所示，就形成了两相管型直线感应电动机。次级圆盘在初级移动磁场的作用下，形成感应电流，并与磁场相互作用产生电磁力，使次级圆盘能绕其轴线作旋转运动。

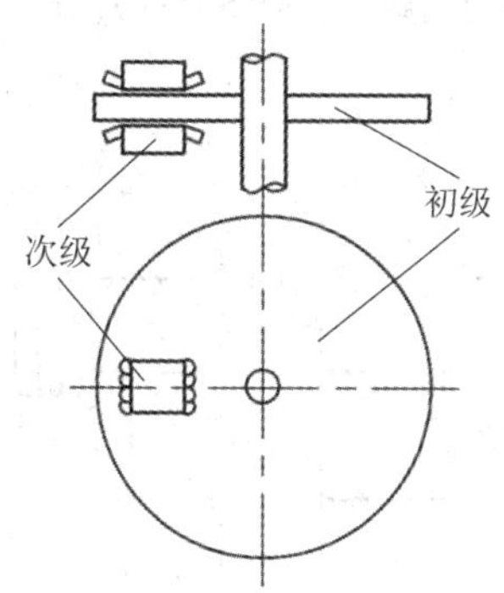

图 3-44　两相管型直线感应电动机

直线伺服电机的结构有短初级长次级、长初级短次级，单边型、双边型等形式，一般采用短初级长次级，如图 3-45 所示。单边型交流直线伺服电机产生的法向吸力在钢次级时约为推力的 10 倍左右，双边型直线伺服电机的法向吸力相互抵消。

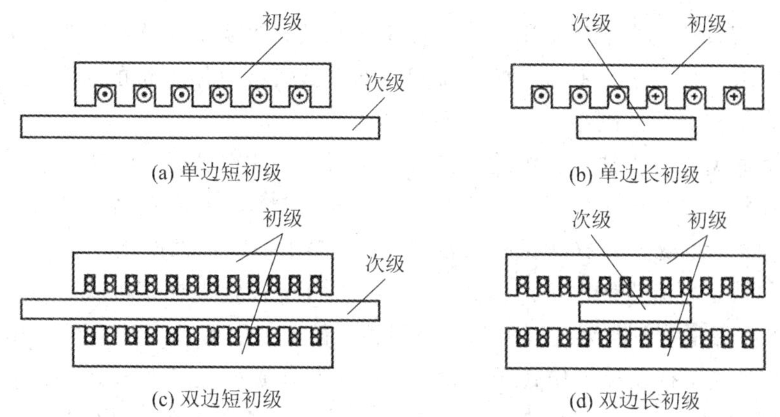

图 3-45　双边型直线伺服电机结构

2. 直流直线伺服电机

根据励磁不同，直流直线电机可分为永磁式、感应式、无刷式等。永磁式直线伺服电机在单位面积推力、效率、可控性等方面均优于感应式直线伺服电机，但永磁材料由于质硬，机械加工困难，制造成本比电磁式高，安装、使用和维护不便。电磁式直线伺服电机在不通电时是没有磁性的，因此安装、使用和维护方便，但电磁式比永磁式多了一项励磁损耗。

1）永磁式直流直线伺服电机

永磁式直流直线伺服电机采用永久磁铁作磁通源，次级由多块永久磁钢构成，初级是含铁芯的三相绕组。永磁式直流直线电机有动圈型和动铁型两种形式。

动圈型结构如图 3-46(a)所示，在软铁框架的两端装有极性同向放置的两块永久磁铁，通电线圈可在滑道上作直线运动。这种结构具有体积小，成本低和效率高等优点。

动铁型结构如图 3-46(b)，在一个软铁框架上套有固定线圈，该线圈的长度要覆盖整个行程。当线圈流过电流时，不工作的部分也要消耗能量。动铁型电枢绕组用铜量大，结构复杂；移动系统重量大，惯性大，消耗功率多，优点是电机行程可做得很长，还可做成无接触式。

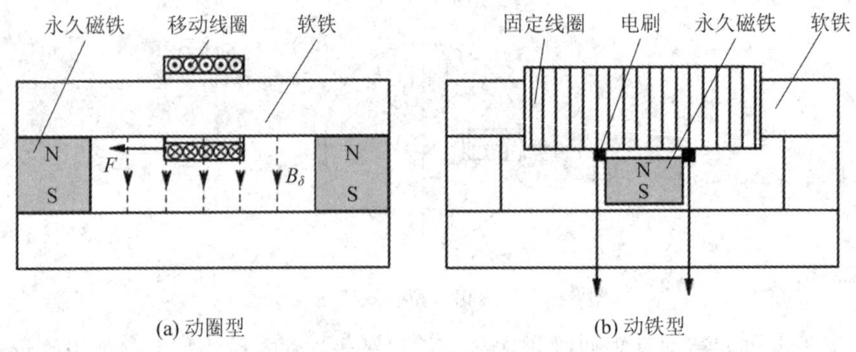

(a) 动圈型　　(b) 动铁型

图 3-46　永磁式直线直流电机结构形式

2）感应式直流直线伺服电机

感应式直流直线伺服电机是用直流电流来励磁的，初级和永磁式直线伺服电机的初级相同，而次级用自行短路的不馈电栅条来代替永磁式直线伺服电机的永久磁钢。感应式直流直线伺服电机也分为动圈型和动铁型两种形式。

感应式动圈型直流直线电机结构如图 3-47 所示。励磁线圈通电后产生磁通与移动线圈的通电导体相互作用产生电磁力，克服滑轨上的静摩擦力，移动线圈便作直线运动。对于动圈型电动机，电磁式的成本要比永磁式低，但多了一项励磁损耗。

感应式动铁型直流直线电机结构如图 3-48 所示。通常做成多极式，当环形励磁线圈通电时，便产生磁通，径向穿过气隙和电枢线圈。径向气隙磁场与通电的电枢线圈相互作用产生轴向电磁力，推动磁极作直线运动。电刷安装在磁极上随磁极运动。电刷在剥出漆皮的电枢线圈表面滑动，以保证在某极下电枢线圈的电流方向在运动中始终不变，从而保证电枢始终受到一定方向的电磁力。

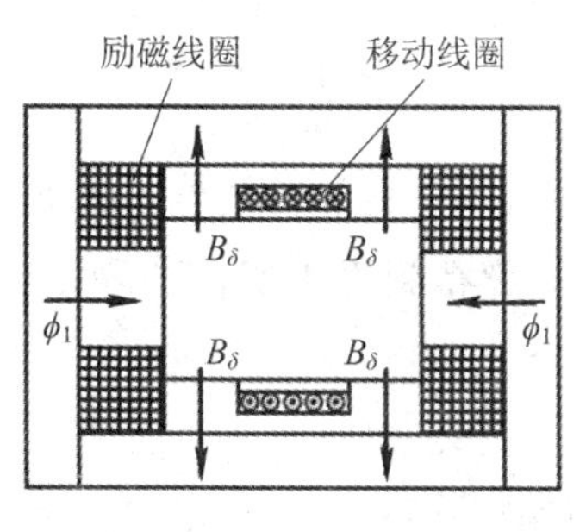

图 3-47　感应式动圈型

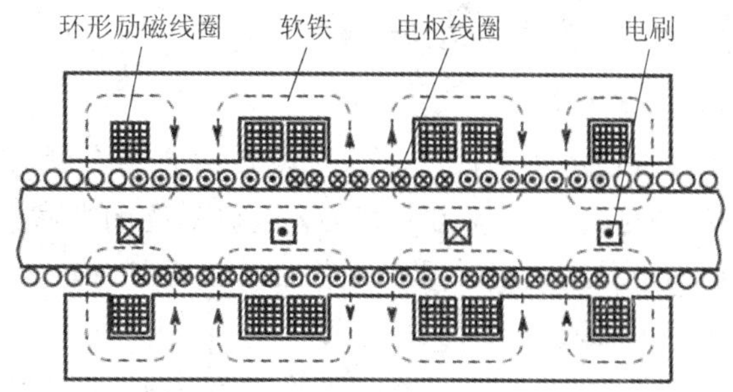

图 3-48　感应式动铁型

3.5.3　直线伺服电机选型

1. 直线伺服电机的选用

1）电机类型选择

在直线电机选型时，先要了解不同类型直线伺服电机的特点与性能，其次需要了解系统的使用需求，包括工作力矩、运动速度、加速时间、安装空间、可靠性、维修等要求。在选择直线伺服电机时，首先根据使用要求选择电机类型与形状，再看电机参数是否满足要求，同时考虑电机可靠性、使用寿命、维修、经济性等因素。图 3-49 所示为常见的直线伺服电机类型，除了常见的平板、管型、U 型槽等基本形状外，还衍生了圆弧型、环型、平面型等形式。

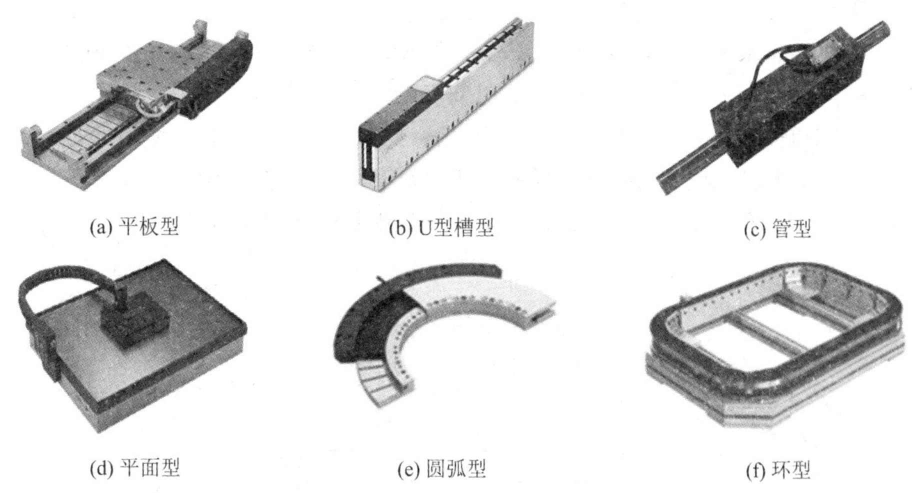
(a) 平板型　(b) U型槽型　(c) 管型
(d) 平面型　(e) 圆弧型　(f) 环型

图 3-49　常见的直线伺服电机类型

2）直线伺服电机参数

直线伺服电机经常应用在较高的加减速、往复运动场合，同时还需满足定位精度和重复定位精度要求。电机参数选择十分重要，在选择直线伺服电机时一定要了解所选电机的性能和结构参数。直线伺服电机的参数包括连电机连续推力、峰值推力、电机动静子质量、电源规格、电机外形尺寸等。

2. 直线伺服电机选型计算

1）选型计算

直线伺服电机的选型需要计算系统的最大推力和持续推力。最大推力与电机加减速度、系统摩擦、外界应力等相关，根据系统的加减速要求计算得到电机所需的最大推力。最大推力由移动负载质量和最大加速度大小决定。

电机满足的最大推力 F_m 为

$$F_m=(M_L+M_P)a+(M_L+M_P)g\mu+F_n \tag{3-35}$$

式中：M_L 为负载重量；M_P 为动子重量；a 为加速度；μ 为摩擦系数；F_n 为外界应力。

如果实际加速度不知道，但有直线伺服电机运行时间要求，例如给定了运动行程和所需运动时间，也可以计算出所需的加速度。在电机工作模式的选择上，对于短行程推荐使用三角形速度工作模式（无匀速），长行程采用梯形速度工作模式会效率会更高。在三角形速度工作模式中，电机的运动无匀速段。

通常为了要维持匀速过程和停滞阶段，摩擦力和外界应力的施力也需要计算。为了维持匀速，直线伺服电机会对抗摩擦力和外界应力，直线伺服电机伺服停滞时则会对抗外界应力。系统所需的电机持续推力计算公式为

$$F_{rms}=\sqrt{\frac{F_a^2T_a+F_c^2T_c+F_d^2T_d+F_w^2T_w}{T_a+T_c+T_d+T_w}} \tag{3-36}$$

式中：F_{rms} 为持续推力；F_a 为加速度力；F_c 为匀速段力；F_d 为减速度力；F_w 为停滞力；T_a 为加速时间；T_c 为匀速时间；T_d 为减速时间；T_w 为停滞时间。

2）计算实例

例 3-3 已知某系统的负载重量 $M_L=75$ kg，行程 $S=0.2$ mm，最大移动速度 $V_m=1.4$ m/s，加速时间 $T_a=0.1$ s，匀速时间 $T_c=0.2$ s，减速时间 $T_d=0.1$ s，循环周期 $T=0.5$ s，工作循环如图 3-50 所示。动子运动摩擦系数 $\mu=0.01$，导线阻力 $F_w=2$ N，安全系数 $K=1.2$，现选 LSM67 型直线伺服电机，查资料可知它的连续推力为 950 N，最大推力为 1900 N，动子重量 $M_P=10.8$ kg，试验算该电机能否满足要求。

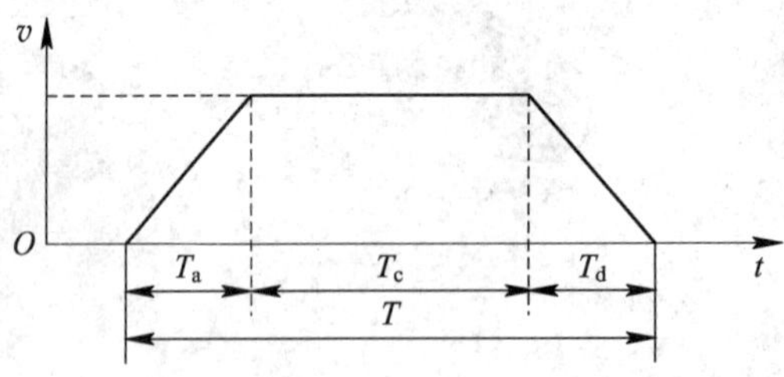

图 3-50 电机工作循环

解 (1) 电机匀速运动工作时所需的推力为

$$F_L=(M_L+M_P)g\mu+F_w=10.408\ \text{N}$$

(2) 电机启动，运行到最大速度的加速时间为

$$t_a=\frac{(M_L+M_P)V_mK}{F_M-F_L}=0.076\text{s}<T_a=0.1\text{s}$$

加速时间小于要求的加速时间，所以能够满足要求。

（3）加速所需推力为

$$F_a=\frac{V_m}{T_a}(M_L+M_P)+F_w=1203\ \mathrm{N}$$

（4）减速所需推力为

$$F_d=\frac{V_m}{T_d}(M_L+M_P)-F_w=1201\ \mathrm{N}$$

（5）平均推力为

$$F_{rms}=\sqrt{\frac{F_a^2T_a+F_L^2T_c+F_d^2T_d+F_w^2T_w}{T}}=760.4\ \mathrm{N}$$

在此，选择安全系数 $K=1.2$，所需要的连续推力为 912 N，小于电机连续推力 950 N，故连续推力能满足要求。加减速所需的推力小于最大推力 1900 N，故也能满足要求。

3.6　电液伺服驱动

电液伺服驱动系统综合了电气和液压两种驱动形式的特长，具有控制精度高、响应速度快、输出功率大、信号处理灵活、易于实现各种参数反馈等优点。电液伺服驱动系统在负载质量大又要求响应速度快的场合使用最为合适。

3.6.1　电液伺服驱动系统的组成与分类

1. 电液伺服驱动系统组成

电液伺服驱动系统是一种反馈控制系统，是以伺服元件(伺服阀或伺服泵)为控制核心的液压控制系统，一般由发信元件、比较元件、放大和转换元件、执行元件、检测元件以及被控对象组成，如图 3-51 所示。

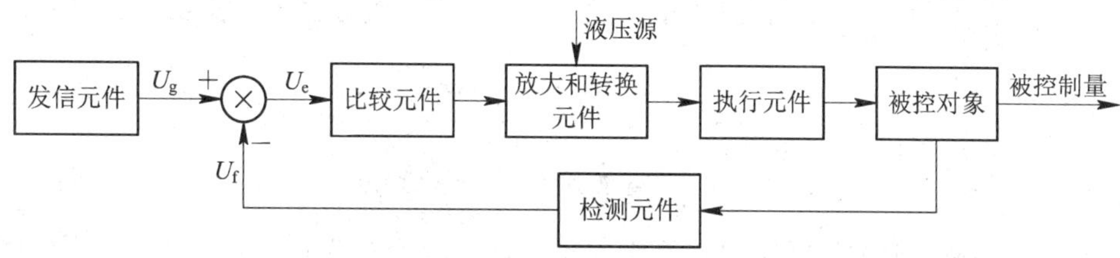

图 3-51　电液伺服驱动系统组成

（1）发信元件。它可以是机械装置，如凸轮、连杆等，提供位移信号；也可是电气元件，如电位计等，提供电压信号。

（2）比较元件。用来比较指令信号和反馈信号，并得出偏差信号。实际系统中一般没有专门的比较元件，多数由伺服控制器完成。

（3）放大和转换元件。比较元件所得的误差信号放大，将信号转换成电信号或液压信号(压力、流量)。通常由伺服放大器和电液伺服元件(伺服阀或伺服泵)组成。

（4）执行元件。将液压能转变为机械能，产生直线运动或旋转运动，并直接控制被控对象。一般指液压缸或液压马达。

(5) 被控对象。指系统的负载，如工作台等。

2. 电液伺服驱动系统分类

电液伺服驱动系统分类方法很多，可以从不同的角度分类，根据控制的参数的不同可分为位置控制、速度控制、力控制等；根据伺服元件的不同可分为阀控系统和泵控系统；根据输出功率大小可分为大功率系统和小功率系统；根据控制方式的不同可分为开环控制系统和闭环控制系统；根据输入信号的形式不同，还可以分为模拟伺服驱动系统和数字伺服驱动系统两类。

电液位置伺服驱动系统是以位置为控制目标的伺服驱动系统。位置精度是衡量系统性能的主要指标，它是以液体作为动力传输和控制介质，利用电信号控制输入和反馈。只要输入某一规律的信号，执行元件就能启动，快速并准确地复现输入量的变化规律。电液位置伺服控制系统组成如图 3-52 所示。

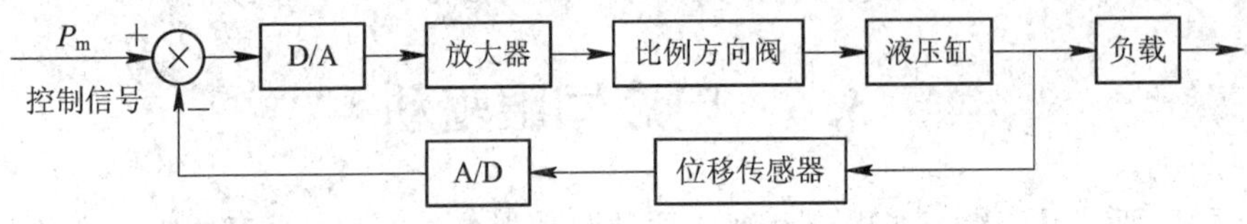

图 3-52 电液位置伺服驱动系统

电液速度伺服驱动系统是以速度为控制目标的伺服驱动系统，分为阀控液压马达速度控制系统和泵控液压马达速度控制系统。阀控马达速度控制一般用于小功率系统，而泵控马达速度控制一般用于大功率系统。电液速度伺服驱动系统常用于原动机调速、机床进给装置的速度控制以及雷达天线、炮塔、转台等设备的速度控制。电液速度伺服驱动系统的组成如图 3-53 所示，在系统中采用测速发电机或其他速度传感器作为检测元件，把检测信号反馈给控制器，对负载的速度进行控制。

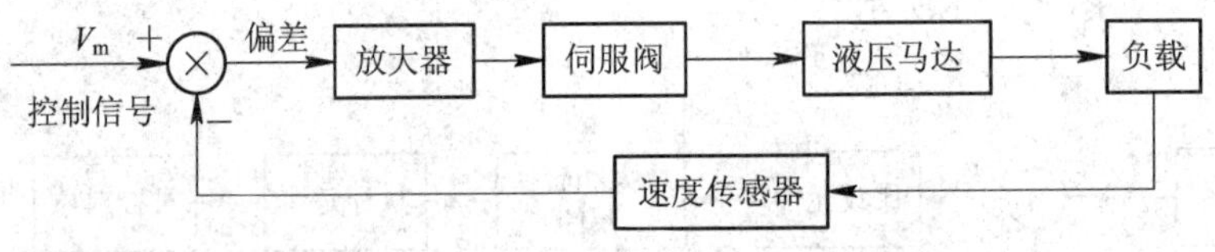

图 3-53 电液速度伺服驱动系统

电液力或力矩伺服驱动系统是以系统输出的压力或力矩为控制目标的伺服驱动系统。在工程上，力控制系统的应用很多，如材料试验机、结构疲劳试验机、轧机张力控制系统、车轮刹车装置等都采用电液力控制系统。电液力或力矩伺服驱动系统中采用力或力矩传感器作为检测元件。

图 3-54 为模拟式电液位置伺服驱动系统，用模拟量作为控制信号和检测信号。模拟伺服驱动系统重复精度高，但分辨能力较低。伺服驱动系统的精度在很大程度上取决于检测装置的精度，而模拟式检测装置的精度一般低于数字式检测装置，所以模拟伺服驱动系统的分辨能力低于数字模拟伺服驱动系统。模拟伺服驱动系统中微小信号容易受到噪声和零漂的影响，因此当输入信号接近或小于输入端的噪声和零漂时，就不能进行有效的控制。

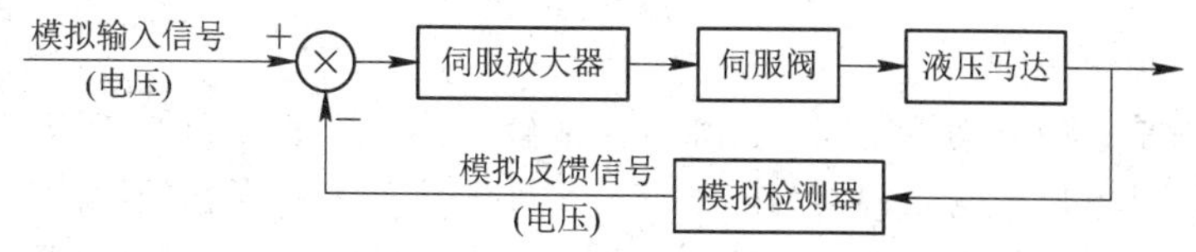

图 3-54　模拟式电液位置伺服驱动系统

数字电液伺服驱动系统是用数字信号(离散信号)进行控制的伺服驱动系统，又分为全数字电液伺服驱动系统和数字-模拟电液伺服驱动系统。在全数字电液伺服驱动系统中，动力元件必须能够接受数字信号，可采用数字阀或电液步进马达。数字-模拟电液伺服驱动系统如图 3-55 所示。数字装置发出的指令脉冲与反馈脉冲相比较后产生数字偏差，经数模转换器把信号变为模拟偏差电压，后面的动力部分不变，仍是模拟元件。系统通过数字检测器提供反馈脉冲信号。

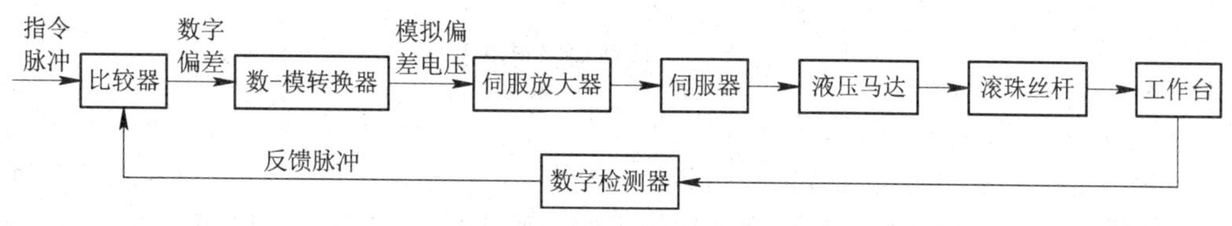

图 3-55　数字-模拟电液伺服驱动系统

3.6.2　电液伺服阀

1. 电液伺服阀的分类

电液伺服阀的分类如图 3-56 所示。按放大器的级数分为单级、两级和三级伺服阀。单级伺服阀结构简单、价格低廉、输出流量小、稳定性差。两级伺服阀克服了单级伺服阀缺点，在控制系统中应用广泛。三级伺服阀是在两级伺服阀的基础上再加上功率滑阀，采用电反馈，一般用于流量一般大于 200 L/min 的系统中。按先导级阀(放大器)的结构形式可分为滑阀式、单(双)喷嘴挡板式、射流管式、偏转板射流式。按反馈形式分为位置反馈、负载流量反馈、负载压力反馈类型。

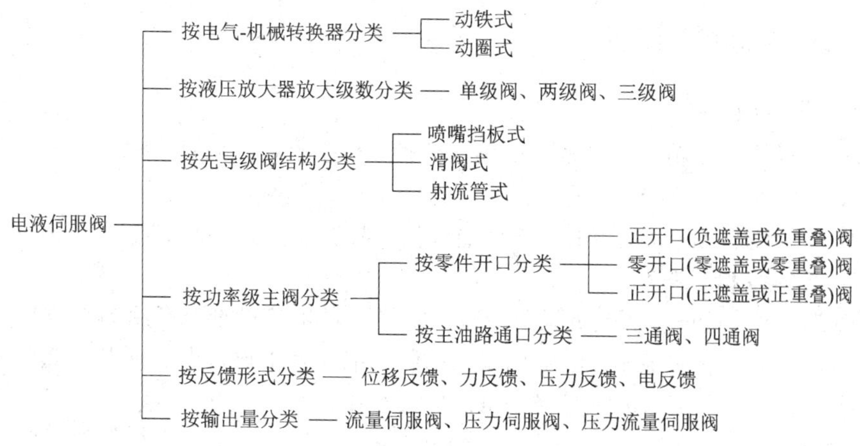

图 3-56　电液伺服阀的分类

2. 电液伺服阀的组成

电液伺服阀是一种自动控制阀，它既是电液转换组件，又是功率放大组件，其功能是将小功率的模拟量电信号输入转换为随电信号大小和极性变化且快速响应的大功率液压能流量或压力输出，从而实现对液压执行器位移或转速、速度或角速度、加速度或角加速度、力或力矩的控制。电液伺服阀通常是由电气-机械转换器、液压放大器(先导级阀和功率级主阀)和反馈机构组成，如图 3-57 所示。

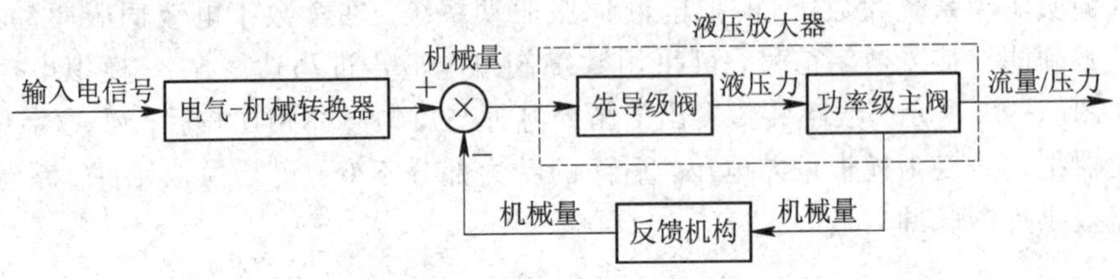

图 3-57　电液伺服阀组成

电气-机械转换器通常为力马达或力矩马达。力马达是一种直线运动电液转换器，而力矩马达则是旋转运动的电气-机械转换器。力马达和力矩马达的功用是将输入的控制电流信号转换为与电流成比例的输出力或力矩，再经弹性组件(弹簧管、弹簧片等)转换为驱动先导级阀运动的直线位移或转角，使先导级阀定位、回零。

液压放大器包括先导级阀、功率级主阀。先导级阀又称前置级，用于接收小功率的电气-机械转换器输入的位移或转角信号，将其转换为液压力驱动功率级主阀，犹如一对称四通阀控制的液压缸。功率级主阀多为滑阀，它将先导液压力转换为流量或压力输出。功率级主阀是靠节流原理进行工作的，即借助阀芯与体(套)的相对运动改变节流口通流面积的大小，对液体流量或压力进行控制。

反馈机构(平衡机构)将先导级阀或功率级主阀控制口的压力、流量或阀芯的位移反馈到先导级阀的输入端或比例放大器的输入端，实现输入输出的比较，解决功率级主阀的定位问题，并获得所需的伺服阀压力-流量性能。常用的反馈形式有机械反馈(位移反馈、力反馈)、液压反馈(压力反馈、微分压力反馈等)和电气反馈。

3.6.3　电液伺服阀的选用

1. 电液伺服阀的特性

电液伺服阀是非常精密而又复杂的伺服元件，其性能对整个伺服驱动系统性能影响较大，因此对它的性能有较高的要求，包括静态特性与动态特性。

(1) 静态特性。电液伺服阀的静态性能包括负载流量特性、空载流量特性、压力特性、内泄漏特性等曲线和零漂等。

(2) 动态特性。电液伺服阀的动态特性反映了它的响应性能，可用频率响应或瞬态响应表示，一般用频率响应表示。电液伺服阀的频率响应是指输入电流在某一频率范围内作等幅变频正弦变化时，空载流量与输入电流的复数比。

2. 选用原则

在选择电液伺服阀时主要考虑的因素有负载性质及大小、控制速度与加速度要求、系统控制精度及系统频宽的要求、工作环境、可靠性及经济性、尺寸、重量限制以及其他要求。总的来说，选用时一般从以下几个方面考虑。

1）类型选择

根据系统的控制任务、负载性质确定伺服阀的类型。一般位置及速度控制系统采用 Q 阀，力控制系统最好采用 P 阀，也可采用 Q 阀，大惯量但外负载力较小的系统采用 P－Q 阀。

2）性能指标

根据系统的性能要求，确定伺服阀的种类及性能，控制精度高时应采用分辨率高、滞环小的伺服阀，外负载力大时采用压力增益高的伺服阀。频宽应根据系统频宽要求来选择，频宽过低时将限制系统的响应速度，过高则会将高频干扰信号及颤振信号传给负载。

3）规格

根据负载的大小和要求的控制速度，确定伺服阀的规格，即确定额定压力和额定流量。

4）额定电流

有些伺服阀的额定电流可以选择，如果额定电流较大，则要采用较大功率的伺服放大器，额定电流值大的伺服阀具有较强的抗干扰能力。

3. 选用实例

电液伺服阀经过了几十年发展，其技术越来越成熟，目前国外的伺服阀品牌有 MOOG、Vickers、Rexroth、NORGREN、ATOS 等；国内伺服阀制造企业有中航工业金城集团、北京机床研究所、北京航空工业精密机械研究所、北京机械工业自动化研究所等。

下面以 MOOG 伺服阀为例介绍伺服阀的特点与选用。MOOG 伺服阀主要有 D660、D760、D790 等系列。D660 系列为射流管式伺服阀，它改善了流量利用效率，有助于降低能耗。伺服射流管先导阀具有很高的无阻尼自然频率(500 Hz)，因此这种阀的动态响应较高。D660 系列伺服阀有二级和三级构造两种形式，如图 3－58 所示。二级伺服阀主要应用在小信号时要求具有较高分辨率和较高动态响应的场合，而三级伺服阀适用于在较大指令信号下有较高动态响应要求的场合。D660 系列伺服阀结合了快速响应的先导级、合理的滑阀驱动面积和集成电路板功能，因此具有较好的控制性能。

(a) 二级阀

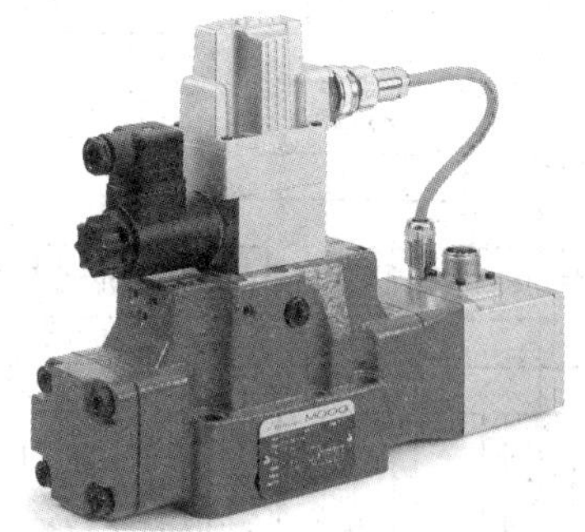

(b) 三级阀

图 3－58　D660 系列电液伺服阀

D660 伺服阀的主要技术参数包括安装形式、额定流量、工作压力、响应时间、主阀芯行程、重量等，其中额定参数有额定电流、额定压力和额定流量。阀的静态性能参数有滞环、分辨率、线性度、对称度、零偏和零漂等。

伺服阀控制采用模拟信号进行控制，分为电流信号输入型与电压信号输入型。电流模拟信号采用 0～±10 mA 电流，电压信号采用 0～±10 V 的模拟电压信号，采用差动方式输入，提高抗干扰性。上位机可以采用 PLC、单片机、数控系统或其他控制器，伺服阀工作需要提供 24 V 直流电源。D660 伺服阀的连接方式如图 3-59 所示。

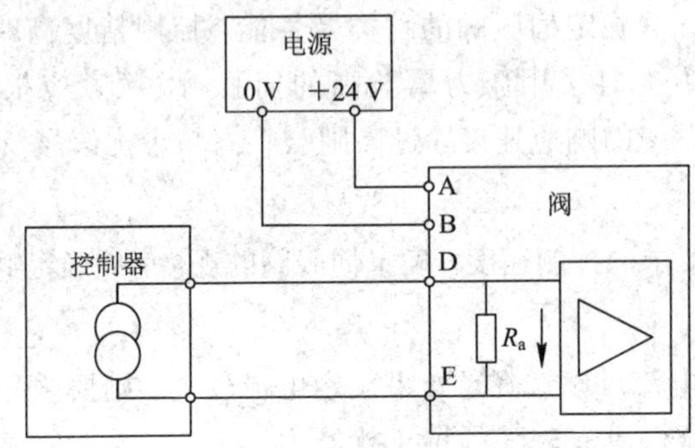

图 3-59　D660 伺服阀的连接

3.7　执行元件

执行元件是各种自动机械、计算机外围设备、办公设备、车辆、电子设备、医疗器械、光学装置、家用电器等机电一体化系统必不可少的部分，如数控机床的主轴和工作台，机器人手臂等。

3.7.1　执行元件分类

执行元件分类如图 3-60 所示。执行元件按照它的工作原理可分为电磁式、液压式和

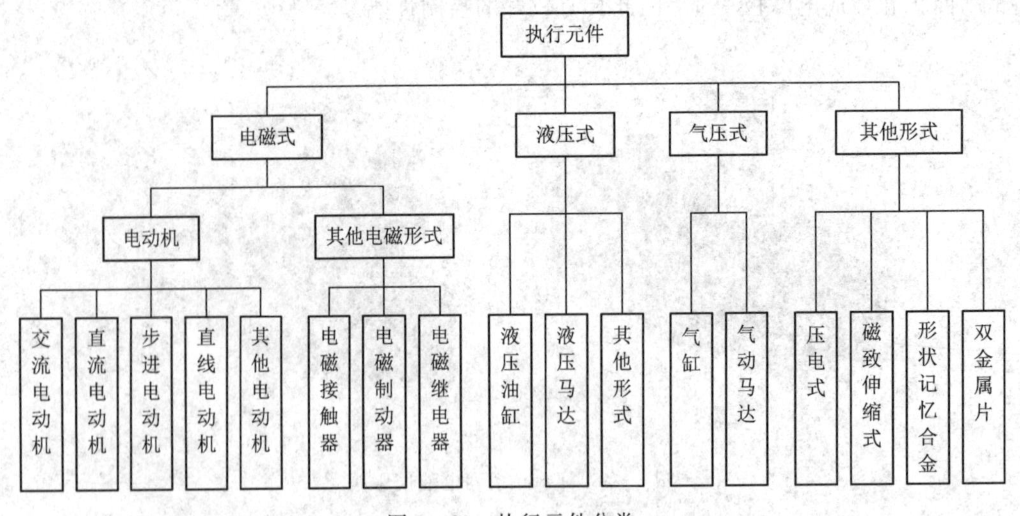

图 3-60　执行元件分类

气压式三种常见类型，另外还有特殊结构的执行元件，例如压电式元件、磁致伸缩式元件、形状记忆合金等。电磁式执行元件由于体积小、重量轻、使用方便，所以应用最广泛，可应用于各种场合。压电式、磁致伸缩式元件一般应用于微型移动或定位精度较高的场合。

3.7.2　执行元件基本要求

执行元件是根据来自控制器的控制信息完成对被控对象的控制作用的元件。它将电能、流体等能量形式转换成机械能，并按照控制要求改变被控对象的机械运动状态或其他状态(如温度、压力等)。机电一体化系统对执行元件的基本要求有：

(1) 惯量小，动力大。执行元件的惯量越小，在相同力矩驱动下，加减速性能越好，工作时响应快。动力越大表示能够驱动的负载能力大，在相同惯量下，启动与制动特性越好，

(2) 体积小，重量轻。既要缩小执行元件的体积、减轻重量，同时又要增大其动力。常用单位重量所能达到的输出功率，即用功率密度或比功率密度来评价该性能。

(3) 便于维修、安装。执行元件要便于安装与维修，在产品生命周期中，最好能不需要维修。例如采用无刷直流及交流伺服电机，其可靠好，寿命长，几乎不需维修。

(4) 方便计算机控制。多数机电一体化系统采用计算机控制，采用数字控制方式，执行元件与控制器之间信息交换方便。在执行元件中用计算机控制最方便的是电气执行元件，其次是液压和气压式执行元件。

3.7.3　电磁执行元件

电磁执行元件是将电能转换成机械能以实现往复运动或回转运动的电磁元件。常见的有直流伺服电动机、交流伺服电动机、步进电机、直线伺服电机、电磁制动器、继电器、接触器等。电磁执行元件的调速范围宽、灵敏度高、响应速度快、无自转现象，并能长期连续可靠地工作。

电磁制动器(刹车器)(见图3-61)是一种将轴或回转体减速、停止或者保持的装置，是利用电磁力来动作的执行元件。它广泛应用于自动化工作母机、印刷设备、制造设备、食品设备、自动化包装设备、纺织设备、制袋设备等工业机械设备中，可用于停止、制动保持、精确定位及过载保持等用途。

电磁接触器是一种通断功率较大的电磁开关(见图3-62)。它被用于交、直流电路的通断，

图3-61　电磁制动器

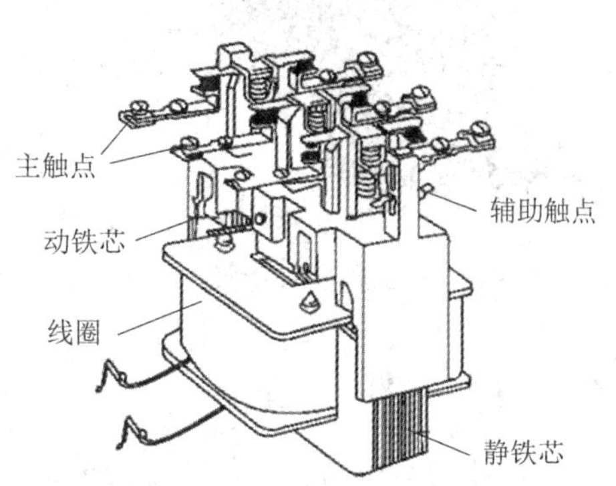

图3-62　电磁接触器

还可与温度继电器组合成磁力起动器，用于机床电机、电力电容器和电焊、电热、起重设备等控制系统的过载保护。电磁接触器按电源分为交流、直流两种类型。它由电磁铁和连接到铁芯上的接触开关构成，当电磁线圈中通过规定值电流时，电磁力使铁芯吸合，接通电路。

3.7.4 液压执行元件

液压式执行元件是将液压能转换为机械能以实现往复运动或回转运动的执行元件，分为液压缸、摆动液压马达和旋转液压马达三类。液压执行元件的优点是单位重量和单位体积的功率很大，机械刚性好，动态响应快，可以直接驱动运行机构，转矩惯量比大，过载能力强。

1. 液压缸

液压缸可实现直线往复机械运动，输出力和线速度。液压缸的种类很多，仅能向活塞一侧供高压油的为单作用液压缸，活塞反相靠弹簧或外力完成；能向活塞两侧交替供高压油的为双作用液压缸；活塞杆从缸体一端伸出的为单出杆液压缸，两个运动方向的力和线速度不相等；活塞杆从缸体两端伸出的为双出杆液压缸，两个运动方向具有相同的力和线速度。

2. 摆动液压马达

摆动液压马达可实现有限往复回转机械运动，输出力矩和角速度。它的动作原理与双作用液压缸相同，只是高压油作用在叶片上的力对输出轴产生力矩，带动负载摆动做机械功。这种液压马达结构紧凑，效率高，能在两个方向产生很大的瞬时力矩。图 3 - 63 所示为一种摆动式液压马达。

3. 旋转液压马达

旋转液压马达输出扭矩和角速度，特点是转动惯量小，换向平稳，便于启动和制动，对加速度、速度、位置具有极好的控制性能，可与旋转负载直接相联。旋转液压马达通常分为齿轮型、叶片型、柱塞型三种，图 3 - 64 所示为一种齿轮型旋转式液压马达。

图 3 - 63 摆动式液压马达

图 3 - 64 齿轮型旋转式液压马达

3.7.5 气动执行元件

气动执行元件是用压缩空气作为动力源的一种执行元件。气动执行元件有气缸、气动马达等。气压驱动虽可得到较大的动力、行程和速度，但由于空气黏性差，具有可压缩性，故不能用在定位精度要求较高的场合。

1. 气缸

气缸是气压传动中的主要执行元件，在结构上分为单作用和双作用气缸。单作用气缸压缩空气从一端进入气缸使活塞向前运动，靠另一端的弹簧弹力或自重使活塞回到原来位置，而双作用气缸活塞的往复运动均由压缩空气推动。气缸一般由前端盖、后端盖、活塞、气缸筒、活塞杆等构成。图3-65所示为部分气缸的形式。

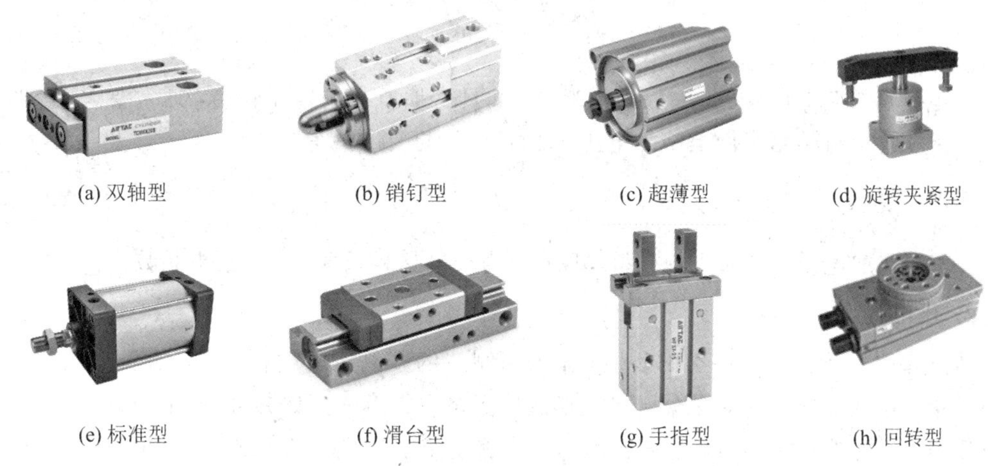

(a) 双轴型　(b) 销钉型　(c) 超薄型　(d) 旋转夹紧型

(e) 标准型　(f) 滑台型　(g) 手指型　(h) 回转型

图3-65 常用的气缸形式

气缸一般用0.5～0.7兆帕的压缩空气作为动力源，行程从数毫米到数百毫米，输出推力从几十千克到几吨。随着应用范围的扩大，新型结构的气缸不断涌现，如带行程控制的气缸、气液进给缸、气液分阶进给缸、具有往复和回转90°运动的气缸等，它们在机电一体化系统中得到了广泛的应用。

2. 气动马达

气动马达分为摆动式和回转式两类，前者实现有限回转运动，后者实现连续回转运动。摆动式气动马达是依靠装在轴上的销轴来传递扭矩的，在停止回转时有很大的惯性力作用在轴心上，即使调节缓冲装置也不能消除这种作用，因此需要采用油缓冲，或设置外部缓冲装置。回转式气动马达可以实现无级调速，只要控制气体流量就可以调节功率和转速，它还具有过载保护作用，过载时马达只降低转速或停转，但不超过额定转矩。

3.7.6 压电式执行元件

1. 压电效应

如图3-66所示，某些物质沿其一定的方向施加压力或拉力时，随着形变的产生会在它的两个相对表面产生极性相反的电荷(表面电荷极性与拉、压有关)，当外力去除、形变消失后，又重新回到不带电的状态，即机械能转变为电能，称为正压电效应；反之，在极化方向(产生电荷的两个表面)施加电场，它又会产生机械形变，即电能转变为机械能，称为逆压电效应。正压电效应和逆压电效应统一称为压电效应，具有压电效应的物质称为压电材料，常用的压电材料有石英晶体、压电陶瓷、压电半导体、压电高分子材料等。

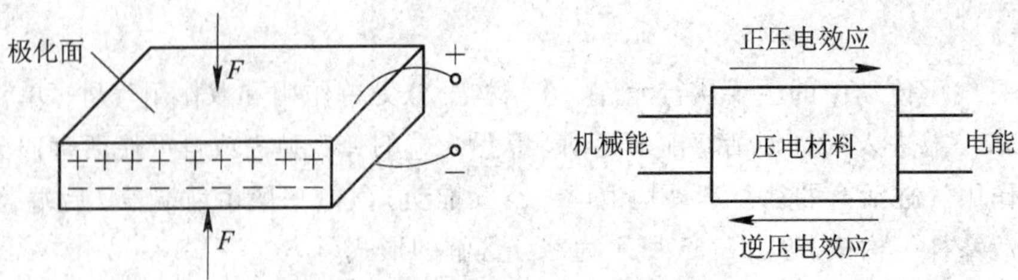

图 3-66　压电效应

压电材料的变形量较小，一般为微米级，而且变形所需的电压较高，通常要大于 800 V 以上。在压电材料的两个面上施加电压 U 时，材料的变形量为

$$\Delta L = dU\frac{L}{B} \tag{3-37}$$

式中：U 为施加电压；B 为压电材料厚度；L 为压电材料长度；d 为压电系数。

2. 压电陶瓷

压电陶瓷属于铁电体一类的物质，是人工制造的多晶压电材料，它具有类似铁磁材料磁畴结构的电畴结构。电畴是分子自发形成的区域，它有一定的极化方向，从而存在一定的电场。在无外电场作用时，电畴在晶体上杂乱分布，它们的极化效应被相互抵消，因此原始的压电陶瓷内极化强度为零。

如图 3-67(a)所示，如果在陶瓷片上加一个与极化方向平行的压力 F，陶瓷片将产生压缩形变，片内正负束缚电荷之间的距离变小，极化强度也变小。原来吸附在电极上的自由电荷有一部分被释放电荷。当压力撤销后，陶瓷片恢复原状，片内的正、负电荷之间的距离极化强度也变大，因此电极上又吸附一部分自由电荷从而出现充电现象。这种由机械效应转变为电效应，机械能转变为电能的现象，就是正压电效应。

如图 3-67(b)所示，同样，若在陶瓷片上加一个与极化方向相同的电场，由于电场的方向与极化强度的方向相同，所以电场的作用使极化强度增大。这时陶瓷片内的正负束缚电荷之间距离也增大，陶瓷片沿极化方向产生伸长形变。同理，如果外加电场的方向与极化方向相反，则陶瓷片沿极化方向产生缩短形变。这种由电效应转变为机械效应或者由电能转变为机械能的现象，就是逆压电效应，也称电致伸缩效应。

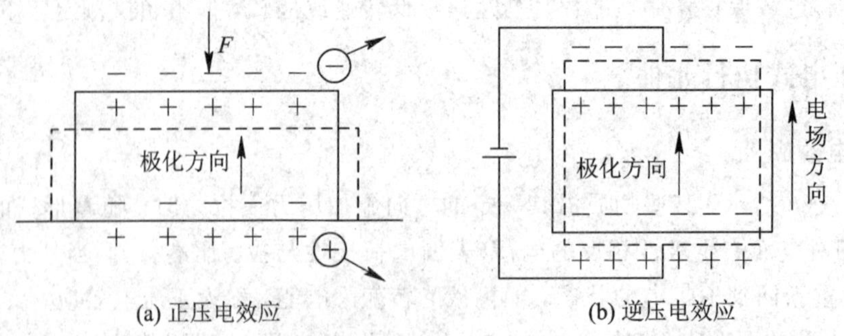

图 3-67　压电陶瓷的压电效应

3. 压电式执行元件

压电驱动装置是基于压电材料的逆压电效应，通过控制其机械变形产生旋转或直线运动的装置。它具有结构简单，低速，力矩大的优点。利用逆压电效应原理的驱动装置有压电式电机、压电式精密驱动器、压电式运动机构、压电泵、压电阀、压电风扇等。利用压电材料制造的电机形式有超声波式、蠕动式和惯性式。下面以超声波电机为例介绍它的工作原理与结构。

超声波电机是一种全新概念的微特电机，它利用压电材料的逆压电效应，使振动体在超声频段内产生振动，通过定子与动子间的摩擦输出能量。按照驱动转子运动的机理不同可分为驻波型和行波型两种。驻波型是利用与压电材料相连的弹性体内激发的驻波来推动转子运动，属于间断驱动方式；行波型则是在弹性体内产生单向的行波，利用行波表面质点的振动轨迹来传递能量，属于连续驱动方式。图 3－68 为一种超声波电机的结构，它由压电陶瓷、弹性体、摩擦材料、转动杯、转轴、轴承等组成。

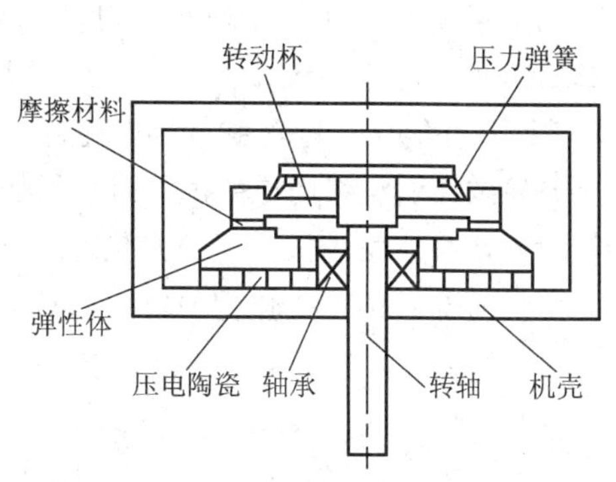

图 3－68　超声波电机结构

超声波电机具有以下特点：

(1) 超声波电机的能量密度是电磁电机的 5～10 倍左右，使得它不需要减速机构就能在低速时获得大转矩，可直接带动执行机构。

(2) 超声波电机的构成不需要线圈与磁铁，本身不产生电磁波，所以外部磁场对其影响较小。

(3) 超声波电机断电时，定子与转子之间的静摩擦力使电机具有较大的静态保持力矩，从而实现自锁，省去了制动闸，简化了定位控制，其动态响应时间也较短。

(4) 超声波电机依靠定子的超声振动来驱动转子运动，超声振动的振幅一般在微米数量级，在直接反馈系统中，位置分辨率高，容易实现较高的定位控制精度。

超声波电机可以应用在以下场合：

(1) 用于微小位移运动场合，实现纳米级移动，可用于电子显微镜或者扫描隧道显微镜以及用于干涉光谱仪扫描、天体星座图像分析和检测、高精度位移检测及分子测量设备中。

(2) 作为执行器，可应用在汽车方向盘操纵系统、车窗的驱动装置中，也可用在雨刮器、车灯转向和汽车座椅调整等驱动装置中。

(3) 应用在微型机械中，例如微型机器人。

3.7.7　磁致伸缩式执行元件

1. 磁致伸缩效应

磁致伸缩效应是指物体在磁场中磁化时，在磁化方向会发生伸长或缩短，当通过线圈的电流变化或者是改变与磁体的距离时其尺寸即发生显著变化。具有这种效应的铁磁性材料称为铁磁致伸缩材料，其尺寸变化又比铁氧体等磁致伸缩材料大得多，而且所产生的能量也大，因而称为超磁致伸缩材料。

早期磁致伸缩材料的磁致伸缩量都很小，磁致伸缩系数 λ 约在 $10\sim60\times10^{-6}$ 之间，这种磁致伸缩材料被称为传统磁致伸缩材料，它包括 Ni-Co 合金、Fe-AI 合金等。1972 年美国人 Clark 发现二元稀土铁合金在常温下具有极大的磁致伸缩系数，这种新型的磁致伸缩材料被称为超磁致伸缩材料，简称 GMM，由于为稀土结构，也称为稀土超磁致伸缩材料。近几十年来，人们一直不断地对超磁致伸缩材料进行研究，其中最著名的就是美国的 Terfenol-D 新型材料，这种稀土超磁致伸缩材料的性能不仅远远优于传统的磁致伸缩材料，而且性能比压电陶瓷材料更优越。

磁致伸缩材料的应变随外磁场增加而变化，最终达到饱和，产生这种现象的原因是材料中磁畴在外磁场作用下的变化，每个磁畴内的晶格沿磁畴的磁化强度方向自发形变，且应变轴随着磁畴磁化强度的转动而转动，从而导致整体形变。磁致伸缩材料产生的应变大小为

$$\delta L = e\cos\varphi^2 \tag{3-38}$$

式中：L 为材料计算长度；e 磁化饱和时的形变；φ 为测试方向与磁化强度方向之间的夹角。

2. 超磁致伸缩材料特点

超磁致伸缩材料具有以下特点：

(1) 磁致伸缩系数大。超磁致伸缩材料的磁致伸缩系数 λ 是 Fe、Ni 等材料的几十倍，是压电陶瓷的 3～5 倍，正是这样大的伸缩系数，使超磁致伸缩材料有了较大的发展空间。

(2) 能量密度大、转换效率高。超磁致伸缩材料的能量密度大，稀土材料的达 14 kJ/m^3～25 kJ/m^3，是压电陶瓷的 10～25 倍。超磁致伸缩材料的能量转换效率在 49%～56%之间，而压电陶瓷在 39%～52%之间，传统的磁致伸缩材料仅为 9%左右。

(3) 响应快、定位精确。超磁致伸缩材料响应速度极高($<1\ \mu s$)，性能重复性好。换能器结构简单，消除了常规系统中摩擦、空程、黏附引起的偏差和滞后，所以这种材料的换能器定位精度一般为 $0.1\mu m$，最佳可达纳米级。

(4) 可靠性高。超磁致伸缩材料不发生疲劳退化，偏磁场不随时间和温度改变，工作温度较宽，频率波动影响小，稀土超磁致伸缩材料换能器可在低电压(12～100 V)下工作，运动件少，磨损小，工作可靠性高。

3. 磁致伸缩式执行元件

由于超磁致伸缩材料具有高响应速度、磁致伸缩灵敏、输出应力大等特点，目前已被应用于航天定位、精密油吸、机器人等精密控制领域。用超磁致伸缩材料制备的器件有薄膜型执行器、纳米级制动器、微型泵、高速开关、微型马达、制动器、微型机器人等。

利用超磁致伸缩材料高能量密度这一特性，可制作大功率微型马达动力输出装置、超磁致伸缩传感器等。与传统的电磁马达或压电超声波电机相比，超磁致伸缩电机的体积更小，而且输出力大、控制精度高。目前应用的微型马达主要有步进式和椭圆模态驱动式马达，其中步进式马达又是由尺蠖式马达发展而来的。图 3-69 为利用超磁致伸缩材料制造的执行元件，图 3-69(a)为由磁致伸缩式电机驱动的管道机器人，图 3-69(b)为磁致伸缩

式位移传感器。

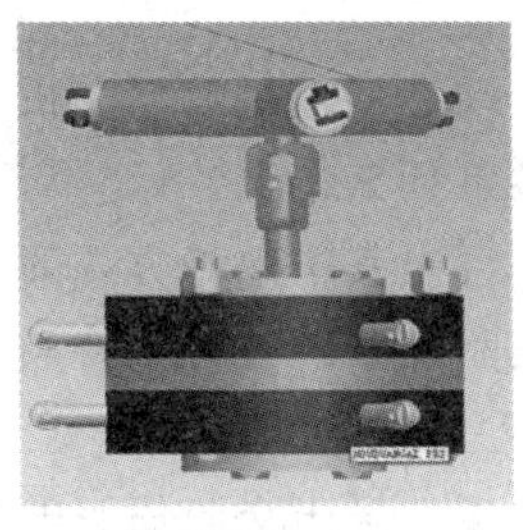

(a) 管道机器人

(b) 位移传感器

图 3-69　磁致伸缩式执行元件

习题与思考题

3-1　什么叫伺服驱动系统？它由哪几部分组成？各部分的作用是什么？

3-2　伺服驱动系统有什么基本要求？有哪几种分类方法？

3-3　简述步进电机的工作原理。

3-4　什么叫步距角？步距角的大小是如何决定的？步进电机有什么特点？

3-5　按结构形式分类步进电机可分为哪几种类型？其结构有什么区别？

3-6　步进电机驱动由几部分组成？其作用是什么？

3-7　什么叫步进电机的细分技术？常用的细分方法有哪几种？

3-8　步进电机的静态特性指标有哪些？其具体内容是什么？

3-9　如图 3-70 所示的传动系统，采用步机电机驱动，电机工作方式采用三相六拍，电机转子齿数为 40，电机通过两对齿轮及滚珠丝杠驱动工作台运动，丝杠导程为 $L=12$ mm，两级齿轮的传动比为 i_1、i_2，齿轮 A、B、C、D 的转动惯量分别为 J_A、J_B、J_C、J_D，滚珠丝杠转动惯量为 J_S，工作台折算到滚珠丝杠上的惯量为 J_G，机床的脉冲当量 为 0.01 mm/pulse，试求：

(1) 步进电机的步距角；

(2) 两级齿轮的总传动比；

(3) 整个系统折算到电动机轴上总的转动惯量；

(4) 系统输出的频率为 4000 Hz，则工作台的速度为多少？

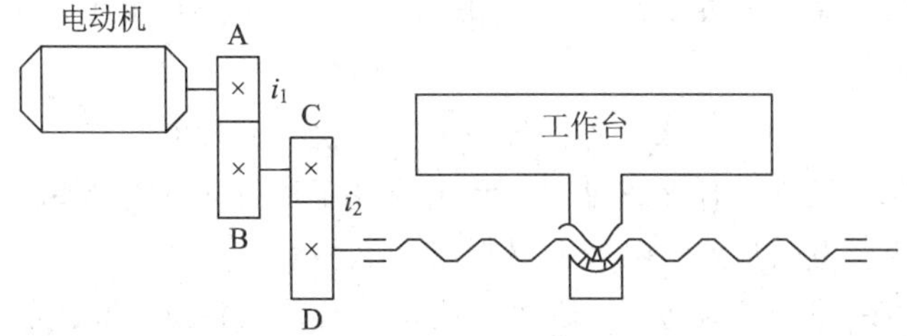

图 3-70　习题 3-9 图

3-10　什么叫直流伺服驱动系统？直流伺服驱动系统有什么特点？

3-11　简述直流伺服电机的工作原理。

3-12　直流伺服电机的静态特性包括哪些？动态特性是如何分析的？

3-13　直流伺服电机调速方式有哪几种？各有什么特点？

3-14　直流伺服电机的驱动方式有哪几种？说出其中一种方式的工作原理。

3-15　什么叫交流伺服驱动系统？交流伺服驱动系统有什么特点？

3-16　试述三相交流伺服电机的工作原理。

3-17　交流伺服电机有哪几种分类方法？同步与异步交流伺服电动机有什么不同？

3-18　交流伺服驱动系统有哪几种工作模式？交流伺服驱动系统有哪几部组成？画出交流伺服驱动系统的控制框图。

3-19　交流伺服电机的调速方法有哪几种？试述变频调速的工作原理。

3-20　如何选择交流伺服电机？选择电机时要满足的基本要求是什么？

3-21　在图 2-5(b)的所示的垂直传动机构中，设工作台重量 $W_T=200$ kg，负载重量 $W_L=50$ kg，平衡块重量 $W_C=50$ kg，推力负载 $F_c=1500$ N，平衡缸的推力 $F_a=300$ N，小齿轮齿数为 20，大齿轮齿数为 50，模数 $m=2$，宽度 $B=10$ mm，丝杠长 $L=1000$ mm，螺距 $P=10$ mm，直径 $D=32$ mm，驱动效率 $\mu=0.90$，摩擦系数 $\eta_s=0.05$，工作台运动速度 $V_m=3$ m/min，电机的加速与减速时间均为 0.5 s，试根据上述条件选择合适的交流伺服电机型号。

3-22　交流伺服驱动器一般有哪些接口？试以松下 A6 伺服驱动器与三菱 FX 系列 PLC 为例，说明两者之间每根连接线的作用。

3-23　伺服驱动器参数设置包括哪几方面？以松下 A6 为例说明参数设置的基本步骤。

3-24　什么叫直线伺服电机？直线伺服电机有哪些特点？

3-25　试述交流感应直线伺服电机的工作原理。

3-26　直线伺服电机选型需计算哪些内容？

3-27　什么叫电液伺服驱动系统？电液伺服驱动系统由哪几部分组成？每部分的作用是什么？

3-28　什么叫电液位置伺服驱动系统？什么叫电液速度伺服驱动系统？

3-29　电液伺服阀的作用是什么？由哪几部分组成？

3-30　电液伺服阀的静态特性与动态特性有哪些？电液伺服阀的选用原则有哪些？

3-31　机电一体化系统的执行元件有哪些基本要求？

3-32　电磁执行元件有什么特点？常用的电磁执行元件有哪些？试举一例说明其工作原理。

3-33　液压执行元件有什么特点？常用的液压执行元件有哪些？

3-34　气压执行元件有什么优缺点？常用的气压执行元件有哪些？

3-35　什么叫压电效应？压电陶瓷材料有什么特点？

3-36　什么叫磁致伸缩效应？超磁致伸缩材料有什么特点？超磁致伸缩式执行元件有哪些应用？

第 4 章　检测技术与信号处理

机电一体化系统检测单元(也称为检测系统)是机电一体化系统的一个重要组成部分。在机电一体化系统中，利用传感器检测有关外界环境及自身状态的各种物理量及其变化，并将这些信号转换成电信号，然后再通过相应的变换、放大、调制与解调、滤波、运算等电路将有用的信号检测出来，反馈给控制器或送至显示器显示。

4.1　检测单元的组成

检测单元的功能是对机电一体化系统内外部信息进行收集，提供给控制器做出相应的控制决策，精确且及时地去完成控制任务。尽管现代检测仪器类型、用途、性能千差万别，但它们的作用都是对各种物理或化学等参量进行检测。机电一体化系统检测单元的组成如图 4－1 所示。首先由各种传感器(变送器)将非电被测物理或化学成分参量转换成电信号，然后经过信号调理(信号转换、信号检波、信号滤波、信号放大等)、数据采集、信号处理后送去显示或输出。检测单元还需要提供直流或交流电源以及必要的输入设备，例如拨动开关、按钮、数字拨码盘、数字键盘等。

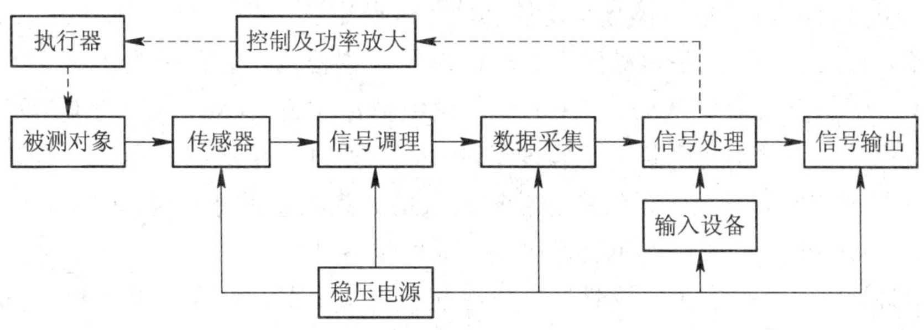

图 4－1　检测单元的组成

(1) 传感器。传感器作为检测系统的信号源，其性能的好坏将直接影响检测系统的精度和其他指标，是检测系统中十分重要的环节。传感器的作用是感受指定被测参量的变化并按照一定规律转换成一个相应的便于传递的输出信号。传感器通常由敏感元件和转换部分组成，敏感元件是传感器直接感受被测参量变化的元件，转换部分是将敏感元件的输出信号转换为便于传输和后续处理的电信号。

(2) 信号调理。信号调理在检测系统中的作用是对传感器输出的微弱信号进行检波、转换、滤波、放大等，以方便检测系统后续处理或显示。例如，工程上常见的温度传感器 Pt100 的输出信号为电阻值，为便于后续处理，通常需要设计一个转换电路，把随被测温度变化而变化的电阻阻值转换成电压信号。由于信号中常夹杂着 50Hz 工频等噪声电压，因而它的信号调理电路通常包括滤波、放大、线性化等环节。若要远距离传输，通常把通过D/A或V/I电路获得的电压信号转换成标准的4～20 mA电流信号后，再进行远距离传送。检测系统种类繁多，复杂程度差异很大，信号的形式也多种多样。系统的精度、性能指标要求不同，它们所配置的信号调理电路也不相同。对信号调理电路的要求是能准确转换、稳定放大、可靠地传输信号，信噪比要高，抗干扰性能要好。

(3) 数据采集。数据采集在检测系统中的作用是对信号调理后的连续模拟信号离散化并将其转换成与模拟信号电压幅度相对应的一系列数值信息，同时以一定的方式把这些数值信息及时传递给微处理器或依次自动存储。数据采集通常以模数(A/D)转换器为核心，辅以模拟多路开关、采样/保持器、输入缓冲器、输出锁存器等组成。数据采集的性能指标有模拟电压信号的输入范围、转换速度、分辨率、转换误差等。

(4) 信号处理。信号处理模块是现代检测仪表、检测系统进行数据处理和各种控制的中枢环节，其作用与功能和人的大脑相类似。现代检测仪表、检测系统中的信号处理模块通常以单片机、微处理器为核心来构建，对高频信号和复杂信号的处理有时需增加数据传输和运算速度快、处理精度高的专用高速数据处理器(DSP)或直接采用工业控制计算机。由于微处理器、单片机和大规模集成电路技术的迅速发展和这类芯片价格不断降低，对复杂一点的检测系统其信号处理环节都应考虑选用合适型号的单片机、微处理器、DSP或嵌入式模块为核心来设计和构建，从而使所设计的检测系统获得更高的性能价格比。

(5) 信号输出。在许多情况下，检测仪表或检测系统的信号除送显示器进行实时显示外，通常还需把测量值及时传送给控制计算机，从而形成闭环控制。检测仪表或检测系统输出的信号经转换、放大后以模拟量、脉冲、串行数字信号或并行数字信号等形式输出。选择何种形式需要根据机电一体化系统的具体要求确定。

(6) 输入设备。输入设备是操作人员和检测仪表或检测系统联系的另一主要环节，用于设置参数、下达有关命令等。最常用的输入设备是各种键盘、拨码盘、条码阅读器等。随着工业自动化、办公自动化和信息化程度不断提高，通过网络或各种通信总线，利用计算机或数字化智能终端，实现远程信息和数据输入的方式也愈来愈普遍。最简单的输入设备是各种开关、按钮，模拟量输入和设置往往借助电位器进行。

(7) 电源。一个检测仪表或检测系统往往既有模拟电路部分又有数字电路部分，通常需要多组幅值大小要求各异但稳定的电源。这类电源在检测系统使用现场一般无法直接提供，通常只能提供交流220 V工频电源或24 V直流电源。检测系统的设计者需要根据使用现场的供电电源情况及检测系统内部电路的实际需要，统一设计各组稳压电源，给系统各部分电路和器件提供它们所需的稳定电源。

以上几个部分不是所有的检测系统都具备，而且对有些简单的检测系统，其各环节之间的界线也不是十分清楚，需根据具体情况进行分析。另外，在进行检测系统设计时，对于把以上各个环节相连的传输通道也应予以足够的重视。传输通道的作用是联系仪表的各个环节，给各环节的输入、输出信号提供通路，它们可以是导线、管路以及信号所通过的空间等。信号传输通道比较简单，但很容易被人忽视，如果不按规定的要求布置及选择，则会造成信号的损失、失真及引入干扰等，从而影响检测系统的测量精度。

4.1.1　传感器的组成与基本特性

1. 传感器的组成

传感器是以一定的精确度将被测量(如位移、力、加速度等)转换为与之有确定对应关系的、易于精确处理和测量的某种物理量的测量元件或装置。

传感器一般由敏感元件、转换元件、基本转换电路等组成，如图 4-2 所示。

图 4-2　传感器的结构组成框图

(1) 敏感元件直接感受被测量，并以确定关系输出物理量。例如，弹性敏感元件将力转换为位移或应变输出。

(2) 转换元件的作用是将敏感元件输出的非电物理量(如位移、应变、光强等)转换成电物理量(如电阻、电感、电容等)。

(3) 基本转换电路的作用是将非电物理量转换成便于测量的电物理量，如电压、电流、频率等。

2. 基本特性

传感器的基本特性可分为静态特性和动态特性。

1) 静态特性

静态特性是指检测系统的输入为不随时间变化的恒定信号时，系统的输出与输入之间的关系。表征传感器静态特性的主要参数有线性度、灵敏度、重复性、迟滞性、漂移等。

(1) 线性度。理想传感器的输入与输出之间是线性关系，但实际上较多的传感器输入与输出成非线性关系，常采用直线去拟合输入输出的非线性曲线。线性度是指传感器实际输出-输入曲线与拟合直线的逼近程度，常采用拟合直线与实际工作曲线之间的最大误差与满量程输出之比来表示。由于拟合方法较多，不同拟合方法计算得到的线性误差值也不相同。图 4-3 所示为使用不同拟合方法得到的线性误差值，显然，图 4-3(b)拟合直线得到的线性误差值比图 4-3(a)要小得多。

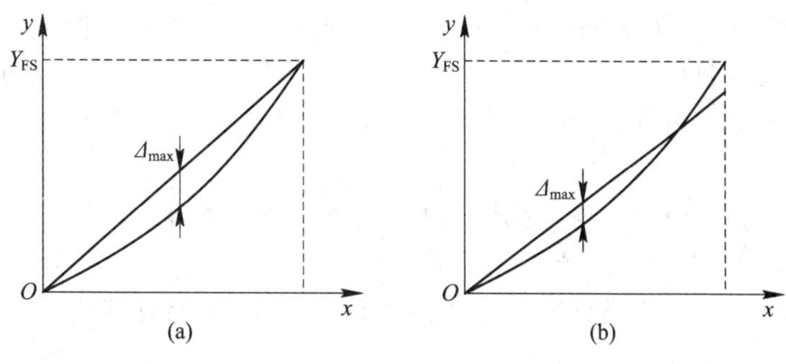

图 4-3　线性误差示意图

线性度表示为

$$\delta_{\Delta}=\pm\frac{\Delta_{\max}}{Y_{\mathrm{FS}}}\times 100\% \tag{4-1}$$

式中：δ_{Δ} 为线性度；$\Delta_{\max}$ 为最大非线性绝对误差；Y_{FS} 为输出满量程。

(2) 灵敏度。灵敏度是指传感器输出增量与输入增量之比，它反映了传感器的输出变化对输入变化的敏感程度。如果传感器的输出和输入之间为线性关系，则灵敏度 S 是一个常数，否则它将随输入量的变化而变化。当输入量变化为 Δx，输出量变化为 Δy，则灵敏度 S 表示为

$$S=\frac{\Delta y}{\Delta x} \tag{4-2}$$

(3) 重复性。重复性是指传感器在工作条件不变的情况下，对被测输入量按同一方向作全量程连续多次测量得到的输出-输入曲线的不一致程度，其意义与精度类似。

(4) 迟滞性。迟滞性是指传感器在正向测量(输入量从小到大变化)和反向测量(输入量从大到小变化)时输出-输入特性曲线的不重合程度。

(5) 漂移。漂移是指在输入量不变的情况下，输出量随时间变化而变化的现象。产生漂移的原因有两个方面：一是传感器自身结构参数；二是周围环境(如温度、湿度等)。最常见的漂移是温度漂移，即周围环境温度变化而引起的输出量的变化，温度漂移主要表现为温度零点漂移和温度灵敏度漂移。由于漂移的存在，因此传感器在使用一段时间后需要重新校准以保证测量精度。

2) 动态特性

动态特性是指传感器测量动态信号时，输出对输入的响应特性，反映的是传感器测量动态信号的能力。在被测量的物理量随时间变化的情况下，传感器的输出能否很好地追随输入量的变化决定于传感器的动态特性。有的传感器尽管其静态特性非常好，但由于不能很好地追随输入量的快速变化而导致测量误差增大。传感器的动态特性可以用频率响应特性、阶跃响应特性等评价，其中频率响应特性又分为频率特性、幅频特性、相频特性；阶跃响应特性有时间常数、上升时间、峰值时间、超调量、响应时间等评价指标。

4.1.2　传感器的分类与选用

1. 传感器的分类

传感器的种类繁多，往往同一种被测量可以用不同类型的传感器来测量，而同一原理的传感器又可测量多种物理量，因此传感器有多种分类方法。常用的分类方法有如下几种：

(1) 按被测物理量的性质可分为位移传感器、温度传感器、速度传感器、压力传感器、流量传感器等。

(2) 按工作原理可分为物理传感器(电阻式、电感式、电容式、光电式、超声波式、霍尔式)、化学传感器、生物传感器等。

(3) 按照输出信号的性质可分为开关型(二值型)、数字型和模拟型。

2. 传感器的选用

在实际的机电一体化系统设计中，对于传感器的选用，应当结合不同的检测要求、不

同的应用环境及不同的工况合理进行选择。一般来说，机电一体化系统对常用传感器选择应考虑以下几个方面因素。

1）类型

采用何种原理的传感器，需要根据被测量的特点和传感器的使用条件来决定。传感器类型选择考虑因素主要有量程大小、被测位置对传感器外形尺寸的要求、测量方式(接触式还是非接触式)、信号引出方法、价格等。

2）精度

精度是传感器的一个重要性能指标。传感器的精度越高，其价格越昂贵，因此传感器的精度只要满足检测系统的精度要求就可以，不必选得过高，这样就可以在满足同一测量要求的多种传感器中选择相对便宜、可靠性好的传感器。

3）灵敏度

在传感器的线性范围内，传感器的灵敏度越高越好，因为灵敏度高时，与被测量变化对应的输出信号值就较大，有利于信号处理。但要注意的是，传感器的灵敏度高，与被测量无关的外界噪声也容易混入，影响测量精度。

4）响应特性

响应特性主要指传感器的频率响应特性。频率响应特性决定了被测量的频率范围，必须在允许频率范围内使用。实际上传感器的响应总会有一定延迟，延迟时间越短越好。传感器的频率响应高，可测的信号频率范围就宽，但一些传感器由于受到结构特性的影响，例如机械系统的惯性，其响应频率低，可测信号频率范围受到限制。

5）稳定性

传感器使用一段时间后其性能保持不变的能力称为稳定性。影响传感器稳定性的因素除传感器本身的结构外，主要是传感器的使用环境。因此，要使传感器具有良好的稳定性，传感器要有较强的环境适应能力。

6）线性范围

在选择传感器时，当传感器的种类确定以后首先要看其量程是否满足要求。实际上任何传感器都不能保证绝对的线性，其线性度也是相对的。如果传感器是非线性的，一般厂家都会根据传感器的测量特性对测量值进行补偿来提高测量精度或扩大量程。

4.2 常用的检测传感器

4.2.1 位置传感器

位置传感器和位移传感器不一样，它所测量的不是一段距离的变化量，而是通过检测确定是否已到某一位置。因此它只需要产生能反映某种状态的开关量就可以了。位置传感器分接触式和接近式两种。接触式位置传感器就是能获取两个物体是否已经接触信息的一种传感器；而接近式传感器是用来判别在某一范围内是否有某一物体的一种传感器。

1. 位置传感器分类

1）接触式

接触式传感器的触头由两个物体接触挤压而动作，常见的有行程开关、二维矩阵式位置传感器等。行程开关结构简单、动作可靠、价格低廉。当某个物体在运动过程中，碰到行程开关时，其内部触头会动作，从而完成控制。例如，在加工中心进给轴上两端安装的行程开关，可以控制工作台的移动范围；把二维矩阵式位置传感器安装于机械手掌内侧，可用于检测机械手与某个物体的接触位置。

2）接近式

接近式位置传感器按其工作原理主要分为电磁型、光电型、静电容型、气压型、超声波型等，其基本工作原理如图 4-4 所示。这些接近式位置传感器都是利用传感器与被测物体之间产生的某种效应，例如电感量、光通量、电场强度、压力、时间等变化获知被测物体的位置信息。

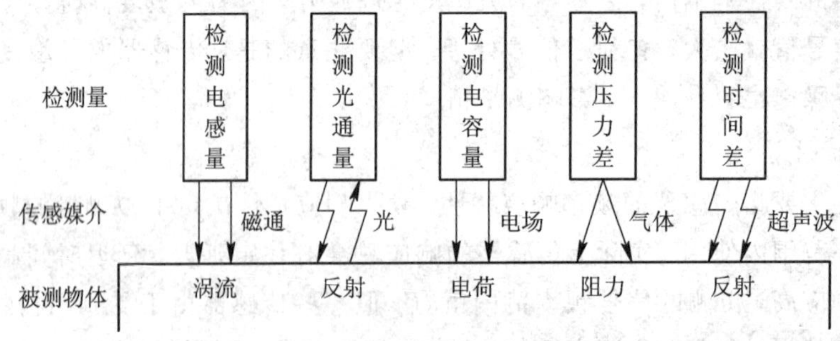

图 4-4　接近式位置传感器工作原理

2. 常用的传感器介绍

位置传感器的类型较多，因其工作原理、结构不同，传感器的特点、适用的场合也不相同。在选用位置传感器时，需要了解传感器的工作原理和特点，正确选择传感器类型。下面介绍两种常用的位置传感器工作原理。

1）超声波位置传感器

超声波位置传感器是将超声波信号转换成其他能量信号（通常是电信号）的传感器。超声波的振动频率高于 20 kHz，它具有频率高、波长短、绕射现象小的特点，特别是方向性好、能够定向传播。超声波对液体、固体的穿透本领很大，尤其是在不透明的固体中，碰到杂质或分界面会产生显著反射形成反射回波，碰到活动物体能产生多普勒效应。超声波的频率愈低，信号随着距离的衰减愈小，但是反射效率也小，所以需要根据距离、物体表面状况等因素来选择超声波位置传感器类型。由于超声波的特性，常应用在位置检测、液位检测、测距等方面，例如图 4-5(a)为用于位置检测的超声波接近开关，图 4-5(b)为用于液位检测的超声波液位传感器。

2）光电位置传感器

光电位置传感器是采用光电元件作为检测元件的传感器。它首先把被测量的变化转换成光信号的变化，然后借助光电元件进一步将光信号转换成电信号。光电位置传感器一般由光源、光学通路和光电元件、检测电路组成。按传感器结构不同有对射型、反光板型、扩散反射型三种类型。其中，扩散反射型光电传感器应用较多，如图 4－6(a)所示，它在测头里装有一个发光器和一个接收器，但前方没有反光板。正常情况下发光器发出的光接收器是接收不到的，当检测物通过时挡住了光，并把部分光反射回来，接收器就收到光信号，输出一个开关信号。图 4－6(b)所示为对射型结构的光电位置传感器，又被称作 U 型光电开关，它是一款红外线感应光电型传感器，由红外线发射管和红外线接收管组合而成。

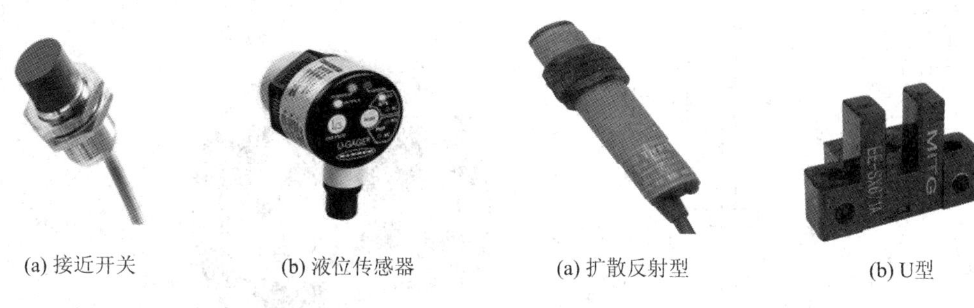

(a) 接近开关　　(b) 液位传感器

图 4－5　超声波位置传感器

(a) 扩散反射型　　(b) U型

图 4－6　光电式位置传感器

4.2.2　位移传感器

位移测量所涉及的范围相当广泛，可分为直线位移和角位移测量。小位移测量通常用应变式传感器、电感式传感器、差动变压器式传感器、涡流式传感器、霍尔传感器等进行检测，大位移测量常用感应同步器、光栅尺、容栅尺、磁栅尺、直线编码器等传感器测量。角位移测量可用旋转编码器、旋转变压器、圆光栅等进行测量。下面介绍几种常用的位移测量传感器的工作原理。

1. 编码器

根据工作原理，编码器可分为光学式、磁式、感应式和电容式。根据其刻度方法及信号输出形式可分为增量式、绝对式以及混合式三种。按机械结构分为旋转编码器和线性编码器，其中旋转编码器的应用最为广泛，用于机械角度和速度测量；线性编码器又可分为拉线编码器和支线编码器，用于测量线性位移。

1) 增量式编码器

增量式编码器工作原理如图 4－7 所示，由编码盘、发光元件、光敏元件、指示盘等组成。它利用光电转换原理输出三组脉冲 A、B 和 Z 相，A 和 B 相两组脉冲相位差 90°，从而可方便地判断出旋转方向，Z 相每转输出一个脉冲，用于基准点(零点)定位。它的优点是原理构造简单，机械平均寿命可在几万小时以上，抗干扰能力强，可靠性高，适合于长距离传输，缺点是无法输出轴转动的绝对位置信息。

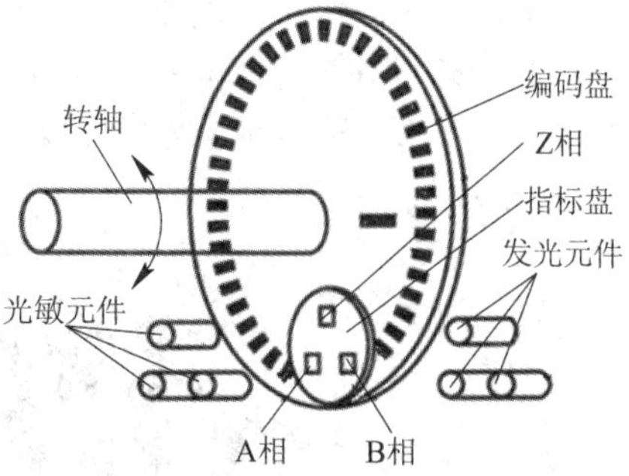

转轴　编码盘　Z相　指标盘　发光元件　光敏元件　A相　B相

图 4－7　增量式光电编码器

2) 绝对式编码器

绝对式编码器是能够直接输出数字量的传感器，在它的圆形码盘的径向上刻有若干个同心码道，每条码道由透光和不透光的扇形区相间组成，编码盘上码道的数量就是二进制数码的位数。在码盘的一侧是光源，另一侧对应每一码道有一光敏元件，当码盘处于不同位置时，各光敏元件根据接收的光照转换出相应的电平信号，形成二进制数。这种编码器的特点是不要计数器，在转轴的任意位置都可读出一个固定的，且与位置相对应的数字编码。图 4－8 所示为 4 位编码的光电编码器，采用 BCD 编码。实际应用的编码器编码位数通常大于 10 位，例如日本松下 A6 系列伺服电机中的绝对编码位数已达到 23 位，旋转一圈的分辨率为 1/8388608°。

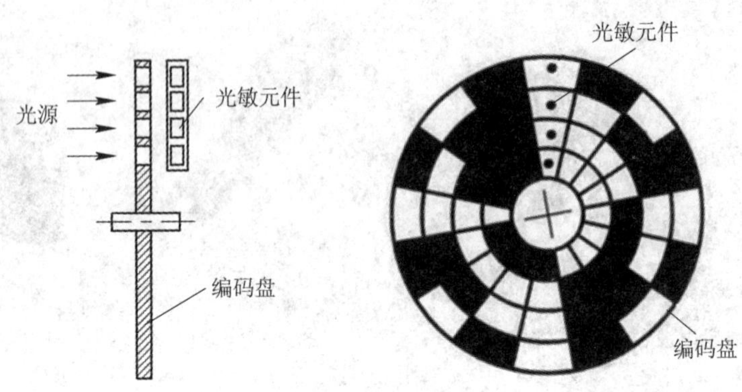

图 4－8　绝对式编码器

3）混合式编码器

混合式编码器可以输出两组信息，一组信息是被测量对象的旋转位置信息，为绝对位置信息；另一组信息是检测对象的角位移信息，为相对位置信息。混合式编码器既可以用于绝对位移测量，也可用于相对位移的测量，但结构复杂，价格高。

2. 光栅尺

光栅尺是一种采用光栅产生的叠栅条纹（也称莫尔条纹）原理测量位移的传感器。它在一块长条形的光学玻璃上刻有密集等间距的平行线，刻线密度一般在 25～250 线/mm。由光栅形成的叠栅条纹具有光学放大作用和误差平均效应，因而能提高测量精度。光栅尺通常由标尺光栅、指示光栅、光路系统（光源）和测量系统（光敏元件等）四部分组成，如图 4－9(a)所示。当指示光栅与标尺光栅之间倾斜一个角度，标尺光栅相对于指示光栅移动时，便产生大致按正弦规律分布的明暗相间的叠栅条纹，如图 4－9(b)所示。这些条纹以光栅的相对运动速度移动，并直接照射到光电元件上，在它们的输出端得到一串电脉冲，通过放大、整形、辨向和计数后变成数字信号输出。光栅尺产生的叠栅条纹宽度为

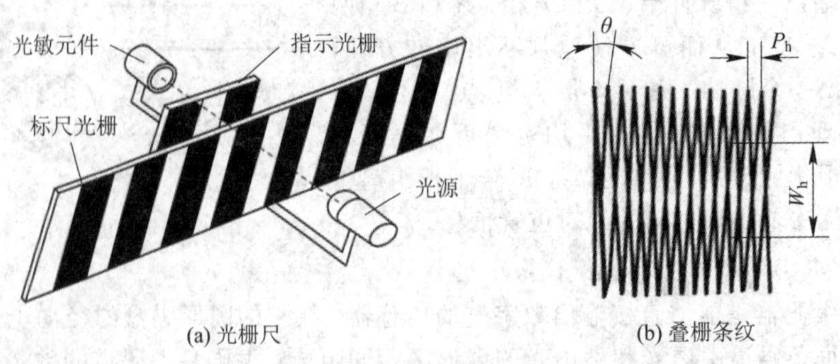

(a) 光栅尺　　(b) 叠栅条纹

图 4－9　光栅尺的工作原理

$$W_h \approx \frac{P_h}{\theta} \tag{4-3}$$

式中：W_h 为叠栅条纹宽度；P_h 为栅距；θ 为指示光栅与标尺光栅之间的倾斜角度。

光栅尺一般应用在数控机床、三坐标测量机等精密设备中，可用于静态或动态直线位移、整圆角位移测量，在机械振动测量、变形测量等领域也有应用。光栅的扫描方式一般采用成像扫描法或干涉扫描法。

成像扫描的原理是采用透射光或反射光生成信号，栅距相同的光栅尺和扫描光栅彼此相对运动，优点是量程大和精度高。扫描光栅的基体是透明的，而作为测量基准的光栅尺可以是透明的也可以是反射的。光电扫描为非接触扫描，因此无磨损。光电扫描方法能检测到非常细的线条，通常不超过几微米宽，而且能生成很小信号周期的输出信号，一般用于 10～40 μm 栅距的光栅尺。成像扫描光栅的光路形式有两种：一种是透射式光栅，工作原理如图 4－10(a)所示，它的栅线刻在透明材料上(如工业用白玻璃、光学玻璃等)，光源发出光的通过聚光镜变成平行光，通过扫描光栅和光栅尺后形成叠栅条纹，再利用栅状传感器进行检测。另一种是反射式光栅，工作原理如图 4－10(b)所示，它的栅线刻在具有强反射的金属(不锈钢)或玻璃镀金属膜(铝膜)上，光源发出的光经过聚光镜变成平行光，通过扫描光栅，经光栅尺反射后形成叠栅条纹，再利用栅状传感器进行检测。

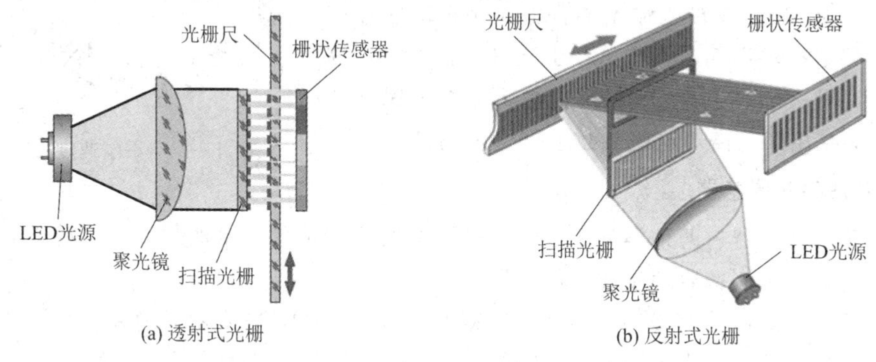

图 4－10　成像扫描光栅的工作原理

干涉扫描的原理是利用精细光栅的衍射和干涉形成位移的测量信号。干涉光栅尺的栅距一般为 4～8 μm，甚至更小，其扫描信号基本没有高次谐波，能进行高倍频细分，因此使用干涉扫描的光栅适用于要求高分辨率和高精度场合。

光栅尺选用考虑的因素有测量精度、分辨率、使用寿命、抗干扰与污染能力、信号输出形式、通信方式、安装方式、价格等。在以上因素中测量精度最为重要，影响光栅尺测量精度的因素有光栅质量、扫描质量、信号处理电路、光栅尺相对扫描单元的方向误差等。

4.2.3　速度传感器

速度测量包括线速度测量和角速度测量，与之相对应的有线速度传感器和角速度传感器，统称为速度传感器。常用的检测转速的传感器有光电式转速传感器、霍尔速度传感器、激光测速传感器等。

1. 光电式转速传感器

光电式转速传感器由装在被测轴上的带缝隙圆盘、光源、光电器件和指示缝隙盘组成，具有非接触、高精度、高分辨率、高可靠性和响应快等优点，在检测和控制领域得到了广泛的应用。光电式转速传感器按结构形式可分为直射型、反射型、投射型三种基本形式。直射型光电转速传感器工作原理如图 4-11 所示，它由开孔转盘、光源、光敏元件及转轴等组成。

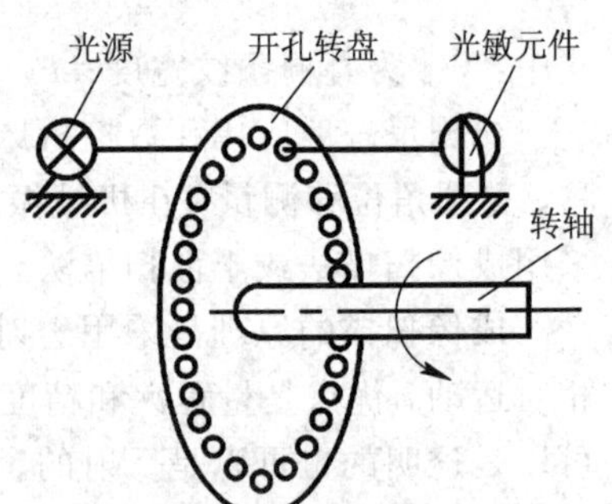

图 4-11 直射型光电式转速传感器

开孔转盘的输入轴与被测轴相连接，光源发出的光通过开孔转盘的缝隙照射到光敏元件上，光敏元件将光信号转为电信号输出。开孔圆盘上有许多小孔，开孔转盘旋转一周，光敏元件输出的电脉冲个数等于转盘的开孔数，因此可通过测量光敏元件输出的脉冲频率，得到被测转速。

2. 霍尔速度传感器

霍尔速度传感器是一种基于霍尔效应的磁电传感器，具有磁场敏感度高、输出信号稳定、频率响应高、抗电磁干扰能力强、结构简单、使用方便等优点。工作原理如图 4-12 所示，它主要由特定磁极对数的圆形磁盘、霍尔元件、转轴及输入输出插件等组成。传感器的主要技术参数有输出信号高电压、低电压、占空比、周期、上升时间、下降时间、周期脉冲数等。为了保证传感器性能，在出厂前需对这些参数进行定量测试。

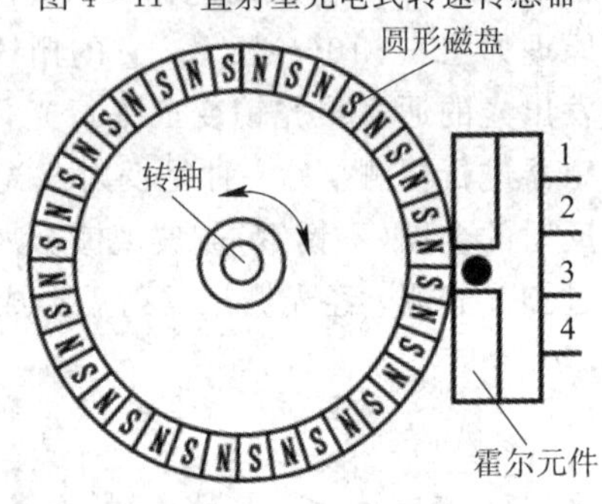

图 4-12 霍尔速度传感器

3. 激光测速传感器

激光测速传感器有两种类型，一种是利用激光反射式测速原理制成的传感器，另一种是利用激光多普勒测速原理制成的传感器。

激光反射式测速传感器是利用激光测距的原理，对被测物体发射激光光束，并接收该激光光束的反射波，记录该时间差，来确定被测物体与测试点的距离的。激光测速是对被测物体进行两次特定时间间隔的激光测距，取得在该时段内被测物体的移动距离，从而得到该被测物体的移动速度。

激光多普勒测速传感器是测量通过激光束的示踪粒子的多普勒信号，再根据速度与多普勒频率的关系得到粒子速度。该方式测量对流动没有任何扰动，测量精度高、测速范围宽，而且由于多普勒频率与速度是线性关系，和该点的温度、压力没有关系，是目前世界上速度测量精度最高的仪器，但价格高。

4.2.4 压力传感器

压力传感器是将压力转换为电信号输出的检测元件，一般由弹性敏感元件和位移敏感元件组成。弹性敏感元件的作用是使被测压力作用于某个面积上并转换为位移或应变，然后由位移敏感元件或应变计转换为与压力成一定关系的电信号。按其工作原理不同，压力传感器可分为电容式、压磁式、压电式、压阻式应变片式、霍尔式、光纤式、谐振式等类型。下面介绍几种常用的压力传感器的工作原理。

1. 压阻式压力传感器

压阻式压力传感器是根据半导体材料的压阻效应制成的器件。工作原理如图 4－13 所示，传感器采用集成工艺将电阻条集成在单晶硅膜片上，制成硅压阻芯片，并将此芯片的周边固定封装于外壳之内，引出电极引线。当膜片受到外力作用而产生形变时，其阻值将发生变化，电桥就会产生相应的不平衡输出。用作压阻式压力传感器的基片材料主要为硅片或锗片，以硅片为敏感材料而制成的硅压阻传感器应用最为普遍。

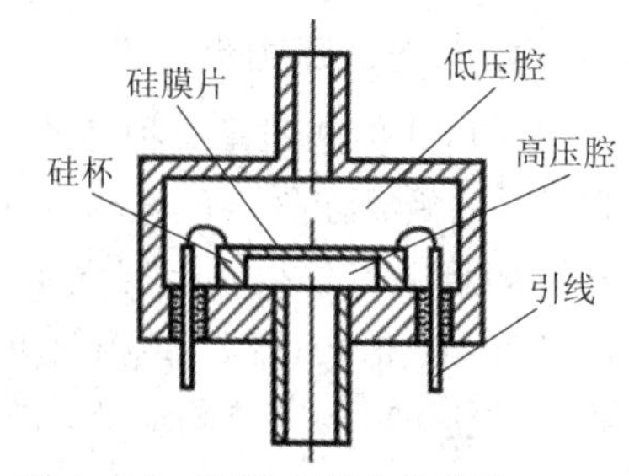

图 4－13　压阻式压力传感器

2. 应变片式压力传感器

应变片式压力传感器是利用电阻应变片的基本原理制成的传感器。电阻应变片主要有金属和半导体两类，金属应变片有金属丝式、箔式、薄膜式之分。半导体应变片具有灵敏度高、横向效应小等优点。图 4－14 所示为金属丝式应变片压力传感器的工作原理，外界的压力或拉力变化引起应变材料(基片)的几何形状发生改变，从而导致材料的电阻发生变化，检测这个电阻变化量可以测得外力的大小。按弹性敏感元件结构的不同，应变片式压力传感器可分为管式、膜片式、应变梁式和组合式四种类型；按基体材料不同可分为金属基、陶瓷基、蓝宝石基等类型。

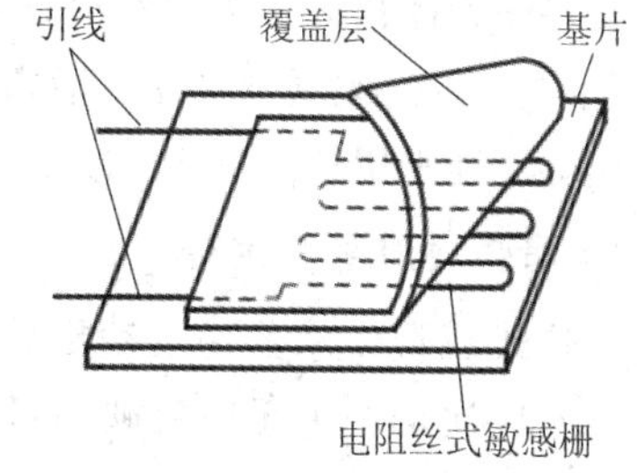

图 4－14　金属丝式应变片压力传感器

3. 压磁式压力传感器

压磁式压力传感器也称磁弹性传感器，是利用铁磁材料的压磁效应制成的传感器。工作原理如图 4－15 所示，当铁磁材料在受到外力作用后，在其内部产生应力，引起铁磁材料的磁导率变化，这种效应称为压磁效应。压磁式传感器的优点很多，如输出功率大、信号强、结构简单、牢固可靠、抗干扰性能好、过载能力强、便于制造、经济实用，但测量精度一般，响应频率较低。

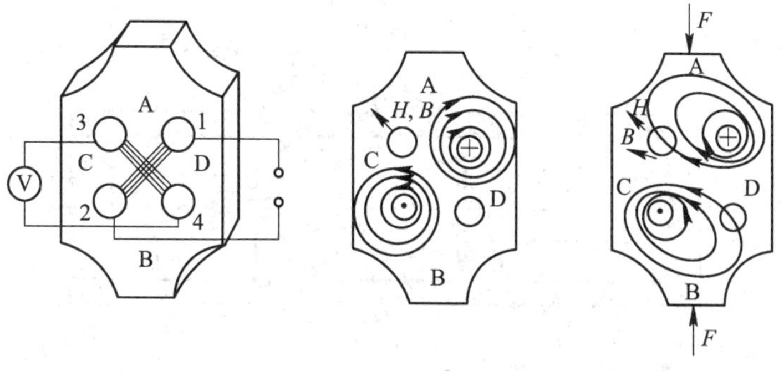

图 4－15　压磁式压力传感器工作原理

4. 压电式压力传感器

压电式传感器是一种基于压电效应的传感器，它是一种自发电式和机电转换式的传感器。它的敏感元件由压电材料制成，当压电材料受力后表面产生电荷，此电荷经电荷放大器和测量电路放大及阻抗变换后就成为正比于所受外力的电量输出。它的优点是频带宽、灵敏度高、信噪比高、结构简单、工作可靠和重量轻等；缺点是某些压电材料需要防潮措施，而且输出的直流响应差，需要采用高输入阻抗电路或电荷放大器来克服这一缺陷。

4.2.5　流量传感器

流量是工业生产中常用到的一个参数。单位时间内流过管道某一截面的流体数量称为瞬时流量，瞬时流量有体积流量和质量流量之分。流量传感器是用来测量流体流量的传感器，也是测量技术中的一类重要检测元件，被广泛应用于工业过程控制、商业应用、军事等领域。

流量传感器按测量对象可分为气体测量流量传感器和液体测量流量传感器；按所测量的物理量可分为体积流量传感器和质量流量传感器；按结构类型可分为涡轮式、差压式、电磁式、流体振动式、转子式、往复活塞式、旋转活塞式、冲击板式、分流旋翼式、热动式传感器。下面介绍几种常用的流量传感器的工作原理。

1. 涡轮式流量传感器

涡轮式流量传感器是以动量矩守恒原理为基础，利用置于流体中的涡轮的旋转速度与流体速度成比例的关系来反映通过管道的体积流量的传感器。它先将流速转换为涡轮的转速，再将转速转换成与流量成正比的电信号。这种流量传感器可用于检测瞬时流量和总的积算流量，其输出信号为频率信号，易于数字化。

在一定的流体介质黏度下和一定的流量范围内，涡轮的旋转角速度与通过涡轮的流体流量成正比，通过测量涡轮的旋转角速度可以确定流体的体积流量 q_v，其表达式为

$$q_v=\frac{f}{K} \tag{4-4}$$

式中：f 为输出频率；K 为涡轮流量传感器的仪表系数，与传感器的结构有关。

如图 4-16 所示，涡轮式流量传感器结构主要由涡轮、轴承、导流体、磁电转换器、壳

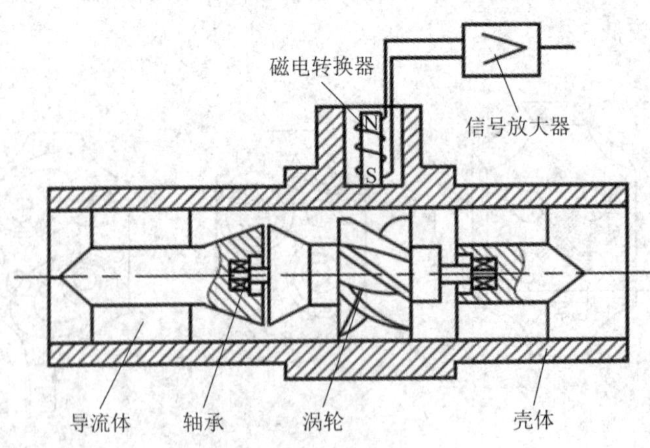

图 4-16　涡轮式流量传感器

体和信号放大器等部分组成。感应线圈和永久磁铁一起固定在壳体上。当铁磁性涡轮叶片经过磁铁时，磁路的磁阻发生变化，从而产生感应信号。信号经放大器放大和整形，送到计数器或频率计，显示总的积算流量。

2. 差压式流量传感器

差压式流量传感器又叫节流式流量传感器，它是利用流体流经节流装置时产生压力差的原理来进行流量测量的。工作原理如图 4－17 所示，由节流件、引压管、差压计等组成。充满管道的流体流经管道内的节流件时，流体将在节流件处形成局部收缩，因而流速增加，压力降低，于是在节流件前后便产生了压差，流体的流量愈大，产生的压差愈大，这样可依据压差来衡量流量的大小。

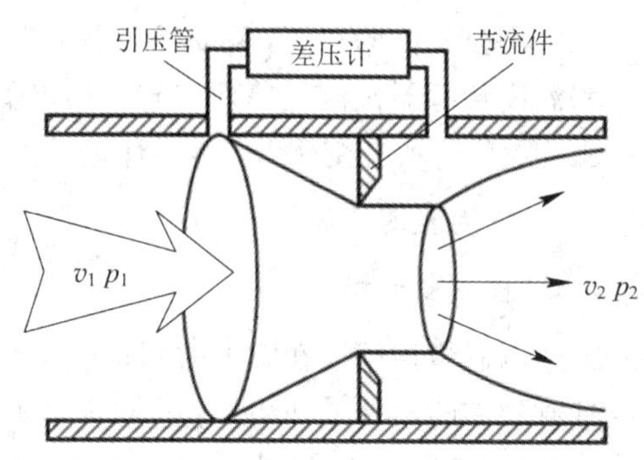

图 4－17　差压式流量传感器工作原理

3. 电磁式流量传感器

电磁式流量传感器是基于法拉第电磁感应定律的一种流量检测装置，即导电液体在磁场中作切割磁力线运动时，导体中产生感应电压。电磁流量传感器在结构上可分为分体式和一体式两种。分体式电磁流量传感器的传感元件与转换器为各自独立结构，传感元件装在管道上，转换器可安装在离传感器 200 m 以内的场所。

图 4－18 所示是电磁式流量传感器的工作原理示意图，传感器的传感元件由电极、铁芯、励磁线圈、绝缘导管等组成。在励磁线圈中接入励磁电压后，绝缘导管便处于均匀磁场中，当一定流速的导电性液体流经绝缘导管时，在绝缘管道的内壁上设置的一对电极中便会产生电动势 E，该电动势的大小与流体的流速有确定的关系。

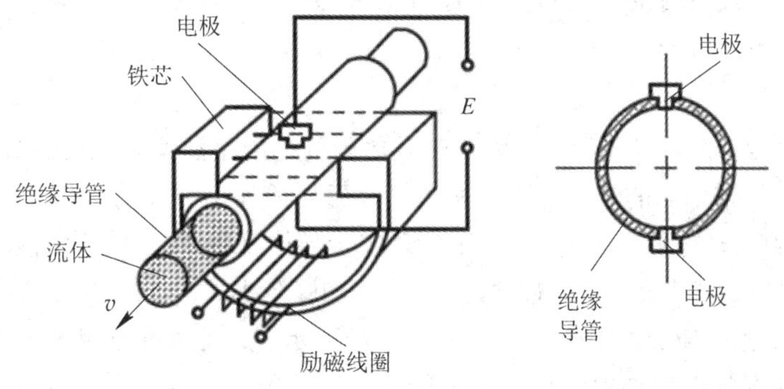

图 4－18　电磁式流量传感器工作原理

4.2.6　温度传感器

温度传感器是实现温度检测和控制的重要器件，是一种将温度变化转换为电量变化的装置。在种类繁多的传感器中，温度传感器是应用较广的传感器之一，广泛应用于工农业生产、科学研究以及日常生活中。

1. 分类

温度传感器按测量方式分为接触式测量和非接触式测量两种类型。接触式温度传感器直接与被测物体接触测量温度。非接触式温度传感器主要是利用被测物体热辐射而发出的红外线测量物体的温度，可进行遥测，但制造成本较高，测量精度低。

温度传感器按测量原理可分为热电偶型、热电阻型、红外辐射型、双金属片型、液体膨胀型、分子状态变化型、半导体型等类型。

2. 常用温度传感器

1）热电偶型

热电偶型传感器在温度的测量中应用十分广泛，它构造简单，使用方便，测温范围宽，并且有较高的精确度和稳定性。热电偶型传感器是将温度量转换为电动势大小的热电式传感元件。当两种不同材料的导体组成一个闭合回路时，若两接点温度不同，则在该回路中会产生电动势。这种现象称为热电效应，该电动势称为热电势。图 4-19 为普通型热电偶传感器的结构图，它由热电偶、绝缘套管、保护管、接线盒等组成。

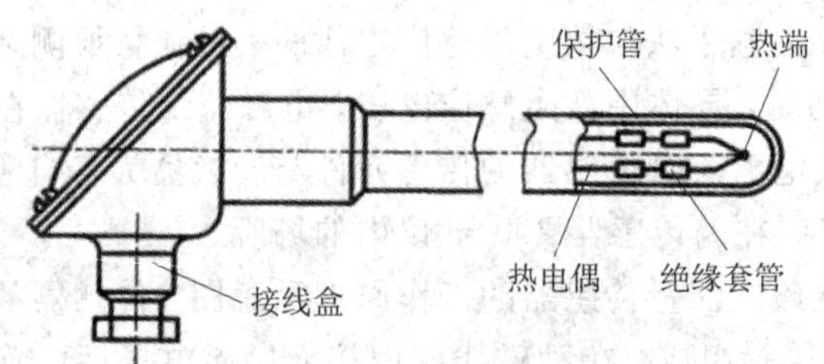

图 4-19　普通型热电偶传感器

目前工业上用得较多的热电偶材料主要包括铂、镍铬、镍硅及铂铑等贵金属。热电偶根据制造工艺、使用场合的不同可分为普通型热电偶、铠装热电偶、薄膜型热电偶、表面热电偶、防暴热电偶等。

2）热电阻型

热电阻型温度传感器是利用热电阻和热敏电阻的电阻率温度系数而制成的温度传感器，常用于 200～500℃范围内的温度测量。大多数金属导体和半导体的电阻率都随温度发生变化，都称为热电阻，纯金属有正的电阻温度系数，半导体有负的电阻温度系数。热电阻型温度传感器可根据需要做成引线式、插件式、贴片式、陶瓷绕线式、集成式等封装形式。

金属热电阻型温度传感器结构如图 4-20(a)所示。金属热电阻测温是基于金属导体的电阻值随温度的增加而增加这一特性来进行温度测量的。大多数热电阻在温度升高 1℃时电阻值将增加 0.4%～0.6%。热电阻大都由纯金属材料制成，应用最多的是铂和铜，现在已开始采用镍、锰、铑等材料。

半导体热电阻简称热敏电阻，是一种新型的半导体测温元件。热敏电阻是利用某些金属氧化物或单晶锗、硅等材料，按特定工艺制成的感温元件。一般来说，半导体材料比金属材料具有更大的电阻温度系数。按温度系数不同，半导体热敏电阻分为正温度系数(PTC)、负温度系数(NTC)、临界温度系数(CTR)三种类型。图 4-20(b)所示为常见的热敏电阻，利用它可制成多种形式的温度传感器。

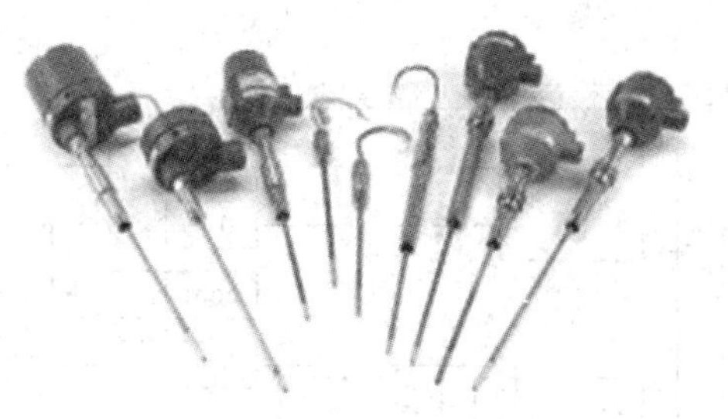

(a) 金属热电阻型温度传感器

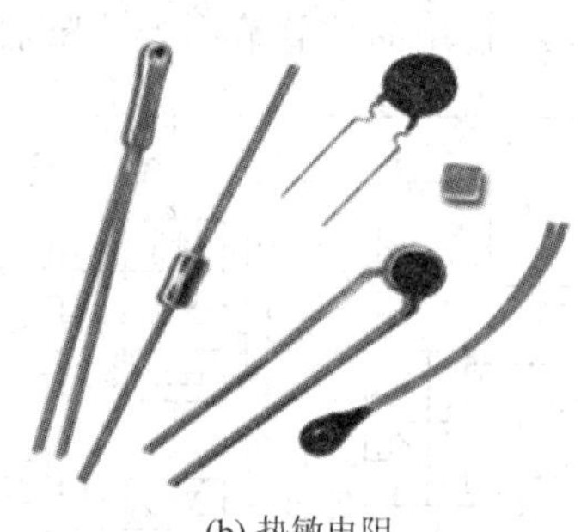
(b) 热敏电阻

图 4 - 20　热电阻型温度传感器

3）红外辐射型

红外线是位于可见光中红色光以外的光线，故称红外线。它的波长大致在 0.75～100 μm 的频谱范围之内。红外辐射型温度传感器利用热辐射效应，使探测器件接收辐射能后引起温度升高，检测其中某一性能的变化，便可探测出辐射。红外辐射型温度传感器多数情况下是通过赛贝克效应来探测辐射的，当器件接收辐射后，引起非电量的物理变化，再转换成电物理量输出。

4）半导体型

半导体型温度传感器是利用半导体二极管、三极管的特性与温度的依赖关系制成的温度传感器。非接触型半导体温度传感器可检出被测物体发射出的电磁波能量。半导体型温度传感器可以将放射能直接转换为电能，也可以先将放射能转换为热能，使温度升高，然后将温度变化转换成电信号输出。半导体温度传感器能够在－50～＋ 150℃ 的工作范围内提供高精度和高线性度的温度测量值。半导体温度传感器输出分为电压输出、电流输出和电阻输出型，应用较多的为电压与电流输出型。

4.3　传感器接口

传感器检测到的信号通过接口输入到计算机中，输入到计算机中的检测信息必须是计算机能够处理的数字量信息。计算机输入接口的作用是实现对传感器的信号采样、电平转换、信号隔离、放大等。传感器输出信号分为模拟量、数字量和开关量三种类型，对应的接口电路、功能、连接方式也不相同。

4.3.1　开关量接口

对于输出开关量的传感器，例如机械式的行程开关，光电式、红外线、超声波位置传感器等，只需要将传感器的开关信号接入到控制计算机输入接口回路中即可，计算机输入接口可以将开关信号转换成 0、1 数字量信号后输入到计算机的内部数据总线上。

传感器开关量信号输入还要注意计算机输入接口类型，开关量输入接口分为源型输入和漏型输入两种类型，其接线方式也不相同。图 4 - 21 所示为漏型开关量输入接线方式，它的电流是从输入端子流出到外部的，称为漏型输入，选择晶体管输出型传感器时要选用 NPN 型。图 4 - 22 为源型开关量输入接线方式，它的电流是从外部流向输入端子的，称为源型输入，选用晶体管输出型传感器要选用 PNP 型。

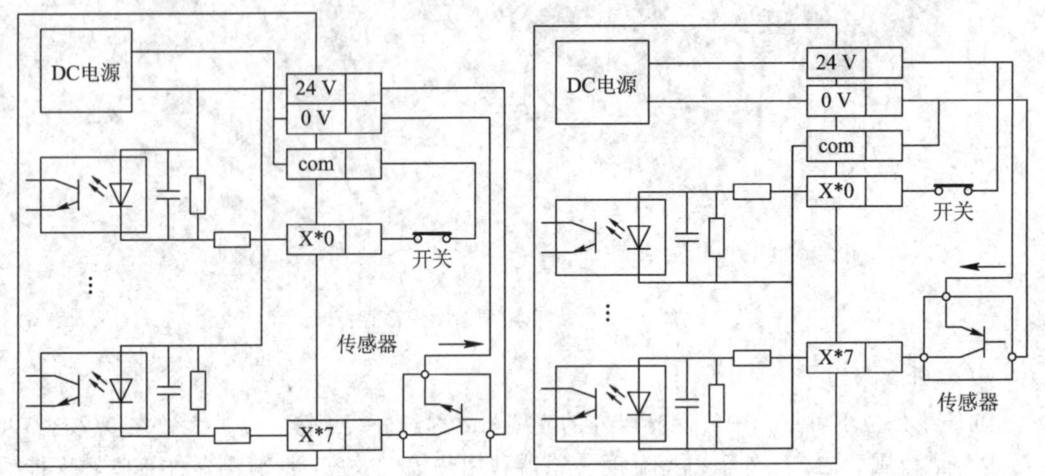

图 4-21　漏型开关量输入接口接线　　　　图 4-22　源型开关量输入接口接线

晶体管输出的开关型传感器分为 NPN 型与 PNP 型，例如光电式接近开关，它与控制器连接不但需要注意晶体管的类型还要了解采用的线制。一般传感器的接线有二线制、三线制、四线制、五线制，接线时需要按照厂家提供的说明书进行接线，如果接错线会造成传感器损坏甚至烧毁。

4.3.2　模拟量接口

这里所说的模拟量接口指传感器的输出接口，它连接到计算机的模拟量输入接口。模拟量输出型传感器是把非电物理量的信号转换成电流、电压、频率、脉冲信号等输出的传感器，它输出的是与输入物理量相对应的连续变化的电物理量。采用模拟量输出的传感器有温度传感器、压力传感器、流量传感器等。

1. 信号输出类型

1）电压输出型

电压输出型将检测信号转换为单极性或双极性电压信号输出。单极性输出的电压范围有 0～5 V、0～10 V、1～5 V、1～10 V 等，1～5 V 输出是标准电压信号；双极性输出电压范围有±50 mV、±250 mV、±500 mV、±1 V、±2.5 V、±5 V、±10 V 等。传感器信号通过运算放大器直接输出，信号功率小于 0.05 W。在计算机侧，模拟量信号通过 A/D 转换器转换成数字信号输入到计算机。早期的模拟量输出传感器大多为电压输出型，但是电压输出型传感器应用于信号远距离传输时，其抗干扰能力较差，线路损耗大，测量精度受到较大影响。

2）电流输出型

电流输出型将检测信号转换成 0 ～ 20 mA、4 ～ 20 mA 或者±3.2 mA、±10 mA、±20 mA 电流信号输出。采用电流信号输出的传感器不容易受外界的干扰，并且电流源内阻无穷大，导线电阻串联在回路中不影响精度，在普通双绞线上传输距离可以达数百米。传感器输出电流通常采用 4 ～ 20 mA 标准信号输出。电流信号上限值取 20 mA 主要原因是为了防爆，因为 20 mA 以下的电流通断引起的火花能量不足以引燃瓦斯。下限值取 4 mA 的原因是为了能够检测断线，因为正常工作时电流不会低于 4 mA，只有当传输线因故障断路时，环路电流才会降为 0，通常取低于 2 mA 作为断线报警值。

电流输出型传感器的接线分为二线制、三线制和四线制三种类型，接线方式如图 4-23 所示。最为典型的是四线制输出，其中两根为电源线，两根为电流输出线。当然，电流输出可以与电源共用一根线(共用电源正极或者负极)，可节省一根线，称为三线制。也有一部分传感器采用两根线，这两根线既给传感器供电，同时又输出信号，称为二线制。

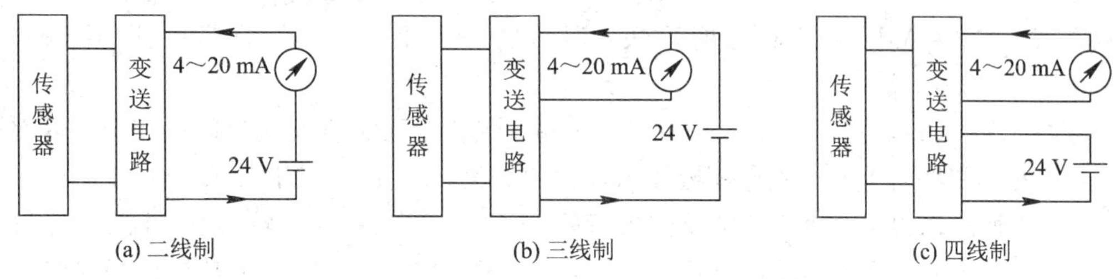

图 4-23　传感器接线方式

3) 脉冲输出型

脉冲输出型传感器将被转换量转换成对应的脉冲信号输出，例如一些增量式位移传感器、转速传感器、流量计就属于脉冲输出型。脉冲信号是一种离散信号，形状多种多样，与普通模拟信号(如正弦波)相比，波形之间不连续，但具有一定的周期性，最常见的脉冲波是矩形波。计算机端通常采用计数器接收传感器输出的脉冲信号，再把它转换成数字信号，因此信号接收、处理比较方便。与电压、电流的模拟信号相比，脉冲信号便于远距离传输且不会降低精度，而且没有零点漂移，抗干扰性好。

4) 频率输出型

频率输出传感器将被转换量转换成对应的频率信号，频率一般在 5 kHz 以下。频率输出型传感器可随着被测变量对应地输出交变信号，因此容易和数字系统相匹配。频率信号在信号放大和传输的过程中，不易受漂移和噪声的影响。

2. 信号采样与转换

1) 信号采样

对传感器输出信号采样，能完成这种功能的器件称之为采样/保持器。采样/保持器在保持阶段相当于一个模拟信号存储器。在计算机模拟量输入通道中，为了得到一个平滑的模拟信号或对多通道进行分时控制时，也常使用采样/保持器。最基本的采样/保持电路如图 4-24 所示，它由电容、电阻、模拟开关 S 等组成。采样/保持功能也可以采用采样/保持芯片完成，优点是采样速度快、精度高、下降速率慢，图 4-25 所示为 LF398 采样/保持芯片。

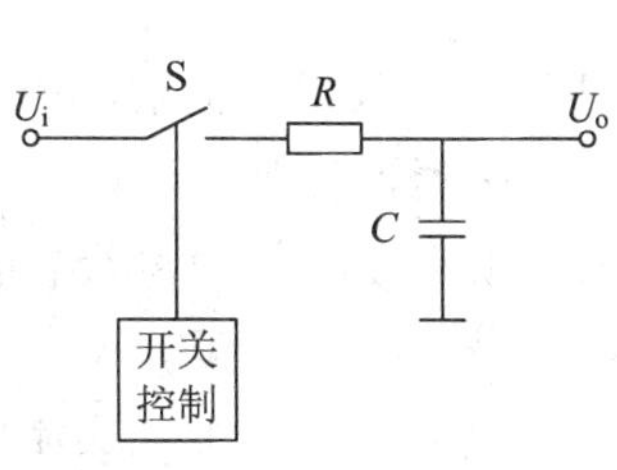

图 4-24　采样/保持电路

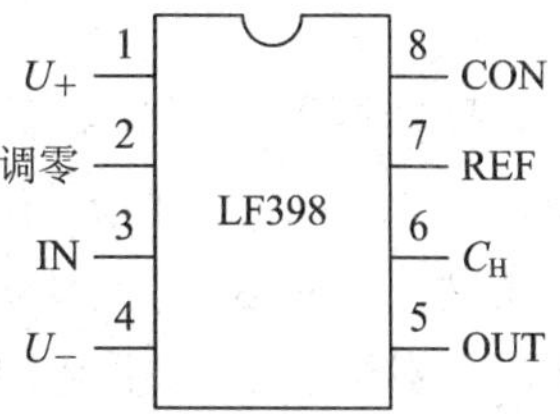

图 4-25　LF398 采样/保持芯片

2）信号转换

传感器的输出信号输入到计算机之前还需要经过模数转换，完成模数功能的器件称为A/D转换器。A/D转换器的种类较多，但目前应用较多的类型有逐次逼近型、双积分型、V/F变换型、Σ-Δ型。

逐次逼近型A/D转换器的基本原理是将待转换的模拟输入信号与一个推测信号进行比较，根据二者大小决定增大还是减小输入信号，以便向模拟输入信号逼近。推测信号从D/A转换器的输出获得，当二者相等时向A/D转换器输入的数字信号就对应模拟输入量的数字量。这种A/D转换器速度很快，但精度一般不高。常用的芯片有ADC0801、ADC0802、AD570等。

双积分型A/D转换器的基本原理是先对输入模拟电压进行固定时间的积分，然后转为对标准电压的反相积分，直至积分输入返回初始值，这两个积分时间的长短正比于二者的大小，进而可以得出对应模拟电压的数字量。这种A/D转换器的转换速度较慢，但精度较高。由双积分式也发展出了四重积分、五重积分等多种方式，在保证转换精度的前提下提高了转换速度。常用的芯片有ICL7135、ICL7109等。

V/F转换器是把电压信号转换成频率信号的电子器件，具有较好的精度和线性，而且电路简单，对环境适应能力强，价格低廉，适用于非快速的远距离传输信号的A/D转换。V/F转换器常用的芯片有LM311、AD650、TD650等。TD650是一款高精度、高频型芯片，集成了电压/频率(V/F)和频率/电压(F/V)转换功能，其内部结构如图4-26所示，它可构成廉价高分辨率的低速A/D转换器。

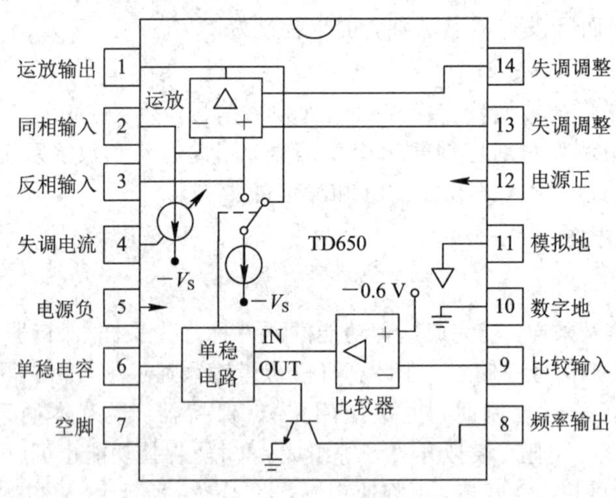

图4-26 TD650转换器

Σ-Δ型A/D转换器由积分器、比较器、D/A转换器和数字滤波器等组成。工作原理近似于积分型，将输入电压转换成脉冲宽度信号，用数字滤波器处理后得到数字量。这种转换器的转换精度高，能达到16到24位的转换精度，缺点是转换速度慢，适合用于对检测精度要求很高但对速度要求不高的场合。常用芯片型号有AD7705、AD7714等。其中，AD7705为完整16位、低成本的Σ-Δ型ADC转换器，适合直流或低频交流信号的测量应用，内部结构如图4-27所示，通过多路开关切换可对两路信号进行采样，转换后的数字量信号通过串行接口输出。

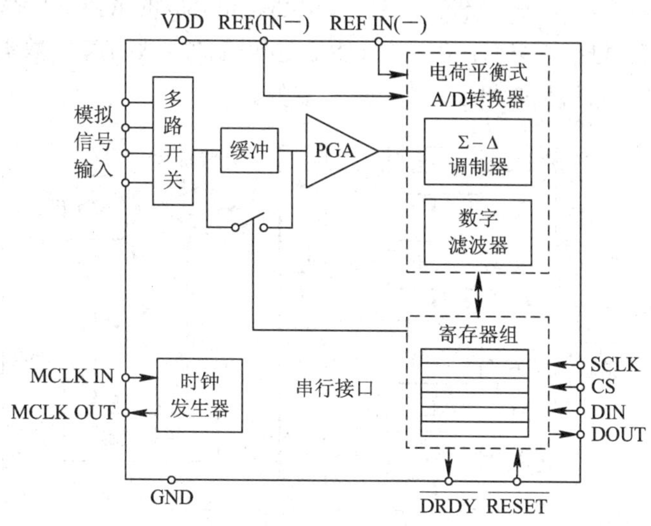

图 4－27　AD7705 转换器

3）接口连接

模拟量输出传感器与计算机的连接方式也有多种形式，当有多个传感器信号输入到计算机中处理时，其端口的连接方式主要有多路开关切换共享 A/D 转换型、多路采样/保持共享 A/D 转换型、多路独立 A/D 转换型三种方式。

多路开关切换共享 A/D 型的接口结构如图 4－28 所示。模拟输入通道中只有一个放大器、采样/保持器和 A/D 转换器。多路传感器信号通过多路开关切换，在同一时刻只能对一个传感器进行采样。该类型适合于中低速采样，在 A/D 转换器为逐次逼近式的情况下必须增加采样/保持器，在采用间接比较式 A/D 转换器的情况下可以不加采样/保持器，成本低。

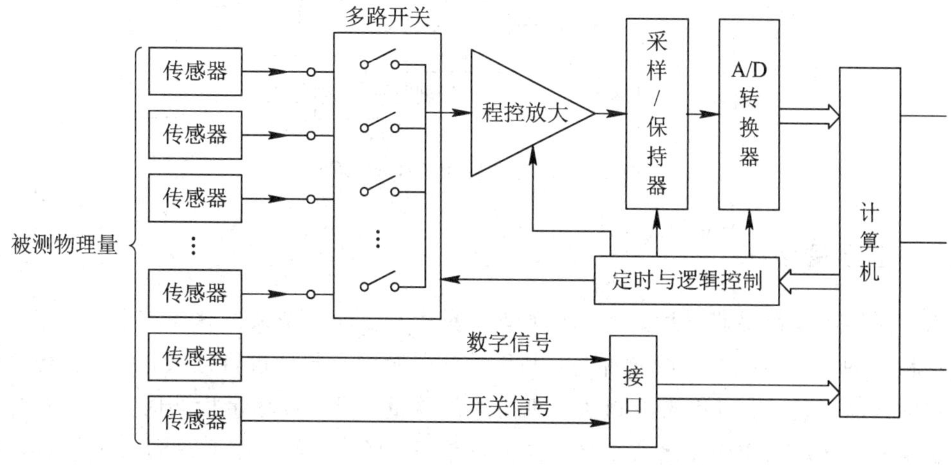

图 4－28　多路开关切换共享 A/D 型

多路采样/保持共享 A/D 转换型的接口结构如图 4-29 所示，模拟量输入通道共用一个放大器和 A/D 转换器，每一路传感器接口中都有相对应的采样/保持器，可在同一时刻对每一路传感器信号进行采样/保持，但只能通过轮流的方式对每路数据进行 A/D 转换。这种类型能够保证多路信号的相位关系，成本较低。

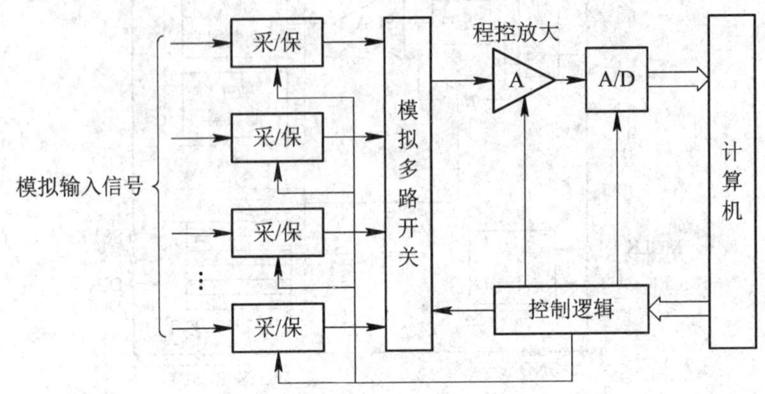

图 4-29　多路采样/保持共享 A/D 型

多路独立 A/D 转换型的接口结构如图 4-30 所示。每一路传感器信号有各自独立的采样/保持器、放大器、A/D 转换器，可同时采样多路信号并进行转换。这种接口类型信号转换速度快，且能够保证各路信号的相位，但成本高。

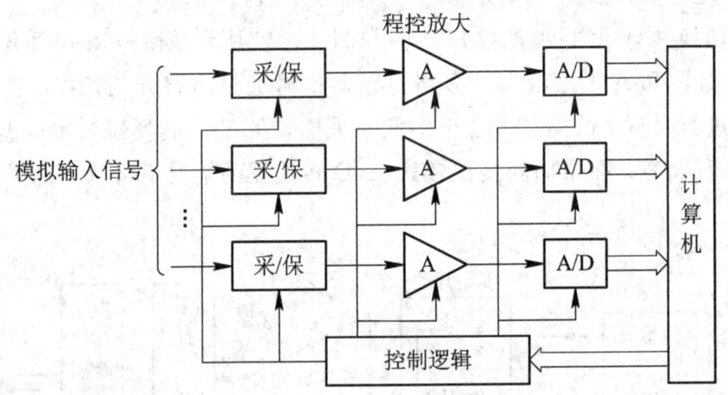

图 4-30　多路独立 A/D 转换型

4.3.3　数字量接口

数字量输出型传感器有计数型和代码型两种类型。计数型又称脉冲数字型，它可以是任何一种脉冲发生器所发出的脉冲数，利用计数器对输入脉冲进行计数，可用来检测通过输送带的产品个数，也可用来检测执行机构的位移量。用于位移量检测时，执行机构每移动一定距离或转动一定角度就会发生一个脉冲信号，增量式编码器和增量式光栅就是这种类型。代码型输出的信号是数字代码，每个代码代表一个输入量，例如绝对编码器、绝对光栅就是这种类型。数字量输出型传感器与计算机的通信方式有并行通信、串行通信、现场总线通信等。

1. 并行输出接口

并行输出接口输出线的根数与输出位数一致，每根电缆代表一位数据，输出电平的高低用 1 和 0 代表，物理器件与增量值编码器相似，接口输出类型有集电极开路(NPN 或 PNP)、差分驱动、推挽 HTL 等，分高电平有效或低电平有效。推挽 HTL 型的输出信号电压较高，电压范围宽，器件不易损坏，与 PNP 和 NPN 都兼容，并行输出应尽量选用这种接口类型。

对于传输距离较短的数字量输出型传感器，与计算机连接的方式多采用并行连接方式，即把传感器输出的信号线直接与控制器(计算机)的对应的接口相连接。例如增量式编码器连接通常需要 6 根线，如图 4 - 31 所示。A+与 A－、B+与 B－、Z+与 Z－输出电平相反信号，即差分信号，其目的是提高传输的抗干扰性；A 相信号与 B 相信号的相位相差 90°，可用来判断编码器的旋转方向；Z+、Z－为参考点信号(零点信号)。

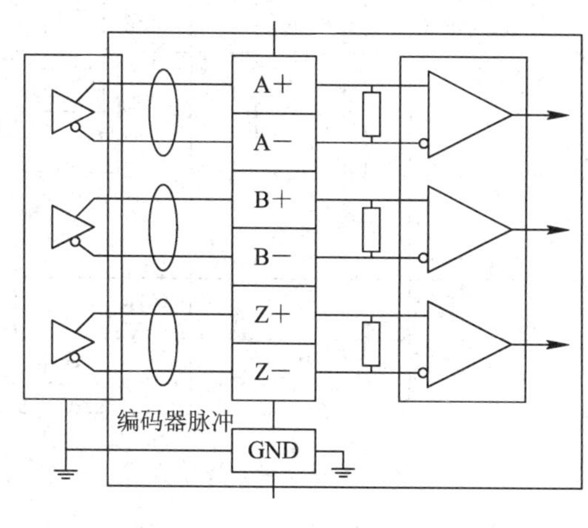

图 4 - 31　并行输出方式

2. 串行输出接口

串行输出就是将数据集中在一组电缆上传输，通过约定在时间上有先后时序的数据输出，这种约定称为通信规约。串行输出连接线数量少，传输距离远，一般位数高的绝对值编码器都是用串行输出，常用 SSI、BiSS 通信协议等。串行通信又分同步与异步两种方式，同步方式就是指令与数据发送同步进行，即指令和数据通过各自的电缆同步发送。

不同公司生产的控制器(例如数控系统、PLC 等)使用的通信协议不完全相同，下面以光栅尺、编码器与数控系统的连接为例进行说明。西班牙发格(FAGOR)数控系统采用 Fagor FeeDat 接口，绝对光栅尺的信号通过 SERCOS 计数模块接入系统。德国西门子(SIEMENS)数控系统采用 DRIVE-CLiQ 接口接入有相同接口的绝对光栅尺，如果是其他接口的光栅则需要采用接口转换单元，例如连接海德汉光栅需要用 SMC 模块进行转接。日本法那科(FANUC)数控系统采用了串行接口，绝对光栅尺需要通过分离式检测单元 SDU 接入系统。日本三菱(MITSUBISHI)数控系统采用高速串行接口 HSSI，绝对式光栅尺通过 MDS 系列驱动器接入系统，与 MITSUBISHI Mit 03-2/4 通信协议相兼容。日本松下(PANASONIC)的伺服系统采用串行通信方式，仅采用数字信号通信，绝对光栅尺通过松下 MINAS 系列伺服驱动器上的接口接入到数控系统中。海德汉数控系统采用 Endat 数字接口连接光栅或编码器。

在此以海德汉公司的 Endat 接口为例介绍它的连接方式和信号数据传输格式。Endat 接口是海德汉光栅和编码器采用的一种用于双向传送的数字接口。它能传输绝对式编码以及能够支持 Endat2.2 协议的增量式光栅或编码器的测量数据，也能读取和更新保存在光栅和编码器中的信息或保存新信息。Endat 接口的连接方式如图 4-32 所示，由于采用串行数据传输方式，只需要四根信号线，两根用于数据传送，两根用于时钟信号发送。

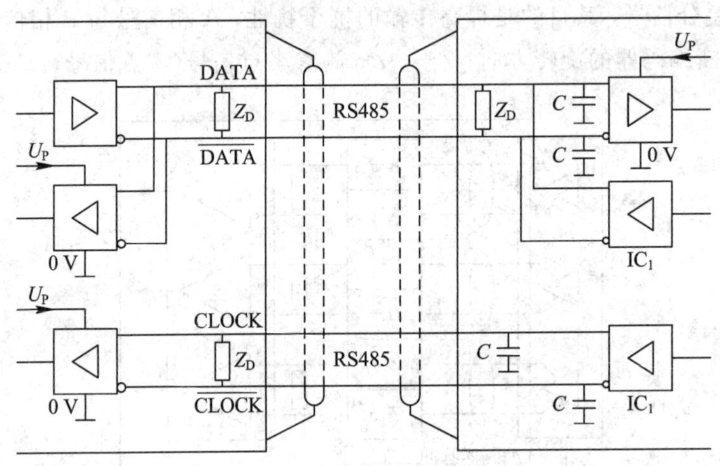

图 4-32 Endat 接口连接方式

图 4-33 所示为 Endat 接口数据传送的时序图。时钟 CLOCK 信号与 DATA 信号采用差分传送方式。传输数据由模式指令、位置值和校验码三部分组成，另外还可以增加附加信息。Endat 接口传输的信息类型由模式指令选择。

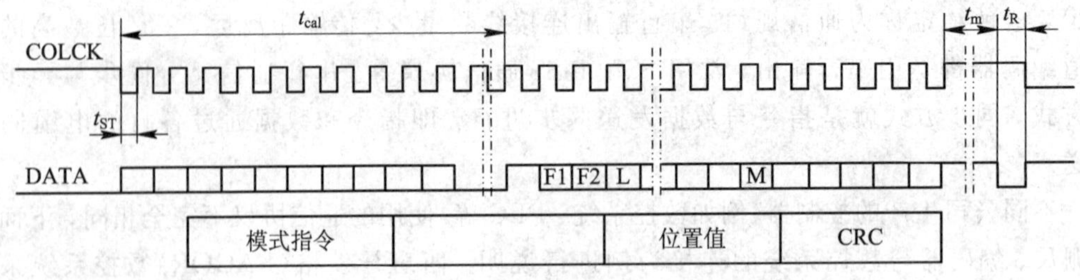

图 4-33 Endat 接口数据传输时序图

3. 现场总线接口

现场总线是连接控制现场传感器与室内控制装置的数字化、多站通信的网络，优点是能支持双向、多节点、总线式的全数字化通信。现场总线和其他类型的信号输出模式相比有一定的特殊性，其他输出类型在使用过程中基本是单独使用，而现场总线型则不同，可实现多个传感器的共同使用，在一对双绞线上可挂接多个传感器。由于现场总线还没有形成统一的标准，所以采用现场总线输出的传感器数量并不多，但它是未来传感器接口技术的发展方向之一。

4.4　传感器信号处理

4.4.1　信号放大

信号放大是传感器信号处理的一个重要环节，传感器敏感元件检测并经过转换得到的电信号是一个微弱信号，多数是毫伏量级的信号，电流小，其功率不足以直接驱动显示器、记录仪或各种测量控制机构，通常需要通过放大电路对该信号进行放大。信号放大电路的结构形式视所采用的传感器的类型而定，放大电路可以自行设计也可以采用专门的信号放大器或芯片。传感器信号放大采用的放大器类型主要有测量放大器、增益放大器、隔离放大器等。

1. 测量放大器

测量放大器又称仪表放大器，是一种具有精密差动电压增益的放大器件。由于其具有高输入阻抗、低输出阻抗、低温漂、高共模抑制能力、低失调电压、高稳定增益等诸多特点，因此一般作为微弱信号检测中的前置放大器。

1）工作原理

图 4-34 是一个由二级运算放大器组成的测量放大器原理图。该放大器由三个运算放大器构成两级电路，第一级由两个同相放大器构成，具有极高的输入阻抗；第二级是普通的差动减法放大器，将双端输入信号转换为对地的单端输出。外接电阻 R_g 不影响电路的共模抑制比，却可以很方便地调节差模电压的放大倍数。放大器的共模抑制比只与 A_1、A_2 的一致性和 4 个电阻 R 的一致性有关，这一点在集成电路中是比较容易做到。该放大器的放大倍数为

$$A_u = \frac{u_o}{u_{I1} - u_{I2}} = -\left(1 + \frac{2R_1}{R_g}\right) \tag{4-5}$$

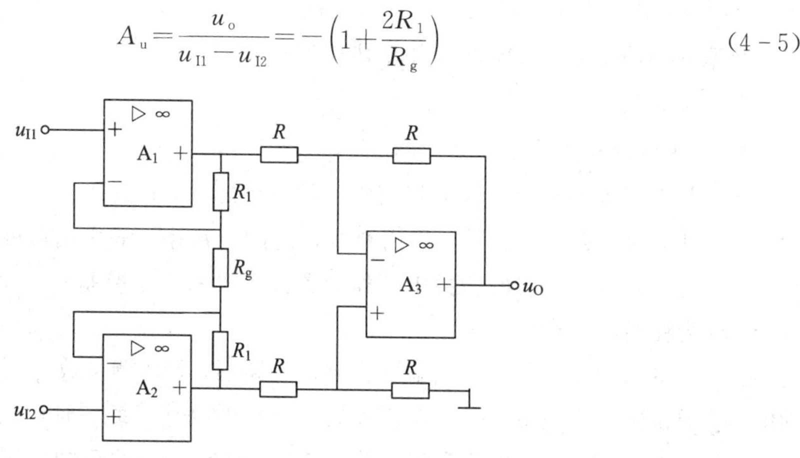

图 4-34　测量放大器原理图

2）测量放大器芯片

用于测量放大的芯片较多，其中 AD522 是高精度单片集成测量放大器，芯片引脚分布如图 4－35 所示。它可用在恶劣环境下要求进行高精度数据采集的场合，非线性度仅为 0.005％（G＝100 时），在 0.1～100 Hz 频带内的噪声峰值为 1.5 mV，其共模抑制比大于 100 dB（G＝l00 时）。该放大器的连接方式如图 4－36 所示。

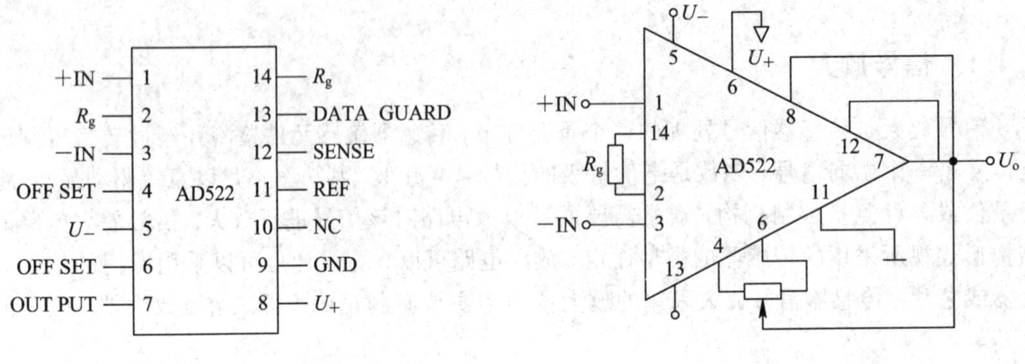

图 4－35　AD522 引脚图　　　　图 4－36　AD522 连接方式

2. 增益放大器

在多通道数据采集系统中，为了节约费用，多种传感器共用一个放大器。当切换通道时，必须迅速调整放大器的增益，称增益调控放大器。在模拟非线性校正中也要使用增益调控放大器。增益调控放大器分为自动增益放大器和程控增益放大器两大类。

1）自动增益放大器

自动增益放大器基本工作过程如图 4－37 所示。它先对信号作试探放大，将放大信号送至 ADC，使其转换成数字信号，然后经逻辑电路判断，送至译码驱动装置，使其转换成数字信号，再经逻辑电路判断，送至译码驱动装置，用以调整放大器的增益。这种方法工作速度较慢，不适于高速系统。

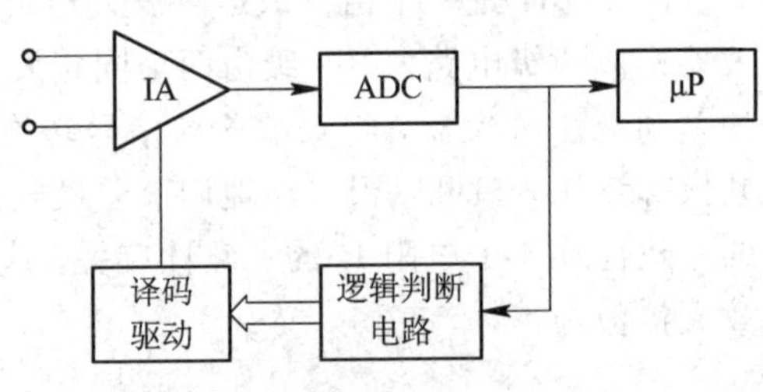

图 4－37　自动增益放大器

2）程控增益放大器

程控增益放大器是智能仪器仪表常用的部件之一，在许多实际应用中，特别是在通用测量仪器中，为了在整个测量范围内获取合适的分辨率，常采用可变增益放大器。在智能仪器中，可变增益放大器的增益由仪器内置计算机的程序控制，这种由程序控制增益的放大器，称为程控放大器。

图 4－38 所示为一种程控增益放大器的电路图，它比测量放大器增加了模拟开关及驱动电路。增益选择开关 S_1-S'_1、S_2-S'_2、S_3-S'_3 成对动作，每一时刻仅有一对开关闭合，当改变数字量输入编码时，可改变闭合的开关号，选择不同的反馈电阻，相当于自动改变测量放大器中电位器 R_1 的阻值，达到改变放大器增益的目的。

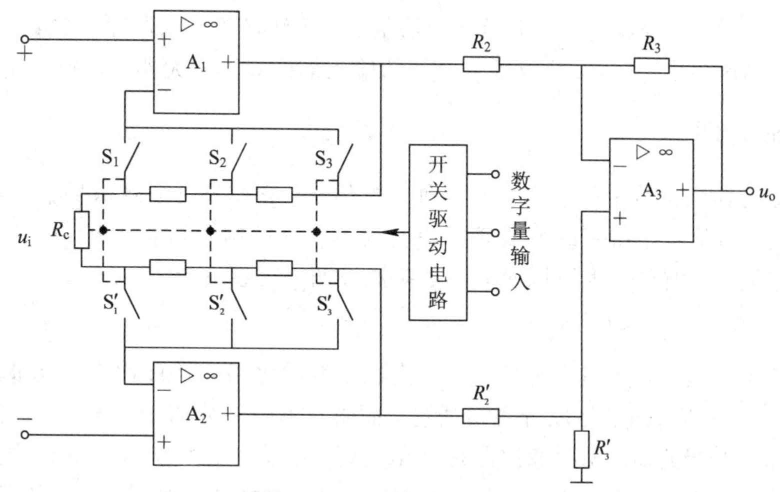

图 4-38　程控增益放大器

用于程控增益放大的芯片较多，例如 AD603、AD624、LH0084 等。AD603 是带宽为 90 MHz、增益程控可调的集成运算放大器芯片，增益与控制电压成线性关系。AD624 是一种高精度、低噪声仪表放大器芯片，主要用于低电平传感器，例如负荷传感器、应变计和压力传感器等，可用于高速数据采集场合。

3. 隔离放大器

隔离放大器的作用是对模拟信号进行隔离，并按照一定的比例放大。隔离放大器可应用于高共模电压环境下的小信号测量，对被测对象和数据采集系统予以隔离，从而提高共模抑制比，同时保护电子仪器设备和人身安全。它可以对电压、电流、频率、脉冲、正弦波、方波、转速等各种信号进行变送、转换、隔离、放大，满足远程数据采集的需求。

隔离放大器按耦合方式的不同，可以分为变压器耦合、电容耦合和光电耦合三种。采用变压器耦合的隔离放大器有 ISO212、ISO3656、AD202 等；采用电容耦合的隔离放大器有 ISO102 、ISO103 、ISO106 等；采用光电耦合的隔离放大器有 ISO100、ISO130 、3650、3652 等。

图 4-39 为 BB 公司生产的 AD202 隔离放大器的内部结构框图。它采用调幅手段，变压器将直流或交流信号耦合到输出侧。输入端内置一个独立的运算放大器，可以用作输入缓

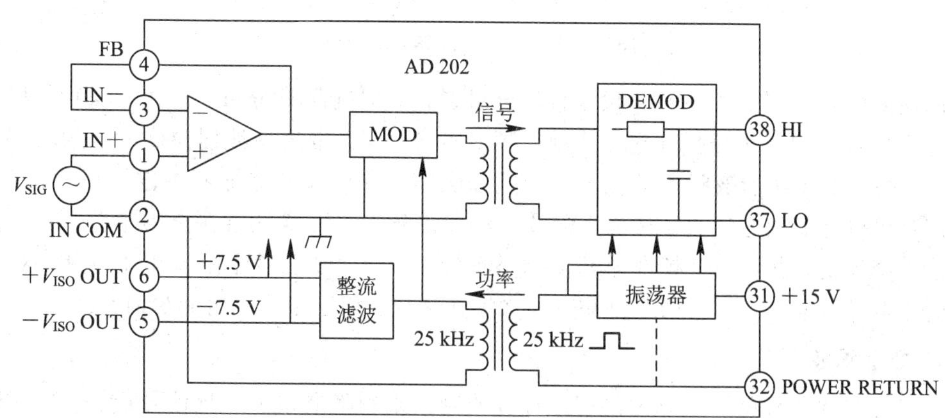

图 4-39　AD202 隔离放大器原理图

冲，提供必要的增益，或者用作滤波器、加法器、I/V 转换等。在内部还内置一个 DC/DC 变换器，输出电压为±7.5 V，可以提供电源给输入侧的运算放大器、调制器或其他电路。

4.4.2 滤波处理

在传感器的输入信号中一般都含有各种干扰信号，它们来自被测信号本身或者外界的干扰。滤波就是对信号中特定的波段频率进行滤除，是抑制和防止干扰的一项重要措施。按工作原理不同，滤波可分为模拟滤波和数字滤波两种类型。

1. 模拟滤波

模拟滤波是对模拟信号进行滤波，用来模拟滤波的电路或器件称之为滤波器，其功能是允许一定频率范围内的信号成分正常通过，而阻止另一部分通过。按所采用的元器件不同分为无源和有源滤波器。无源滤波器是利用电阻、电感和电容构成的滤波电路，其优点是结构简单、费用低，能够补偿系统中的无功分量，改善电网功率因数，工作稳定性较高、维护简单、技术成熟等。有源滤波器由运算放大器、电阻和电容组成，不需要使用电感，其优点是响应速度快，可控性非常强，具有自适应功能，能够动态跟踪和补偿系统高次谐波，稳定性高等。

滤波器的增益幅度不为零的频率范围叫做通频带，简称通带，增益幅度为零的频率范围叫做阻带。通带所表示的是能够通过滤波器而不会产生衰减的信号频率成分，阻带所表示的是被滤波器衰减掉的信号频率成分。通带内信号所获得的增益，叫做通带增益，阻带中信号所得到的衰减，叫做阻带衰减。在工程实际中，一般使用分贝(dB)作为滤波器的幅度增益单位。滤波器按所通过信号的频段分为低通、高通、带通、带阻和全通滤波器五种类型，图 4-40 所示为前四种波滤器的幅频特性。

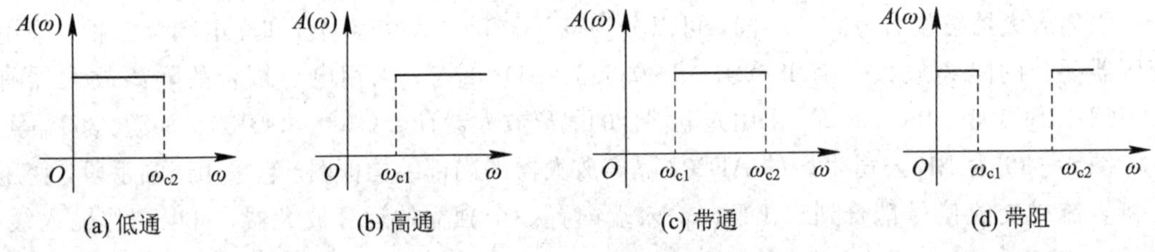

图 4-40 模拟滤波器幅频特性

低通滤波器允许信号中的低频或直流分量通过，抑制高频分量、干扰和噪声。高通滤波器允许信号中的高频分量通过，抑制低频或直流分量。带通滤波器允许一定频段的信号通过，抑制低于或高于该频段的信号、干扰和噪声；带阻滤波器抑制一定频段内的信号，允许该频段以外的信号通过，又称为陷波滤波器。全通滤波器是指在全频带范围内，信号的幅值不会改变，也就是全频带内幅值增益恒等于 1。一般全通滤波器用于移相，对输入信号的相位进行改变，理想情况是相移与频率成正比，相当于一个时间延时系统。

2. 数字滤波

数字滤波就是通过一定算法的程序计算或判断来剔除或减少干扰信号成分，提高信噪比。它与硬件 RC 滤波器相比具有以下特点：数字滤波是用软件程序实现的，不需要增加任何硬件设备，也不存在阻抗匹配问题，可以多个通道共用，不但节约投资，还可提高可靠性、稳定性；可以对频率很低的信号实现滤波，而模拟 RC 滤波器由于受电容容量的限制，频率不可能太低；灵活性好，可以用不同的滤波程序实现不同的滤波方法，或改变滤波器的参数。正因为用软件实现数字滤波具有上述特点，所以在机电一体化测控系统中得到了越来越广泛的应用。数字滤波的方法有很多种，可以根据不同的测量参数进行选择。下面介绍几种常用的数字滤波方法。

1）算术平均值法

算术平均值法是寻找一个 $\bar{X}$ 值，使该 $\bar{X}$ 值与各采样值间误差的平方和为最小，即

$$E=\min\left[\sum_{i=1}^{M}e_i^2\right]=\min\left[\sum_{i=1}^{N}(\bar{X}-X_i)^2\right] \tag{4-6}$$

为了求极小值，令 $\frac{\mathrm{d}E}{\mathrm{d}\bar{X}}=0$，求得算术平均值法的算式为

$$\bar{X}=\frac{1}{N}\sum_{i=1}^{N}x_i \tag{4-7}$$

式中：x_i 为第 i 次采样值；$\bar{X}$ 为数字滤波的输出；N 为采样次数。

N 的选取应根据具体情况决定，若 N 大，则平滑度高，灵敏度低，但计算量较大。一般而言，对于流量信号，推荐取 $N=12$；压力信号取 $N=4$。

2）中值滤波法

中值滤波法就是对某一个被测量对象连续采样 n 次(一般取奇数)，然后把 n 个采样值从小到大或从大到小排序，再取中间值作为本次采样的结果，即若存在 $x_1<x_2<x_3$，则取 x_2 作为本次采样的结果。

中值滤波能有效地滤去由于偶然因素引起的波动或采样器的不稳定造成的误码等引起的脉冲干扰。中值滤波对缓慢变化的过程有效果，不宜用于快速变化的过程。

3）防脉冲干扰复合滤波法

防脉冲干扰复合滤波法是将算术平均值法和中值滤波法结合起来，它先采用中值滤波原理滤除由于脉冲干扰引起误差的采样值，然后再把剩下的采样值进行算术平均。即

若存在 $x_1<x_2<x_3<\cdots<x_N$，则

$$Y=\frac{x_2+x_3+\cdots+x_{N-1}}{N-2} \tag{4-8}$$

可以看出，防脉冲干扰复合滤波兼顾了算术平均值法和中值滤波的优点，在快速和慢速系统中都能削弱干扰，提高控制质量。当采样点数为 3 时，它便是中值滤波法。

4）惯性滤波法

惯性滤波法是一种以数字形式实现低通滤波的动态滤波方法。与一阶低通 RC 模拟滤波器相比，能很好地对低频干扰进行滤波。

对一阶模拟低通滤波器的传递函数离散化，可以得到

$$y_k=(1-\alpha)x_k+\alpha y_{k-1} \tag{4-9}$$

其中：y_k 为第 k 次采样后滤波结果输出值；x_k 为第 k 次采样值；α 为滤波平滑系数。

式(4-9)中 α 的计算方法为

$$\alpha=\frac{\tau}{\tau+T_s} \tag{4-10}$$

其中：τ 为时间常数；T_s 为采样周期。

惯性滤波法适用于波动频繁的被测量滤波，它能很好地消除周期性干扰，但也带来了输出数据相位滞后的结果，滞后角的大小与 α 的选择有关。

4.4.3　调制与解调

有些传感器在使用中，由于传感器信号微弱，在传输过程中容易受到内外部电磁场干扰，或者与杂波、谐波信号混合在一起，因此信号在传输中会发生失真、丢失、难以分辨等情况。为了提高传感器抗干扰能力和传输质量，采用方法是在输送端对传感器的信号进行调制，把它转换成一个由高频交流或脉冲信号携带的合成信号。

1. 信号调制

调制的目的是把要传输的传感器模拟信号或数字信号变换成适合信道传输的信号，即把传感器信号转变为一个相对传感器信号频率非常高的带通信号，该信号称为已调信号，而传感器的信号称为调制信号。调制可以通过调节高频载波的幅度、相位或者频率随着传感器信号的幅值变化来实现，因此调制也分为调频、调幅、调相三种方式。按传感器的信号类型，调制可分为数字信号调制和模拟信号调制。按载波信号不同可分为正弦波调制、脉冲波调制等。

图 4-41 为正弦信号采用调幅方式的调制过程，$x(t)$为调制信号，载波采用余弦信号 $y(t)=\cos2\pi f_0t$。在时域内，调幅过程就是把载波信号与调制信号相乘，在频域内就是把两个信号谱进行卷积运算，两者之间的关系有

$$x(t)\cos2\pi\omega_0t\Leftrightarrow\frac{1}{2}X(\omega)*\delta(\omega-\omega_0)+\frac{1}{2}X(\omega)*\delta(\omega+\omega_0) \tag{4-11}$$

图 4-41(a)为时域内的调制过程，由图可知调制后的载波信号幅值随调制信号的幅值而变化。图 4-41(b)为频域内的调制过程，频域内余弦信号为频谱频率是 ω_0 的脉冲对，调制信号为频率是 ω_m 的单脉冲，经过调制后的信号频谱移动了 ω_m。

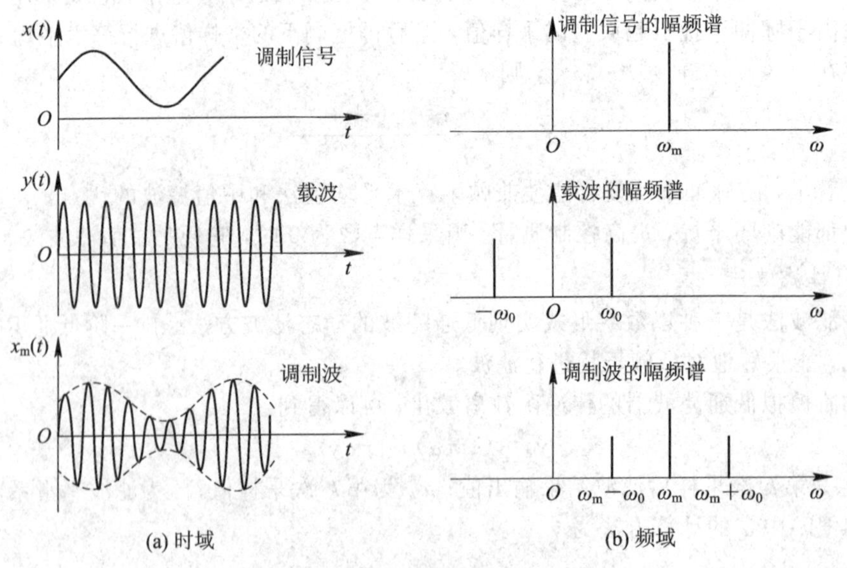

图 4-41　模拟信号的调幅调制原理

图 4－42 为一种模拟信号的调幅调制电路，载波 $x(t)$ 通过互感器耦合后输入到放大器进行放大，再输入调制电路，调制信号 $y(t)$ 通过互感器输入到调制电路。载波和调制波两路信号再通过电容与电感组成的调制电路进行调制，转换成调制后的信号 $x_m(t)$ 输出。

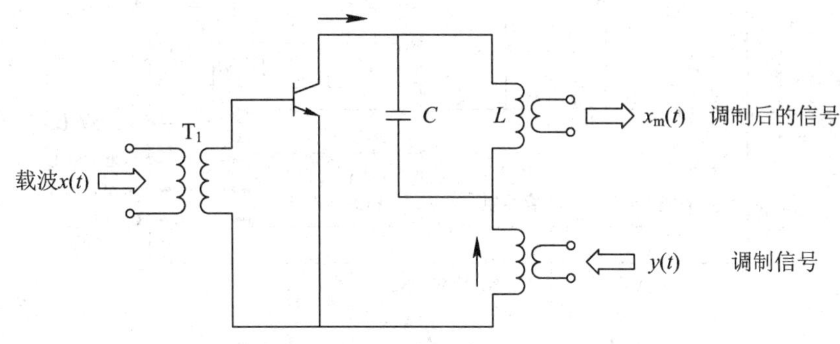

图 4－42　模拟信号的调幅调制电路

图 4－43 为数字信号的调幅、调频与调相波形。在调幅信号中正弦波(载波)的幅值随数字信号(信号波)值变化而变化；在调频信号中正弦波的频率随数字信号值变化；在调相信号中正弦波的相位随数字信号值变化。

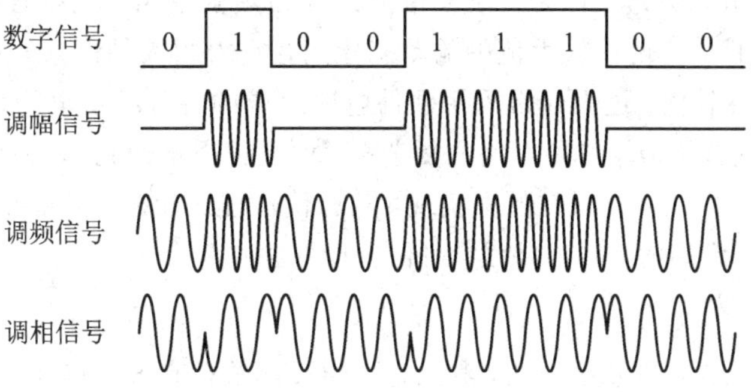

图 4－43　数字信号调制方式

2. 信号解调

解调是从携带传感器信号的调制信号中分离出传感器信号的过程。解调是调制的逆过程，解调方法与调制方法有关。根据调制的方式不同解调可分为正弦波解调和脉冲波解调。正弦波解调还可再分为幅度解调、频率解调和相位解调，脉冲波解调也可分为脉冲幅度解调、脉冲相位解调、脉冲宽度解调和脉冲编码解调等。

传感器的信号解调可以设计成专门的解调电路或者采用专用解调芯片实现。图 4－44 所示为 ADA2200 集成同步解调器芯片，它采用电荷共享技术完成模拟域内的分立式时间信号处理。该器件的信号路径由输入缓冲器、FIR 滤波器、可编程 IIR 滤波器、相敏检波器以及差分输出缓冲器组成。时钟发生器可将激励信号与系统时钟同步，通过 SPI 兼容接口可配置编程特性。

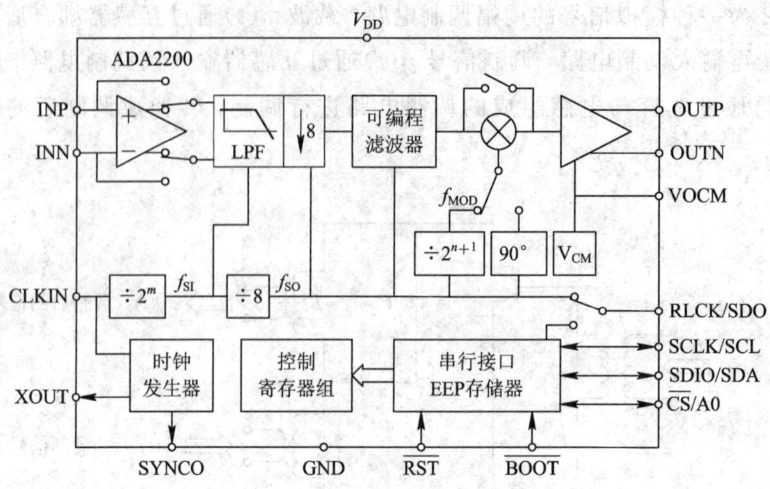

图 4 - 44　ADA2200 集成同步解调器

4.4.4　非线性补偿处理

在机电一体化检测系统中，特别是需要对被测参量进行显示时，总是希望传感器及检测电路的输出和输入特性成线性关系，使测量对象在整个刻度范围内灵敏度一致，以便于读数以及对数据的分析处理。但是，很多检测元件如热敏电阻、光敏管、应变片等具有不同程度的非线性特性，这使得较大范围的动态检测存在着很大的误差。

为了进行非线性补偿，过去通常采用硬件电路组成的各种补偿电路，例如对数放大器、反对数放大器等，这样不但增加了电路的复杂性，而且也很难达到理想的补偿效果。现在这种非线性补偿完全可以用计算机软件来实现，其补偿过程比较简单，精确度很高，又减少了硬件电路的复杂性。常用的非线性补偿软件的补偿方法主要有插值法、计算法、查表法等。

1. 插值法

插值是离散函数逼近的重要方法，利用它可通过函数在有限个点处的取值状况，估算出函数在其他点处的近似值。图 4 - 45 所示为某传感器的输出特性曲线。当已知某一输入值 x_i

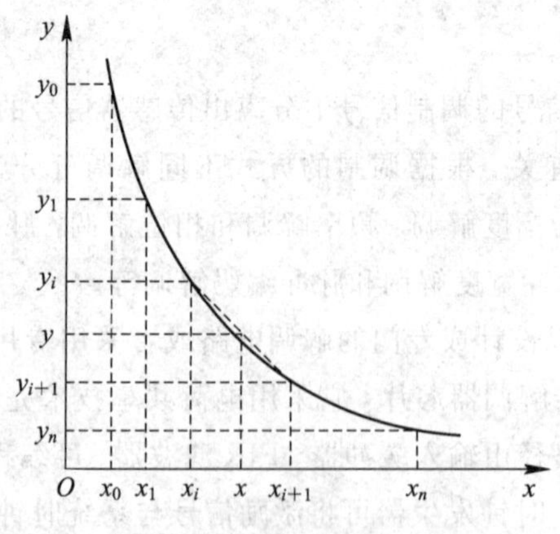

图 4 - 45　分段插值法原理

以后，要想求出值 y_i 并非易事，因为其函数 $y=f(x)$ 并不是简单的线性方程。为使问题简化，可以把该曲线按一定要求分成若干段，然后把相邻的两分段点用直线连接，如图中的虚线所示，用此直线代替对应的曲线段，可以方便地求出输入值 x 所对应的输出值 y。

设 x 在 (x_i, x_{i+1}) 之间，则其对应的输出近似值为

$$y=y_i+\frac{y_{i+1}-y_i}{x_{i+1}-x_i}(x-x_i) \tag{4-12}$$

令

$$k_i=\frac{y_{i+1}-y_i}{x_{i+1}-x_i} \tag{4-13}$$

则有

$$y=y_i+k_i(x-x_i) \tag{4-14}$$

2. 计算法

当传感器的输出与输入之间有确定的数字表达式时，就可采用计算法进行非线性补偿。即在软件中编制一段完成数学表达式计算的程序，被测参数经过采样、滤波和变换后直接进入计算机进行计算，计算后的数值即为经过线性化处理的输出参数。

例如，某传感器已通过实验测到若干个输入/输出数据，数据分布如图 4-46 所示。由图可知输入与输出之间为非线性关系，而且输入输出之间关系的变化趋势明显，可以采用计算法进行线性化处理。具体处理方法为：首先选择合适的曲线拟合方法，用该方法对测量数据进行拟合，得出误差最小的近似曲线，从而得到表示输入输出关系的数学表达式。用于拟合数据点的方法较多，其中多项式最小二乘拟合法是常用的一种方法，利用它找出一个能较准确地反映传感器输出与被测量值之间关系的多项式。多项式拟合的一般数学模型为

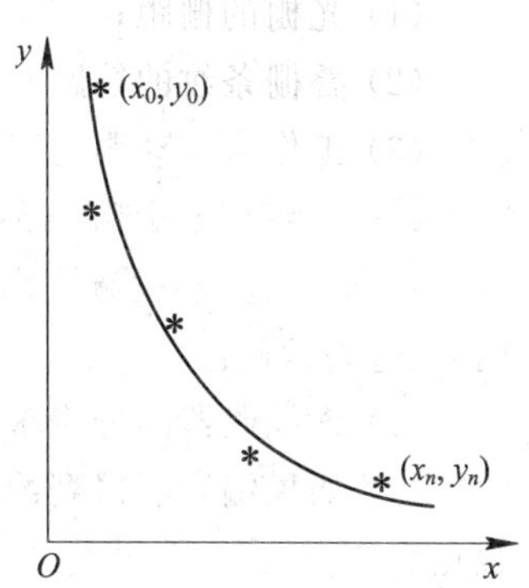

图 4-46 拟合计算法原理

$$y=a+bx+cx^2+dx^3+\cdots \tag{4-15}$$

式中：x 为传感器输出值，y 为被测量值。

将实验测得的数据点代入到多项式的数学模型中，计算出多项式系数 a、b、c、…，即可得到它的数学表达式，具体计算可以采用 MATLAB 软件，可以很方便地求出传感器的多项式表达模型。

3. 查表法

当传感器的输入与输出关系复杂时，例如输入与输出难以用数学模型描述或者即使能用数学模型描述出来，但是数学模型比较复杂，例如含有对数、指数、微分、积分以及三角函数等，这时输入与输出之间很难迅速计算出结果，这种情况可以用查表法处理。

查表法是先将传感器的测量值与实际值之间建立一个对应关系，然后以表格的形式存储的方法。在测量过程中，将检测到的数据与表格中存储的数据相比较，如果二者之间相吻合，则在表格中与之相对应的值，即为被测量值。表格中存储的数据量与传感器的分辨率有关，分辨率越高，则需要存储的数据越多，必须确保对于任一个测量值都能在表格中

找到与它相对应的实际值。在数据搜索方法上，当表格中数据较少时可采用顺序查找法，数据量较大时可以采用二分法、索引法等提高查询效率。

习题与思考题

4-1 机电一体化检测系统由哪几部分组成？各部分的作用是什么？

4-2 传感器的性能指标有哪些？其内容是什么？

4-3 传感器是如何分类的？选择传感器时应考虑哪些因素？

4-4 位置传感器与位移传感器有什么区别？常用的位置传感器和位移传感器分别有哪些？

4-5 按照工作原理光栅可分为哪几种类型？试阐述其工作原理。

4-6 已知光栅刻线为200线/mm，标尺光栅与指示光栅的夹角为0.001 rad，工作台移动时，测得移动过的叠栅条纹数为2000，试求：

(1) 光栅的栅距；

(2) 叠栅条纹的纹距及其放大倍数；

(3) 工作台移动距离。

4-7 编码器分哪几种类型？试述增量式和绝对式光电编码的工作原理。

4-8 已知某机床采用16位绝对式编码器对某轴的旋转角度进行测量，该编码器采用16进制编码。

(1) 该编码器的分辨率为多少？

(2) 如果编码器得到的编码为9F3DH，则对应的转角位置是多少度？(计算精确到小数点后3位)。

4-9 压力传感器有哪几种类型？说明它们的工作原理。

4-10 流量传感器有哪几种类型？说明它们的工作原理。

4-11 温度传感器有哪几种类型？试述它们的测温原理。

4-12 画出NPN和PNP型光电开关的接线图，并说明它们的区别。

4-13 模拟量传感器输出分为哪几种类型？并说明它们的优缺点。

4-14 数字量传感器输出分哪几种类型？并说明它们的适用场合。

4-15 以手机为例，说明手机上应用了哪些传感器，并说明它们的作用。

4-16 传感器的信号为什么要进行放大？常用的信号放大器有哪几种类型？并说明它们的工作原理。

4-17 什么叫滤波？滤波分为几种类型？各有什么特点？

4-18 什么叫调制与解调？传感器信号在什么情况下需要用到调制与解调？

4-19 什么叫非线性补偿？常用的非线性补偿方法有哪几种类型？并说明它们的补偿原理。

第 5 章　控制系统设计与控制技术

5.1　控制系统的组成与分类

5.1.1　控制系统的组成

机电一体化系统的控制系统也称控制单元，它是对被控对象的工作状态进行调节，使之具有一定的状态和性能的系统。典型的机电一体化系统的控制系统组成如图 5-1 所示，包括被控对象和控制装置两大组成部分。

(1) 被控对象。它是指在一个控制系统中被控制的事物或生产过程，又称受控对象或控制对象。在自动控制系统中，一般称被控制的设备或过程为被控对象，例如数控机床、工业机器人、反应堆传热过程、锅炉燃烧过程等。

(2) 控制装置。它是执行控制系统任务的装置，主要由控制计算机和伺服驱动装置两部分组成。

① 控制计算机，也称上位机。它是控制系统的主控制器，主要作用是发出控制指令。控制计算机发出的控制指令可以是机械位移、旋转角度、旋转速度、力矩等。机电一体化系统中复杂的控制任务(例如数控的插补计算、智能控制的各种算法等)主要由控制计算机完成，因此对控制计算机的性能有较高要求，其运算速度、存储容量等均要满足系统要求。在控制计算机中安装有系统的控制软件，控制任务的各种控制算法要依靠控制软件实现，它是整个系统控制功能实现的关键。

② 伺服驱动装置。伺服驱动装置即伺服驱动系统，是接受控制计算机发送的控制指令，具体完成控制任务的一套装置。伺服驱动装置包括比较环节、伺服控制器、执行元件、检测元件。这里的伺服控制器是指具体完成位移、速度等控制目标的控制器，通常采用专用计算机，例如数控机床中常用的交、直流伺服驱动器，一般采用 DSP 芯片作为控制器。伺服驱动装置中的比较环节采用比较电路实现。

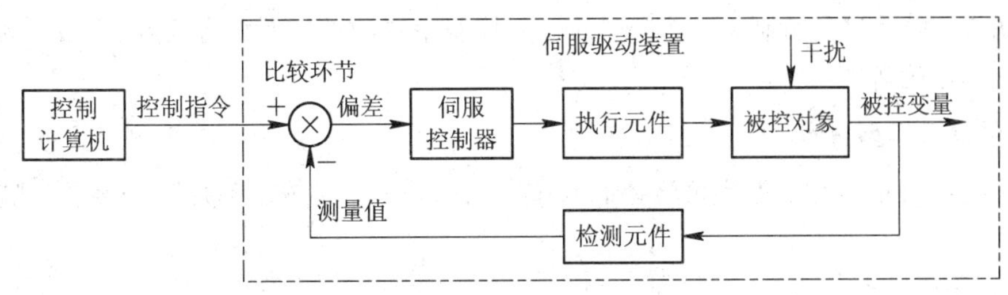

图 5-1　机电一体化系统的控制系统组成

控制系统是机电一体化系统的核心组成部分，机电一体化系统的各种功能以及性能指标的实现主要取决于它的控制系统。现在的控制系统多为自动控制系统，它是指利用自动控制装置，对机电一体化系统的位移、速度、力矩等参数或者生产过程的中某些关键性参数(工作节拍、温度、压力、流量等)进行自动控制，使它们在受到外界干扰(扰动)的影响而偏离正常状态时，能够被自动地调节而回到控制目标所要求的数值范围内。当前自动控制系统的发展目标是实现智能控制，利用智能控制可以实现更高级的控制功能。

5.1.2 控制系统的分类

控制系统的类型有很多种，其分类也有多种分类方式。例如，按有无反馈进行分类，按应用进行分类，按信号类型进行分类，按控制系统结构进行分类等。

1. 按照有无反馈分类

按照有无反馈测量装置，控制系统可以分为开环控制系统和闭环控制系统。

1）开环控制系统

开环控制系统是指没有反馈环节的控制系统，其主要优点是简单、经济、容易维修；主要缺点是精度低，对环境变化和干扰十分敏感。

2）闭环控制系统

闭环控制系统亦称为反馈控制系统，与开环控制系统相比，其具有精度高、动态性能好、抗干扰能力强等优点，它的缺点是结构复杂、维修困难、价格昂贵等。

2. 按照应用分类

按照控制系统的应用可将其分为调节系统、跟踪系统和过程控制系统。

1）调节系统

调节系统是在干扰作用下使被控变量保持常数的一种控制系统，调节系统的输入就是它的设定值。

2）跟踪系统

跟踪系统是保持其被控变量尽可能接近时变的指令值的控制系统。例如，数控机床的刀具必须跟踪给定的路径，以加工出合适形状的零件，这就是一个跟踪系统，也就是常见的伺服系统。

3）过程控制系统

过程控制系统是指面向具体的工业控制过程实施控制的系统，如温度自动调节系统不是伺服系统，而是过程控制系统。典型的过程控制系统的被控变量有温度、压力、流速、液位以及化学浓度等。

3. 按信号类型分类

按系统的给定信号的类型可将控制系统分为恒值控制系统、程序控制系统、随动控制系统等。

1）恒值控制系统

在控制过程中，如果要求被控变量保持在一个指标上不变，或者说系统的给定信号是恒定值，那么就需要采用恒值控制系统。

2）程序控制系统

这类系统的给定值是变化的，但它是一个已知的时间函数，或是按预定的规律变化的。比如金属热处理的温度控制装置、数控机床的数控加工程序，就是这类系统的例子。

3）随动控制系统

这类系统的特点是给定信号不仅在不断地变化，而且这种变化不是预先规定好的，也就是说给定信号是按未知规律变化的任意函数。随动系统的根本任务就是能够自动地、连续地、精确地复现给定信号的变化规律。比如显示记录仪表采用的自动平衡电位计伺服系统、雷达天线伺服系统等都是随动控制系统的一些实例。

4. 按控制系统的结构分类

按照控制系统的结构可以将控制系统分为集中式控制系统、集散控制系统和现场总线控制系统等几种类型。

1）集中式控制系统

集中式控制系统(Centralized Control System，CCS)由一台中央计算机直接对多个现场设备进行控制，控制器内部传输的是数字信号。典型的集中式控制系统组成如图 5 - 2 所示，中央计算机通过开关量接口、模拟量接口、串行通信接口、网络接口等与外部的执行机构、传感器相连接，系统所有的信息处理由中央计算机完成。

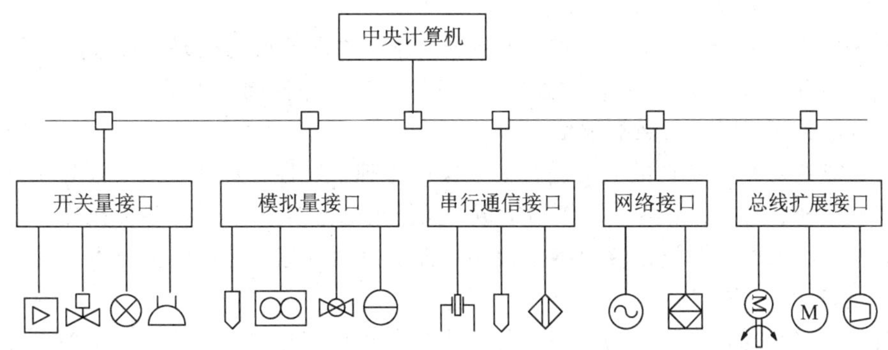

图 5 - 2　集中式控制系统组成

集中式控制系统的优点是：数据容易备份，只需要把中央计算机上的数据备份即可；不易感染病毒，只要对中央计算机做好保护，终端一般不需要外接设备，感染病毒的概率很低；总费用较低，中央计算机的功能非常强大，终端只需要简单、便宜的设备。集中式控制系统的缺点是：中央计算机需要执行所有的运算，当终端很多时，会导致响应速度变慢；另外，如果终端用户有不同的需要，要对每个用户的程序和资源做单独的配置，在集中式系统上做起来比较困难，而且效率不高。

2）集散控制系统

集散控制系统(Distributed Control System，DCS)又称为分布式控制系统，它采用控制分散、操作和管理集中的基本设计思想，采用多层分级、合作自治的结构形式。其主要特征是集中管理和分散控制。典型的集散控制系统组成结构如图 5 - 3 所示，它采用分级结构，一般分为现场控制级、过程控制级、过程管理级和经营管理级。

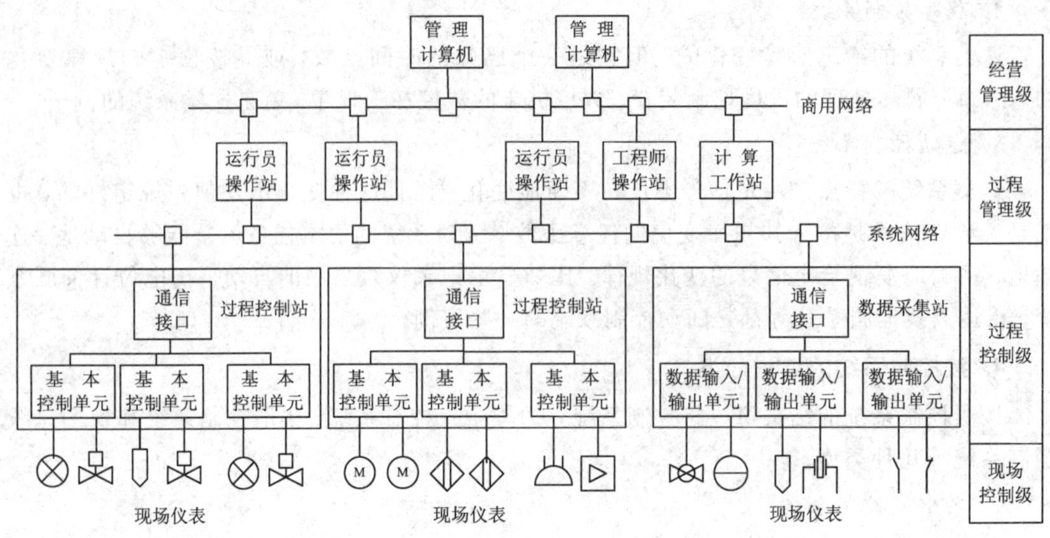

图 5-3 集散控制系统(DCS)

现场控制级的主要任务是：完成过程的数据采集与处理；直接输出操作命令、实现分散控制；完成与上级设备的数据通信，实现网络数据库共享；完成对现场控制级智能设备的监测、诊断和组态等。

过程控制级的主要功能是：采集过程数据，进行数据转换与处理；对生产过程进行监测和控制，输出控制信号，实现反馈控制、逻辑控制、顺序控制和批量控制；对现场设备进行诊断；与过程管理级进行数据通信。

过程管理级对来自现场的数据进行集中操作管理，如各种优化计算、报表统计、故障诊断、显示报警等，主要由各个操作站组成。操作员通过操作站进行各种操作、监视生产情况。操作站用来显示并记录来自各个控制单元的过程数据，是操作员与生产过程信息交互的操作接口。

经营管理级是通过专门的通信接口与高速数据通路相连，综合监视系统各单元，管理全系统的所有信息。随着计算机技术的发展，DCS需要与更高性能的计算机设备通过网络连接以实现更高级的集中管理功能，如计划调度、仓储管理、能源管理等。

DCS的主要优点有：

(1) 适应性好，可以满足不同企业的要求；

(2) 灵活性强，可根据企业的规模及生产情况，对DCS系统进行组配；

(3) 可靠性高，通过冗余技术，可以保证在某一部分出现故障时备用机能立即投入运行，从而提高系统可靠性。

但是，DCS也存在着弊端，其中最主要的问题就是各厂家生产的DCS系统标准不一致，产品兼容性差。

3) 现场总线控制系统

现场总线控制系统(Fieldbus Control System，FCS)采用智能现场设备，能够把原先DCS系统中处于控制室的控制模块、各输入/输出模块置入现场设备；现场设备具有通信能力，现场的测量变送仪表可以对阀门等执行机构直接传送信号，因而控制系统的功能可以不依赖控制室的计算机或控制仪表，直接在现场完成，实现了彻底的分散控制；采用数字信号替代模拟信号，因而可实现一对导线上传输多个信号(包括多个运行参数值、多个设备状态、故障信息)，同时为多个设备提供电源，而且除了现场设备以外不再需要 A/D、D/A 转换部件。

现场总线实际上是连接现场智能设备和自动化控制设备的双向串行、数字式、多节点通信网络，也称为现场底层设备控制网络(Infranet)。现场总线控制系统的一般结构如图 5-4 所示。

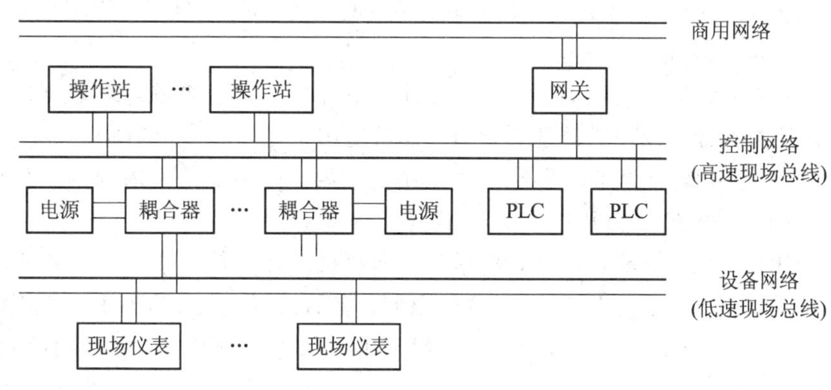

图 5-4　现场总线控制系统结构

现场总线控制系统主要有以下优点：

(1) 数字化信号传输。FCS 中，现场仪表之间、现场仪表与上层 PLC 以及工作站之间相互的信息交换均为数字信息。

(2) 开放式、互操作性、互换性和可集成性。FCS 的技术及标准是全开放式的，面向所有制造商及用户，特别强调互操作性、互换性，因而设备具有很好的可集成性。

(3) 可靠性高、可维护性好。FCS 采用总线方式而非传统的一对一的 I/O 线，减少了接点数目，减少了接触不良造成的故障，可以通过总线对仪表的参数进行设定。

(4) 系统成本低。FCS 的布线、安装、维护费用比传统的 DCS 要低。

但是，现场总线种类过多，每种现场总线都有自己最适合的应用领域，而且一个工业控制系统有可能用到多种形式的现场总线。因此，如何实现控制网络与数据网络的无缝集成是关键问题，当总线电缆发生故障时，有可能导致整个 FCS 控制系统的瘫痪。

5.2　基于单片机的控制系统设计

5.2.1　单片机控制系统特点

单片机是把组成微型计算机的各个功能部件，如中央处理器 CPU、随机存储器 RAM、只读存储器 ROM、输入/输出接口电路、定时器/计数器以及串行通信接口等集成在一块芯片中构成的。随着单片机技术的发展，现在的芯片内集成了许多面对测控对象的接口电路，如 ADC、DAC、高速 I/O 口、PWM、WDT 等。这些对外电路及外设接口已经突破了微型计算机传统的体系结构，所以更为确切地说，单片机本质应该是微型控制器。

单片机是以单芯片形态作为嵌入式应用的计算机，它有唯一的、专门为嵌入式应用而设计的体系结构和指令系统，具有芯片级的体积，在现场环境下可高速可靠地运行，因此单片机又称为嵌入式微控制器。根据内部数据总线的位数，单片机可分为8位、16位、32位、64位单片机。

单片机控制系统具有如下特点：

(1) 高集成度、高可靠性。单片机将各功能部件集成在一块芯片上，集成度高，体积小。芯片本身是按工业测控环境要求设计的，内部布线很短，抗噪声的性能优于一般通用的CPU。单片机程序指令、常数及表格等固化在ROM中不易被破坏，许多信号通道均在一个芯片内，故可靠性高。

(2) 控制功能强。为了满足对象的控制要求，单片机的指令系统均有较强的分支转移能力、I/O口的逻辑计算及位处理能力，因此非常适用于专门的控制功能。

(3) 低电压、低功耗。为了满足便携式系统的需要，许多单片机内部的工作电压仅为1.8～3.6 V，而工作电流仅为几百微安，功耗低。

(4) 性价比高。为了提高速度和运行效率，单片机已开始使用RISC流水线和DSP等技术。单片机的寻址能力也已突破64 KB的限制，有的已可达到1 MB和16 MB，片内的ROM容量可达62 MB，RAM容量则可达2 MB。由于单片机使用广，因而销量大，且价格低廉，故性价比高。

5.2.2 典型单片机介绍

1. MCS-51系列单片机

MCS-51是指由美国Intel公司生产的一系列单片机的总称，这一系列单片机包括了多个型号，如8031、8051、8751、8032、8052、8752等。其中8051是最典型的产品，该系列的其他单片机型号都是在8051的基础上进行功能的增、减、改变而来的。

MCS-51单片机主要包括：8位CPU；内部有4 KB或8 KB ROM，128 KB RAM，21个特殊功能寄存器，可寻址64 KB的数据存储与64 KB的程序存储空间；有4个并行输入/输出口，1个全双工串行口；有2个或3个16位定时器/计数器，有5个中断源；有111条指令，可以实现算术运算、逻辑运算、数据传送、控制转移、位操作等五类功能。

由于MCS-51单片机的处理速度、存储器容量以及功能的限制，它只适用于要求不高的机电一体化产品的控制系统。目前，基于MCS-51内核的单片机的主要生产厂商有Atmel、Philips、Winbond、微芯、宏晶等。虽然这些厂商生产的单片机内核相同，但是功能有所区别。图5-5(a)所示为Atmel公司生产的基于51内核的AT89C51单片机。

2. ARM系列单片机

ARM单片机是以ARM处理器为核心的一种单片微型计算机，是近些年来随着电子设备智能化和网络化程度不断提高而出现的新兴产物。ARM处理器是英国Acorn公司设计的一款低功耗RISC微处理器，全称为Acorn RISC Machine。ARM处理器本身是32位设计，但也配备16位指令集。ARM处理器有多种型号，功能丰富，可满足于各个层次的控制系统的开发要求。ARM处理器分为5类：Cortex-A、Cortex-R、Cortex-M、Machine Learning、SecurCore。图5-5(b)所示为意法半导体(ST)公司生产的基于32位ARM微处理器的 ARM 单片机，型号为 STM32F103。

(a) AT89C51单片机

(b) STM32F103 ARM单片机

图 5-5　典型单片机

ARM 单片机以其体积小、功耗低、集成度和性价比高等优势逐渐步入高端市场，在各领域得到广泛应用，成为当前的主流单片机产品。其主要应用有：汽车导航、影音娱乐系统、存储设备、掌上电脑、可视电话等。目前，ARM 单片机的主要生产厂商有 ST、TI、NXP、Atmel、Samsung、OK、Sharp、Hynix、Crystal 等公司。

5.2.3　单片机控制系统设计

1. 控制系统开发方法

单片机控制系统的开发方法主要有两种，一是从元件开始构建，二是在已有系统上进行扩展。

(1) 从元件开始构建系统。针对具体任务，选用合适的单片机，配以必要的存储器、接口芯片和外围设备来构成一个新的控制系统。

(2) 应用已有的单片机系统扩展。已有的单片机系统可以是 MCS-51、MCS-96、ARM 等系列单片机组成的单片机控制系统，根据实际需要，在此系统的基础上适当扩展 I/O 通道或其他器件，重新构成一个新的控制系统。

2. 控制系统设计步骤

在确定了控制系统的开发方法之后，下一步是进行控制系统设计。单片机控制系统的设计分为方案设计、硬件设计、软件设计和系统调试四个步骤。

1) 方案设计

方案设计是单片机控制系统设计中最重要的环节。如果方案设计考虑不周全，后期设计方案修改的可能性就大，开发周期就会延长，开发成本也会随之增加。控制系统方案设计具体又包括单片机型号的选择、硬件与软件功能划分等。

(1) 单片机型号的选择。单片机的功能要适合所要完成的任务，避免过多的功能闲置；性价比要高，以提高整个系统的性价比。设计人员对单片机结构、工作原理、指令系统、软件编程、开发方法要熟悉，以缩短开发周期。另外，选择时要考虑货源的稳定性，有利于批量生产和系统的维护。

(2) 硬件与软件的功能划分。控制系统的硬件和软件要统一考虑，因为一种功能往往既可以由硬件实现又可以由软件实现，要根据系统的实时性和系统的性价比综合考虑。

2）硬件设计

单片机控制系统的硬件设计内容包括以下几方面：

(1) 单片机电路设计：主要是时钟电路、复位电路、供电电路、I/O接口电路的设计。

(2) 扩展电路设计：主要是程序存储器、数据存储器、I/O接口电路的设计。

(3) 输入/输出通道设计：主要是传感器电路、放大电路、多路开关、A/D转换电路、D/A转换电路、开关量接口电路、驱动及执行机构的设计。

(4) 控制面板设计：主要是按键、开关、显示器、报警等电路的设计。

3）软件设计

软件设计要结合硬件组成，首先明确软件部分各个模块的功能，详细地画出各模块的流程图，然后进行主程序设计和各个模块程序设计，最后连接起来得到完整的应用程序。

4）系统调试

系统调试是将硬件和软件相结合，分模块进行调试，修正和完善原始方案，最后进行整个系统的调试以达到控制系统的要求，调试完成后将应用程序固化在程序存储器中。

3. 提高系统可靠性的常用方法

由于单片机控制系统的信号电流小，容易受到电源、电磁场等因素干扰，因此在设计中需要采取有效的措施以提高系统的可靠性。

1）电源干扰的抑制

(1) 交流电源干扰的抑制。在工业控制现场，生产负荷经常变化，大型用电设备的启动、停止等，往往会造成电源电压的波动，因此，一方面要尽量使控制系统远离这些干扰源，另一方面可在系统中采用干扰抑制器。

(2) 直流电源干扰的抑制。直流电源供电可采用集成稳压模块、直流开关电源或DC/DC变换器。单片机应用系统中往往需要几种不同电压等级的直流电源，这时可以采用相应的低纹波高质量集成稳压电路。直流开关电源是一种脉宽调制型电源，具有效率高、电网电压范围宽等特点。如果系统供电电网波动较大或者精度要求高，可以采用DC/DC变换器。

2）地线干扰的抑制

(1) 数字地与模拟地的连接。数字地指的是TTL或CMOS芯片、I/O接口电路芯片、CPU芯片等数字逻辑电路的接地端以及A/D、D/A转换器的数字接地端。模拟地指的是运算放大器、采样保持器等模拟器件的接地端和A/D、D/A转换器中模拟信号的接地端。若为低频模拟信号，应加粗和缩短地线，采用单点接地，可有效防止由于地线公共阻抗而造成的部件之间的互相干扰。对于高频模拟信号和数字信号，地线的电感效应较严重，单点接地会导致实际地线加长，故应多点接地和单点接地相结合。

(2) 印制电路板的地线分布。印制电路板的地线分布一般应遵循：TTL、CMOS芯片的地线要呈辐射网状，避免形成环状；电路板上的地线要根据通过电流的大小决定其宽度，最好不小于3 mm；旁路电容的地线不要太长。

(3) 屏蔽双绞线的接地。当采用屏蔽双绞线传送信号时，应将屏蔽体与工作地连在一起，并应注意只能有一个接地点，否则屏蔽体两端就会形成回路，在屏蔽体上产生较大的噪声。

3) 其他提高系统可靠性的方法

(1) 使用微处理器监控电路。使用微处理器监控电路是指在单片机内配置监视定时器，采用监视定时器后，一旦程序跑飞，系统会被立即复位，重新启动系统，从而退出不正常的运行状态，但在采用微处理器监控电路时需要保证系统的可重入性。所谓系统的可重入性就是当一个微处理器系统在重新复位启动以后，系统对外执行的操作不因重新启动而改变，从而保证整个系统对外操作的连续性和顺序性。

(2) 软件抗干扰措施。除了在硬件设计方面采取一些措施外，在软件设计方面也可以采取一些抗干扰措施。常采用的软件抗干扰措施有：滤波技术、软件冗余设计、重要指令冗余设计、程序陷阱设计、程序监控技术、数据保护与恢复技术等。

5.3　基于 PLC 的控制系统设计

5.3.1　PLC 控制特点

自 20 世纪 60 年代美国推出可编程逻辑控制器(Programmable Logic Controller，PLC)取代传统继电器控制装置以来，PLC 得到了快速发展，并在多个行业得到了广泛应用。同时，PLC 的功能也在不断完善。随着计算机技术、信号处理技术、控制技术、网络技术的不断发展和用户需求的不断提高，PLC 在开关量处理的基础上增加了模拟量处理和运动控制等功能，因此现在的 PLC 已不再局限于逻辑控制，在运动控制、过程控制等领域也发挥着十分重要的作用。

1. PLC 控制的特点

PLC 控制有以下特点：

(1) 可靠性高，抗干扰能力强。由于 PLC 采用现代大规模集成电路技术以及严格的生产工艺制造，内部电路采取了先进的抗干扰技术，因而具有很高的可靠性。例如，三菱公司生产的 F 系列 PLC 平均无故障时间高达 30 万小时。

(2) 功能强，配置灵活。目前已形成了大、中、小各种规模的系列化 PLC 产品，可以用于各种规模的工业控制场合。除了逻辑处理功能以外，现代 PLC 大多具有完善的数据运算能力，可用于各种数字控制领域。近些年来，由于 PLC 新的功能单元的涌现，使 PLC 应用渗透到了位置控制、温度控制、计算机数控等各种工业控制中。另外，由于 PLC 通信能力的增强及人机界面技术的发展，使用 PLC 组成各种控制系统变得非常容易。

(3) 编程简单，易学易用。PLC 的编程语言易于工程技术人员学习掌握。只用 PLC 的少量开关量逻辑控制指令就可以方便地实现继电器电路的功能。

(4) 系统设计与维护方便。PLC 用存储逻辑代替接线逻辑，而且多采用模块化结构，大大减少了控制设备外部的接线，使控制系统设计周期大大缩短，同时维护也变得容易起来。

(5) 体积小、重量轻、能耗低。一般 PLC 外形尺寸的长、宽和高都在 300 mm 以下，功率一般为几十瓦到数百瓦之间，重量一般在 2 kg 以下。由于体积较小，很容易装入机械内部，因此在机电一体化系统中应用较多。

2. PLC 的应用

经过了长期的工程实践，PLC 已越来越为广大技术人员所认识和接受，目前已经广泛地应用到了石油化工、机械、钢铁、交通、电力、轻工、采矿、水利、环保等多个行业，从单机自动化到工厂自动化，从机器人、柔性制造系统到工业控制网络等，随处可见 PLC 的使用。PLC 应用主要集中在以下几个方面：

（1）开关量控制。开关量控制是 PLC 最基本、最广泛的应用，它取代了传统的继电器电路，可实现逻辑控制、顺序控制。它既可用于单台设备的控制，也可用于多机群控及自动化流水线，如注塑机、印刷机、组合机床、磨床、包装生产线、电镀流水线等。

（2）模拟量控制。在工业生产过程当中，有许多连续变化的量，如温度、压力、流量、液位和速度等都是模拟量，这时就必须要进行模拟量和数字量之间的转换，便于 PLC 控制。PLC 厂家都有配套的 A/D 和 D/A 转换模块，用于 PLC 的模拟量控制。

（3）运动控制。PLC 可以用于旋转运动控制或直线运动控制。从控制机构配置来说，早期直接用开关量 I/O 模块连接位置传感器和执行机构，现在一般采用专用的运动控制模块，例如可驱动步进电机或伺服电机的单轴或多轴位置控制模块。现在的 PLC 一般都有运动控制功能，广泛应用于各种机械、机床、机器人、电梯控制等场合。

（4）过程控制。过程控制是指对温度、压力、流量等模拟量的闭环控制。作为工业控制计算机，PLC 能编制各种各样的控制算法程序，完成闭环控制。PID 控制是一般闭环控制系统中用得较多的控制方法，一般是采用 PID 子程序实现。以前只有大中型 PLC 有 PID 控制模块，目前许多小型 PLC 也具有此功能模块。过程控制在冶金、化工、热处理、水泥生产等场合有非常广泛的应用。

5.3.2 典型 PLC 介绍

目前国际上各 PLC 生产厂商均推出了各自的产品，主要有三菱公司的 FX 系统、西门子 S7 系列以及富士、施耐德等各系列的 PLC。

1. 三菱 PLC

1）概述

三菱 PLC 分为 FX 系列、Q 系列、IQ－R 系列、IQ－F 系列、L 系列、QS/WS 系列等，不同系列 PLC 在 CPU 运算速度、输入/输出类型与规模、控制功能、通信功能、安全功能等方面配置不同，适用于不同的控制需求。

（1）FX 系列 PLC 体积紧凑，功能丰富，系统配置灵活。它将电源模块、CPU 模块和 I/O 模块集成为一个紧凑的单元，具有 I/O 模块、模拟模块、定位模块以及开放网络扩展模块等功能模块的选配件，可满足用户的各种应用需求。

（2）Q 系列 PLC 是中、大型 PLC 产品。Q 系列 PLC 采用了模块化的结构形式，产品的组成与规模灵活可变，最大输入/输出点数为 4096 点；最大程序存储器容量可达 252 K 步，采用扩展存储器后可以达到 32 M 步，基本指令的处理速度可以达到 34 ns，可以用于各种中等复杂的机械、自动生产线等控制场合。该系列 PLC 的 CPU 类型分为顺序型、过程型、冗余型、运动型、计算机型等。

（3）IQ－R 系列是继三菱 Q 系列之后的又一款旗舰型 PLC 产品。IQ－R 系列的基本运算处理速度（LD 指令）达到了 0.98 ns，系统总线通信速度是以往产品的 40 倍。该系列的型号有 R4、R8、R16、R32、R120。

(4) IQ-F 系列是对三菱 F 系列进行了全方面的革新产生的新一代产品。IQ-F 系列具有高速化的系统总线，丰富的内置功能，可实现丰富的运动控制。该系列的型号有 FX5U、FX5UC。

(5) L 系列 PLC 是三菱第三代高性能 PLC，在 Q 系列 PLC 基础上开发而来。L 系列标准配备有各种 I/O 功能，实现了实用且便利的多样化控制，有助于提高生产效率。该系列的型号有 L26CPU-BT、L02CPU 两种。

(6) QS/WS 系列为安全型 PLC，可以提供可视化的安全信息，实现安全控制，并提高生产率。它适用于大中型安全控制，通过 CC-Link IE 现场、CC-Link 安全以及梯形图和功能块，可以实现带分支控制的灵活编程。

2) 三菱 FX 系列 PLC 介绍

三菱 FX 系列为最常用的 PLC 类型，常用的型号有：FX1S、FX1N/NC、FX2N/NC、FX3U/UC、FX3G 等。图 5-6 所示为 F 系列部分 PLC 的外形。

(a) FX1S

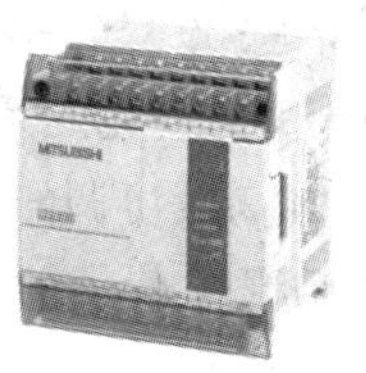
(b) FX1N/NC

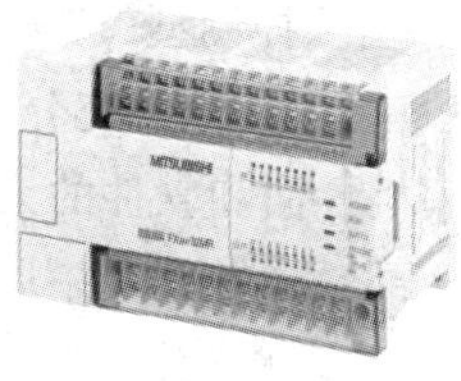
(c) FX2N/NC

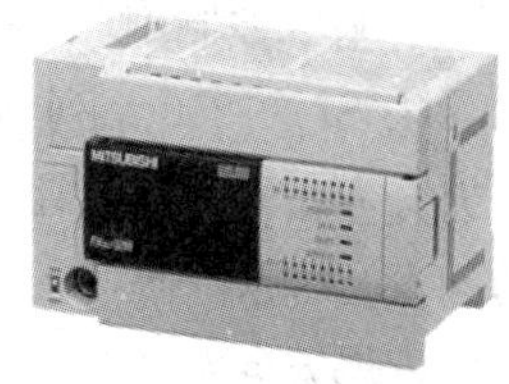
(d) FX3U/UC

图 5-6　三菱 FX 系列部分 PLC 外形

(1) FX1S 是一种集成小型单元式 PLC，具有完整的扩展性，如果考虑安装空间和成本，FX1S 是一种理想的选择。

(2) FX1N/NC 具有输入/输出、模拟量控制和通信等扩展性，是一款广泛应用于一般顺序控制的 PLC。FX1N/NC 输入/输出采用连接器。

(3) FX2N/NC 具有高速处理的特点，可扩展大量满足需要的特殊功能模块，提高工厂自动化应用的灵活性和控制能力。FX2N/NC 输入/输出采用连接器。

(4) FX3G 是三菱推出的第三代微型 PLC，是在 FX1N/NC 的基础上升级开发而来的。FX3G 系列 PLC 拥有 3 轴定位功能、多条定位指令，设置简便，是搭建伺服/步进等小型定位系统的首选机型。

(5) FX3U/UC 是三菱推出的第三代小型 PLC，基本性能大幅提升，晶体管输出型的基本单元内置了 3 轴，增加了变频器控制的新定位指令，从而使得定位控制功能更加强大，使用更为方便。FX3U/UC 为紧凑型的可编程控制器，输入/输出采用连接器。

2. 西门子 PLC

1) 概述

目前工业市场上除了三菱 PLC 之外，另一大 PLC 供应商就是德国西门子公司。常见的西门子 PLC S7 系列分为 S7-1200、S7-1500、S7-300、S7-400，分别属于小、中、大型可编程控制器。西门子 S7 系列 PLC 如图 5-7 所示。

(a) S7-1200　(b) S7-1500　(c) S7-300　(d) S7-400

图 5-7　西门子 PLC类型

随着网络功能的发展，快速通信和高集成度成为可编程控制器的发展趋势，这对可编程控制器提出了更高的性能要求。西门子 S7 系列 PLC 也在不断发展之中，原先的 S7-200 系列 PLC 现在被 S7-1200 系列 PLC 所取代，还新开发了 S7-1500 中型 PLC。西门子 S7 系列 PLC 有基本控制型(S7-1200)和增强控制型(S7-1500、S7-300、S7-400)两大类。

① S7-1200 系列为小型可编程控制器，充分满足中小型自动化的系统需求。在研发过程中充分考虑了系统、控制器、人机界面和软件的无缝整合和高效协调的需求。S7-1200 系列的问世，标志着西门子在原有产品系列基础上拓展了产品版图，代表了未来小型可编程控制器的发展方向。

② S7-1500 系列为新一代的控制器，经过了多方面的革新，具有较高的性价比。S7-1500 CPU 最快处理速度达 1 ns，可直接在控制器中对简单到复杂的运动控制任务进行编程(例如速度控制轴、凸轮传动)，分为标准型和故障安全型两种类型。S7-1500 凭借 CPU 快速的响应时间、集成的 CPU 显示面板以及相应的调试和诊断机制，可极大地提升生产效率，降低生产成本。

③ S7-300 系列为模块化的中型 PLC 系统，满足中、小规模的控制要求。它具有各种性能的模块，可以非常好地满足和适应自动化控制任务，当控制任务增加时可自由扩展，采用简单实用的分布式结构和通用的网络，使得应用十分灵活。另外，S7-300 采用了无风扇的设计结构，使维护更加简便。

④ S7-400 系列为模块化的大型 PLC 系统，功能强大，适用于中、高性能控制领域，满足复杂的任务要求。它具有功能分级的 CPU 以及种类齐全的模板，用户友好性强，操作简单，无风扇设计，系统扩展方便。

2) S7-1200 PLC 介绍

S7-1200 系列是目前西门子 PLC 中应用最为广泛的小型 PLC，它包括 1211C、1212C、1214C、1215C 和 1217C，共 5 种型号。S7-1200 PLC 整机具有下列特点：

(1) 高度集成的工程组态系统。S7-1200 PLC 采用 TIA Portal 工程软件组态和编程，连同集成的可视化视窗 SIMATIC WinCC Basic 组成了一个通用工程组态软件框架，可对 S7-1200 PLC 和 SIMATIC HMI 精简系列面板统一编程、配置硬件、网络组态、管理项目数据以及对已组态系统进行测试、运行和维护等。

(2) 集成可视化控制。S7-1200 系列 PLC 通过 PROFINET 接口与 SIMATIC HMI 精简系列面板无缝集成，在同一个项目中组态和编程，人机界面可以直接使用 S7-1200 系列

PLC 的变量。变量的交叉引用确保了项目各个部分及各种设备中变量的一致性，可以统一在 PLC 变量表中查看或更新。

(3) 集成 PROFINET 接口。集成的 PROFINET 接口用于编程、HMI 通信和 PLC 间的通信。此外它还通过开放的以太网协议支持与第三方设备的通信，该接口带一个具有自动交叉网线功能的 RJ45 连接器，提供 10/100 Mb/s 的数据传输速率，支持最多 16 个以太网连接以及 TCP/IP native、ISO-on-TCP 和 S7 通信协议。

(4) 嵌入 CPU 模块本体的信号板。S7-1200 系列 PLC 的另一个显著特点是在 CPU 模块上嵌入了一个信号板(SB)，这也是 S7-1200 系列 PLC 的一大创新。信号板嵌入在 CPU 模块的前端，可在不增加 CPU 模块所占空间的前提下扩展 S7-1200 CPU 的控制能力。

(5) 高速输入/输出。S7-1200 系列 PLC 内置的高速计数器可用于精确监视增量编码器、进行频率计数及对过程事件进行高速计数和测量。高速脉冲输出可用作脉冲串输出(PTO)或脉宽调制输出(PWM)，因此，S7-1200 可用于步进电机或伺服驱动器的开环速度控制和定位控制。

(6) 自适应 PID 算法。S7-1200 系列 PLC 集成了 16 个自适应 PID 控制回路，支持 PID 自动调节功能，可以自动计算最佳的调整增益值、积分时间和微分时间。

(7) 数据库共享功能。S7-1200 系列 PLC 集成了库功能，通过库功能可以在同一项目或不同项目中调用或移植项目的组成部分，如硬件配置、变量及用户程序等。S7-1200 可以将代码块、PLC 变量及变量表、中断、HMI 画面、单个模块或完整站等元素存储在本地库和全局库中以供重复使用。

(8) 硬件配置及可扩展性。S7-1200 系列 PLC 具有很好的灵活性和可扩展性，只需使用带网卡的计算机或笔记本电脑即可实现编程与调试，而且很容易集成到工业以太网，以实现工厂自动化和远程监控。S7-1200 系列 PLC 最多可扩展 3 个通信模块(CM)和 8 个信号模块(SM)，并且 I/O 地址可以由用户重新分配。

5.3.3　PLC 控制系统设计

1. PLC 控制系统设计原则

在 PLC 控制系统设计中应遵循实用性、可靠性、经济性、可扩展性、先进性等基本原则。

(1) 实用性。实用性是控制系统设计的基本原则。工程师在研究被控对象的同时，还要了解控制系统的使用环境，使得所设计的控制系统能够满足用户的要求。硬件方面要尽量小。

(2) 可靠性。对于一些可能会产生危险的系统，必须要保证控制系统能够长期稳定、安全、可靠地运行，即使控制系统本身出现问题，起码要能够保证不出现人员伤亡和财产的重大损失。在系统设计规划初期，应充分考虑系统可能出现的问题，提出不同的设计方案，选择一种非常可靠且较容易实施的方案。在硬件设计时，应根据设备的重要程度，考虑适当的备份或冗余；在软件设计时，应采取相应的保护措施，在经过反复测试确保无大的疏漏之后方可联机调试运行。

(3) 经济性。工程师在满足实用性和可靠性的前提下，应尽量使系统的软、硬件配置经济实惠，切勿盲目追求新技术、高性能。硬件选型时应以经济、适用为准；软件应当在开发周期与产品功能之间做相应的平衡；还要考虑所使用的产品是否可以获得完备的技术资料和售后服务，以减少开发成本。

(4) 可扩展性。可扩展性要求工程师在系统总体规划时，应充分考虑到用户今后生产发展和工艺改进的需要，在控制器计算能力和 I/O 接口数量上应当留有适当的裕量，同时对外要留有扩展的接口，以便系统扩展和满足监控的需要。

(5) 先进性。工程师在硬件设计时，应优先选用技术先进、应用成熟广泛的产品组成控制系统，保证系统在一定时间内具有先进性，不被市场淘汰。此原则应与经济性共同考虑，以使控制系统具有较高的性价比。

2. PLC 控制系统设计流程

PLC 控制系统设计时应遵循一定的设计流程，掌握设计流程，可以提高控制系统的设计效率和正确性。PLC 控制系统的一般设计流程如图 5-8 所示，设计步骤包括被控对象的分析与描述、控制系统方案论证、控制系统总体设计、控制系统硬件设计、控制系统程序设计、控制系统调试等。

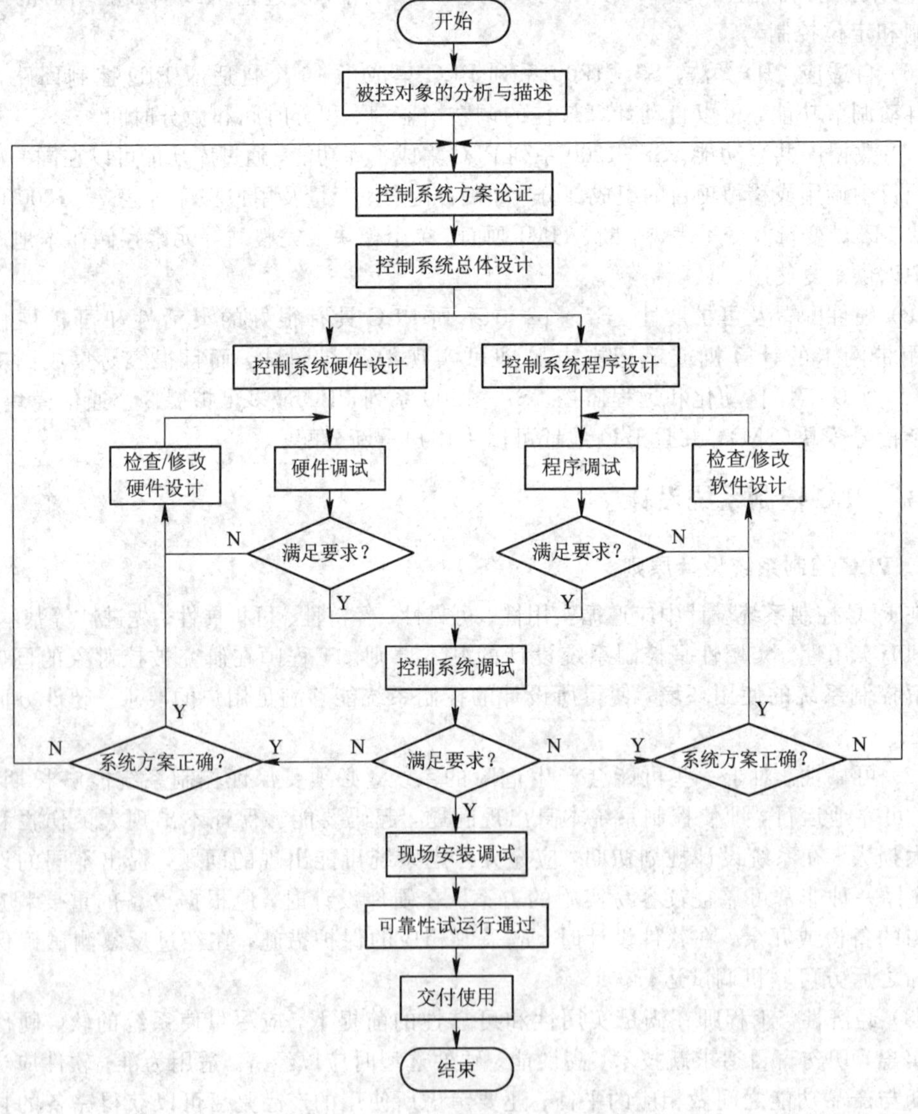

图 5-8　PLC 控制系统设计流程图

1）被控对象的分析与描述

在控制系统设计时，往往需要达到一些特定的指标和要求，即满足实际应用或是客户需求。在分析被控对象时，必须考虑这些指标和要求。在全面的分析之后，就需要按照一定的原则，准确地用工程化的方法描述被控对象，为控制系统设计打好基础。被控对象的分析的具体内容包括：

（1）系统规模。根据被控对象的工艺流程、复杂程度和客户的技术要求确定系统的规模（分为大、中、小三种规模），配置时确保硬件资源有一定的裕量而不浪费。

① 小规模控制系统适用于单机或小规模生产过程，以顺序控制为主，信号多为开关量，且 I/O 点数较少（一般低于 128 点），精度和响应时间要求不高。以西门子 PLC 为例，一般选用 S7－1200 型就可达到控制要求。

② 中等规模控制系统适用于复杂逻辑和闭环控制的生产过程，I/O 点数较多（128 点到 512 点之间），需要完成某些特殊功能，如 PID 控制等。以西门子 PLC 为例，一般选用 S7－300 或 S7－1500 型等。

③ 大规模控制系统适用于大规模过程控制、DCS 系统和工厂自动化网络控制，I/O 点数较多（高于 512 点），被控对象的工艺过程较复杂，对于精度和响应时间要求较高。应选用具有智能控制、高速通信、数据库、函数运算等功能的高档 PLC。以西门子 PLC 为例，可以选 用 S7－400 型等。

（2）硬件配置。根据系统规模和用户技术对控制系统 I/O 点数进行估算；分析被控对象工艺过程，统计系统 I/O 点数和 I/O 类型；按照设备和生产区域的不同进行划分，明确各个 I/O 点的位置和功能，再加上 10%～20%的裕量，并且要列出详细的 I/O 点清单。

（3）软件配置。根据控制系统的设计要求选择适合的软件，例如编程软件、监控软件等。上位机监控软件的选择首先要考虑监控的点数限制，以及是否有报警显示、趋势分析、报表打印以及历史记录功能。

（4）控制功能。要正确地进行控制系统的功能选择，首先要了解各个控制器的特性，比如性能参数、应用场合、可靠性和通用性等。在设计控制系统的功能时，一般要考虑以下几个方面：

① 控制系统是否需要冗余、I/O 信号模块是否需要冗余、通信是否需要冗余；

② 控制点数有多少，包括数字量输入和输出点数、模拟量输入和输出点数；

③ 被控对象工艺是否复杂、是否需要实现特殊功能，例如防喘振控制等；

④ 系统正常运行时控制器的负载率是否有足够的工作裕量，I/O 信号点是否需要一定的裕量；

⑤ 针对数字信号是否需要继电器隔离，输出信号是否需要固态继电器输出；

⑥ 针对模拟量信号是否需要安全隔离栅，信号的类型是电压型还是电流型，不同的信号类型需要选择相应的 I/O 信号模块。

⑦ 用于温度测量的信号模块是热电阻还是热电偶型；

⑧ 信号模块是否需要在线带电插拔更换，如果需要则要附加特殊的背板插槽；

⑨ 当系统和外部出现故障时，比如信号短路或断路，这时信号模块是否需要将输入/输出信号自动切换到预先设置的安全值，如需要则选用故障安全型的控制器和信号模块；

⑩ 当需要和第三方设备通信时，还要考虑通信距离的长短以及相应的通信接口协议

等，据此选用不同的通信模块。

2）控制系统方案论证

控制系统方案论证主要是对整个系统的可行性做一个预测性的估计。在此阶段一定要全面地考虑到设计和实施此系统将会遇到的各种问题。如果没有相关的项目经验，应当在实地仔细考察，并详细地论证此系统中的每一步的可行性。特别是在硬件实施阶段中，如果方案设计不合理，在实施过程中就会出现问题，就有可能需要重新修改设计方案，因而延长了开发周期，造成经济上的损失，甚至造成整个项目开发失败。工程实施过程中的阻碍，往往都是由于这一步工作没有做好而导致的。

3）控制系统总体设计

系统的总体设计关系到整个系统的总体构架，每个细节都必须经过反复斟酌。首先要能够满足用户提出的基本要求；其次是确保系统的可靠性，不可以经常出现故障，就算出现故障也不能造成大的损失；然后在经济性等方面予以考虑。

一般来说，在系统总体设计时，需要考虑下面几个问题：

① 确定系统是用PLC单机控制还是PLC联网控制、是采用远程I/O还是本地I/O，这主要是根据系统的大小及要求的功能来选择。对于一般的中小型过程控制系统来说，PLC单机控制已基本能够满足功能要求。但也可借鉴集散控制系统的理念，即将危险和控制分散，将管理与监控集中，这样可以大大提高系统的可靠性。

② 确定系统是否需要与其他部分通信。一个完整的控制系统，至少会包括三个部分：控制器、被控对象和监控系统。对于控制器来说，至少要跟监控系统之间进行通信，至于是否跟另外的控制单元或部门通信则要根据使用要求来决定。

③ 确定系统采用何种通信方式。例如西门子PLC在现场控制层级采用PROFIBUS DP，从现场控制层级到监控系统的通信采用PROFINET，但有时候也可互相通用，根据具体情况选择合适的通信方式。

④ 确定系统是否需要冗余备份系统。根据系统所要求的安全等级，选择不同的冗余备份办法。在数据归档时，为了让归档数据不丢失，可以使用OS服务器冗余备份系统；在自动化站，为了使系统不会因故障而导致停机或不可预知的结果，可以使用控制器冗余备份系统。选择适当的冗余备份系统，可以使系统的可靠性大幅提高。

4）控制系统硬件设计

控制系统硬件设计是在控制系统总体设计的基础上进行详细的硬件设计。硬件设计内容包括传感器和执行器的确定、控制系统模块选择、控制柜设计、I/O模块原理图设计。

（1）传感器和执行器的确定。

传感器的确定对系统有着至关重要的影响。一般来说，选择一个传感器时，应注意传感器的测量范围、测量精度、可靠性以及接口类型。

执行器相当于整个系统的手臂，其重要性不言而喻。在选择执行器时，应考虑到执行器的输出范围、输出精度、可靠性以及接口类型。

（2）控制系统模块选择。

在硬件设计中，对输入、输出点进行估算是一个重要的工作，控制系统总的输入/输出点数可以根据实际设备的I/O点汇总，然后再加10%至20%的裕量估算。

① 数字量 I/O 点数的确定。

一般来说，一个按钮要占一个输入点；一个光电开关要占一个输入点；而对于选择开关来说，一般有几个位置就要占几个输入点；对各种位置开关，一般占一个或两个输入点；一个信号灯占一个输出点。

② 模拟量 I/O 点数的确定。

模拟量 I/O 点数的确定，一般应根据实际需要来确定，并预留出适当的备用点即可。

③ 存储器容量的估算。

这里所说的存储器容量与用户程序所需的内存容量不同，前者指的是硬件存储器容量，而后者指的是存储器中为用户开放的部分。用户程序所需的内存容量只能做粗略的估算，它与 PLC 的输入/输出点数成正比，此外还受通信数据量、编程人员水平等因素的影响。

④ 控制模块的选择。

在确定了 PLC 的输入/输出点数及存储器的容量后，下一步要进行的是 PLC 模块的选择，主要包括 CPU 模块、数字量和模拟量输入/输出模块等。

对于 CPU 模块的选择，一般要考虑到以下几个问题：通信接口类型、运算速度、特殊功能(如高速计数等)、存储器(卡)容量以及对采样周期、响应速度的要求。

在选择 PLC 模块时，一般应注意以下几点：

模块的电压等级可根据现场设备与模块间的距离来确定。当外部线路较长时，可选用交流 220 V 电源；当外部线路较短，且控制设备相对较集中时，可选用直流 24 V 电源。

数字量输出模块有继电器、晶闸管、晶体管三种形式。在通断不频繁的场合应该选用继电器输出；在通断频繁的场合，应该选用晶闸管或晶体管输出，注意晶闸管只能用于交流负载，晶体管只能用于直流负载。

模拟量信号传输应尽量采用电流型信号传输，因为电压信号极易引入干扰。一般电压信号仅用于控制柜内，或者距离较近、电磁环境好的场合。

(3) 控制柜设计。

在大多数系统中，都需要设计控制柜，它可以将工业现场的恶劣环境与控制器隔离，使系统可靠地运行。一般来说，设计控制柜时应考虑到下面几个要点：

① 尺寸大小。要根据现场的安装位置和空间，设计合适的尺寸，切忌在设计完工之后才发现在现场不能安装。在外观方面没什么太严格的要求，只要看上去简洁明了就好。

② 电路图。在设计控制柜的电路图时，一方面要考虑到工业现场的环境，另一方面要考虑到系统的安全性。

③ 电源。在充分计算好系统所需的功率后，要选择合适的电源，并根据系统需要选择是否需要备份电源。

④ 紧急停止。紧急停止与正常的停止运行有很大的不同，紧急停止是从硬件上确保了系统在出问题时的可靠和安全。

⑤ 其他。对于接线方式、接地保护、接线端子裕量等问题，在设计时都要予以充分的考虑。

(4) I/O 模块原理图设计。

I/O 模块原理图是传感器、执行器与 I/O 模块的连接原理图。在设计时，应多查阅相关的 I/O 模块以及传感器和执行器的手册资料，对其连接方式要进行充分的了解，这样在设计时才不会出现问题。同时还应考虑到裕量，即留出一部分 I/O 接口备用，以便以后维修或者扩展之用。

5) 控制系统程序设计

在硬件设计完成之后，接下来进行 PLC 控制系统程序设计，即软件设计。PLC 控制系统程序包括 PLC 控制程序、操作与监控程序。在控制系统的硬件中，操作和监控用的硬件设备可以是触摸屏、上位机甚至是手机等，因此其对应的软件编程工具也不相同。

(1) 控制程序设计。

控制程序是整个 PLC 控制系统的核心。经过工程师们的长期实践，总结出许多有用的开发方法，例如经验设计法、继电器控制电路转换为梯形图法、逻辑设计法、顺序控制设计法等。在设计程序时，开发人员可以借鉴这些设计方法。

① 程序设计要求。

控制程序的设计应该满足以下几个要求：

正确性：首先要保证能够完成用户所要求的各项功能，确保程序不会出现人为的错误。

可靠性：在满足正确性的同时，控制程序的可靠性也不可忽视。在设计时要设置事故报警、联锁保护等。还要针对不同的工作设备和不同的工作状态做互锁设计，以防止用户的误操作。在有信号干扰的系统中，程序设计还应考虑滤波和校正功能，以消除干扰的影响。

可调整性：程序设计应采用模块化的设计方式，便于调整。要借鉴软件工程中的高内聚、低耦合的思想，即便是程序出现了问题或用户想另增加功能时，能够很容易地对其进行调整。

可读性强：在系统维护和技术改造时，一般都要在原始程序的基础上进行，所以在编写程序时，应力求语句简单，条件清楚，可读性强，以便系统的改进和移植。

② 设计流程。

控制程序的设计流程如图 5-9 所示。在进行程序编写之前，应该对项目的整体功能进行梳理，例如需要实现哪些功能、这些功能在 PLC 中如何进行规划。当控制程序复杂时，还需要进行总体设计，对控制功能进行划分，把复杂的控制功能分为若干个功能模块。

程序设计应该根据所确定的总体控制方案以及控制原理图，按照所分配好的 I/O 地址，去编写实现控制要求与功能的 PLC 程序，通常 PLC 提供多种编程方法，应采用合适的编程方法来设计 PLC 程序。要以满足系统控制要求为主线，逐一编写实现各控制功能或各子功能的程序，逐步完善系统功能。

在程序设计完成之后，一般应通过 PLC 编程软件自带的自诊断功能对 PLC 程序进行基本的检查，排除程序中的错误。在有条件的情况下，应该通过必要的模拟仿真手段，对程序进行模拟与仿真试验。对于初次使用的伺服驱动器、变频器等设备，可以通过试运行的方法，进行离线或在线调试，以缩短现场调试的时间。

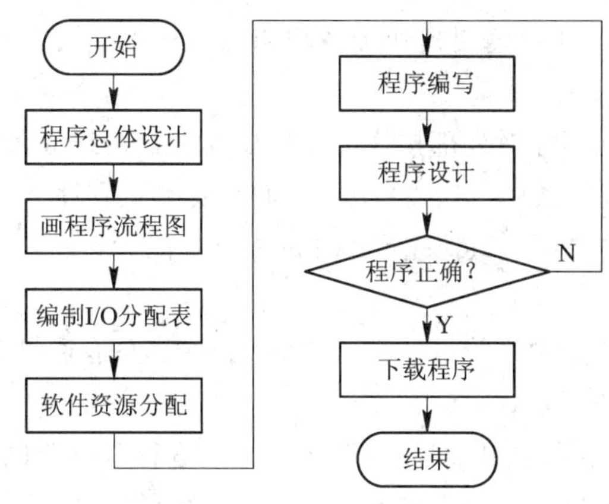

图 5-9　控制程序设计流程图

(2) 操作与监控程序设计。

一个好的操作与监控系统能够使操作员工作更加轻松、方便和安全。一般来说，操作与监控程序在设计时，应该考虑以下几个方面：

① 工艺流程界面。工艺流程界面是针对控制系统的总体流程，给操作员呈现的一个直观的操作界面，同时也能实时显示系统的各项运行数据。

② 操作控制界面。通过此界面，操作员可对系统进行启、停、手动、自动等一系列操作。

③ 趋势曲线界面。在过程控制中，许多过程变量的变化趋势对系统的运行起着重要的影响，因此趋势曲线在过程控制中尤为重要。

④ 历史数据归档。为了方便用户查找以往的系统运行数据，需要将系统运行状态进行归档保存。

⑤ 报警信息提示。当出现报警时，系统会以非常明显的方式来提示操作员，同时对报警信息也进行归档。

⑥ 相关参数设置。有些系统参数会随着系统的运行发生改变，操作员可根据自己的经验对相应的参数进行一些调整。

6) 控制系统调试

控制系统的调试可分为模拟调试和现场调试两个部分。在调试之前首先要仔细检查系统的接线，这是最基本也是非常重要的一个环节。

(1) 模拟调试。

模拟调试是借助仿真软件进行控制系统的工作过程模拟，以发现编程中存在的问题或不足，便于之后的改进。模拟调试分为软件模拟调试和硬件模拟调试。

控制程序在设计完成之后，可以首先使用 PLC 仿真软件或模块进行仿真调试。软件模拟操作方法简单，灵活性高，使用方便。软件模拟调试可以发现程序中存在的控制逻辑、输入输出点定义、符号等方面的错误。

用 PLC 硬件来调试程序时，用接在输入端的小开关或按钮来模拟 PLC 实际的输入信号(例如用它们发出操作指令)，或在适当的时候用它们来模拟实际的反馈信号(例如限位开关触点的接通和断开），通过输出模块上各输出点对应的发光二极管，观察输出信号是否满足设计要求。

用事先编写好的试验程序对外部接线进行扫描以查找接线故障。为了安全考虑，最好将主电路断开，确认接线无误后再连接主电路，将模拟调试程序下载到PLC进行调试，直到各部分的功能正常，并协调一致地完成整体的控制功能为止。

（2）现场调试。

现场调试是确保整个控制系统设计完成的重要环节，只有通过现场调试才能发现控制电路和控制程序中存在的问题。

在完成模拟调试工作后，将PLC安装到控制现场进行联机调试，在调试过程中将暴露出系统中可能存在的传感器、执行器和硬件接线等方面的问题，以及程序设计中的问题，对出现的这些问题，要及时加以解决。

在调试过程中，如果发现问题，应及时与现场人员沟通，确定问题所在，及时对相应硬件和软件部分进行调整。全部调试完后，经过一段时间的试运行，确认程序正确可靠，才能正式投入使用。

5.4 基于总线式工控机的控制系统设计

5.4.1 总线式工控机的组成与特点

在工业控制计算机中，把采用总线式结构的工业计算机称为总线式工控机，简称工控机（Industrial Personal Computer，IPC），它主要用于工业过程的测量、控制、数据采集等。总线式工控机在机电一体化系统中应用也比较广泛，一般用于中、大规模的过程控制系统，或者是需要运行比较复杂的控制软件的机电一体化系统。由于总线式工控机的功能强大，配置灵活，它可以与PLC等控制系统进行组合，构建大型、复杂或智能型的控制系统。

1. IPC 硬件组成

总线式工控机是在普通计算机的基础上采取了适应工业现场环境的一系列提高可靠性的加固措施，同时在其内部采用了工业控制总线的一种工业控制计算机。由于系统原理和操作都与普通PC机相同，故用户极易掌握，并具有通用性强、软件丰富、通信功能强、灵活性好、模板资源丰富、扩展性好及价格便宜等优点。

典型的总线式工控机由机箱、工业电源、主板、CPU、内存、硬盘驱动器、输入/输出模块、通信接口等组成。总线式工控机和普通计算机的区别主要在于以下几个方面：

图 5-10 总线式工控机机箱

① 机箱。总线式工控机机箱具有较强的抗冲击、减振、抗电磁干扰能力，内部可安装与PC-BUS兼容的无源底板。由于工控机是在工业环境中使用的，机箱必须使用加固措施才能实现减振、防尘和较宽的温湿度适应范围。图5-10所示为一

种总线式工控机采用的机箱形式。

② 主板。总线式工控机主板采用总线结构形式(如 STD、ISA、PCl 总线等)，设计成多插槽的底板，所有的电子组件均采用模块化设计，维修简便。主板可插接芯片和板卡，如 CPU、显卡、控制卡、I/O 卡等。图 5-11 所示为总线式工控机的主板，主板上有 PCI、CPU、内存条、显卡等插槽。

图 5-11　总线式工控机主板

③ 电源。总线式工控机的电源采用抗干扰能力强的工业级电源，有防冲击和过电压、过电流保护功能，同时能达到电磁兼容性标准。

④ 输入/输出模块。总线式工控机的输入/输出模块类型有模拟量输入通道(AI)、模拟量输出通道(AO)、数字量输入通道(DI)、数字量输出通道(DO)等。总线式工控机的输入/输出模块接口配置比普通计算机要多，可以通过 PCI 插槽、USB 接口、串行口、网络接口接入各种输入/输出模块。

⑤ 通信接口。总线式工控机的通信接口比普通计算机丰富，它的接口类型和数量都要比普通计算机多。常用的通信接口有 IEEE-488、RS-232C、RS-485、USB 总线接口等。

⑥ 其他。为了满足控制要求，总线式工控机具有定时监控、电源掉电监测、后备存储器、实时日历时钟等功能。

2. IPC 软件组成

总线式工控机软件系统是指工控机上运行的、与控制程序相关的软件，包括系统软件、应用软件和工具软件。总线式工控机的功能强大一方面依赖于控制系统的硬件配置，另一方面则取决于安装的软件，它可以运行复杂的控制程序及支撑软件。

1) 系统软件

系统软件用来管理 IPC 的资源，并以简便的形式向用户提供服务，包括实时多任务操作系统、引导程序、调度执行程序，如美国 Intel 公司的 iRMX86 实时多任务操作系统。除了实时多任务操作系统以外，也经常使用通用的 Windows XP、Windows 7、Windows 10、Linux 等系统软件。

2) 应用软件

应用软件是系统设计人员针对某个控制过程而编制的控制和管理程序，通常包括过程输入/输出程序、过程控制程序、通信程序、人机接口程序、打印显示程序等。

3）工具软件

工具软件是技术人员从事软件开发工作的辅助软件，包括汇编语言程序、高级语言程序、编译程序、编辑程序、调试程序、诊断程序等。

3. IPC 特点

总线式工控机在性能方面表现出如下特点：

(1) 可靠性高。总线式工控机一般采用钢制机箱，且内部电源经过特殊处理，具有较好的抗干扰能力，钢制机箱在一定程度上也提高了工控机整体的防潮、防尘等能力，因此，一般而言，总线式工控机的可靠性比较高。

(2) 实时性好。总线式工控机由于采用了 PC 级处理器，借助于处理器的强大运算能力，可达到较好的实时性。

(3) 环境适应性强。总线式工控机的钢制机箱也提高了其对环境的适应性，往往适合用于环境较为恶劣的工况下，因此其环境适应性较强。

(4) 丰富的输入/输出模板。总线式工控机采用了标准化的通信总线，各种输入/输出模板能够采用统一的通信总线实现信息交互，因此总线式工控机具有丰富的输入/输出模板，可实现各种不同的扩展功能。

(5) 系统扩充性和开放性好。借助于标准化的内部总线和外部总线，丰富的功能扩展模块能够帮助工控机实现系统的扩展与升级，因此工控机的开放性相较于其他控制器而言要好，非常便于进行系统的后期功能扩展与升级。

(6) 控制软件功能强。总线式工控机一般采用 Windows 操作系统，借助于 Windows 的强大交互能力开发各种功能的软件，可实现强大的控制功能。

(7) 系统通信功能强。总线式工控机具有丰富的通信总线和通信接口，能够和目前主流的工业控制系统、控制模块等实现通信，极大地提高了系统的通信功能。

(8) 有一定的冗余性。由于总线式工控机采用了 PC 机的架构，因此可以很方便地实现硬件冗余机制，比如存储模块、CPU 模块等都可以借助冗余模块实现硬件功能的冗余。在软件方面，也能够依靠冗余程序和程序保护机制实现软件功能的冗余。因此，总线式工控机有一定的冗余性，为控制系统的可靠性提供了保障。

5.4.2 IPC 总线及接口

1. IPC 内部总线

IPC 由多个不同功能的插件板与主板共同构成，插件板采用大规模集成电路 LSI 芯片作为核心，构成系统的各类插件板之间的互联和通信通过系统总线来完成。这里的内部总线不是指中央处理器内部的三类总线，而是指系统插件板交换信息的板级总线，也称系统总线。这种内部总线就是一种标准化的总线电路，它提供通用的电平信号来实现各种电路信号的传递。

总线式工控机采用总线母板结构，母板上各插槽的引脚都连接在一起，组成系统的多功能模板插入接口插槽，由系统总线完成系统内各模板之间的信息传送，从而构成完整的计算机系统，总线式工控机的内部总线连接示意图如图 5-12 所示。

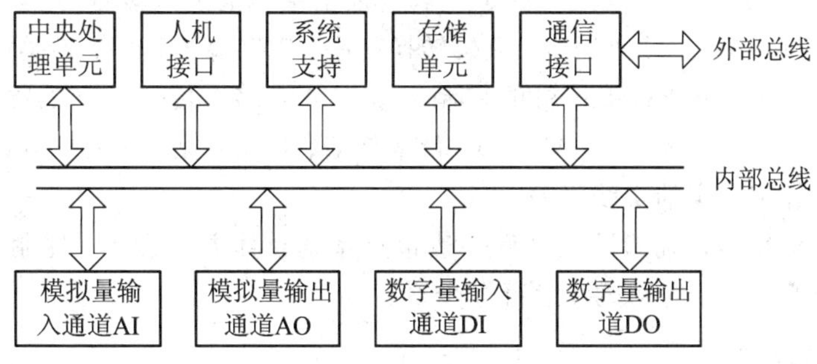

图 5-12　总线式工控机内部总线连接示意图

目前工控领域应用较多的内部系统总线类型有 ISA 总线、STD 总线、Compact PCI 总线、PC104 总线，下面主要介绍前三类。

1）ISA 总线

ISA 总线是为 PC/AT 计算机而设计制定的，也称为 AT 总线，为 16 位体系结构，只能支持 16 位的 I/O 设备，数据传输率大约是 16 Mb/s。ISA 总线将数据总线扩展为 16 位，地址总线扩展到 24 位，将中断扩充到 15 个并提供了中断共享功能，DMA 通道也扩充到 8 个。基于 ISA 总线的扩展插槽的引脚总数为 92 个，它是在原来 PC 总线的 62 引脚的基础上增加了一个 36 引脚插座而形成的。

3）STD 总线

STD 总线是一种面向工业控制的总线，是由 Pro-Log 公司发明的。1987 年，STD 总线标准被批准为 IEEE 961 标准。STD 总线是 56 条信号线的并行底板总线，它实际上是由四组小总线组成，包括 8 根双向数据线、16 根地址线、22 根控制总线和 10 根电源及地线。STD 总线的 16 位总线性能满足嵌入式和实时性应用要求。

3）Compact PCI 总线

Compact PCI（CPCI）是一种工业计算机标准，是在原来 PCI 总线的基础上改造而来的，使用了欧卡连接器和标准 3U、6U 板卡尺寸；改善了散热条件，提高了抗振动冲击能力，符合电磁兼容性要求；不采用金手指式互连方式，改用 2 mm 密度的针孔连接器，具有气密性、防腐性，进一步提高了可靠性，并增加了负载能力。

2. IPC 外部通信接口

总线式工控机的外部通信接口用于计算机与外设及其他计算机之间信息传输。随着通信技术的发展，计算机的接口也在不断丰富。目前计算机上配置的外部通信接口类型有串行通信接口、以太网通信接口、USB 接口、蓝牙通信接口、无线网通信接口等。

5.4.3　总线式工控机控制系统设计

总线式工控机控制系统在设计中需理论与工程实际相结合，需要掌握生产过程的工艺性能、被测参数的测量方法，了解被控对象的动态、静态特性，此外还需具备自动控制理论、计算机技术、自动检测和数字电路等相关知识。

总线式工控机控制系统的硬件包括工控机，I/O 接口板，检测与执行装置，通信、显示、打印设备等。在硬件设计或配置完成后，应根据系统的要求设计各类应用软件，如数据采样程序、A/D 和 D/A 转换程序、数码转换程序、数字滤波程序、各类控制算法及非线性补偿程序等。将一个总线式工控机的控制系统划分成多个便于实现的部分，能够使软、硬件分配恰当，并且结构简单、实时性强、价格低廉、功能齐全，这要求设计者有较强的综合运用知识的能力和一定的实践经验。

总线式工控机控制系统的设计过程一般包括系统总体方案设计、控制系统硬件设计、控制系统软件设计、系统的调试和运行等步骤。

1. 总体方案设计

确定工控机控制系统的总体方案是进行系统设计最重要的一步。总体方案的好坏直接影响整个控制系统的成本和功能。总体方案设计包括如下步骤：

(1) 确定控制系统的功能要求。

在确定控制系统的设计方案前，必须对现场进行充分的调查和了解，明确该控制系统的详细功能要求。在确定功能要求时应考虑以下因素：

① 被控对象中哪些物理信号需要进行输入、输出或处理，各类信号的类型和数值范围，信号处理的精度和实时性要求等；

② 控制功能的要求(如是开环控制还是闭环控制)，要求达到的控制品质(如时间特性、稳定性等)；

③ 人机界面的要求(如显示、报警、打印、输入/输出操作的要求等)；

④ 系统运行环境(如温度、湿度、振动、各类干扰等)；

⑤ 系统的可靠性和可维护性。

(2) 根据功能要求选择硬件和软件。

总线式工控机控制系统的软、硬件应根据功能要求进行选择。硬件选择要满足数据处理能力、实时性、可靠性、通信要求等。控制软件选择需要满足控制功能开发、软件兼容性、经济性等要求。

① 硬件：包括传感器、工控机、输入/输出通道、执行机构、各类外设等。

② 软件：包括操作平台、管理监控程序等系统软件和控制算法、数据采集及处理等应用软件。

(3) 画出整个控制系统的原理图，编写详细的设计技术文件。

结合工业生产流程，画出控制系统的总控制流程图，编写详细的技术文件，征求委托者和现场操作人员的意见，经过反复修改，直到双方满意后确定总体方案。

2. 控制系统硬件设计

在系统的总体方案完成之后，可以进行控制系统的硬件设计，将总体方案设计中粗选的硬件进行细化并实施。硬件设计的最后成果是画出详细的硬件设计电路图，提供给生产厂家生产。该阶段的主要工作如下：

(1) 确定系统控制方式。

根据控制功能要求，决定是采用数据采集方式还是直接数字控制方式、是采用计算机监控方式还是分布式控制方式。

(2) 选择工控机。

根据不同的控制方式，选择工控机。在选择时主要考虑的因素有机型(STD 工控机、PC 工控机、工业平板电脑等)、运算速度、存储器类型与容量、扩展能力等。

(3) 选择检测元件和执行机构。

检测元件影响控制系统的精度，由于测量各种参数的传感器和变送器种类繁多，需要查阅相关手册和厂家的产品说明书进行正确选择。

执行机构要与控制算法匹配，同时由被控对象的实际情况决定。电动执行器响应速度快，与计算机连接容易，成为计算机控制系统的首选。气动执行器结构简单，操作方便，工作可靠。液压执行器输出功率大，结构紧凑，控制调节方便。

(4) 选择输入/输出通道及外围设备。

输入/输出通道应根据被控对象的参数来确定，并根据系统的功能要求配备适当的外围设备。选择时应考虑的因素有被控对象参数的数量，数据的类型、字长和位数，是串行操作还是并行操作，数据的传送速率，对显示打印有何要求等。

输入/输出通道可以购买现成的接口板，如 A/D 和 D/A 转换接口板、开关量 I/O 板、时钟板、电机控制板等，这主要适用于工业 PC 和 STD 总线工控机系统。另一种方案是根据系统的实际需要，选用合适的芯片自行设计，设计内容包括存储器、显示器、模拟量输入/输出通道、开关量输入/输出通道等。

(5) 设置操作面板。

操作面板又称操作台，是人机对话的纽带。操作面板应当使用方便，操作简单，安全可靠，并且有自动保护能力，以避免误操作带来的不良后果。

操作面板的主要功能有：输入源程序到微机的存储器中；监视控制系统的执行情况；根据工艺要求，修改控制参数和给定值，选择工作方式和控制回路；打印、显示结果，设置报警状态；完成多种画面的显示；完成手动-自动的无扰动切换。

为了完成上述功能，操作面板一般设置较多的按钮和开关，并通过接口与主机连接。为了安全，操作面板上应当设置电子锁。

(6) 其他。

除以上工作外，硬件设计中还应考虑其他方面，包括电源、时钟、负载匹配、抗干扰等问题，在此不一一展开。

3. 控制系统软件设计

控制系统的软件包括系统软件和应用软件。系统软件主要由操作系统、诊断系统、开发系统和信息处理系统等软件组成，可完成资源管理、系统故障诊断、各类语言的编译等任务。工控机上的通用型系统软件一般由厂家按客户要求配置。控制系统的应用软件主要由过程监视、过程控制、控制算法、各类公共服务程序等组成。通常，应用软件需要根据用户需求和系统控制功能自行设计或购买。

1) 应用软件的要求

应用软件无论是自行开发或定制，都需要满足实时性、灵活性、通用性、可靠性等要求。

(1) 实时性。工业控制系统是实时控制系统，要求在规定的时间内完成系统的计算、处理和控制功能，因此对应用软件的运行速度和实时性有一定的要求。为了提高软件的执行速度，控制系统的应用软件一般采用汇编语言或汇编语言与高级语言的混合编写方法。常用的高级语言有C语言、VB语言和FORTH语言等。

(2) 灵活性和通用性。应用软件在设计中采用了结构化程序的方式，将共用程序编写成子程序。这种模块结构设计方法可使应用软件具有通用性和灵活性，使程序设计过程大大简化。

(3) 可靠性。工控机控制系统的可靠性至关重要，它是控制系统正常工作的基本保障。为保证软件工作的可靠性，可设计一个诊断程序，定时对系统进行诊断，例如设计watchdog(看门狗)程序。

2) 应用软件的分类

在设计控制系统应用软件时，常将其分成主程序、子程序和中断服务程序三大类。

(1) 主程序。主程序应当包含各种控制参数的初始化，I/O接口、堆栈、存取数据区的地址设置，子程序的入口地址设置和调用，中断矢量和中断控制方式的设定等。

(2) 子程序。子程序完成控制系统的各种功能，一个完整的控制系统可能包含标准时间子程序、各类算术和逻辑运算子程序、A/D和D/A转换子程序、数字滤波子程序、控制算法子程序、标度变换子程序、显示与报警子程序等。

(3) 中断服务程序。中断服务程序用于外设与CPU间的信息传递和发生故障时的紧急处理。

3) 应用软件的开发过程

控制系统应用软件的开发过程包括：

(1) 将控制系统按功能要求划分为功能模块；

(2) 确定哪些任务和功能用子程序完成、哪些任务为中断源、哪些任务用中断服务程序解决，在此基础上设计主程序；

(3) 画出各类程序的流程框图；

(4) 选择合适的计算机语言编写各类程序；

(5) 上机调试。

4. 系统的调试和运行

在硬件设计和软件设计完成后，应对系统进行调试并试运行，以便检测设计效果，发现存在的问题。系统调试分为硬件调试，软件调试，软、硬件联合调试三个阶段。

1) 硬件调试

硬件调试可排查设计错误、安装工艺性故障和样机故障，分为脱机检测和联机调试。

(1) 脱机检测。拔出全部集成芯片，给系统供电，用万用表和逻辑仪检查芯片各管脚的电位和连接，排除接线错误、断路和短路，确定无误后，再插上芯片。

(2) 联机调试。若已经有调试好的样机，可将要调试系统的CPU和EPROM拔掉，将样机接入并运行，观察各部分接口电路的工作状态是否满足设计要求，还可通过运行一些简单的程序观察各部分的工作是否正常。

2) 软件调试

软件调试的目的是检验应用软件的功能并修正软件的错误。

3）软、硬件联合调试

经过软件、硬件单独调试后的系统，在运行中仍可能存在软、硬件不匹配的地方，因此还需要进行联合调试。在联合调试中可能会找到设计中的不足和错误，需要时要对设计方案进行反复修改，直到满意为止。在实验室调试工作完成后，即可组装成整机，移至现场进行实地运行和进一步调试，直至能稳定工作为止。

5.4.4 运动控制卡

1. 介绍

运动控制卡是基于 PC 总线，利用高性能微处理器(如 DSP)及大规模可编程器件实现多个伺服电机的多轴协调控制的一种高性能的步进或伺服电机运动控制卡，具有脉冲输出、脉冲计数、数字输入/输出、D/A 输出等功能。它可以发出连续的、高频率的脉冲串，通过改变发出脉冲的频率来控制电机的速度、改变发出脉冲的数量来控制电机的位置。它的脉冲输出模式包括脉冲/方向、脉冲/脉冲。脉冲计数可用于编码器的位置反馈，提供机器准确的位置，纠正传动过程中产生的误差。数字输入/输出可用于限位、原点开关等。运动控制卡提供了一套用于运动控制的函数库，包括 S 型、T 型加速，直线插补和圆弧插补，多轴联动函数等。

运动控制卡主要品牌有 GALIL、PAMAC、台达、凌华、研华、雷赛、固高、乐创、众为兴等。图 5－13 为固高 8 轴运动控制卡 GSN－08－G，它支持 8 轴运动控制，采用 DSP 控制。在运动模式上，它支持点位(Trap)、速度(Jog)、电子齿轮(Gear)、电子凸轮(Follow)、位置时间(PT)、位置速度时间(PVT)等模式。在多轴控制中，支持任意 2 轴直线和圆弧插补，任意 3 轴或 4 轴直线插补、空间螺旋线插补。另外，它还具有前瞻预处理算法、反向间隙补偿、螺距误差补偿等功能。

图 5－13 GSN－08－G 运动控制卡

2. 运动控制卡功能的实现

运动控制卡不能单独使用，要借助总线式工控机实现其运动控制功能，一般用于运动过程和运动轨迹都比较复杂、且柔性比较强的机器或设备。从使用角度来看，不同的运动控制卡主要是硬件接口(输入/输出信号的种类、性能)和软件接口(运动控制函数库的功能函数)的差异。运动控制卡实质是基于 PC 机用于步进电机或数字式伺服电机控制的控制器，它采用的总线类型有多种，例如 PCI 总线、PCI - E 总线、USB 总线等。

运动控制卡的主要功能是运动轨迹的插补计算，就是数控装置根据输入的基本数据，通过计算，把工件轮廓描述出来，一边计算一边根据计算结果向各坐标发出进给脉冲。对应每个脉冲，机床在响应的坐标方向上移动一个脉冲当量的距离，从而将工件加工成所需要的轮廓形状。

5.4.5　数据采集卡

1. 概述

数据采集是指从传感器和其他待测设备等模拟和数字被测单元中自动采集非电量或者电量信号，送到上位机中进行分析、处理。数据采集系统是结合基于计算机或者其他专用测试平台的测量软、硬件产品来实现灵活的、用户自定义的测量的系统。数据采集卡，即实现数据采集（DAQ）功能的计算机扩展卡，可以通过 USB、PXI、PCI、PCI-E、IEEE1394、PCMCIA、ISA、Compact Flash 等总线接入工业控制计算机。图 5 - 14 为阿尔泰 16 位 PCI - 9622 数据采集卡，有单端 32 路/差分 16 路模拟量输入、16 路数字量输入、16 路数字量输出、1 个定时器/计数器。

图 5 - 14　PCI - 9622 数据采集卡

2. 分类

基于 PC 总线的数据采集卡种类很多，其分类方法也有很多种。按照处理信号的不同可将其分为模拟量输入板卡(A/D 卡)、模拟量输出板卡(D/A 卡)、开关量输入板卡、开关量输出板卡、脉冲量输入板卡、多功能板卡等。其中多功能板卡集成了多个功能，例如数字量、模拟量输入/输出板卡将模拟量输入/输出和数字量输入/输出集成在同一个板卡上。根据使用总线的不同，又可将其分为 PCI、PCI-E、CPCI、PXI、USB 板卡、PC104 等。

3. 技术参数

1）通道数

通道数就是数据采集卡可以采集信号的路数，分为单端和差分。常见的有单端 32 路/差分 16 路、单端 16 路/差分 8 路等。

2）采样频率

采样频率是指单位时间采集的数据点数，与 A/D 芯片转换一个点所需的时间有关，例如，A/D 芯片转换一个点需要 10 μs，则其采样频率为 100 kHz，即每秒钟 A/D 芯片可以转换 100 kHz 的数据点数。常用的采样频率有 100 kHz、250 kHz、500 kHz、800 kHz、1 MHz、40 MHz 等。

3）分辨率

分辨率表示采样数据最低位所代表的模拟量的值，常见的有 12 位、14 位、16 位等。分辨率与 A/D 转换器的位数有确定的关系，可以表示成 $FS/2^n$。FS 表示满量程输入值，n 为 A/D 转换器的位数，位数越多，分辨率越高。例如 12 位分辨率，对应的电压范围为 0～5 V，12 位所能表示的数据范围为 0～4095，即 0～5 V 电压量程内可以表示 4096 个电压值，其分辨率为 1.22 mV。

4）精度

精度是指测量值和真实值之间的误差，表征数据采集卡的测量准确程度，一般用满量程范围(Full Scale Range，FSR)的百分比表示，例如 0.05%FSR、0.1%FSR 等。例如，满量程范围为 0～10 V，其精度为 0.1%FSR，则代表测量所得到的数值和真实值之间的误差在 10 mV 以内。

5）量程

量程是指输入信号的幅度，常用的信号电压量程有－5～＋5 V、－10～＋10 V、0～5 V、0～10 V 等。

5.5　机电一体化系统的控制技术

机电一体化系统的控制技术依赖于自动控制技术、计算机技术、信息技术等。随着社会对机电一体化产品的要求提高，机电一体化系统控制技术也需要不断向前发展，发明新的控制理论和控制技术，以满足社会对高性能机电一体化产品的需求。随着模糊控制、人工神经网络、专家系统的发展和成熟，机电一体化系统中应用的控制技术也正由传统自动控制技术向智能控制技术过渡。

5.5.1　PID 控制

1. PID 控制概述

在工程实际中，应用最为广泛的调节器控制规律为比例-积分-微分控制，简称 PID 控制，又称 PID 调节。PID 控制器或智能仪表已在工程实际中得到了广泛的应用，例如 PID 压力、温度、流量、液位控制器，能实现 PID 控制功能的可编程控制器，还有可实现 PID 控制的 PC 系统等等。

PID 控制器问世至今已有近 70 年，它以结构简单、稳定性好、工作可靠、调整方便的优点成为工业控制的主要技术之一。当被控对象的结构和参数不能被完全掌握，或得不到精确的数学模型时，系统控制器的结构和参数必须依靠经验和现场调试来确定，这时应用 PID 控制技术最为方便。PID 控制器就是根据系统的偏差，利用比例、积分、微分计算出控制量来进行控制的，其控制系统结构如图 5-15 所示。

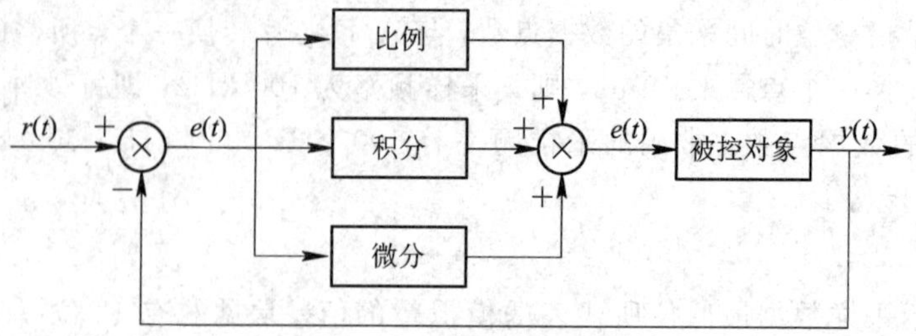

图 5-15　PID 控制系统结构

PID 控制的规律可表示为

$$u(t)=K_P\left[e(t)+\frac{1}{T_I}\int_0^t e(t)+T_D\frac{de(t)}{dt}\right] \tag{5-1}$$

式中：K_P 为比例系数，T_I 为积分时间常数，T_D 为微分时间常数。PID 控制的传递函数为

$$G(s)=\frac{U_o(s)}{U_i(s)}=K_P\left(1+\frac{1}{T_I s}+T_D s\right) \tag{5-2}$$

2. PID 控制原理

PID 控制由比例、积分、微分控制组成，它们在控制中起着不同的调节作用。要了解 PID 控制原理，首先要了解 PID 控制中比例控制、微分控制、微分控制的调节原理。

1) 比例(P)控制

比例控制是一种最简单的控制方式，其控制器的输出与输入误差信号成比例。比例控制原理如图 5-16 所示，一旦偏差产生，控制器立即就发生作用，即控制输出，使被控量朝着减小偏差的方向变化，偏差减小的速度取决于比例系数 K_P，K_P 越大偏差减小得越快，但是很容易引起振荡，尤其是在迟滞环节比较大的情况下，K_P 减小，发生振荡的可能性减小，但是调节速度变慢。

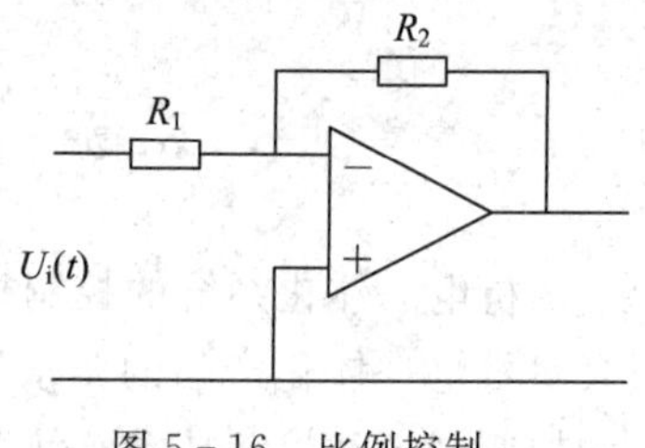

图 5-16　比例控制

比例控制的传递函数为

$$G(s)=\frac{U_o(s)}{U_i(s)}=\frac{R_2}{R_1}=K_P \tag{5-3}$$

比例控制对系统性能的影响是：当 $K_P>1$ 时，开环增益加大，稳态误差减小，幅值穿越频率增大，过渡过程时间缩短，系统稳定性变差；当 $K_P<1$ 时，与 $K_P>1$ 时对系统性能的影响正好相反。

2) 积分(I)控制

在积分控制中，控制器的输出与输入误差信号的积分成正比，积分控制原理如图 5-17 所示。对一个自动控制系统，如果在进入稳态后存在稳态误差，则称这个控制系统是有稳态误差的或简称为有差系统。为了消除稳态误差，在控制器中必须引入“积分项”。积分项的误差取决于时间的积

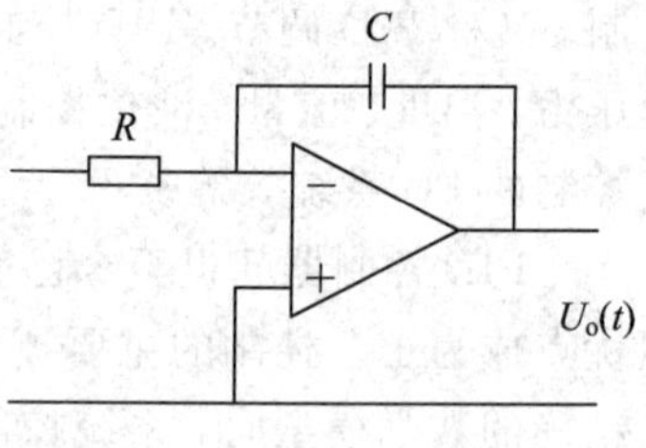

图 5-17　积分控制

分，随着时间的增加，积分项会增大。这样，即便误差很小，积分项也会随着时间的增加而加大，它推动控制器的输出增大，使稳态误差进一步减小，直到等于零。

积分控制的传递函数为

$$G(s)=\frac{U_o(s)}{U_i(s)}=\frac{1}{RCs}=\frac{1}{T_I s} \tag{5-4}$$

积分控制可以增强系统抗高频干扰能力，故可相应增加开环增益，从而减少稳态误差。但纯积分环节会带来相角滞后，减少了系统的相角裕度，通常不单独使用。

3）微分(D)控制

在微分控制中，控制器的输出与输入误差信号的微分(即误差的变化率)成正比。自动控制系统在克服误差的调节过程中可能会出现振荡甚至失稳，其原因是存在有较大惯性的组件(环节)或有滞后的组件，这些组件具有抑制误差的作用，其误差抑制作用的变化总是落后于误差的变化。解决上述问题的办法是使抑制误差作用的变化“超前”，即在误差接近零时，抑制误差的作用就应该是零。这就是说，在控制器中仅引入“比例”项通常是不够的，比例项的作用仅是放大误差的幅值，还需要增加的是“微分项”，它能预测误差变化的趋势，这样，具有“比例＋微分”的控制器就能够提前使抑制误差作用等于零，甚至为负值，从而避免了被控量的严重超调。微分控制的原理如图 5－18 所示。

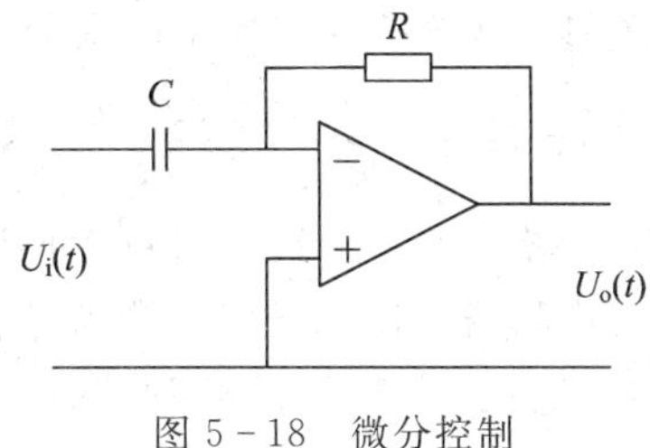

图 5－18　微分控制

微分控制的传递函数为

$$G(s)=\frac{U_o(s)}{U_i(s)}=RCs=T_D s \tag{5-5}$$

微分控制可以增大截止频率和相角裕度，减小超调量和调节时间，提高系统的响应速度和平稳性，但是单纯的微分控制会放大高频扰动，通常不单独使用。

3. PID 控制规律

PID 控制由三个基本环节组成，但并不是使用 PID 的控制系统都是由比例、积分、微分三个环节组成，使用时可以根据实际需要进行组合，构成多种控制方式，例如 PI 控制、PD 控制、PID 控制。控制系统的输入与输出关系称为控制规律。

1）PI 控制规律

积分控制的特点之一是无差控制，另一个特点是调节的过渡过程没有比例控制稳定，也就是说单独采用积分控制器进行系统的控制时，不可能得到稳定的过渡过程。同一被控对象采用积分控制时，其控制过程的进程比采用比例控制时慢，表现为振荡频率较低。

采用积分控制时，控制系统的开环增益与积分速度成正比。因此，增大积分速度将会降低控制系统的稳定程度，直到最后出现发散振荡过程。因为积分速度愈大，则控制执行的动作愈快，就越容易引起和加剧振荡，同时振荡的频率也越来越高，而最大动态偏差则越来越小，直到最后消除残差。

比例-积分(PI)控制综合了比例(P)控制和积分(I)控制两者的优点，利用了比例控制来快速抵消干扰的影响，同时又利用积分控制来消除了控制最终的残差，因此有

$$u(t)=K_{\mathrm{P}}\left(e+\frac{1}{T_{\mathrm{I}}}\int e\mathrm{d}t\right) \tag{5-6}$$

在比例积分控制系统中，在比例部分输出信号的作用下，使控制执行机构的动作在控制过程的初始阶段起较大的作用，但在控制过程结束后可使控制执行机构恢复到扰动发生前的位置。由于积分动作消除系统残差的同时却降低了原有系统的稳定性，为了保持控制系统原来的衰减率，在调整比例积分控制器的比例时必须适当加大。

2) PD 控制规律

被调参数的变化速度能反映当时(或稍前一段时间)的被控对象的输入量与输出量之间的不平衡状态，因此微分调节是按误差的速度调节，而非等到出现较大偏差才开始动作，因此调节效果更好。微分调节具有某种程度的预见性，属于“超前校正”。但单独使用微分调节器是不能实际工作的，只能起辅助调节作用。

比例-微分(PD)控制综合了比例(P)控制和微分(D)控制两者的优点，利用了比例控制来快速抵消干扰的影响，同时又利用微分控制来抑制被调量的超调，因此有

$$u(t)=K_{\mathrm{P}}\left(e+T_{\mathrm{D}}\frac{\mathrm{d}e(t)}{\mathrm{d}t}\right) \tag{5-7}$$

在比例微分控制系统中，由于微分动作总是力图减小超调，具有提高原有系统的稳定性的作用，因此在调整比例积分控制器的比例带时允许调整得窄一些。当系统处于平衡状态时，PD 控制器的输出不为零，故 PD 控制与 P 控制相同，都是有差调节。PD 控制的动态指标较好，比例带的减小可以减小静差。

3) PID 控制规律

比例-积分-微分(PID)控制综合了比例(P)控制、积分(I)控制和微分(D)控制三者的优点，利用了比例控制来快速抵消干扰的影响，利用积分控制来消除控制最终的残差，同时又利用微分控制来抑制被调量的超调，因此有

$$u(t)=K_{\mathrm{P}}\left(e+\frac{1}{T_{\mathrm{I}}}\int e\mathrm{d}t+T_{\mathrm{D}}\frac{\mathrm{d}e(t)}{\mathrm{d}t}\right) \tag{5-8}$$

PID 控制具有良好的稳态性能和动态性能，P 控制使得输出响应快，有利于稳定；I 控制可以消除静差，改善准确性，但破坏了动态指标；D 控制减小超调，缩短控制时间，改善动态性能。

4) 控制规律的选择

在控制系统中，采用什么样的控制规律，选择 PI、PD 还是 PID 控制，取决于控制系统的控制要求。PID 控制规律可根据下列原则进行选择：

(1) 对于一阶惯性的对象，如果负荷变化不大，工艺要求不高，可采用比例(P)控制；如果工艺要求较高，采用比例-积分(PI)控制。

(2) 对于一阶惯性加纯滞后的对象，如果负荷变化不大，控制要求精度较高，可采用比例-积分(PI)控制。

(3) 对于纯滞后时间较大，负荷变化也较大，控制性能要求较高的场合，可采用比例-积分-微分(PID)控制。

(4) 对于高阶惯性环节加纯滞后的对象，负荷变化较大，控制性能要求较高时，应采用串级控制、前馈-反馈、前馈-串级或纯滞后补偿控制。例如原料气出口温度的串级控制。

4. PID 控制器的参数整定

PID 控制器的参数整定是指根据被控过程的特性确定 PID 控制器的比例系数、积分时间和微分时间的大小。参数整定是 PID 控制系统设计的核心内容，它对控制系统的控制性能有直接影响。

1) PID 参数整定方法

PID 控制器参数整定的方法很多，概括起来有两大类。

(1) 理论计算整定法。它主要是依据系统的数学模型，经过理论计算确定控制器参数。这种方法所得到的计算数据未必可以直接用，还必须根据工程实践进行调整和修改。

(2) 工程整定方法。它主要依赖工程经验，直接在控制系统的试验中进行，且方法简单、易于掌握，在工程实际中被广泛采用。PID 控制器参数的工程整定方法主要有临界比例法、反应曲线法和衰减法。三种方法各有其特点，其共同点都是通过试验，然后按照工程经验公式对控制器参数进行整定。

2) PID 参数整定原则

参数整定的一般原则是：在输出不振荡时，增大比例增益 K_P；在输出不振荡时，减小积分时间常数 T_I；在输出不振荡时，增大微分时间常数 T_D。

3) PID 参数整定步骤

(1) 确定比例增益 K_P。确定比例增益 K_P 时，首先去掉 PID 的积分项和微分项，一般是令 $T_I=0$、$T_D=0$，使 PID 为纯比例调节。输入设定为系统允许的最大值的 60%～70%，由 0 逐渐加大比例增益 K_P，直至系统出现振荡；再反过来，从此时的比例增益 K_P 逐渐减小，直至系统振荡消失，记录此时的比例增益 K_P，设定 PID 的比例增益 K_P 为当前值的 60%～70%，比例增益 K_P 调试完成。

(2) 确定积分时间常数 T_I。比例增益 P 确定后，设定一个较大的积分时间常数 T_I 的初值，然后逐渐减小 T_I，直至系统出现振荡，之后再反过来，逐渐加大 T_I，直至系统振荡消失，记录此时的 T_I，设定 PID 的积分时间常数 T_I 为当前值的 150%～180%，至此积分时间常数 T_I 调试完成。

(3) 确定积分时间常数 T_D。积分时间常数 T_D 一般不用设定，为 0 即可，若要设定，与确定 K_P 和 T_I 的方法相同，取不振荡时的 30%。

(4) 最后，通过系统空载、带载联调，再对 PID 参数进行微调，直至满足要求。

5.5.2 模糊控制

1. 模糊控制的概念

模糊控制中的模糊其实就是不确定性，从属于该概念和不属于该概念之间没有明显的分界线，模糊的概念导致了模糊现象。

模糊控制就是利用模糊数学知识模仿人脑的思维对模糊的现象进行识别和判断，给出精确的控制量，利用计算机予以实现的自动控制。

模糊控制的基本思想是：根据操作人员的操作经验，总结出一套完整的控制规则，根据系统当前的运行状态，经过模糊推理、模糊判断等运算求出控制量，实现对被控制对象的控制。

2. 模糊控制的特点

模糊控制不完全依赖于纯粹的数学模型，依赖的是模糊规则。模糊规则是操作者经过大量的操作实践总结出来的一套完整的控制规则。

模糊控制的对象称为黑匣(由于不知道被控对象的内部结构、机理，无法用语言去描述其运动规律，无法去建立精确的数学模型)，但是模糊规则又是模糊数学模型。

1）模糊控制的优点

模糊控制具有以下优点：

(1) 使用语言方便，可以不需要过程的精确数学模型。

(2) 鲁棒性强，适于解决过程控制中的非线性、强耦合时变、滞后等问题。

(3) 有较强的容错能力，具有适应受控对象动力学特征变化、环境特征变化和行动条件变化的能力。

(4) 操作人员易于通过人的自然语言进行人机交互，这些模糊条件语句容易加到过程的控制环节上。

2）模糊控制的缺点

模糊控制具有以下缺点：

(1) 对信息简单的模糊处理将导致系统的控制精度降低和动态品质变差。

(2) 模糊控制的设计尚缺乏系统性，无法定义控制目标。

3. 模糊控制基本原理

模糊控制是以模糊集合理论、模糊语言及模糊逻辑为基础的控制，它是模糊数学在控制系统中的应用，是一种非线性智能控制。模糊控制是利用人的知识对控制对象进行控制的一种方法，通常用“if 条件 then 结果”的形式来表现，所以又通俗地称为语言控制。一般用于无法以严密的数学表示的控制对象模型，即可利用人(熟练专家)的经验和知识来很好地控制。因此，利用人的智力，模糊地进行系统控制的方法就是模糊控制。模糊控制的基本原理如图 5-19 所示。

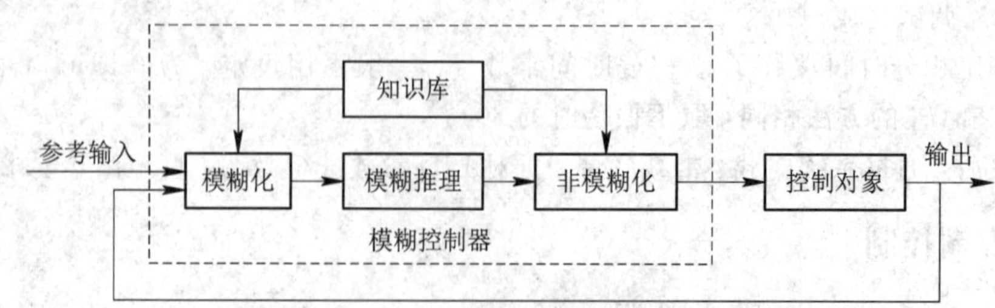

图 5-19　模糊控制系统原理框图

模糊控制的核心部分为模糊控制器，模糊控制器的控制规律由计算机的程序实现。模糊控制算法的实现过程是：计算机首先进行采样，获取被控制量的精确值，然后将此量与给定值比较得到误差信号 E；一般选误差信号 E 作为模糊控制器的一个输入量，把 E 的精确量进行模糊化变成模糊量，误差 E 的模糊量可用相应的模糊语言表示，从而得到误差 E 的模糊语言集合的一个子集 e；再由 e 和模糊控制规则 R（模糊关系）根据推理的合成规则进行模糊决策，得到模糊控制量 u 为

$$u=eR \tag{5-9}$$

为了对被控对象施加精确的控制，还需要将模糊量 u 进行非模糊化处理转换为精确量；得到精确数字量后，经数模转换变为精确的模拟量送给执行机构，对被控对象进行第一步控制；然后，进行第二次采样，完成第二步控制……这样循环下去，就实现了被控对象的模糊控制。

4. 模糊控制器的执行步骤

模糊控制器的组成框图如图 5-20 所示，主要包括精确量的模糊化、根据规则库由推理机进行模糊推理、模糊量的反模糊化三个部分，这也是模糊控制的三个基本步骤。

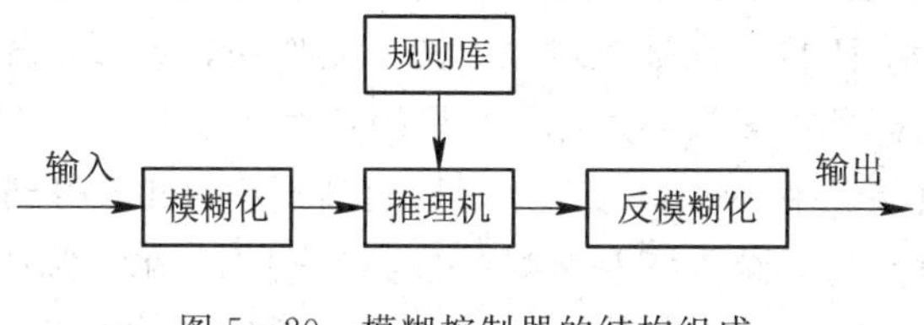

图 5-20　模糊控制器的结构组成

1）精确量的模糊化

模糊化是一个使清晰量模糊的过程，输入量根据各种分类被安排成不同的隶属度，例如，温度输入根据其高低被安排成很冷、冷、常温、热和很热等。

一般在实际应用中将精确量离散化，即将连续取值量分成几档，每一档对应一个模糊集。控制系统中的偏差和偏差变化率的实际范围叫做这些变量的基本论域，设偏差的基本论域为$[-x, +x]$，偏差所取的模糊集的论域为$[-n, -(n-1), \cdots, 0, \cdots, n-1, n]$，即可给出精确量的模糊化的量化因子 k 为

$$k=\frac{n}{e} \tag{5-10}$$

2）规则库和推理机

模糊控制器的规则基于专家知识或手动操作熟练人员长期积累的经验，它是按人的直觉推理的一种语言表示形式。模糊规则通常由一系列的关系词连接而成，如 If... then, else, also, and, or 等。例如，某模糊控制系统输入变量为 e（误差）和 ec（误差变化率），它们对应的语言变量为 E 和 EC，可给出一组模糊规则：

R_1：If E is NB and EC is NB then U is PB

R_2：If E is NB and EC is NS then U is PM

通常把“If...”部分称为“前提”，而“then...”部分称为“结论”。其基本结构可归纳为“If A and B then C”，其中 A 为论域 U 上的一个模糊子集，B 为论域 V 上的一个模糊子集。根据人工的控制经验，可离线组织其控制决策表 R，R 是笛卡儿乘积集 $U\times V$ 上的一个模糊子集，则某一时刻其控制量 C 由下式给出：

$$C=(A\times B)\cdot R \tag{5-11}$$

规则库用来存放全部模糊控制规则，在推理时为“推理机”提供控制规则。由上述可知，规则条数和模糊变量的模糊子集划分有关。划分越细，规则条数越多，但并不代表规则库的准确度越高，规则库的“准确性”还与专家知识的准确度有关。

在设计模糊控制规则时，必须考虑控制规则的完备性、交叉性和一致性。完备性是指对于任意的给定输入均有相应的控制规则起作用，要求控制规则的完备性是保证系统能被控制的必需条件之一。如果控制器的输出值由多条控制规则来决定，说明控制规则之间相互联系、相互影响，这是控制规则的交叉性。一致性是指控制规则中不存在相互矛盾的规则。

常用的模糊控制规则生成方法有以下几种：

(1) 根据专家经验或过程控制知识生成控制规则。模糊控制规则是基于手动控制策略而建立的，而手动控制策略又是人们通过学习、试验以及长期经验积累而形成的。手动控制过程一般是通过被控对象或过程的观测，操作者再根据已有的经验和技术知识，进行综合分析并做出控制决策，调整加到被控对象上的控制作用，从而使系统达到预期目标。

(2) 根据过程模糊模型生成控制规则。如果用语言去描述被控过程的动态特性，那么这种语言描述可以看作是过程的模糊模型。根据模糊模型，可以得到模糊控制规则集。

(3) 根据对手工操作的系统观察和测量生成控制规则。在实际生产中，操作人员可以很好地操作控制系统，但有时却难以给出能用于模糊控制的控制语句。为此，可通过对系统的输入、输出进行多次测量，再根据这些测量数据去生成模糊控制规则。

推理是模糊控制器中根据输入模糊量，由模糊控制规则完成模糊推理来求解模糊关系方程，并获得模糊控制量的功能部分。

3) 反模糊化

通过模糊控制决策得到的是模糊量，要执行控制，必须把模糊量转化为精确量，也就是要推导出模糊集合到普通集合的映射(也称判决)。实际上是在一个输出范围内，找到一个被认为最具有代表性的、可直接驱动控制装置的确切的输出控制值。反模糊化的判决主要方法有最大隶属度法、重心法和加权平均法。

5.5.3 人工神经网络控制

1. 人工神经网络控制概述

模糊控制解决了人类语言的描述和推理问题，为模拟人脑的感知推理等智能行为迈了一大步，但是在数据处理、自学习能力方面还有很大的不足。人工神经网络就是模拟人脑细胞的分布式工作特点和自组织功能实现并行处理、自学习和非线性映射等能力。

人工神经网络(Artificial Neural Network，ANN)的发展已经历了八十多年。1943 年，心理学家 W. McCulloch 和数学家 W. Pitts 合作提出了神经元数学模型(MP)，为人工神经网络的发展奠定了基础。1944 年，Hebb 提出了改变神经元连接强度的 Hebb 规则。1957 年，Rosenblatt 引进感知概念，是第一个采用训练算法的神经网络结构模型。1976 年，Grossberg 基于生理和心理学的经验，提出了自适应共振理论，建立了一种新的人工神经网络结构模型。1982 年，美国加州理工学院物理学家 Hopfield 提出了 HNN 模型。1986

年，由 Rummelhart、Hinton、Williams 等组成的 PDF 研究小组提出了多层前向传播网络的 BP 学习算法。人工神经网络系统的研究主要集中三个方面：神经元模型、神经网络模型和神经网络学习方法。

2. 人工神经元模型

人工神经元是对生物神经元的一种模拟与简化，它是神经网络的基本处理单元。图 5-21 所示为一种人工神经元结构模型（MP 模型），它是一个多输入、单输出非线性的神经元模型。图中，x_1，x_2，…，x_n 为神经元的输入，ω_{1i}，ω_{2i}，…，ω_{ni} 为连接权重，f 为激活函数，θ 为偏置，y_i 为神经元输出。

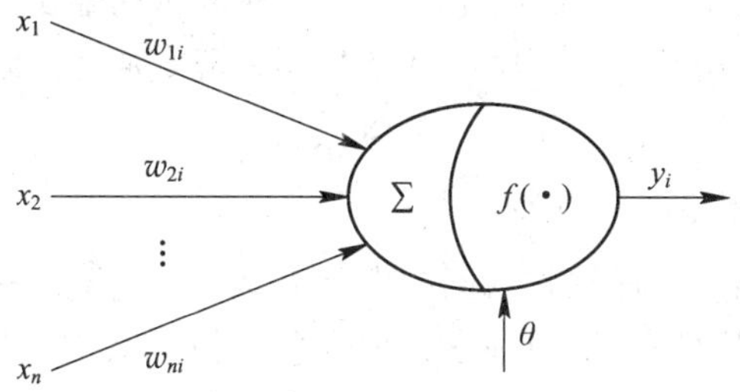

图 5-21　人工神经元结构模型

3. 人工神经网络模型

人工神经网络是以工程技术手段来模拟人脑神经元网络的结构与特征的系统。利用人工神经元可以构成各种不同拓扑结构的神经网络，它是生物神经网络的一种模拟和近似。就神经网络的主要连接形式而言，目前已有数十种不同的神经网络模型，其分类如图 5-22 所示，其中前馈型网络和反馈型网络是两种典型的结构模型。

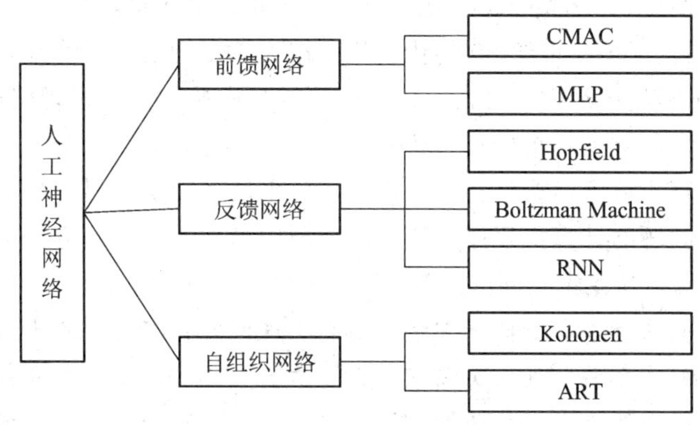

图 5-22　人工神经网络模型分类

4. 人工神经网络的学习方法

学习方法是体现人工神经网络智能特性的主要标志，离开了学习方法，人工神经网络就失去了自适应、自组织和自学习的能力。目前神经网络的学习方法有多种，按有无教师来分类，可分为有教师学习（Supervised Learning）、无教师学习（Unsupervised Learning）和再励学习（Reinforcement Learning）等几大类。在有教师的学习方式中，网络的输出和期望的输出(即教师信号)进行比较，然后根据两者之间的差异调整网络的权值，最终使差异变小。在无教师的学习方式中，输入模式进入网络后，网络按照一预先设定的规则(如竞争规则)自动调整权值，使网络最终具有模式分类等功能。再励学习是介于上述两者之间的一种学习方式。

5. 人工神经网络的训练

在实际应用中还尚未找到一个较好的人工神经网络构造方法来确定网络的结构和权值参数，描述给定的映射或逼近一个未知的映射，因此只能通过学习和训练来得到满足要求的网络模型。人工神经网络训练指对人工神经网络进行训练，向网络输入足够多的样本，通过一定算法调整网络的结构(主要是调节权值)，使网络的输出与预期值相符，这样的过程就是神经网络训练。根据学习环境中教师信号的差异，神经网络训练大致可分为二分割学习、输出值学习和无教师学习三种。

6. 人工神经网络控制系统的设计

对人工神经网络控制系统尚缺乏规范的设计方法。在实际应用中，根据受控对象及其控制要求，人们通常运用神经网络的基本原理和各种控制结构，设计出行之有效的神经控制系统。

神经网络控制系统的设计一般包括以下步骤：建立受控对象的数学计算模型或知识表示模型；选择神经网络及其算法，进行初步辨识与训练；设计神经网络控制器，包括控制器结构、功能与推理；进行控制系统仿真实验，并根据实验结果改进设计。

5.5.4 专家系统

1. 专家系统概述

人工智能(Artificial Inteligence，Al)被誉为20世纪的三大科学技术成就之一，受到了世界各国的普遍重视。而20世纪60年代中期，作为人工智能的一个应用领域的专家系统(Expert System，ES)的出现，使得人工智能的研究从实验室走向了现实世界。

所谓专家系统实际上是一个(或一组)能在某特定领域内，以人类专家水平去解决该领域中困难问题的计算机程序，或者说专家系统是用来处理现实世界中提出的需要由专家来分析和判断的复杂问题的计算机程序。专家系统利用具备专家推理方法的计算机模型来解决问题，并且可以得到和专家相同的结论。

由于专家系统的功能主要依赖于大量的知识，这些知识均存储在知识库中，通过推理机按一定的推理策略去解决问题，所以它也被称大知识基系统。专家系统是研究用解决某专门问题的专家知识来建立人机系统的方法和技术。由于知识在专家系统中起着决定性作用，所以一般将建立专家系统的工作过程称为知识工程。

2. 专家系统的基本结构及分类

1) 专家系统的基本结构

一个完整的专家系统结构由图5-23所示的六个部分组成，其中数据库、知识库、推理机和人机接口是必不可少的部分，解释部分、知识获取部分是期望部分。下面分别介绍这些部分的功能。

(1) 知识库。知识库是领域知识的存储器，它存储专家经验、专门知识与常识性知识，是专家系统的核心部分。知识库可以由事实性知识和推理性知识组成，知识是决定一个专家系统性能的主要因素，一个知识库必须具备良好的可用性、完善性和获取知识及维护知识库的能力。要建立一个知识库，首先要从领域专家那里获取知识即称为知识获取，然后将获得的知识编排成数据结构并存入计算机中，这就形成了知识库，可供系统推理判断之用。

(2) 数据库。数据库用于存储领域内的初始数据和推理过程中得到的各种信息。数据库中存放的内容是该系统当前要处理的对象的一些事实。

(3) 推理机。推理机是用来控制、协调整个系统的，它根据当前输入的数据即数据库中的信息，利用知识库中的知识，按一定的推理策略，去解决当前的问题，并把结果送到用户接口。

在专家系统中，推理方式有正向推理、反向推理、混合推理，在上述三种推理方式中，又有精确与不精确推理之分。因为专家系统是模拟人类专家进行工作，所以推理机的推理过程应与专家的推理过程尽可能一致。

(4) 人机接口。人机接口是专家系统与用户通信的部分，它既可接受来自用户的信息，将其翻译成系统可接受的内部形式，又能把推理机从知识库中推出的有用知识送给用户。

(5) 解释部分。解释部分能对推理给出必要的解释，这给用户了解推理过程、向系统学习和维护系统提供了方便。

(6) 知识获取部分。知识获取部分为修改、扩充知识库中的知识提供手段，这里指的是机器自动实现的知识获取，它对于一个专家系统的不断完善、提高起着重要的作用。通常知识获取部分应具备能删除知识库中不需要的知识以及把需要的新知识加入知识库中的功能，最好还能具有根据实践结果发现知识库中不合适的知识以及总结出新知识的功能。知识获取实际上是一种学习功能。

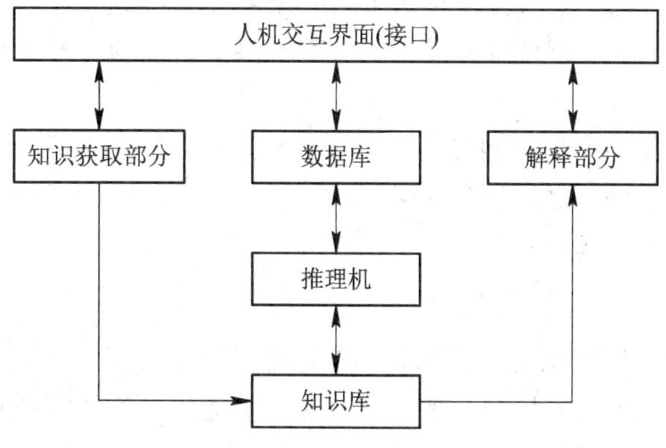

图 5-23　专家系统结构组成

2) 专家系统的分类

专家系统根据用途可分为解释型、诊断型、预测型、设计型、规划型、控制型、监视型、维修型、教学型、调试型专家系统等。另一方面，专家系统按体系结构可以分为集中式专家系统、分布式专家系统、神经网络专家系统及符号系统和神经网络系统相结合的专家系统。下面介绍几种常见的专家系统。

(1) 解释型专家系统。

解释型专家系统能够根据所得到的有关数据，经过分析、推理，给出相应的解释，并能对不完全的信息数据做出某些假设。解释型专家系统的推理过程可能很复杂和很长，例如语音识别系统、声呐信号识别舰船系统等。

(2) 诊断型专家系统。

诊断型专家系统能够根据输入信息推出相应对象存在的故障，找出产生故障的原因并给出排除故障的方案。其特点是：能够了解被诊断对象或客体各组成部分的特性以及它们之间的联系；能够区分一种现象及其所掩盖的另一种现象；能够向用户提出测量的数据，并从不确切信息中得出尽可能正确的诊断，例如医疗诊断、机器故障诊断、产品质量鉴定、计算机硬件故障诊断系统等。

(3) 预测型专家系统。

预测型专家系统能够通过对相关对象的过去和当前已知状况的分析，推断未来可能发生的情况，处理的数据随时间变化，且可能不准确和不完全，系统需要有适应时间变化的动态模型。如人口预测、市场预测、天气预报、台风路径预测、病虫害预测系统等都是典型的预测型专家系统。

(4) 设计型专家系统。

设计型专家系统能够针对给定的要求进行相应的设计，能够从多种约束中得到最佳的设计方案，协调各项设计要求，形成全局标准；能进行空间、结构或形状等方面的推理，如电路设计、建筑及装修设计、服装设计、机械及图案设计等。

(5) 规划型专家系统。

规划型专家系统能够对给定目标拟定总体规划、行动计划、运筹优化方案，在一定的约束下能以较小的代价达到给定目标，能预测并检验某些操作的效果，并根据当时的实际情况随时调整操作的序列，当有多个执行者时，保证它们协调地并行工作。机器人动作规划专家系统、汽车和火车运行调度专家系统等都是典型的规划型专家系统。

(6) 控制型专家系统。

控制型专家系统能够自适应地管理一个受控对象或客体的全面行为，使之满足预期要求，具有解释、预报、诊断、规划和执行等多种功能，例如用于各种大型设备的控制、生产过程控制和生产质量控制的控制系统等。

3. 专家系统开发

专家系统的基本设计思想就是将知识和控制推理策略分开，形成知识库。在推理策略的控制下，利用存储的知识分析和处理问题。专家系统开发所要解决的两个关键问题，一是知识库的建立，二是推理机设计。其中，知识库的建立涉及的两项主要技术是知识获取和知识表示，推理机设计涉及的两项主要技术是基于知识规则的推理和推理解释机制。目前专家系统还没有统一的设计规范，仅有一些经验性原则可以用来指导专家系统的开发工作。

1) 开发原则

在专家系统开发中，并不是所有问题都可以用专家系统解决，只有满足一定条件的问题才可以采用专家系统解决。在过去实践中，人们总结出一些可以用于指导专家系统建设的一般性原则。一个适合应用于专家系统解决的问题，必须满足三个先决条件：

(1) 存在一个可以合作的领域专家。对于不存在公认专家的领域，不适宜采用专家系统来处理。如地震预报是特别复杂的问题，目前预报的准确率不高，所以开发这类专家系统也不会有很大效果。

(2) 领域专家能够通过启发式方法解决问题。

(3) 领域专家的知识能够表达清楚。能够表达清楚的领域专家知识，知识工程师才有可能将其整理出来，并加以形式化表示。依赖于感觉的工作领域和依赖于技能的工作领域，都不适合于开发专家系统，例如热辐射、外科手术等。

2) 开发步骤

专家系统的开发包括知识获取、知识表达式的选择、知识库的建立、推理机设计等步骤。

(1) 知识获取。

知识获取就是把解决问题所用的专门知识从某些知识来源变换为计算机程序，知识获取由计算机方面的工程师(知识工程师)来完成。

(2) 知识表达式的选择。

在经过多次和专家交换意见以及阅读有关资料，知识工程师逐渐熟悉这个专门领域中的专门知识以后，就可以选择合适的知识表达式了。选择的知识表达式应该具有表达专家知识的能力且能简单方便地描述、修改和解释系统中的知识。此外，还需要在以计算机表达知识的方便性和结构的复杂性之间加以平衡。

(3) 知识库的建立。

知识库的建立分为知识库的初步设计、原型发展与实验、知识库的改进和推广三个阶段。

① 知识库的初步设计。首先是问题定义，规定目标、约束、知识来源、参加者以及他们的作用。其次要实现概念化，详细叙述问题如何分解成子问题，从假设、数据、中间推理、概念等方面来说明每个子问题的组成；并明确这些概念化如何影响可能的执行过程。最后是问题的计算机表达，为在概念化阶段中确定了的子问题的各个组成部分选择表达方式。

② 原型的发展和实验。一旦选定了知识表达方法，就可以着手执行整个系统所需知识的原型子集。这个子集的选择是关键性的，它必须包括有代表性的知识样本，这些知识样本对整个模型来说是有典型意义的。一旦原型产生了可接受的推理，这个原型就要扩展包括它必须解释的各种更为详细的问题。然后，用更复杂的情况来进行试验。

③ 知识库的改进和推广。如果要达到专家那样很高的水平，这个阶段将要花费相当长的时间。

(4) 推理机的设计。

在推理机的设计时，要考虑推理方法、推理方向和搜索策略三个方面。

① 推理方法。推理方法分为精确推理和不精确推理两种。前者是把领域知识表示为必然的因果关系，推理的前提和推理的结论要么是肯定要么是否定。对于这种方式的推理，一条规则被激活，其前件表达式必须为真。后者又称为似然推理，是根据知识的不确定性求出结论的不确定性的一种推理方法。

② 推理方向。专家系统可以实现正向推理、反向推理和混合双向推理。正向推理是从已知事实(数据)到结论的推理，也叫事实驱动推理或数据驱动推理。反向推理是从目标到初始事实(数据)的推理，也叫目标驱动或假设驱动推理。混合双向推理先根据给定的原始数据或证据向前推理，得出可能成立的诊断结论，然后以这些结论为假设，进行反向推理，寻找支持这些假设的事实或证据。

③ 搜索策略。推理的过程本质上是在知识库以某种搜索策略进行搜索的过程，专家系统根据输入值及现象用判断规则引导搜索深入，找到符合条件的输出。搜索策略分为盲目搜索和启发式搜索。盲目搜索不需要前后相关的或有关问题域的专门信息。启发式搜索需要分析问题域的专门信息，即启发式知识，并因此而缩小了搜索空间，从而提高了搜索的效率。

习题与思考题

5-1 控制系统由哪几部组成？各组成部分的作用是什么？

5-2 简述控制系统的分类及各种类型的特点。

5-3 单片机控制系统有什么特点？主要应用在哪些场合？

5-4 如何运用单片机进行控制系统设计？

5-5 PLC控制有什么特点？可应用哪些场合？

5-6 三菱PLC分为哪几类？各有什么特点？

5-7 西门子PLC有哪几种类型？分别适用于什么场合？

5-8 试述PLC控制系统的设计原则与设计步骤。

5-9 基于总线式工控机的控制系统由哪几部分组成？有哪些特点？

5-10 基于总线式工控机的控制系统的设计包括哪些步骤？具体内容有哪些？

5-11 什么叫运动控制卡？运动控制卡主要完成哪些功能？

5-12 数控采集卡的功能是什么？有哪些主要技术参数？

5-13 试比较单片机控制系统、PLC控制系统以及总线式工控机控制系统之间的相同点与不同点。

5-14 PID控制的参数 K_P、T_I、T_D 对控制性能各有什么影响？

5-15 模糊控制器由哪几个部分组成？各部分具有什么特点？

5-16 神经网络的学习方法有哪些？各有什么特点？

5-17 专家系统由哪几个部分组成？各个组成部分的作用是什么？

5-18 专家系统有哪些类型？每一种类型具有什么特点？

第 6 章　机电一体化系统建模

6.1　机电一体化系统建模方法

数学模型是用数学符号、数学公式、程序、图形等对实际问题本质属性的抽象而又简洁的描述，它或能解释某些客观现象，或能预测未来的发展规律，或能为控制某一现象的发展提供某种意义下的最优策略等。机电一体化系统数学建模是采用数学方法建立表述系统输入与输出关系的一种方法。它是对系统性能分析的理论基础，对数学模型求解可以掌握系统的动态特性，为系统的结构改进、性能优化等提供依据。

6.1.1　建模基本步骤

机电一体化系统的建模基本步骤包括建模准备、模型假设、建立模型、模型求解、模型分析等，如图 6-1 所示。建立的机电一体化系统模型不但需要有科学的理论基础，还需要经过实践进行检验，需要通过实验与实践对模型进行改进或修正，使得模型变得更加精确、符合实际。

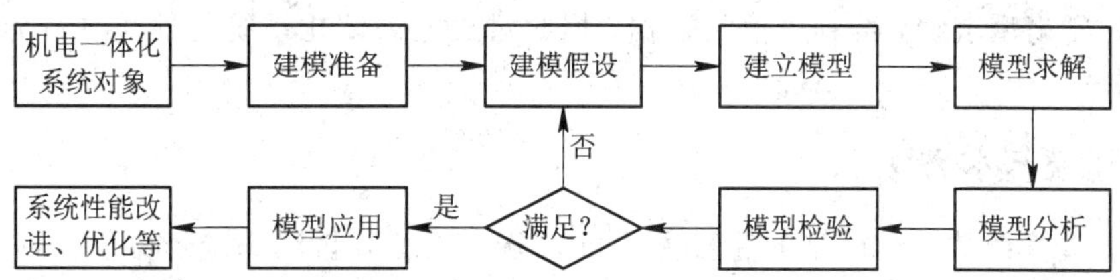

图 6-1　机电一体化系统的建模步骤

1. 建模准备

在建立数学模型前，要了解机电一体化系统对象，包括它的应用背景、环境、工作要求、需要解决的问题；掌握机电一体化对象的各种信息，包括各种影响因素；了解系统的输入与输出，确定有哪些已知的变量。用数学语言来描述所研究的问题，要符合数学理论，符合数学习惯，清晰准确。

2. 模型假设

由于机电一体化系统的实际运行过程比较复杂，很难建立与实际情况完全一致的数学模型。在实际应用中，通常要对机电一体系统的结构参数进行简化，忽略一些次要因素等，这样能使数学模型变得简单。因此，在建立模型前，需要提出一些假设条件，例如环境温度恒定、不考虑摩擦系数、不考虑功率损失、自变量与因变量是线性关系等。

3. 建立模型

建立模型是在假设的基础上，选择适当的数学工具来描述输入与输出之间的数学关系，建立相应的数学表达式。机电一体化系统的建模要运用到运动学、动力学、电路、力学、流体力学等基本定律，借助于数学工具描述输入与输出之间的相互关系。常用到的数学知识有求导、积分、线性代数、几何、矩阵、微分、偏微分等等。

4. 模型求解

模型求解是利用获取的数据资料，对模型的所有参数进行计算或近似计算。对于简单的数学模型可以直接求解，对复杂的实际问题而言，有可能采用解析法求解，但更多的是采用数值法求解。模型求解除了要掌握求解方法之外，在实际应用中需要借助于一些工具，例如 MATLAB、ANSYS(有限元分析)、ADAMS(多体动力学仿真)软件等。

5. 模型分析

模型分析是对所要建立模型的思路进行阐述，对所得的结果进行数学分析。通过分析对模型的求解结果精确性、可行性、可实施性进行了解。模型分析可以使在现有模型的基础上对模型有一个更加全面的考虑，建立更符合实际情况的模型。

6. 模型检验

将模型分析结果与实际情形进行比较，以此来验证模型的准确性、合理性和适用性。如果模型与实际较吻合，则要对计算结果给出其实际含义，并进行解释。如果模型与实际吻合较差，则应该修改假设，再重复建模过程。

7. 模型应用

数学模型可以对一些已有现象进行分析、解释，也可以利用它对一些未来现象进行预测，也有可能利用它获得新的发现等。建立机电一体化系统模型的目的是为了更好地应用它，通过数学模型求解，得到可信的数据，据此对机电一体化系统的性能进行分析、改进和优化。

6.1.2 建模基本方法

机电一体系统的数学模型的建模方法可以分为机理分析法和统计分析法，如图 6-2 所示，两种方法又分为多个子方法。

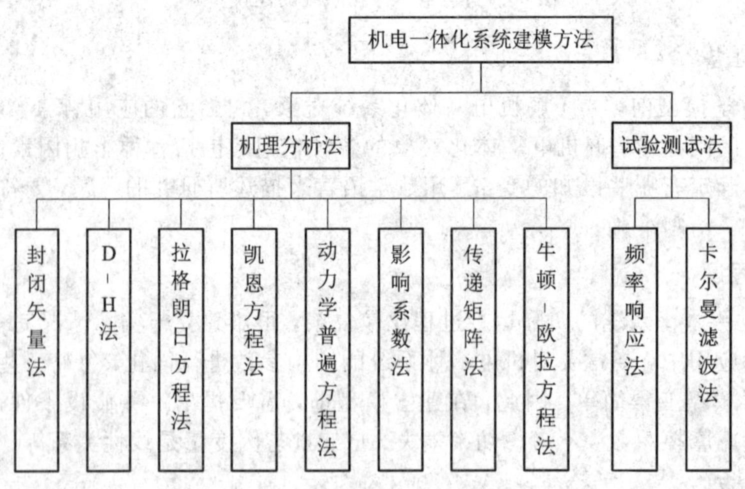

图 6-2 机电一体化系统的建模方法

1. 机理分析法

机理是指事物发生变化的原因或道理。机理分析法是根据客观事物的特性，分析其内部的机理，分清因果关系，找出反映内部机理的规律，在适当抽象的条件下，利用合适的数学工具得到描述事物属性的建模方法。

机理分析法建模常用基础方法有常微分方程、偏微分方程、逻辑方法、比例方法、代数方法等。其中，建立常微分方程的方法有运用已知物理规律、利用平衡与增长式、微元法、分析法等。常微分方程模型求解常用方法有数值解、定性分析法等；偏微分方程模型求解通常用数值求解法。

机理分析法又分为封闭矢量法、D－H 法、拉格朗日方程法、凯恩方程法、动力学普遍方程法等方法。

2. 试验测试法

试验测试法是指如果不能得到事物的特征机理，采用某种方法测试或实验得到一些输入与输出之间的测试结果数据，即求解问题的部分数据，再利用数理统计知识对数据进行处理，从而得到控制对象数学模型的建模方法。

测试法建模又称为系统辨识，分为经典系统辨识和现代系统辨识两大类。经典辨识以获得系统的非参数模型为目标，一般是以时间或频率为自变量。这类方法简单实用，在工程上获得了广泛应用。现代辨识以获得系统的(内部)结构模型和(内部)参数模型为目标。往往要求得到系统的状态方程模型。现代辨识同样借助实验观察数据，通过数据分析处理，从系统的输入输出观测来推断系统内部结构。

频率响应法是一种非参数模型建立方法，即给系统施加一系列不同频率的正弦信号，观测系统对这些正弦信号的不同输出响应，以求取系统数学模型的待定参数，有了数学模型以后，即可进行系统动态特性分析等等。

卡尔曼滤波法是一种利用线性系统状态方程，通过系统输入输出观测数据，对系统状态进行最优估计的算法。由于观测数据中包括系统中的噪声和干扰的影响，所以最优估计也可看作是滤波过程。

6.2　机械系统模型

6.2.1　运动学模型

1. 平面运动机构

封闭矢量法是机械原理中用于分析平面运动机构的一种方法，它可以分析机构的运动，确定机构中其他构件上某些点的位移、速度、加速度和角位移、角速度、角加速度等运动规律。

封闭矢量法用矢量表示杆的位移，一个位移矢量表示了空间任意两点之间的有向距离。对机构进行运动分析时，机构中的每一根连杆都用一个位移矢量来表示。在同一坐标系下位移矢量有多种排序表示方法，对于任意一组位移矢量，应当构成一个易于正确表达和便于推导的闭环矢量方程。下面以平面四连杆机构为例说明封闭矢量法建立运动模型的过程。

图 6-3 所示为平面四连杆机构，四个连杆分别定义为矢量 $\boldsymbol{R}_1$、$\boldsymbol{R}_2$、$\boldsymbol{R}_3$、$\boldsymbol{R}_4$，因此四连杆机构的闭环矢量方程为

$$\boldsymbol{R}_2+\boldsymbol{R}_3=\boldsymbol{R}_1+\boldsymbol{R}_4 \tag{6-1}$$

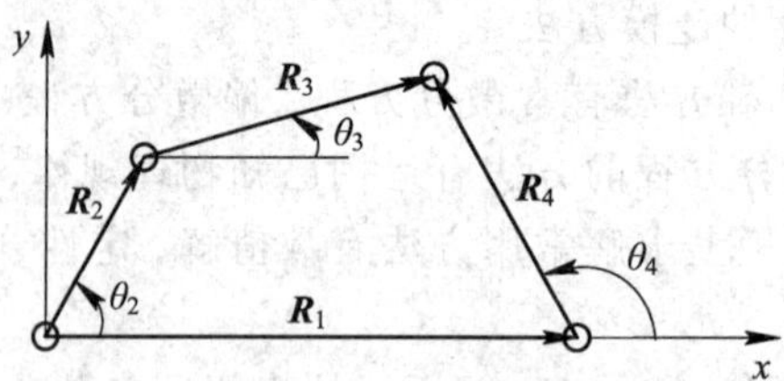

图 6-3　平面四连杆机构

建立矢量投影方程，将式(6-1)中的矢量分别沿 x、y 方向分解，$r_1\sim r_4$ 分别代表四根杆的长度，$\theta_1\sim\theta_4$ 分别代表为杆 $\boldsymbol{R}_1\sim\boldsymbol{R}_4$ 与 x 轴的夹角，得到闭环矢量方程的分量表达式为

$$\begin{cases} r_2\cos\theta_2+r_3\cos\theta_3=r_1\cos\theta_1+r_4\cos\theta_4 \\ r_2\sin\theta_2+r_3\sin\theta_3=r_1\sin\theta_1+r_4\sin\theta_4 \end{cases} \tag{6-2}$$

由于运动学分析要涉及速度与加速度的计算，对式(6-2)求一阶和二阶导数，得速度与加速度方程，分别用矩阵形式表示为

$$\begin{bmatrix} -r_3\sin\theta_3 & r_4\sin\theta_4 \\ r_3\cos\theta_3 & -r_4\cos\theta_4 \end{bmatrix}\begin{bmatrix} \omega_3 \\ \omega_4 \end{bmatrix}=\begin{bmatrix} \omega_2 r_2\sin\theta_2 \\ -\omega_2 r_2\cos\theta_2 \end{bmatrix} \tag{6-3}$$

$$\begin{bmatrix} -r_3\sin\theta_3 & r_4\sin\theta_4 \\ r_3\cos\theta_3 & -r_4\cos\theta_4 \end{bmatrix}\begin{bmatrix} \varepsilon_3 \\ \varepsilon_4 \end{bmatrix}=\begin{bmatrix} \varepsilon_2 r_2\sin\theta_2+\omega_2^2 r_2\cos\theta_2+\omega_3^2 r_3\cos\theta_3-\omega_4^2 r_4\cos\theta_4 \\ -\varepsilon_2 r_2\cos\theta_2+\omega_2^2 r_2\sin\theta_2+\omega_3^2 r_3\sin\theta_3-\omega_4^2 r_4\sin\theta_4 \end{bmatrix} \tag{6-4}$$

在式(6-3)和式(6-4)中，r_i 为杆长，θ_i 为杆转角，ω_i 为杆角速度，ε_i 为杆角加速度。r_i 为已知条件，θ_2、ω_2、ε_2 为输入条件，θ_3、θ_4 的初值也已知，根据(6-3)式可求出 ω_3、ω_4 的初值。再根据(6-4)式可求出 ε_3、ε_4，对 ε_3、ε_4 积分可求出 ω_3、ω_4，对 ω_3、ω_4 积分可求出 θ_3、θ_4。

模型求解可以利用 MATLAB 软件中的 SIMULINK，只需为仿真提供适当的初始条件，即可以求解机构在任意时刻的位置问题。图 6-4 为四杆机构运动学仿真的流程框图，其中运动学方程为用户自定义程序块，用于求解描述各构件之间加速度关系的运动方程，即公式(6-4)，而速度和位移利用仿真软件中的积分算法根据加速度求出。

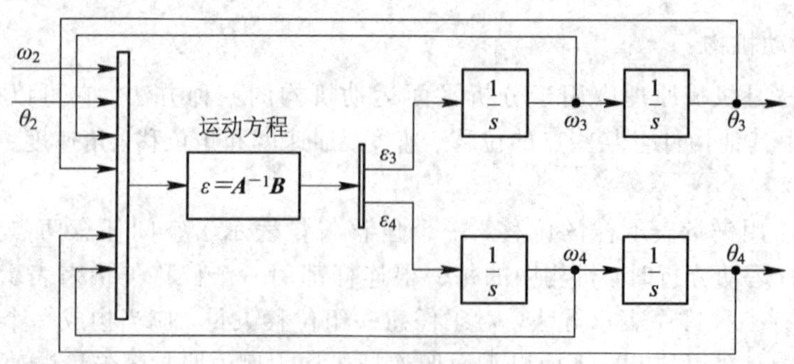

图 6-4　闭环矢量法求解

2. 机器人运动学模型

工业机器人是典型的机电一体化系统，其结构一般为多关节结构，机器人运动研究的是末端执行器或夹持器的空间运动与各个关节运动之间的关系。它包括正运动和逆运动求解，正运动求解是已知关节运动求手的运动，逆运动求解是已知手的运动求关节运动。机器人运动学的一般模型为

$$\boldsymbol{M}=f(q_i) \tag{6-5}$$

式中：$\boldsymbol{M}$ 为机器人末端执行器的位姿，q_i 为机器人各个关节变量。

工业机器人正运动问题求解常用 D－H 法。首先要在机器人的每个连杆上都固定一个坐标系，再用 4×4 的齐次变换矩阵来描述相邻两连杆的空间关系，通过依次变换最终推导出末端执行器相对于基坐标系的位姿，从而建立机器人的运动学方程。D－H 矩阵由 4 个矩阵构成，即旋转矩阵 $\boldsymbol{R}$、位置矩阵 $\boldsymbol{P}$、透视矩阵 $\boldsymbol{O}$、比例变换 $\boldsymbol{I}$。D－H 法建立运动方程步骤包括建立坐标系、确定参数、建立相邻杆件的位姿矩阵和建立方程四步。

图 6－5 所示为三自由度平面关节机器人，由杆 $\boldsymbol{R}_1$、$\boldsymbol{R}_2$、$\boldsymbol{R}_3$ 及手组成，杆的长度为 r_1、r_2、r_3，要求采用 D－H 法建立机器人的运动方程。

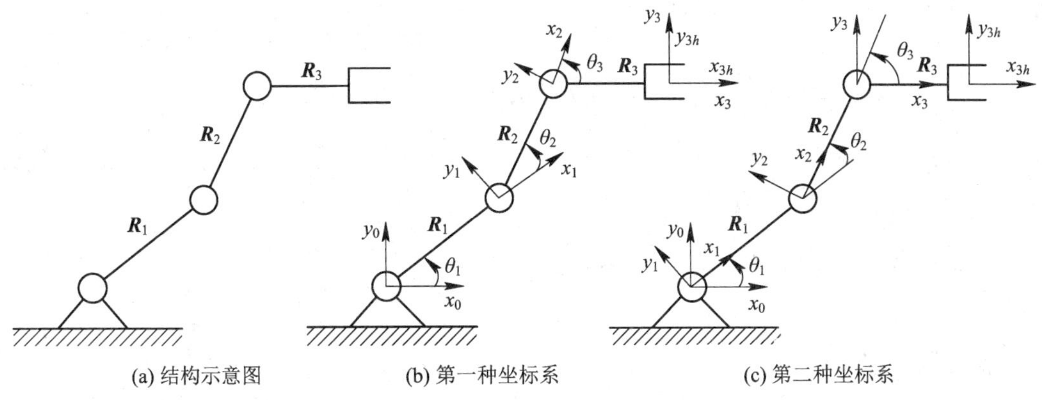

图 6－5　三自由度平面关节机器人

采用 D－H 法建立运动方程，首先建立坐标系，将机器人手部在空间的位姿用齐次坐标变换矩阵描述出来，然后建立机器人的运动学方程。具体步骤如下：

1）建立坐标系

如图 6－5 所示，坐标系由机座坐标系{0}，杆件坐标系{i}，手部坐标系{h}组成。

机座坐标系建立原则为：y 轴垂直，x 轴水平，方向指向手部所在平面。

杆件坐标系{i}的建立原则为：z 轴与关节轴线重合，x 轴与两关节轴线的距离连续重合，方向指向下一个杆件。

建立杆件坐标系有两种方法，第一种方法是 z 轴与 $i+1$ 关节轴线重合，如图 6－5(b)所示；第二种方法是 z 轴与 i 关节轴线重合，如图 6－5(c)所示。在本例中按第一种方法建立坐标系，杆件坐标系{3}与手部坐标系{h}重合。

2）确定参数

对于该机器人确定的参数有：相邻坐标系 x 轴之间的距离 d_i，相邻坐标系 x 轴之间的

夹角 θ_i，相邻坐标系 z 轴之间的距离 r_i，相邻坐标系 z 轴之间的夹角 α_i。最终确定的各关节参数值如表 6-1 所示。

表 6-1 关节参数

i	d_i	θ_i	r_i	α_i	q_i
1	0	θ_1	r_1	0	θ_1
2	0	θ_2	r_2	0	θ_2
3	0	θ_3	r_3	0	θ_3

3）建立相邻杆件的位姿矩阵

根据各个杆件之间的关系，建立位姿矩阵，具体步骤如下

$$\boldsymbol{M}_{01}=\mathrm{Rot}(z,\theta_1)\cdot\mathrm{Trans}(l_1,0,0)=\begin{bmatrix} c\theta_1 & -s\theta_1 & 0 & r_1c\theta_1 \\ s\theta_1 & c\theta_1 & 0 & r_1s\theta_1 \\ 0 & 0 & 1 & 0 \\ 0 & 0 & 0 & 1 \end{bmatrix} \tag{6-6}$$

同理，求得

$$\boldsymbol{M}_{12}=\mathrm{Rot}(z,\theta_2)\cdot\mathrm{Trans}(l_2,0,0)=\begin{bmatrix} c\theta_2 & -s\theta_2 & 0 & r_2c\theta_2 \\ s\theta_2 & c\theta_2 & 0 & r_2s\theta_2 \\ 0 & 0 & 1 & 0 \\ 0 & 0 & 0 & 1 \end{bmatrix} \tag{6-7}$$

$$\boldsymbol{M}_{23(h)}=\mathrm{Rot}(z,\theta_3)\cdot\mathrm{Trans}(l_3,0,0)=\begin{bmatrix} c\theta_3 & -s\theta_3 & 0 & r_3c\theta_3 \\ s\theta_3 & c\theta_3 & 0 & r_3s\theta_3 \\ 0 & 0 & 1 & 0 \\ 0 & 0 & 0 & 1 \end{bmatrix} \tag{6-8}$$

4）建立方程

将式(6-6)、式(6-7)、式(6-8)组合到一起得到机器人的运动方程为

$$\boldsymbol{M}_{0h}=\boldsymbol{M}_{01}\cdot\boldsymbol{M}_{12}\cdot\boldsymbol{M}_{23(h)}=\begin{bmatrix} c\theta_{123} & -s\theta_{123} & 0 & r_1c\theta_1+r_2c\theta_{12}+r_3c\theta_{123} \\ s\theta_{123} & c\theta_{123} & 0 & r_1s\theta_1+r_2s\theta_{12}+r_3s\theta_{123} \\ 0 & 0 & 1 & 0 \\ 0 & 0 & 0 & 1 \end{bmatrix} \tag{6-9}$$

式中：$c\theta_{123}=\cos(\theta_1+\theta_2+\theta_3)$；$s\theta_{123}=\sin(\theta_1+\theta_2+\theta_3)$；$c\theta_{12}=\cos(\theta_1+\theta_2)$；$s\theta_{12}=\sin(\theta_1+\theta_2)$。

公式(6-9)用矩阵形式表示为

$$\begin{bmatrix} n_x & o_x & a_x & p_x \\ n_y & o_y & a_y & p_y \\ n_z & o_z & a_z & p_z \\ 0 & 0 & 0 & 1 \end{bmatrix}=\begin{bmatrix} c\theta_{123} & -s\theta_{123} & 0 & r_1c\theta_1+r_2c\theta_{12}+r_3c\theta_{123} \\ s\theta_{123} & c\theta_{123} & 0 & r_1s\theta_1+r_2s\theta_{12}+r_3s\theta_{123} \\ 0 & 0 & 1 & 0 \\ 0 & 0 & 0 & 1 \end{bmatrix} \tag{6-10}$$

式中：$\{j\}$为坐标系$\{i\}$变换后的坐标系；p_x，p_y，p_z 为$\{j\}$的原点在$\{i\}$中的坐标分量；n_x，n_y，n_z 为$\{j\}$的 x 轴对$\{i\}$的三个方向余弦；o_x，o_y，o_z 为$\{j\}$的 y 轴对$\{i\}$的三个方向余弦；a_x，a_y，a_z 为$\{j\}$的 z 轴对$\{i\}$的三个方向余弦。

6.2.2 动力学模型

动力学是理论力学的一个分支，它主要研究作用于物体的力与物体运动的关系，研究对象是运动速度远小于光速的宏观物体。动力学的研究以牛顿运动定律为基础，基本内容包括质点动力学、质点系动力学、刚体动力学，达朗伯原理等。

1. 基本原理与方法

1）牛顿第二定律

牛顿第二运动定律：物体加速度的大小跟作用力成正比，跟物体的质量成反比，加速度的方向跟作用力的方向相同。牛顿第二运动定律适用于质点、惯性参考系，表示为

$$F = ma \tag{6-11}$$

式中：m 为物体的质量；a 为物体的加速度。

应用牛顿第二运动定律可以解决两类问题：第一类问题已知质点的质量和运动状态，即运动方程或速度表达式或加速度表达式，求作用在物体上的力；第二类问题已知质点的质量及作用在质点上的力，求质点的运动状态，即求运动方程、速度表达式或加速度表达式。

2）动力学普遍方程

动力学普遍方程将达朗伯原理和虚位移原理相互结合，用来描述质点系动力学问题。达朗伯原理把质点系动力学问题转化为虚拟的静力学平衡问题求解，用公式(6-12)表示。虚位移原理是用分析法求解质点系静力学平衡问题的普遍原理，用公式(6-13)表示。

$$\boldsymbol{F}_i + \boldsymbol{F}_{\mathrm{N}i} + (-m_i \boldsymbol{a}_i) = 0 \quad (i = 1, 2, \cdots, n) \tag{6-12}$$

$$\sum_{i=1}^{n} (\boldsymbol{F}_i + \boldsymbol{F}_{\mathrm{N}i} - m_i \boldsymbol{a}_i) \cdot \delta \boldsymbol{r}_i = 0 \tag{6-13}$$

式中：$\boldsymbol{F}_i$ 为主动力主矢；$\boldsymbol{F}_{\mathrm{N}i}$ 为约束反力主矢；$\delta \boldsymbol{r}_i$ 为虚位移。

动力学普遍方程表示具有理想约束的质点系，任一瞬时作用于其上的主动力和惯性力在系统的任一组虚位移上的虚功之和等于零。动力学普遍方程不含理想约束反力，独立方程数等于自由度数，即

$$\sum_{i=1}^{n} (\boldsymbol{F}_i - m_i \boldsymbol{a}_i) \cdot \delta \boldsymbol{r}_i = 0 \tag{6-14}$$

或表示为

$$\sum_{i=1}^{n} [(\boldsymbol{F}_{ix} - m_i x_i'')\delta x_i + (\boldsymbol{F}_{iy} - m_i y_i'')\delta y_i + (\boldsymbol{F}_{iz} - m_i z_i'')\delta z_i] = 0 \tag{6-15}$$

式中：$\boldsymbol{F}_{ix}$、$\boldsymbol{F}_{iy}$、$\boldsymbol{F}_{iz}$ 分别为主矢 $\boldsymbol{F}_i$ 在 x、y、z 轴上的分量；δx_i、δy_i、δz_i 为虚位移 $\delta \boldsymbol{r}_i$ 在 x、y、z 轴上的分量。

由于系统中各质点的虚位移并不独立，在应用动力学普遍方程求解复杂动力学问题时，寻求虚位移间的关系将十分麻烦。

3）牛顿-欧拉方程

欧拉方程是欧拉运动定律的定量描述，该方程是建立在角动量定理的基础上的描述刚体在旋转运动时刚体所受外力矩 M 与角加速度 ε 的关系式，可简写成

$$M={}^{C}I\varepsilon+\omega\times{}^{C}I\omega \tag{6-16}$$

式中：ω 为刚体的角速度，ε 为刚体的角加速度；M 为刚体上的作用力矩；${}^{C}I$ 为刚体相对于原点通过质心 C 并与刚体固连的刚体坐标系的惯性张量。

欧拉方程与牛顿第二定律组合一起，称为牛顿-欧拉方程。在力学中，欧拉方程可用于求解刚体的转动问题，可以选取相对于惯量的主轴坐标为体坐标轴系，这使得计算得以简化。

4）拉格朗日方程

拉格朗日方程是拉格朗日力学的主要方程，可以用来描述物体的运动，它是动力学普遍方程在广义坐标下的具体表现形式。拉格朗日方程表示为

$$\frac{\mathrm{d}}{\mathrm{d}t}\left(\frac{\partial L}{\partial \dot{q}_j}\right)-\frac{\partial L}{\partial q_j}=F_j \tag{6-17}$$

式中：L 为拉格朗日函数；q_j 为广义坐标；F_j 为广义力；$j=1, 2, 3, \cdots, n$。

拉格朗日方程可以用来建立不含约束力的动力学方程，也可以用来在给定系统运动规律的情况下求解作用在系统上的主动力。拉格朗日方程是以广义坐标表示的动力学普遍方程，适用于理想完整约束的任意质点系。

2. 机械转动系统

1）转动负载基本类型

在机械转动系统中，常见的负载类型有惯量负载、阻尼负载和弹性负载。如图 6-6 所示，T_i 为输入力矩；θ_i、θ_o 为输入、输出转角；J 为转动惯量；C 为黏性阻尼系数；K 为弹簧扭转刚度。

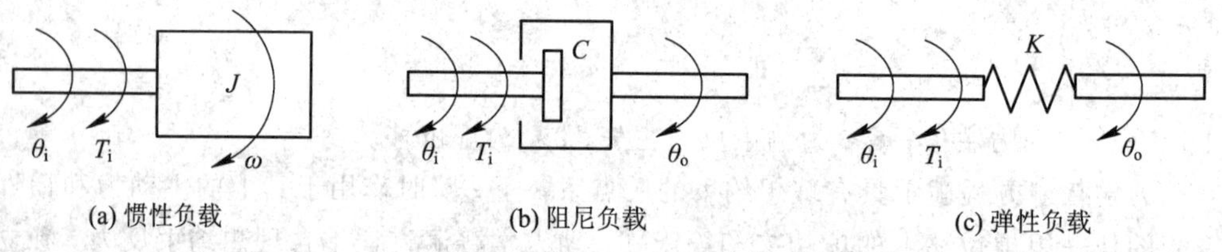

图 6-6　机械转动负载基本类型

对以上三种机械转动负载类型分别建立运动微分方程，再进行拉普拉斯变换，得到三种负载的数学模型。

惯性负载数学模型为

$$T_i(t)=J\ \frac{\mathrm{d}^2\theta_i(t)}{\mathrm{d}t}\Rightarrow T_i(s)=Js^2\theta_i(s) \tag{6-18}$$

阻尼负载数学模型为

$$T_i(t)=C\left[\frac{\mathrm{d}\theta_i(t)}{\mathrm{d}t}-\frac{\mathrm{d}\theta_o(t)}{\mathrm{d}t}\right]\Rightarrow T_i(s)=Cs[\theta_i(s)-\theta_o(s)] \tag{6-19}$$

弹性负载数学模型为

$$T_i(t)=K[\theta_i(t)-\theta_o(t)]\Rightarrow T(s)=K[\theta_i(s)-\theta_o(s)] \tag{6-20}$$

（1）丝杠螺母传动。

丝杠螺母传动是把旋转运动转换成直线运动的一种传动形式，在建模时依据功传递规

律，即如果不考虑传动损失时，丝杠所做的功与工作台做的功相等。

图 6－7 为丝杠螺母传动系统，丝杠的输入转矩为 T_i，转角为 θ_i，丝杠转速为 ω，工作台重为 m_w，粘性阻尼系数为 C_w，丝杠的转动惯量为 J_s，下面建立它的数学模型。

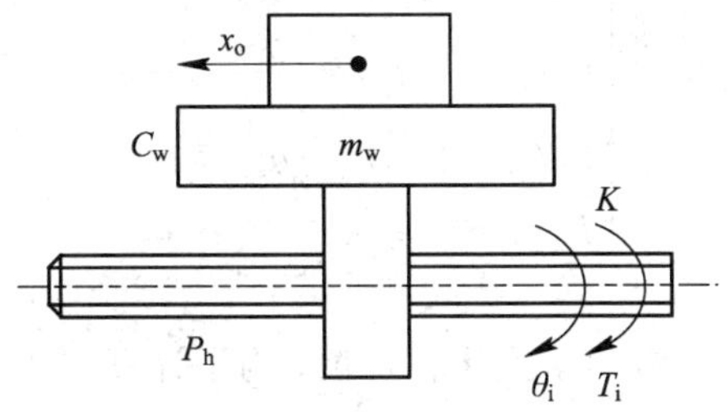

图 6－7　丝杠螺母传动机构

对于惯性负载的等效转换，假设传动过程中能量守恒，通过计算得到工作台折算到丝杠上的等效转动惯量为

$$J_e = m_w\left(\frac{L}{2\pi}\right)^2 \tag{6-21}$$

工作台直线运动阻尼折算到丝杠上的等效阻尼为

$$C_e = C_w\frac{P_h}{2\pi} \tag{6-22}$$

丝杠运动方程为

$$(J_e + J_s)\frac{d^2\theta_i(t)}{dt^2} = T_i(t) - C_e\frac{d\theta_i(t)}{dt} \tag{6-23}$$

对上式进行拉普拉斯变换，整理得到的传递函数为

$$\frac{\theta_i(s)}{T_i(s)} = \frac{1}{(J_e + J_s)s^2 + C_e s} \tag{6-24}$$

(2) 齿轮传动。

图 6－8 为一齿轮传动系统，已知输入转矩为 T_1，转角为 θ_1，J_1、J_2、J_3、J_4 分别为联轴器、齿轮 Z_1、齿轮 Z_2、负载的转动惯量，i 为齿轮传动比，K_1、K_2 为Ⅰ轴与Ⅱ轴扭转刚度，下面建立它的数学模型。

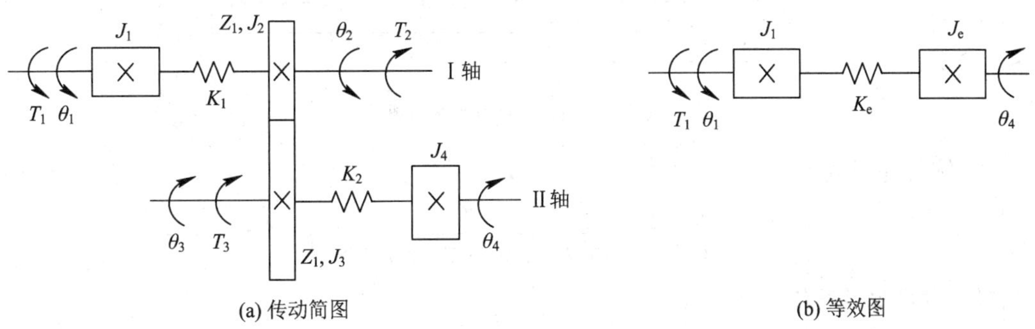

图 6－8　齿轮传动

对于齿轮 Z_1，T_2 为它的输出转矩；对于齿轮 Z_1，T_3 为它的输入转矩。根据传动关

系，传动系统的运动方程为

$$\begin{cases} J_1\ddot{\theta}_1 = T_1 - K_1(\theta_1 - \theta_2) \\ J_2\ddot{\theta}_2 = K_1(\theta_1 - \theta_2) - T_2 \\ J_3\ddot{\theta}_3 = -K_2(\theta_3 - \theta_4) + T_3 \\ J_4\ddot{\theta}_4 = K_2(\theta_3 - \theta_4) \\ \dfrac{T_2}{T_3} = \dfrac{\theta_3}{\theta_2} = \dfrac{1}{i} \end{cases} \tag{6-25}$$

利用式(6-25)求系统的数学模型比较麻烦，为了计算方便，在此利用等效方法求它的数学模型。

轴Ⅱ零件及 J_2 折算到Ⅰ轴的等效转动惯量为

$$J_e = J_2 + (J_3 + J_4)\frac{1}{i^2} \tag{6-26}$$

轴Ⅱ折算到Ⅰ轴的等效刚度系数为

$$K_e = \frac{1}{\dfrac{1}{K_1} + \left(\dfrac{1}{i}\right)^2 \dfrac{1}{K_2}} \tag{6-27}$$

则系统的运动方程为

$$\begin{cases} J_1 \dfrac{d^2\theta_1}{dt^2} = T_1 - K_e(\theta_1 - \theta_4) \\ J_e \dfrac{d^2\theta_4}{dt^2} = K_e(\theta_1 - \theta_4) \end{cases} \tag{6-28}$$

对式(6-28)进行拉普拉斯变换，得到系统的传递函数为

$$\begin{cases} J_1 s^2\theta_1(s) = T_1 - K_e[\theta_1(s) - \theta_1(s)] \\ J_e s^2\theta_4(s) = K_e s[\theta_1(s) - \theta_1(s)] \end{cases} \tag{6-29}$$

根据式(6-29)画出传动系统的方框图为

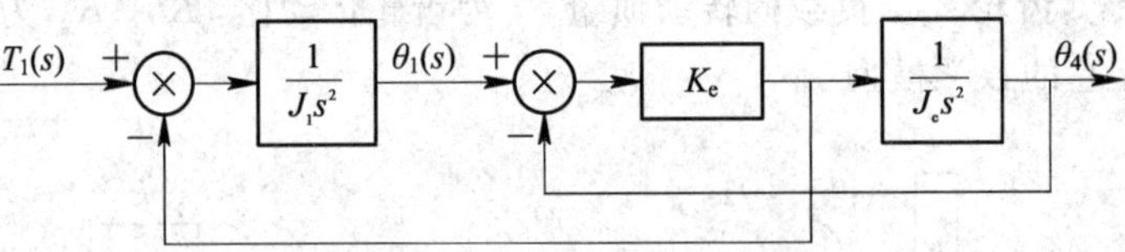

图 6-9　齿轮传动系统方框图

系统传递函数为

$$\frac{\theta_4(s)}{T_1(s)} = \frac{K_e}{s^2[J_1 J_e s^2 + (J_1 + J_e)K_e]} \tag{6-30}$$

2）同步齿形带传动

图 6-10 为打印机中的步进电动机驱动系统简化模型，采用同步齿形带驱动，K、C 分别为同步齿形带的弹性和阻尼系数，T_i 为步进电动机输出转矩，J_m 和 J_L 分别表示步进电动机转子和负载的转动惯量，θ_i 和 θ_o 分别表示输入轴和输出轴的角位移。

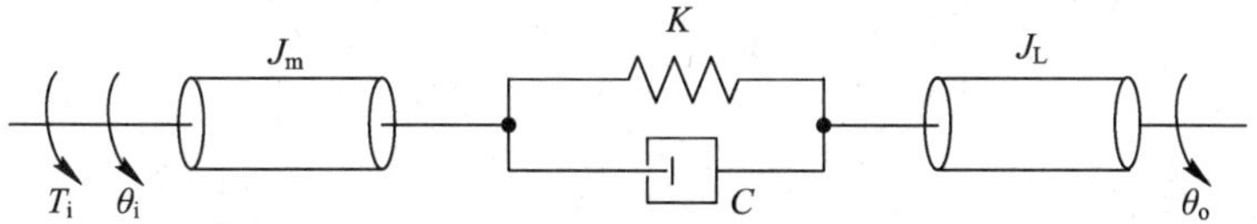

图 6-10　打印机同步齿形带传动简图

输入轴的动力方程为

$$J_m \frac{d^2\theta_i}{dt^2}=T_i(t)-C\left(\frac{d\theta_i}{dt}-\frac{d\theta_o}{dt}\right)-K(\theta_i-\theta_o) \tag{6-31}$$

输出轴的动力方程为

$$J_L \frac{d^2\theta_o}{dt^2}=-C\left(\frac{d\theta_0}{dt}-\frac{d\theta_i}{dt}\right)-K(\theta_o-\theta_i) \tag{6-32}$$

对式(6-31)和式(6-32)进行拉普拉斯变换，则有

$$\begin{cases} J_m s^2\theta_i(s)=T_i(s)-(Cs+K)[\theta_i(s)-\theta_o(s)] \\ J_L s^2\theta_0(s)=(Cs+K)[\theta_i(s)-\theta_o(s)] \end{cases} \tag{6-33}$$

根据式(6-33)可以画出系统方框图，如图 6-11 所示。

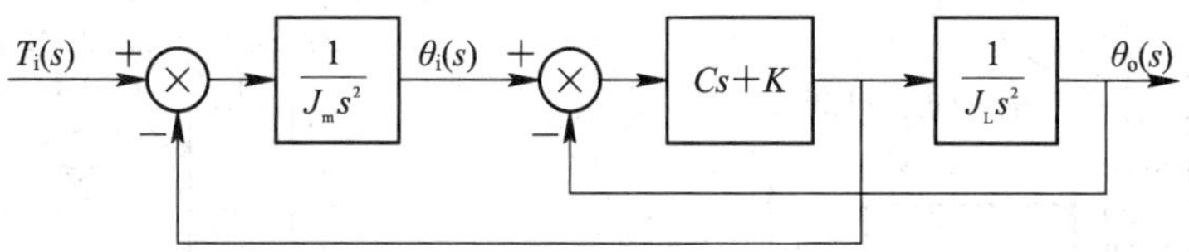

图 6-11　同步齿轮形的系统方框图

对系统方框图进行化简，得到系统的传递函数为

$$\frac{\theta_o(s)}{T_i(s)}=\frac{Cs+K}{(J_m+J_L)s^2\left(\frac{J_m J_L}{J_L+J_m}s^2+Cs+K\right)} \tag{6-34}$$

3. 机械移动系统

1) 负载基本类型

机械移动负载类型也分为质量负载、阻尼负载、弹性负载几种形式，如图 6-12 所示，分别建立它们的运动学微分方程。

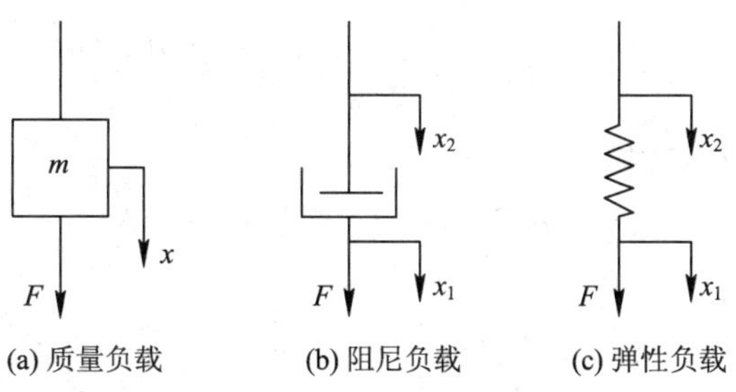

图 6-12　机械移动负载基本类型

惯性负载数学模型为

$$F(t)=m\frac{\mathrm{d}^2x(t)}{\mathrm{d}t^2}\Rightarrow F(s)=ms^2x(s) \tag{6-35}$$

阻尼负载为数学模型为

$$F(t)=C\left[\frac{\mathrm{d}x_1(t)}{\mathrm{d}t}-\frac{\mathrm{d}x_2(t)}{\mathrm{d}t}\right]\Rightarrow F(s)=Cs[x_1(s)-x_2(s)] \tag{6-36}$$

弹性负载为数学模型为

$$F(t)=K[x_1(t)-x_2(t)]\Rightarrow F(s)=K[x_1(s)-x_2(s)] \tag{6-37}$$

2）组合形式

在实际应用中，采用单一形式的机械结构相对较少，大多数是质量、阻尼、弹簧的组合形式，建立数学模型的过程相对复杂一些。下面介绍几个组合形式应用的例子。

图 6－13 所示为组合机床动力头铣削端面时的加工示意图。该系统可以简化成图 6－14 所示的力学模型，将动力头简化一个弹性系系统，K 为动力滑台的刚度，F 为铣削的切削力；液压缸简化成一个阻尼系统，黏性阻尼系数为 C，建立它的数学模型。

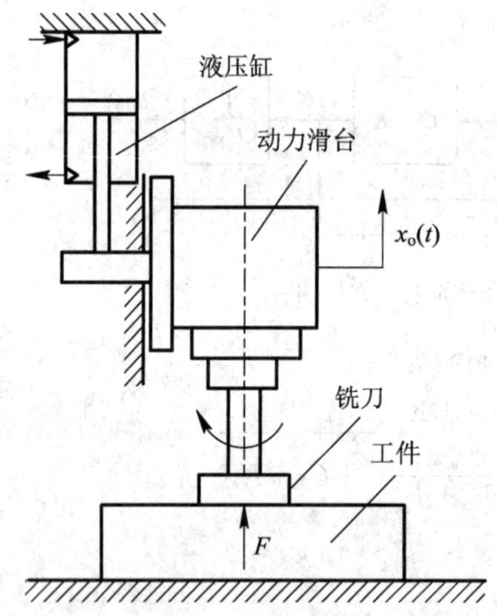

图 6－13　组合机床动力头铣削端面加工示意图

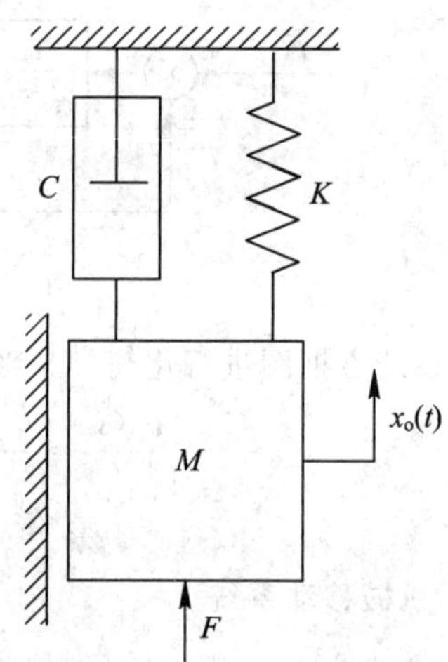

图 6－14　动力滑台简化模型

根据牛顿第二定律，建立滑台的运动方程为

$$F(t)-Kx(t)-C\frac{\mathrm{d}x(t)}{\mathrm{d}t}=M\frac{\mathrm{d}^2x(t)}{\mathrm{d}t^2} \tag{6-38}$$

对上式进行拉普拉斯变换，有

$$F(s)-KX_o(s)-CsX_o(s)=ms^2X_o(s) \tag{6-39}$$

系统的传递函数为

$$\frac{X_o(s)}{F(s)}=\frac{1}{Ms^2+Cs+K} \tag{6-40}$$

图 6－15 所示为汽车支撑系统的简化力学模型，m_1 为汽车质量，m_2 为车轮质量，C

为汽车减振阻尼系数，K_1 为减振器弹性刚度，K_2 为轮胎弹性刚度，求输出 x_1、x_2 随 F 变化的关系，建立它的数学模型。

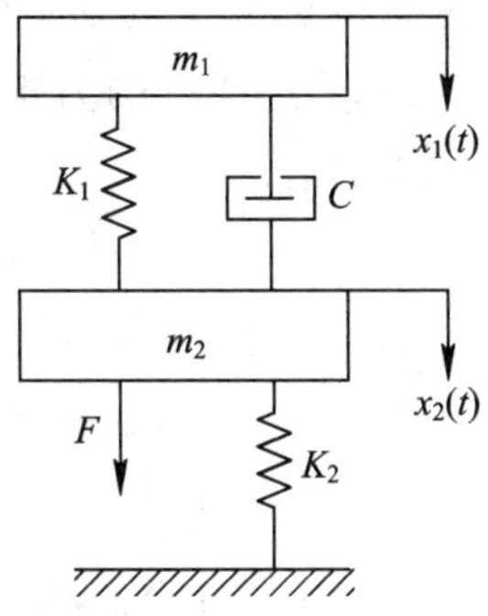

图 6-15　汽车支撑系统的简化力学模型

根据支撑系统的力学模型，分别对 m_1、m_1 建立运动微分方程为

$$\begin{cases} m_1 \dfrac{d^2 x_1}{dt^2} = -C\left(\dfrac{dx_1}{dt} - \dfrac{dx_2}{dt}\right) - K_1(x_1 - x_2) \\ m_2 \dfrac{d^2 x_2}{dt^2} = F(t) - C\left(\dfrac{dx_2}{dt} - \dfrac{dx_1}{dt}\right) - K_1(x_2 - x_1) - K_2 x_2 \end{cases} \tag{6-41}$$

对式(6-41)两式进行拉普拉斯变换，则有

$$\begin{cases} m_1 s^2 X(s) = -Cs[X_1(s) - X_2(s)] - K_1[X_1(s) - X_2(s)] \\ m_2 s^2 X_2(s) = F(t) - Cs[X_2(s) - X_1(s)] - K_1[X_2(s) - X_1(s)] - K_2 X_2(s) \end{cases} \tag{6-42}$$

根据式(6-42)画出系统框图，如图 6-16 所示。

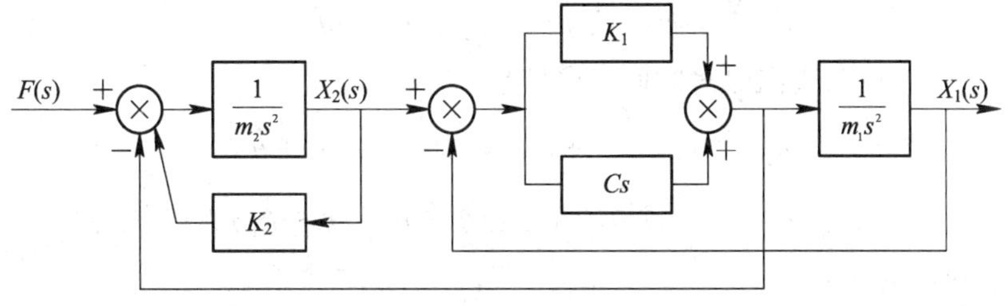

图 6-16　汽车支撑系统方框图

对方框图进行简化，可得系统的传递函数为

$$\frac{X_1(s)}{F(s)} = \frac{Cs + K_1}{m_1 m_2 s^4 + (m_1 + m_2)Cs^3 + (m_1 K_1 + m_1 K_2 + m_2 K_1)s^2 + CK_2 s + K_1 K_2} \tag{6-43}$$

$$\frac{X_2(s)}{F(s)} = \frac{m_1 s^2 + Cs + K_1}{m_1 m_2 s^4 + (m_1 + m_2)Cs^3 + (m_1 K_1 + m_1 K_2 + m_2 K_1)s^2 + CK_2 s + K_1 K_2} \tag{6-44}$$

图 6-17 所示为一两关节机械手，T_1 和 T_2 为两关节的驱动力矩，m_1 和 m_2 分别为连

杆的质量(以连杆末端的点质量表示)，l_1 和 l_2 分别为两杆的长度，θ_1 和 θ_2 分别为两杆的夹角，建立该机械手动力学数学模型。

在本例中采用拉格朗日方程法建立该机械手的动力学模型。选择机械手的关节转角 θ_1、θ_2 作为广义坐标，即 $q_1=\theta_1$，$q_2=\theta_2$；选择杆的力矩 T_1、T_2 为广义力，即 $F_1=T_1$，$F_2=T_2$，建立的广义坐标系如图 6-18 所示。

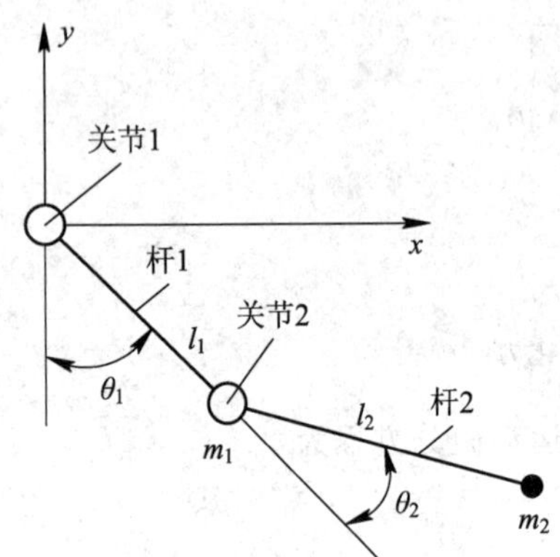

图 6-17　两关节机械手

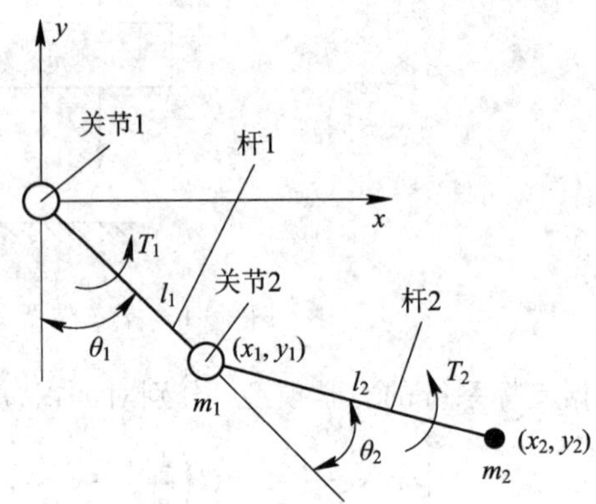

图 6-18　广义坐标系

杆 1 的动能 E_{k1} 和势能 E_{p1} 为

$$\begin{cases} E_{k1}=\dfrac{1}{2}m_1 l_1^2\dot{\theta}_1^2 \\ E_{p1}=-m_1 g l_1\cos\theta_1 \end{cases} \tag{6-45}$$

根据杆 1、杆 2 的关系，求得杆 2 质心坐标(x_2, y_2)为

$$\begin{cases} x_2=l_1\sin\theta_1+l_2\sin(\theta_1+\theta_2) \\ y_2=-l_1\cos\theta_1-l_2\cos(\theta_1+\theta_2) \end{cases} \tag{6-46}$$

质心分速度(方程两边同时对时间 t 求导数)为

$$\begin{cases} \dot{x}_2=l_1\cos\theta_1\dot{\theta}_1+l_2\cos(\theta_1+\theta_2)(\dot{\theta}_1+\dot{\theta}_2) \\ \dot{y}_2=l_1\sin\theta_1\dot{\theta}_1+l_2\sin(\theta_1+\theta_2)(\dot{\theta}_1+\dot{\theta}_2) \end{cases} \tag{6-47}$$

求得质心速度为

$$v_2^2=\dot{x}_2^2+\dot{y}_2^2=l_1^2\dot{\theta}_1^2+l_2^2(\dot{\theta}_1^2+2\dot{\theta}_1\dot{\theta}_2+\dot{\theta}_2^2)+2l_1 l_2\cos\theta_2(\dot{\theta}_1^2+\dot{\theta}_1\dot{\theta}_2) \tag{6-48}$$

杆 2 的动能 E_{k2} 为

$$E_{k2}=\frac{1}{2}m_2[l_1^2\dot{\theta}_1^2+l_2^2(\dot{\theta}_1^2+2\dot{\theta}_1\dot{\theta}_2+\dot{\theta}_2^2)+2l_1 l_2\cos\theta_2(\dot{\theta}_1^2+\dot{\theta}_1\dot{\theta}_2)] \tag{6-49}$$

杆 2 的势能 E_{p2} 为

$$E_{p2}=-m_2 g l_1\cos\theta_1-m_2 g l_2\cos(\theta_1+\theta_2) \tag{6-50}$$

写出拉格朗日函数为

$$L=E_{k1}+E_{k2}-E_{p1}-E_{p2} \tag{6-51}$$

拉格朗日方程为

$$\frac{\mathrm{d}}{\mathrm{d}t}\left(\frac{\partial L}{\partial \dot{q}_i}\right)-\frac{\partial L}{\partial q_i}=F_i \tag{6-52}$$

对拉格朗日函数进行求导，求得$\frac{\partial L}{\partial \theta_1}$、$\frac{\partial L}{\partial \theta_2}$、$\frac{\partial L}{\partial \dot{\theta}_1}$、$\frac{\partial L}{\partial \dot{\theta}_2}$，代入式(6-52)，求出机器人的运动微分方程为

$$\begin{aligned}T_1=&[(m_1+m_2)l_1^2+m_2l_2^2+2m_2l_1l_2\cos\theta_2]\ddot{\theta}_1+\\&(m_2l_2^2+m_2l_1l_2\cos\theta)\ddot{\theta}_2-2m_2l_1l_2\sin\theta_1\dot{\theta}_1\dot{\theta}_2+\\&(m_1+m_2)gl_1\sin\theta_1-m_2l_1l_2\sin\theta_2\ddot{\theta}_2^2+\\&m_2gl_2\sin(\theta_1+\theta_2)\end{aligned} \tag{6-53}$$

$$\begin{aligned}T_2=&(m_2l_2^2+m_2l_1l_2\cos\theta_2)\dot{\theta}_1+m_2l_2\dot{\theta}_2-\\&m_2l_1l_2\sin\theta_2\dot{\theta}_1\dot{\theta}_2-m_2l_1l_2\sin\theta_2\dot{\theta}_2+\\&m_2gl_2\sin(\theta_1+\theta_2)\end{aligned} \tag{6-54}$$

将式(6-53)、式(6-54)改写成以下形式

$$\begin{cases}T_1=D_{11}\ddot{\theta}_1+D_{12}\ddot{\theta}_2+D_{111}\ddot{\theta}_1^2+D_{122}\ddot{\theta}_2^2+(D_{112}+D_{121})\dot{\theta}_1\dot{\theta}_2+D_1\\T_2=D_{21}\ddot{\theta}_1+D_{22}\ddot{\theta}_2+D_{211}\dot{\theta}_1^2+D_{222}\ddot{\theta}_2^2+(D_{212}+D_{221})\dot{\theta}_1\dot{\theta}_2+D_2\end{cases} \tag{6-55}$$

式中：$D_{11}\ddot{\theta}_1$、$D_{22}\ddot{\theta}_2$ 为惯性力影响项；$D_{12}\ddot{\theta}_1$、$D_{21}\ddot{\theta}_2$ 为耦合力影响项；$D_{111}\ddot{\theta}_1^2$、$D_{222}\ddot{\theta}_2^2$ 为离心力影响项；$(D_{112}+D_{121})\dot{\theta}_1\dot{\theta}_2$、$(D_{212}+D_{221})\dot{\theta}_1\dot{\theta}_2$ 为哥氏力影响项；D_1、D_2 为重力影响项。

6.3　电路系统模型

6.3.1　基本定理

在电路系统中建立数学模型通常运用基尔霍夫定律建立系统微分方程，再进行拉普拉斯变换，得到系统的传递函数。

基尔霍夫第一定律又称基尔霍夫电流定律，简记为 KCL，是电流的连续性在集总参数电路上的体现，其物理背景是电荷守恒定律。基尔霍夫电流定律是确定电路中任意节点处各支路电流之间关系的定律，因此又称为节点电流定律，定义为

$$\sum_{k=1}^{n} i_k=0 \tag{6-56}$$

基尔霍夫第二定律又称基尔霍夫电压定律，简记为 KVL，是电场为位场时电位的单值性在集总参数电路上的体现，其物理背景是能量守恒。基尔霍夫电压定律是确定电路中任意回路内各电压之间关系的定律，因此又称为回路电压定律。表示为

$$E_j=\sum_{k=1}^{n} L_{jk}\frac{\partial i_k}{\partial t}+i_jR_j+\frac{q_j}{C_j} \tag{6-57}$$

式中：i_j 为第 j 支回路的电流；L_{jk} 为 j 和 k 回路之间的电感；E_j 为第 j 条回路的电动势；R_j 为总电阻；C_j 为总电容；q_j 为第 j 条回路的电荷。

6.3.2　基本电路

1. *RC* 电路

图 6 - 19 为 RC 有源网络，由一个电阻 R 和一个电容 C 组成，输入电压为 u_i，输出电压为 u_o，建立它的数学模型。

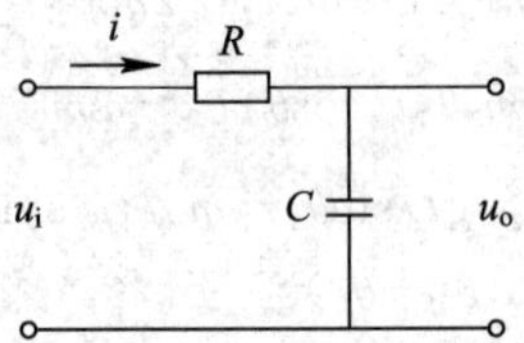

图 6 - 19　RC 电路网络

由于输入电压将消耗在电阻 R 和电容 C 上，有

$$\begin{cases} u_i = Ri + u_o \\ u_o = \dfrac{1}{C}\displaystyle\int i\,dt \end{cases} \tag{6-58}$$

将上式进行拉普拉斯变换，得

$$\begin{cases} U_i(s) = RI(s) + U_o(s) \\ U_o(s) = \dfrac{1}{Cs}I(s) \end{cases} \tag{6-59}$$

根据式(6 - 59)画出 RC 网络的方框图，如图 6 - 20 所示。图 6 - 20(a)与图 6 - 20(b)分别对应式(6 - 59)中的两个微分方程，图 6 - 20(c)为 RC 网络方框图。

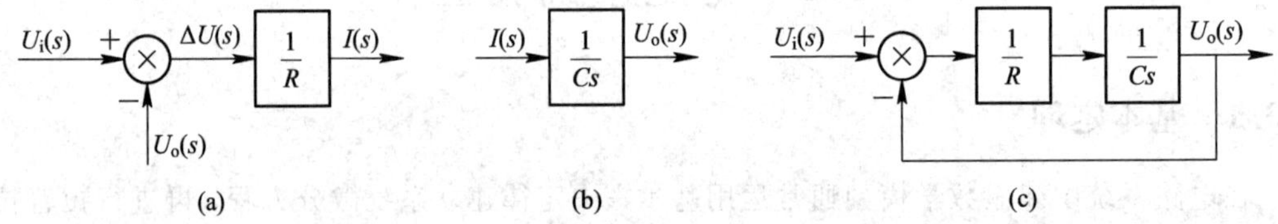

图 6 - 20　RC 网络方框图

对式(6 - 59)进行整理或从方框图 6 - 20(c)整理，得到传递函数为

$$\frac{U_o(s)}{U_i(s)} = \frac{1}{RCs+1} = \frac{1}{Ts+1} \tag{6-60}$$

式中：T 为时间常数，$T=RC$。

图 6 - 21(a)为 RC 无源网络，利用复阻抗概念得到如下关系：

$$\begin{cases} I_1(s) = \dfrac{U_i(s) - U_o(s)}{R_1} \\ I_2(s) = Cs[U_i(s) - U_o(s)] \\ I(s) = I_1(s) + I_2(s) \\ U_o(s) = I(s)R_2 \end{cases} \tag{6-61}$$

由以上关系可得到系统方框图，如图 6 - 21(b)所示。

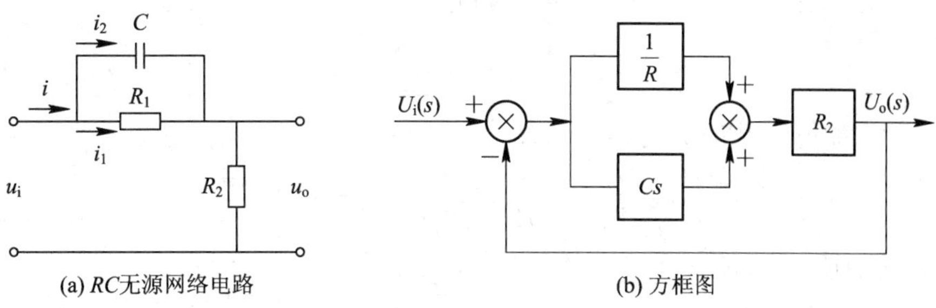

图 6-21　RC 无源网络

由系统方框图，得到系统的传递函数为

$$\frac{U_o(s)}{U_i(s)}=\frac{\left(Cs+\frac{1}{R_1}\right)R_2}{1+\left(Cs+\frac{1}{R_1}\right)R_2}=\frac{R_1R_2Cs+R_2}{R_1R_2Cs+R_1+R_2} \tag{6-62}$$

2. RLC 串联电路

图 6-22(a)为 RLC 串联电路，输出电压 u_o 与输入电压 u_i 关系为

$$u_i=RC\frac{\mathrm{d}u_o}{\mathrm{d}t}+u_o+\frac{R}{L}\int u_o\mathrm{d}t \tag{6-63}$$

对式(6-63)进行拉普拉斯变换，有

$$U_i(s)=RCsU_o(s)+u_o+\frac{R}{Ls}U_o(s) \tag{6-64}$$

对式(6-64)进行整理，得到 RLC 串联电路的传递函数为

$$\frac{U_o(s)}{U_i(s)}=\frac{Ls}{RCs^2+Ls+R} \tag{6-65}$$

根据式(6-65)，画出系统方框图如图 6-22(b)所示。

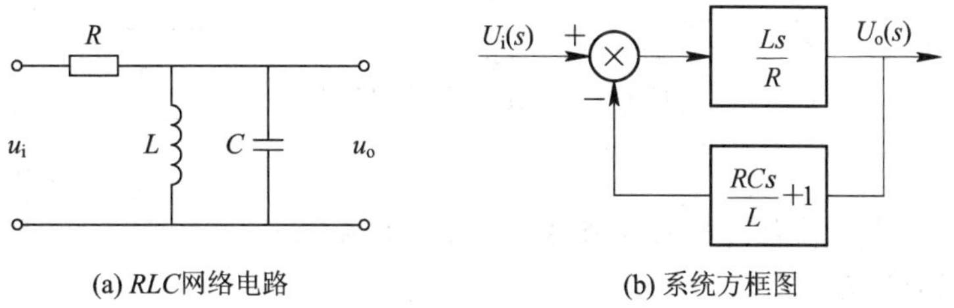

图 6-22　RLC 串联网络

3. 比例-积分调节器

图 6-23 所示为比例-积分调节器电路图，运算放大器工作时，输入电压 $u_B\approx 0$，电流 $i_B\approx 0$，所以 $i_1=-i_2$，输入电路与输出电路复数阻抗 Z_1 和 Z_2 分别为

$$\begin{cases}Z_1=R_1\\ Z_2=R_2+\frac{1}{Cs}\end{cases} \tag{6-66}$$

对输入与输出信号进行拉普拉斯变换，则有

$$\frac{U_i(s)}{Z_1}=-\frac{U_o(s)}{Z_2} \tag{6-67}$$

因此，放大器传递函数为

$$\frac{U_o(s)}{U_i(s)}=-\frac{Z_2}{Z_1}=-\frac{R_2}{R_1}\left(\frac{R_2Cs+1}{R_2Cs}\right)=-K\,\frac{\tau s+1}{\tau s} \tag{6-68}$$

式中：$\tau=R_2C$，$K=R_2/R_1$。

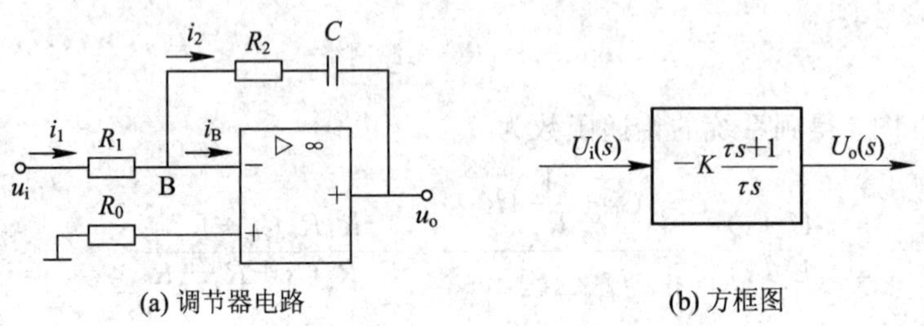

图 6-23　比例-积分调节器

4. 比例-微分调节器

图 6-24 所示为比例微分调节器电路图，根据复阻抗比，求出系统的传递函数为

$$\frac{U_o(s)}{U_i(s)}=-\frac{Z_2}{Z_1}=-\frac{R_2}{1/\left(Cs+\dfrac{1}{R_1}\right)}=-\frac{R_2}{R_1}(R_1Cs+1)=-K(\tau_1s+1) \tag{6-69}$$

式中：$\tau_1=R_1C$。

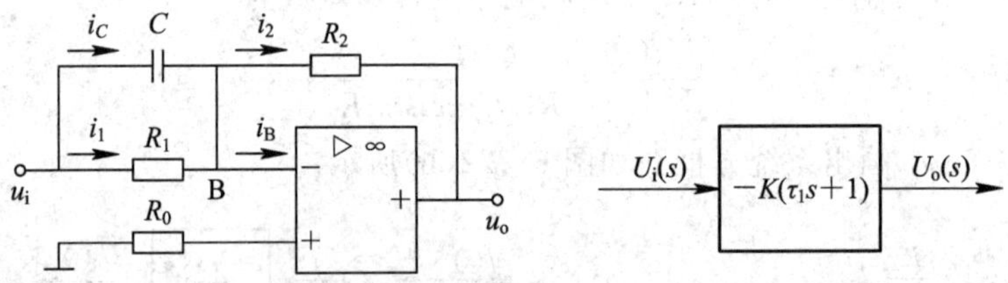

图 6-24　比例-积分调节器

5. 滤波器

图 6-25 所示为一种有源带通滤波器，各支路电流分别为 i_1、i_2、i_3、i_4，按复数阻抗比关系，可得到如下方程组：

$$\begin{cases}U_i(s)-U_A(s)=I_1(s)R_1\\I_1(s)=I_2(s)+I_3(s)+I_4(s)\\I_2(s)=\dfrac{U_A(s)}{R_2}\\I_3(s)=C_1U_A(s)s\\I_4(s)=C_2[U_A(s)-U_o(s)]s\\I_3(s)=-\dfrac{U_o(s)}{R_3}\end{cases} \tag{6-70}$$

在式(6－70)中消去 $I_1(s)$、$I_2(s)$、$I_3(s)$、$I_4(s)$和 $U_A(s)$，经整理得到传递函数为

$$\frac{U_o(s)}{U_i(s)}=\frac{\frac{R_2R_3}{R_1+R_2}C_1s}{\frac{R_1R_2R_3}{R_1+R_2}C_1C_2s^2+\frac{R_1R_2}{R_1+R_2}(C_1+C_2)s+1} \tag{6-71}$$

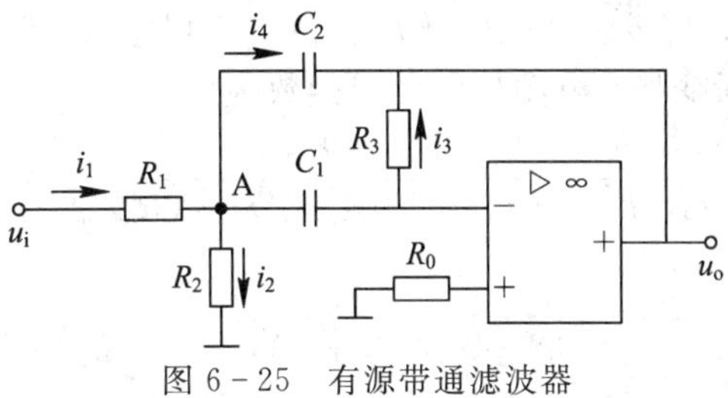

图 6－25　有源带通滤波器

6.3.3　伺服电动机

1. 直流伺服电动机

图 6－26 所示为电枢控制式直流电动机的等效电路图，该系统由一个电动机和一套由转动惯量及旋转阻尼组成的机械系统构成。电动机电枢电阻和电感不可忽略，考虑串联在电回路中。机械系统中转动惯量与旋转阻尼具有相同的运动速度，按并联处理。

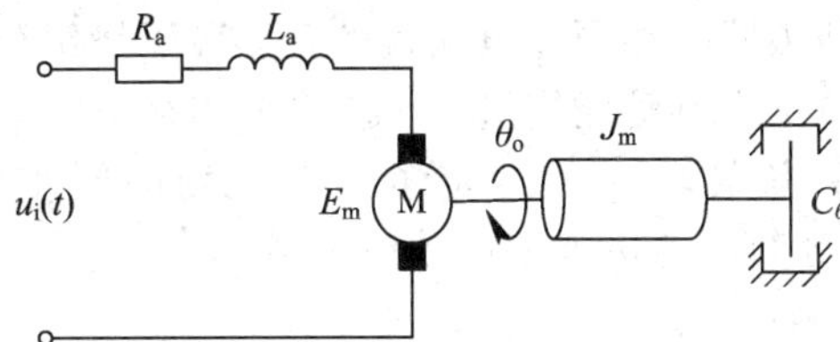

图 6－26　电枢控制式直流电动机的等效电路

设电动机系统的输入电压为 $u_i(t)$，输出电动机转子转角为 θ_o，i_a 为通过电枢绕组电流，e_m 为电动机感应电动势，T_m 为电动机转矩。

在电动机的电枢中，根据基尔霍夫电压定律，有

$$u_i=i_aR_a+L_a\frac{di_a}{dt}+E_m \tag{6-72}$$

设电动机的力矩常数为 K_T，由前面直流电动机的特性可知，电动机输出力矩与电枢输入电流成正比，有

$$T_m=K_Ti_a \tag{6-73}$$

设电动机的反电动势常数为 K_e，则电动机感应电动势与电动机的磁通常量成正比，则感应电动势为

$$E_m=K_e\dot{\theta}_o \tag{6-74}$$

电动机负载有电动机转子本身的转动惯量和阻尼负载，设电动机负载折算到电动机轴的黏性阻尼系数为 C_θ，电动机转子转动惯量为 J_m，根据牛顿第二定律，电动机转子的运动微分方程为

$$T_m = J_m \ddot{\theta}_o + C_\theta \dot{\theta}_o \tag{6-75}$$

将式(6-73)代入式(6-75)，有

$$i_a = \frac{1}{K_T}(J_m \ddot{\theta}_o + C_\theta \dot{\theta}_o) \tag{6-76}$$

将式(6-74)、式(6-75)代入式(6-72)，则有

$$K_T u_i = L_a J_m \dddot{\theta}_o + (L_a C_\theta + R_a J_m)\ddot{\theta}_o + (R_a C_\theta + K_T K_e)\dot{\theta}_o \tag{6-77}$$

对式(6-77)进行拉普拉斯变换，电动机的传递函数为

$$\frac{\theta_o(s)}{U_i(s)} = \frac{K_T}{s[L_a J_m s^2 + (L_a C_\theta + R_a J_m)s + (R_a C_\theta + K_T K_e)]} \tag{6-78}$$

2. 交流伺服电动机

交流电动机的形式较多，有同步与异步之分，异步电动机又分为绕线式和笼型，同步电动机又分为永磁式和励磁式。不同类型的交流电动机动的数学模型不相同，但是各类交流电动机的转子运动方程都是一样的，即

$$\begin{cases} T_m = T_L + C_\Omega \dfrac{d\theta}{dt} + J_m \dfrac{d^2\theta}{dt^2} \\ \omega = \dfrac{1}{p_0}\dfrac{d\theta}{dt} \end{cases} \tag{6-79}$$

式中：ω 为转子角速度，θ 为转子角位移，p_0 为电动机的极对数，J_m 为转动部分的转动惯量，C_Ω 为机械阻尼系数。

图 6-27 所示是一台凸极式三相同步电动机的定、转子绕组分布示意图，定子三相绕组分别用 A、B、C 表示，转子上有励磁绕组 f，定子 A 相绕组轴线与转子 d 轴方向夹角为 θ，转子以角速度 ω 逆时针旋转，ω_1 表示定子旋转磁场的同步角速度，在稳态运行时 $\omega=\omega_1$，为使计算简便，此处暂不考虑笼型启动绕组。

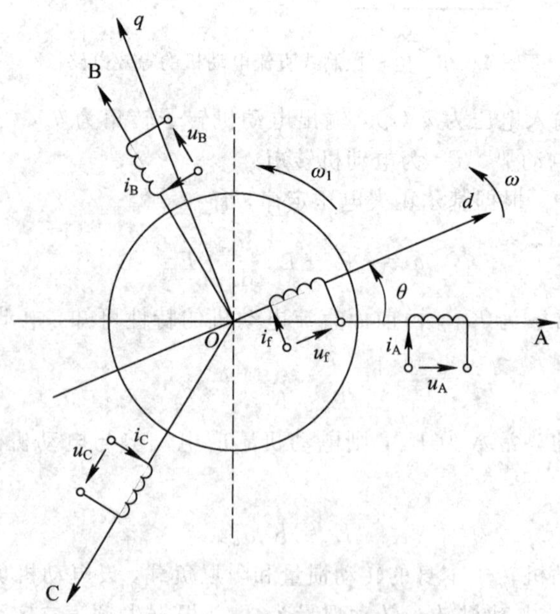

图 6-27　凸极式三相同步电动机示意图

凸极式三相同步电动机各绕组的电压平衡方程为

$$\begin{cases}u_{\mathrm{A}}=R_{s}i_{\mathrm{A}}+\dfrac{\mathrm{d}\psi_{A}}{\mathrm{d}t}\\ u_{\mathrm{B}}=R_{\mathrm{s}}i_{\mathrm{B}}+\dfrac{\mathrm{d}\psi_{\mathrm{B}}}{\mathrm{d}t}\\ u_{\mathrm{C}}=R_{s}i_{\mathrm{C}}+\dfrac{\mathrm{d}\psi_{\mathrm{C}}}{\mathrm{d}t}\\ u_{\mathrm{f}}=R_{\mathrm{f}}i_{\mathrm{f}}+\dfrac{\mathrm{d}\psi_{\mathrm{f}}}{\mathrm{d}t}\end{cases} \tag{6-80}$$

式中：ψ_{A}、ψ_{B}、ψ_{C} 为定子各相绕组的磁链；ψ_{f} 为转子励磁绕组的磁链；R_{s} 为定子每相绕组的电阻；R_{f} 为励磁绕组的电阻。

对于定子三相绕组和转子励磁绕组，磁链方程为

$$\begin{cases}\psi_{\mathrm{A}}=L_{\mathrm{A}}i_{\mathrm{A}}+M_{\mathrm{AB}}i_{\mathrm{B}}+M_{\mathrm{AC}}i_{\mathrm{C}}+M_{\mathrm{Af}}i_{\mathrm{f}}\\ \psi_{\mathrm{B}}=M_{\mathrm{BA}}i_{\mathrm{A}}+L_{\mathrm{B}}i_{\mathrm{B}}+M_{\mathrm{BC}}i_{\mathrm{C}}+M_{\mathrm{Bf}}i_{\mathrm{f}}\\ \psi_{\mathrm{C}}=M_{\mathrm{CA}}i_{\mathrm{A}}+M_{\mathrm{CB}}i_{\mathrm{B}}+L_{\mathrm{C}}i_{\mathrm{C}}+M_{\mathrm{Cf}}i_{\mathrm{f}}\\ \psi_{\mathrm{f}}=M_{\mathrm{fA}}i_{\mathrm{A}}+M_{\mathrm{fB}}i_{\mathrm{B}}+M_{\mathrm{fC}}i_{\mathrm{C}}+L_{\mathrm{f}}i_{\mathrm{f}}\end{cases} \tag{6-81}$$

式中：定子各相绕组的自感 L_{A}、L_{B}、L_{C} 和定子各相绕组间的互感 M_{AB}、M_{AC}、M_{BA}、M_{BC}、M_{CA}、M_{CB} 均为转子角位移 θ 的函数，即

$$\begin{cases}L_{\mathrm{A}}=L_{\mathrm{s0}}+L_{\mathrm{s2}}\cos2\theta\\ L_{\mathrm{B}}=L_{\mathrm{s0}}+L_{\mathrm{s2}}\cos2\left(\theta-\dfrac{2\pi}{3}\right)\\ L_{\mathrm{C}}=L_{\mathrm{s0}}+L_{\mathrm{s2}}\cos2\left(\theta+\dfrac{2\pi}{3}\right)\\ M_{\mathrm{BC}}=M_{\mathrm{CB}}=-M_{\mathrm{s0}}+M_{\mathrm{s2}}\cos2\theta\\ M_{\mathrm{CA}}=M_{\mathrm{AC}}=-M_{\mathrm{s0}}+M_{\mathrm{s2}}\cos2\left(\theta-\dfrac{2\pi}{3}\right)\\ M_{\mathrm{AB}}=M_{\mathrm{BA}}=-M_{\mathrm{s0}}+M_{\mathrm{s2}}\cos2\left(\theta+\dfrac{2\pi}{3}\right)\end{cases} \tag{6-82}$$

式中：L_{s0} 和 M_{s0} 分别为定子绕组自感和互感的恒值分量；L_{s2} 和 M_{s2} 分别为定子绕组自感和互感二倍频分量的幅值。

L_{f} 为转子励磁绕组的自感，当不计齿槽效应时，定子铁芯内圆为光滑圆柱，故无论转子转到什么位置，转子磁动势所遇磁阻不变，因而 L_{f} 的大小与转子位置无关，为常值。

M_{Af}、M_{Bf}、M_{Cf}、M_{fA}、M_{fB}、M_{fC} 是励磁绕组与定子绕组间的互感，按气隙磁场为正弦分布的假定，则有

$$\begin{cases}M_{\mathrm{Af}}=M_{\mathrm{fA}}=M_{\mathrm{Afm}}\cos\theta\\ M_{\mathrm{Bf}}=M_{\mathrm{fB}}=M_{\mathrm{Afm}}\cos\left(\theta-\dfrac{2\pi}{3}\right)\\ M_{\mathrm{Cf}}=M_{\mathrm{fC}}=M_{\mathrm{Afm}}\cos\left(\theta+\dfrac{2\pi}{3}\right)\end{cases} \tag{6-83}$$

式(6-83)中，M_{Afm} 为励磁绕组轴线与定子相绕组轴线重合时的互感。

可见，三相同步电动机的电压方程(6-80)也是一组变系数的微分方程，该方程可以简化为

$$\boldsymbol{u}=\boldsymbol{Ri}+p_0\boldsymbol{\psi}=\boldsymbol{Ri}+p(\boldsymbol{Li}) \tag{6-84}$$

式(6-84)中，$\boldsymbol{u}$、$\boldsymbol{i}$、$\boldsymbol{\psi}$ 分别为电压向量、电流向量和磁链向量。

$$\boldsymbol{u}=\begin{bmatrix}u_{\mathrm{A}}\\u_{\mathrm{B}}\\u_{\mathrm{C}}\\u_{\mathrm{f}}\end{bmatrix},\ \boldsymbol{i}=\begin{bmatrix}i_{\mathrm{A}}\\i_{\mathrm{B}}\\i_{\mathrm{C}}\\i_{\mathrm{f}}\end{bmatrix},\ \boldsymbol{\psi}=\begin{bmatrix}\psi_{\mathrm{A}}\\\psi_{\mathrm{B}}\\\psi_{\mathrm{C}}\\\psi_{\mathrm{f}}\end{bmatrix} \tag{6-85}$$

$\boldsymbol{R}$、$\boldsymbol{L}$ 分别为电阻矩阵和电感矩阵，分别为

$$\boldsymbol{R}=\begin{bmatrix}R_{\mathrm{s}}&0&0&0\\0&R_{\mathrm{s}}&0&0\\0&0&R_{\mathrm{s}}&0\\0&0&0&R_{\mathrm{f}}\end{bmatrix},\ \boldsymbol{L}=\begin{bmatrix}L_{\mathrm{A}}&M_{\mathrm{AB}}&M_{\mathrm{AC}}&M_{\mathrm{Af}}\\M_{\mathrm{BA}}&L_{\mathrm{B}}&M_{\mathrm{BC}}&M_{\mathrm{Bf}}\\M_{\mathrm{CA}}&M_{\mathrm{CB}}&L_{\mathrm{C}}&M_{\mathrm{Cf}}\\M_{\mathrm{fA}}&M_{\mathrm{fB}}&M_{\mathrm{fC}}&L_{\mathrm{f}}\end{bmatrix} \tag{6-86}$$

电动机的电磁转矩 T_{m} 为

$$T_{\mathrm{m}}=\frac{p_0}{2}\boldsymbol{i}^{\mathrm{T}}\,\frac{\partial\boldsymbol{L}}{\partial\theta}\,\boldsymbol{i} \tag{6-87}$$

式中，电感矩阵 $\boldsymbol{L}$ 的偏导数 $\partial\boldsymbol{L}/\partial\theta$ 中，仅 $\partial L_{\mathrm{f}}/\partial\theta=0$，其余元素仍为转子角位移 θ 的函数。

将式(6-79)与式(6-87)联立，消去方程中的 T_{m}，则得到电动机角位移与电动机绕组电流之间的方程为

$$\frac{p_0}{2}\boldsymbol{i}^{\mathrm{T}}\,\frac{\partial\boldsymbol{L}}{\partial\theta}\,\boldsymbol{i}=T_{\mathrm{L}}+C_{\Omega}\,\frac{\mathrm{d}\theta}{\mathrm{d}t}+J_{\mathrm{m}}\,\frac{\mathrm{d}^2\theta}{\mathrm{d}t^2} \tag{6-88}$$

6.4 液压与气压系统模型

6.4.1 阀控液压缸

阀控液压缸是指用滑阀调节输出流量的大小和方向来控制液压缸的运动速度和方向的液压传动系统，具有响应快、控制精度高的优点。阀控液压缸由滑阀和液压缸组成，按阀和缸的结构形式不同分为对称与非对称性阀、对称与非对称性缸。

在此介绍其中一种类型，即对称阀-非对称缸的数学模型，系统组成如图 6-28 所示。图中，Q_1 为液压缸进口的流量；Q_2 为液压缸出口的流量；x_{v} 为滑阀芯的位移；y 为液压缸活塞的位移；m 为活塞及负载折算到活塞上的总质量；C_{e} 为活塞及负载的黏性阻尼系数；K 为负载弹簧刚度；F_{L} 为作用在活塞上的工作负载。

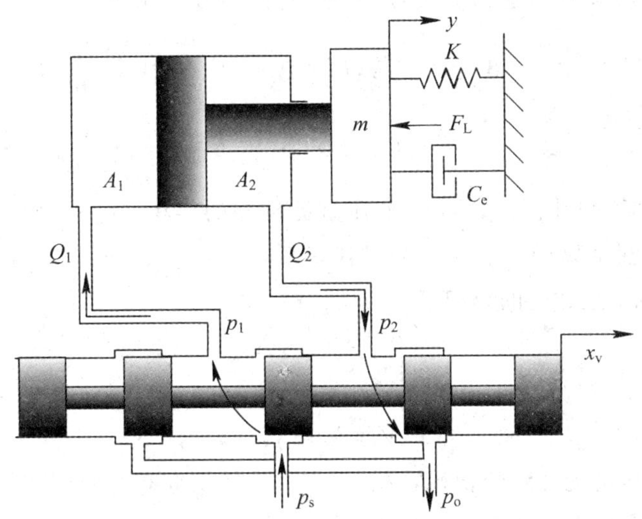

图 6 - 28　阀控液压缸原理图

由滑阀的基本公式可知，液压缸两腔的流量连续性方程分别为

$$\begin{cases} Q_1 = C_d w x_v \sqrt{\dfrac{2}{\rho}(p_s - p_1)} \\ Q_2 = C_d w x_v \sqrt{\dfrac{2}{\rho}(p_2 - p_o)} \end{cases} \tag{6-89}$$

式中，C_d 为流量系数；w 为滑阀窗口孔宽度；p_s 为滑阀进口压力；p_1 为液压缸无杆腔进口压力；p_2 为液压缸有杆腔出口压力；p_o 为滑阀出口压力；ρ 为液压油密度。

稳态时，$\dfrac{Q_1}{A_1}=\dfrac{Q_2}{A_2}=v$，$\dfrac{Q_1}{Q_2}=\dfrac{A_1}{A_2}=n$，$p_o=0$，由式(6 - 89)可以得到

$$p_s = p_1 + n^2 p_2 \tag{6-90}$$

令 $p_L = p_1 - p_2$，可推出

$$\begin{cases} p_1 = \dfrac{p_s + n^2 p_L}{1+n^2} \\ p_2 = \dfrac{p_s - p_L}{1+n^2} \end{cases} \tag{6-91}$$

滑阀输出的负载流量 Q_L 与负载压力 p_L 的关系为

$$Q_L = \frac{1}{2}(Q_1 + Q_2) = \frac{1}{2} C_d w x_v \frac{1+n}{\sqrt{1+n^2}} \sqrt{\frac{2}{\rho}(p_s - p_L)} \tag{6-92}$$

对式(6 - 92)进行线性化，则

$$Q_L = \frac{\partial Q_L}{\partial x_v} x_v - \frac{\partial Q_L}{\partial p_L} p_L = K_q x_v - K_c p_L \tag{6-93}$$

式中，K_q 为流量增益；K_c 为流量-压力系数。

假设阀与液压缸的连接管道对称，管道中的压力损失和管道动态可以忽略；液压缸每个工作腔内各处压力相等，油温和体积弹性模量为常数；液压缸内外泄漏均为层流流动。

根据流量计算公式，液压缸进口流量 Q_1 与出口流量 Q_2 分别为

$$\begin{cases} Q_1 = A_1 \dfrac{dy}{dt} + C_{ip}(p_1 - p_2) + C_{ep} p_1 + \dfrac{V_1}{\beta_e} \dfrac{dp_1}{dt} \\ Q_2 = A_2 \dfrac{dy}{dt} + C_{ip}(p_1 - p_2) - C_{ep} p_2 - \dfrac{V_2}{\beta_e} \dfrac{dp_2}{dt} \end{cases} \tag{6-94}$$

式中：β_e 为有效体积弹性模量；V_1 为液压缸无杆腔的容积；V_2 为液压缸有杆腔的容积；C_{ip} 为液压缸内泄漏系数；C_{ep} 为液压缸外泄漏系数。

液压缸运动时，工作腔的容积可写为

$$\begin{cases} V_1 = V_{10} + A_1 y \\ V_2 = V_{20} - A_2 y \\ V_t = V_1 + V_2 \end{cases} \tag{6-95}$$

式中：V_{10} 为是液压缸无杆腔的初始容积；V_{20} 为是液压缸有杆腔的初始容积；A_1 为液压缸无杆腔面积；A_2 为液压缸有杆腔面积。

负载流量连续性方程为

$$Q_L = \frac{1}{2}(A_1 + A_2)\frac{dy}{dt} + C_{ip}(p_1 - p_2) + \frac{1}{2}C_{ep}(p_1 - p_2) + \frac{1}{2\beta_e}\left(V_{10} \frac{dp_1}{dt} + A_1 y \frac{dp_1}{dt}\right) + \frac{1}{2\beta_e}\left(V_{20} \frac{dp_2}{dt} - A_2 y \frac{dp_2}{dt}\right) \tag{6-96}$$

对式(6－91)求导得

$$\begin{cases} \dfrac{dp_1}{dt} = \dfrac{n^2}{1+n^2} \dfrac{dp_L}{dt} \\ \dfrac{dp_2}{dt} = \dfrac{1}{1+n^2} \dfrac{dp_L}{dt} \end{cases} \tag{6-97}$$

如果忽略内泄漏流量和外泄漏流量，再假设两腔的压缩流量为 $Q_1 = nQ_2$，因为 $A_1 y \ll V_{01}$，$A_2 y \ll V_{02}$，在此忽略 $A_1 y$ 与 $A_2 y$ 影响，则有

$$\begin{cases} V_1 = \dfrac{1}{1+n} V_t \\ V_2 = \dfrac{n}{1+n} V_t \end{cases} \tag{6-98}$$

将式(6－95)、式(6－97)代入式(6－96)，并进行简化，得

$$Q_L = A_e \frac{dy}{dt} + C_{tp} p_L + \frac{nV_t}{2\beta_e (1+n^2)} \frac{dp_L}{dt} \tag{6-99}$$

式中：$A_e = (A_1 + A_2)/2$；C_{tp} 为液压缸总泄漏系数，$C_{tp} = C_{ip} + C_{ep}/2$

液压缸和负载的力平衡方程为

$$m \frac{d^2 y}{dt^2} + C_e \frac{dy}{dt} + Ky + F_L = \frac{A_2[(n-1)p_s + (n^3+1)p_L]}{1+n^2} \tag{6-100}$$

对式(6－93)、式(6－99)、式(6－100)进行拉普拉斯变换，可得到三个基本方程为

$$
\begin{cases}
\dfrac{A_2[(n-1)P_s+(n^3+1)P_L]}{1+n^2}=ms^2Y+C_esY+KY+F_L \\
Q_L=A_esY+C_{tp}P_L+\dfrac{nV_t}{2\beta_e(1+n^2)}sP_L \\
Q_L=K_qX_v-K_cP_L
\end{cases}
\tag{6-101}
$$

由公式(6－101)可以画出对称阀-非对称缸的方框图，如图 6－29 所示，K_{ce} 为总压力-流量系数，$K_{ce}=C_{tp}+K_c$；$K_A=\dfrac{n}{2(1+n^2)}$；$C_q=\dfrac{2(1-n+n^2)}{1+n^2}$。

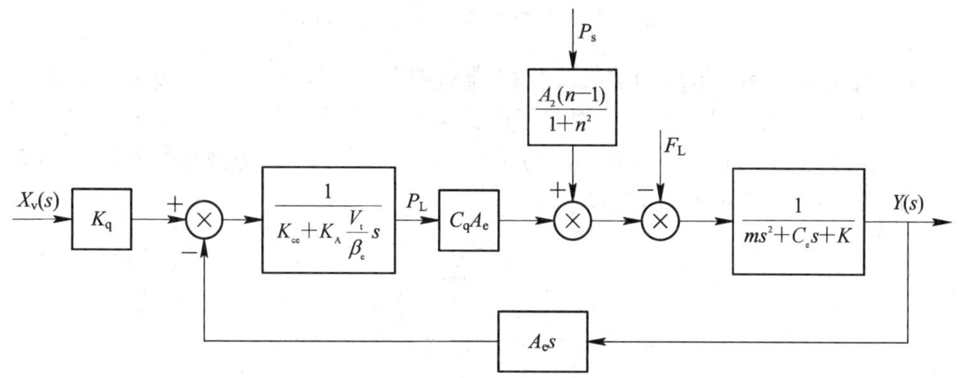

图 6－29　阀控液压缸的系统方框图

由图 6－29，得到对称阀-非对称缸的传递函为

$$
Y(s)=\frac{\dfrac{K_q}{A_p}X_v(s)-\dfrac{K_c}{A_e^2C_q}\left(1+\dfrac{K_aV_t}{\beta_eK_c}s\right)F_L+\dfrac{K_c}{A_e^2C_q}\left(1+\dfrac{K_aV_t}{\beta_eK_c}s\right)\dfrac{n-1}{1+n^2}A_2P_s}{\dfrac{mK_aV_t}{\beta_eA_p^2C_q}s^3+\left(\dfrac{mK_c}{A_e^2C_q}+\dfrac{K_aC_eV_t}{\beta_eA_p^2C_q}\right)s^2+\left(1+\dfrac{C_eK_c}{A_e^2C_q}+\dfrac{K_aKV_t}{\beta_cA_p^2C_q}\right)s+\dfrac{KK_c}{A_e^2C_q}}
\tag{6-102}
$$

如果负载不是弹性负载和阻尼情况下，即 $C_e=0$，$K=0$，公式(6－102)可简化为

$$
Y(s)=\frac{\dfrac{K_q}{A_e}X_v(s)-\dfrac{K_c}{A_e^2C_q}\left(1+\dfrac{K_aV_t}{\beta_eK_c}s\right)F_L+\dfrac{K_c}{A_e^2C_q}\left(1+\dfrac{K_aV_t}{\beta_eK_c}s\right)\dfrac{n-1}{1+n^2}A_2p_s}{s\left(\dfrac{1}{\omega_n^2}s^2+\dfrac{2\xi_n}{\omega_n}s+1\right)}
\tag{6-103}
$$

式中：ω_n 为系统固有频率，$\omega_n=\sqrt{\dfrac{\beta_eA_e^2C_q}{K_amV_t}}$；$\xi_n$ 为液压阻尼比，$\xi_n=\dfrac{K_c}{2A_e}\sqrt{\dfrac{\beta_em}{K_aV_tC_q}}$。

6.4.2　阀控液压马达

阀控液压马达是利用阀控制液压马达的转速、位移或力矩的一种控制系统。在此以直动式比例方向阀为例控制液压马达的运行，控制原理如图 6－30 所示。工作时比例电磁铁直接推动方向阀阀芯产生位移，其位移量的大小与电磁铁控制电压值有关，改变电磁铁控制电压的大小可改变比例方向阀开口的大小，以期得到所需的转速度、角位移或力矩。

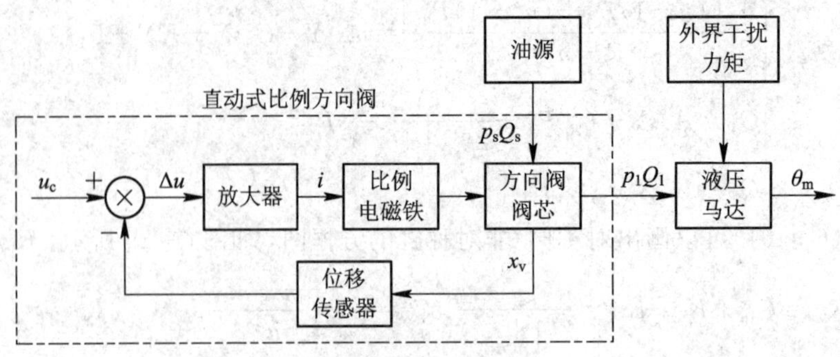

图 6-30　阀控液压马达控制原理图

直动式比例方向阀控液压马达有工作原理图如图 6-31 所示，Q_1 为流入液压马达左腔的流量，Q_2 为由液压马达右腔流回油箱的流量，Q_s 为供油流量，p_1 为液压马达左腔液体的压力，p_2 为液压马达右腔液体的压力，p_s 为供油压力，V_1 为液压马达左腔的有效容积，V_2 为液压马达右腔的有效容积。

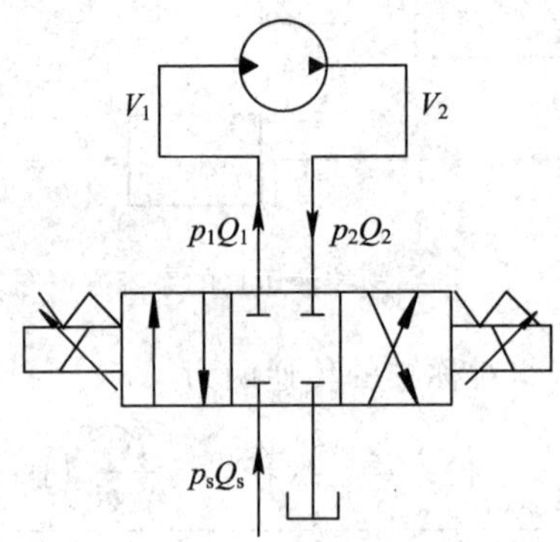

图 6-31　液压原理图

1. 直动比例阀模型

在工作区域内，电磁铁推力的近似线性表达式为

$$F_M = K_i i - K_y \Delta x \tag{6-104}$$

式中：K_i 为电磁铁的电流力增益，$K_i = F_M/i$；K_y 为电磁铁的位移力增益，$K_y = F_M/x$；Δx 为电磁衔铁位移。

比例电磁铁控制线圈的电压平衡方程为

$$u_c = L\frac{\mathrm{d}i}{\mathrm{d}t} + (R_c + r_p)i + K_e\frac{\mathrm{d}x_v}{\mathrm{d}t} \tag{6-105}$$

式中：u_c 为控制电压；L 为线圈电感；R_c 为线圈内阻；r_p 为放大器内阻；K_e 为线圈感应反电动势系数。

对式(6-105)进行拉普拉斯变换，有

$$U_c(s) = LsI(s) + (R_c + r_p)I(s) + K_e sX_v(s) \tag{6-106}$$

令 $U(s) = U_c(s) - K_e sX_v(s)$，$G_1(s) = Ls + (R_c + r_p)$，对式(6-106)进行整理得

$$U(s) = I(s)G_1(s) \tag{6-107}$$

阀芯受力平衡方程式为

$$m\frac{d^2x_v}{dt^2}+C_v\frac{dx_v}{dt}+K_sx_v+F_x=F_M \tag{6-108}$$

式中：m 为阀芯-衔铁组件的质量；C_v 为阻尼系数；K_s 为衔铁组件的弹簧刚度；F_x 为稳态液动力。

稳态液动力的线性化增量表达式为

$$\Delta F_x=K_x\Delta x-K_p\Delta p_1 \tag{6-109}$$

式中：K_x 为流量增益；K_p 为流量-压力系数。

把式(6-104)和式(6-109)代入式(6-108)，则有

$$m\frac{d^2\Delta x_v}{dt^2}+C_v\frac{d\Delta x_v}{dt}+K_s\Delta x_v+K_x\Delta x_v-K_p\Delta p_1=K_ii-K_y\Delta x_v \tag{6-110}$$

对式(6-110)进行拉普拉斯变换，有

$$ms^2X_v(s)+C_vsX_v(s)+K_sX_v(s)+K_xX_v(s)-K_pP_1(s)=K_iI(s)-K_yX_v(s) \tag{6-111}$$

令 $G_2(s)=ms^2+C_vs+K_s+K_x+K_y$，对式(6-111)进行整理得

$$X_v(s)=\frac{K_iI(s)+K_pP_1(s)}{G_2(s)} \tag{6-112}$$

2. 阀控液压马达模型

比例阀流量方程为

$$Q_m=C_dwx_v\sqrt{\frac{2}{\rho}(p_s-p_1)} \tag{6-113}$$

式中：C_d 为流量系数；w 为滑阀窗口孔宽度；ρ 为液压油密度。

其流量连续方程为

$$\Delta Q_m=\frac{\partial Q_m}{\partial x_v}+\frac{\partial Q_m}{\partial p_1}=K_x\Delta x-K_p\Delta p_1 \tag{6-114}$$

式中：$K_x=C_dw\sqrt{\frac{2}{\rho}(p_s-p_1)}$；$K_p=\frac{C_dwx_v}{2}\sqrt{\frac{2}{\rho(p_s-p_{10})}}$。

对式(6-114)进行拉普拉斯变换，则有

$$Q_m(s)=K_xX_v(s)-K_pP_1(s) \tag{6-115}$$

液压马达流量连续方程为

$$Q_m=C_{im}(p_1-p_2)+C_{em}p_1+\frac{dV_1}{dt}+\frac{V_1p_1}{\beta_e} \tag{6-116}$$

式中：β_e 为有效体积弹性模量；C_{im} 为液压内泄漏系数；C_{em} 为液压马达外泄漏系数。

$$V_1=V_{10}+\Delta V(\theta_m) \tag{6-117}$$

式中：V_{10} 为工作时进油腔初始容积；θ_m 为马达角位移。

对 V_1 求导可得

$$\frac{dV_1}{dt}=\frac{d\Delta V_1}{dt}=D_m\frac{d\theta_m}{dt}=D_m\omega_m \tag{6-118}$$

式中：D_m 为马达每弧度的体积排量；ω_m 为马达转速。

将式(6-118)代入式(6-116)，可得

$$Q_m = C_{im}(p_1 - p_2) + C_{em}p_1 + D_m \frac{d\theta_m}{dt} + \frac{V_1 p_1}{\beta_e} \tag{6-119}$$

对式(6-119)式取增量，设 p_2 为定值，有

$$\Delta Q_m = (C_{im} + C_{em})\Delta p_1 + D_m \Delta\theta_m + \frac{V_1 \Delta p_1}{\beta_e} \tag{6-120}$$

对式(6-120)进行拉普拉斯变换，可得

$$Q_m(s) = (C_{im} + C_{em})P_1(s) + D_m s\theta_m(s) + \frac{V_1 P_1(s)}{\beta_e} \tag{6-121}$$

由式(6-115)和式(6-121)，经整理后得

$$K_x X(s) - \left(C_{im} + C_{em} + K_p + \frac{V_1}{\beta_e}\right)P_1(s) = D_m s\theta_m(s) \tag{6-122}$$

液压马达力矩平衡方程为

$$T_t = D_m P_L = (J_t s^2 + C_m s)\theta_m(s) + T_f \tag{6-123}$$

式中：T_t 为马达输出力矩；T_f 为外干扰力矩；J_t 为马达输出轴上的等效转动惯量；C_m 为黏性阻尼系数；p_L 为负载压力，$p_L = p_1 - p_2$，p_2 为常数，$P_1(s) = P_L(s)$。

由式(6-123)可得

$$P_1(s) = P_L(s) = \frac{J_t s^2 + C_m s}{D_m}\theta_m(s) + \frac{T_f}{D_m} \tag{6-124}$$

令 $G_5 = \frac{J_t}{D_m}s^2 + \frac{C_m}{D_m}s$，则有

$$P_L(s) = G_5\theta_m(s) + \frac{T_f}{D_m} \tag{6-125}$$

由式(6-122)和式(6-124)，得

$$K_x X_v(s) - \frac{C_{im} + C_{em} + K_p + \frac{V_1}{\beta_e}}{D_m}T_f = \left[D_m s + \left(C_{im} + C_{em} + K_p + \frac{V_1}{\beta_e}s\right)\frac{J_t s^2 + C_m s}{D_m}\right]\theta_m(s) \tag{6-126}$$

令

$$G_4 = \frac{C_{im} + C_{em} + K_p + \frac{V_1}{\beta_e}}{D_m}$$

$$\begin{aligned} G_3 &= D_m s + \left(C_{im} + C_{em} + K_p + \frac{V_1}{\beta_e}s\right)\frac{J_t s^2 + C_m s}{D_m} \\ &= \frac{V_1 J_t}{\beta_e D_m}s^3 + \left[\frac{(C_{im} + C_{em} + K_p)J}{D_m} + \frac{V_1 C_m}{\beta_e D_m}\right]s^2 + \left[\frac{(C_{im} + C_{em} + K_p)C_m}{D_m} + D_m\right]s \end{aligned}$$

则式(6-126)可表示为

$$K_x X_v(s) - G_4 T_f = G_3\theta_m(s) \tag{6-127}$$

由式(6-107)、式(6-112)、式(6-125)和式(6-127)可得阀控液压马达的系统方框图如图 6-32 所示。

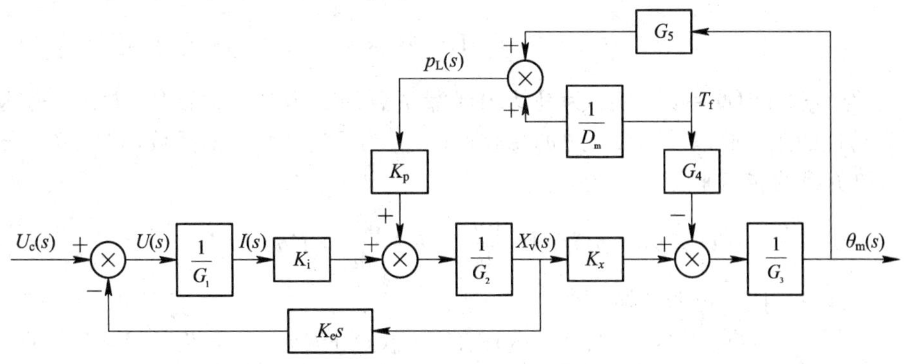

图 6－32　阀控液压马达系统框图

6.4.3　泵控液压马达

泵控液压马达是通过改变泵的排量即改变泵的输出功率来控制传送给负载的动力系统。图 6－33 所示为采用变量泵控制液压马达的原理图，系统由变量泵、先导式溢流阀、液压马达、单向阀等组成。

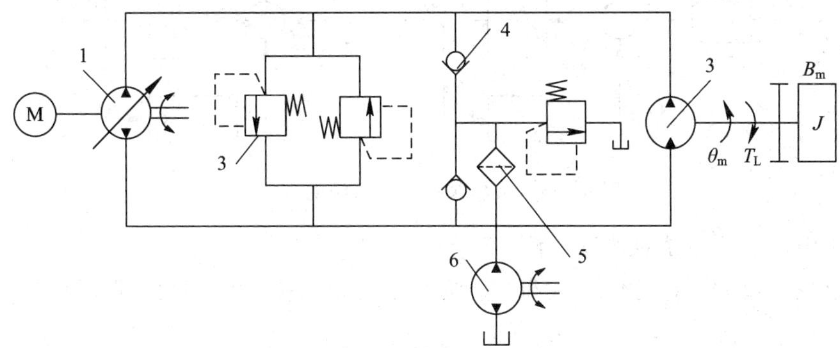

1—变量泵；2—液压马达；3—先导式溢流阀；4—单向阀；5—滤油器；6—补油泵

图 6－33　泵控马达系统

根据变量泵的工作原理，泵的流量连续方程为

$$Q_p = D_p\omega_p - C_{ip}(p_1 - p_r) - C_{ep}p_1 \tag{6-128}$$

式中：D_p 为泵排量；C_{ip} 为泵内泄漏系数；C_{ep} 为泵外泄漏系数；p_1 为高压侧压力；p_r 为低压侧压力。

通常认为补油压力为常数，为工作时的低腔压力，即 p_r＝常数，将式(6－128)进行拉普拉斯变换，得

$$Q_p(s) = K_{qp}\gamma(s) - C_{tp}P_1(s) \tag{6-129}$$

式中：γ 为变量泵斜盘倾角系数；K_{qp} 为变量泵流量增益，$K_{qp}=K_p\omega_p$；C_{tp} 为泵的总泄漏系数，$C_{tp}=C_{ip}+C_{ep}$。

液压马达高压腔的流量连续性方程为

$$Q_p = C_{im}(p_1 - p_r) + C_{em}p_1 + D_m\frac{d\theta_m}{dt} + \frac{V_o}{\beta_e}\frac{dp_1}{dt} \tag{6-130}$$

对式(6－130)进行拉普拉斯变换，有

$$Q_p(s)=C_{tm}P_1(s)+D_m s\theta_m(s)+\frac{V_o}{\beta_e}sP_1(s) \tag{6-131}$$

式中：C_{em} 为马达外泄漏系数；C_{em} 为马达内泄漏系数；θ_m 为马达轴转角；D_m 为马达排量；V_o 为泵和马达的工作腔以及连接管道的总容积；C_{tm} 为马达的总泄漏系数，$C_{tm}=C_{em}+C_{im}$。

马达和负载的转矩平衡方程为

$$D_m(p_1-p_r)=J_t\frac{d^2\theta_m}{dt^2}+C_m\frac{d\theta_m}{dt}+K\theta_m+T_L \tag{6-132}$$

对式(6-132)进行拉普拉斯变换，有

$$D_m P_1(s)=J_t s^2\theta_m(s)+C_m s\theta_m(s)+K\theta_m(s)+T_L \tag{6-133}$$

式中：J_t 为马达和负载折算到马达轴上的总惯量；C_m 为马达和负载折算到马达上的总黏性阻尼系数；K 为负载刚度；T_L 为作用在马达轴上的任意外负载转矩。

公式(6-129)、式(6-131)、式(6-133)是列写的泵控马达系统的基本方程，由此可以画出泵控马达系统的方框图如图 6-34 所示。

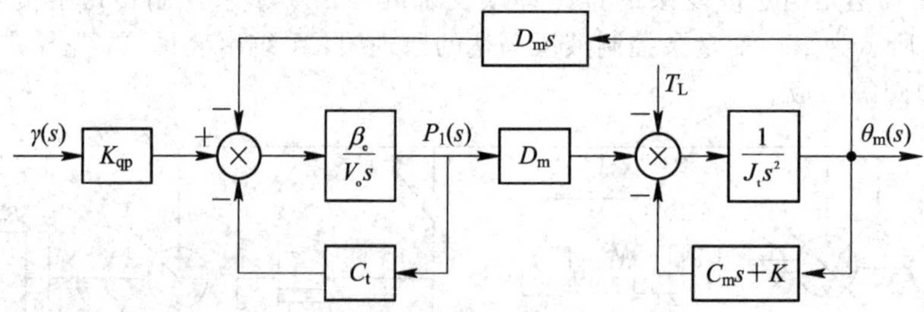

图 6-34 液压泵控马达系统的方框图

在图 6-34 中，C_t 为系统总泄漏系数，$C_t=C_{tp}+C_{tm}$。

通常阻尼系数 D_m^2/C_t 比 C_m 大得多，假设弹性负载 $K=0$，则由方框图得

$$\frac{\theta_m(s)}{\gamma(s)}=\frac{\dfrac{K_{qp}}{D_m}\gamma-\dfrac{C_t}{D_m^2}\left(1+\dfrac{V_0}{\beta_e C_t}s\right)T_L}{s\left(\dfrac{s^2}{\omega_h^2}+\dfrac{2\xi_h}{\omega_h}s+1\right)} \tag{6-134}$$

式中：ξ_h 为阻尼比；ω_h 为液压固有频率。

以液压泵的摆角作为输入，其传递函数为

$$\frac{\theta_m(s)}{\gamma(s)}=\frac{\dfrac{K_{qp}}{D_m}}{s\left(\dfrac{s^2}{\omega_h^2}+\dfrac{2\xi_h}{\omega_h}s+1\right)} \tag{6-135}$$

式中：$\omega_h^2=\dfrac{\beta_e D_m^2}{V_o J_t}$，$\xi_h=\dfrac{C_t}{2D_m}\sqrt{\dfrac{\beta_e J_t}{V_o}}+\dfrac{C_m}{2D_m}\sqrt{\dfrac{V_o}{\beta_e J_t}}$。

如果以负载转矩为输入，传递函数为

$$\frac{\theta_m(s)}{T_L(s)}=\frac{-\dfrac{C_t}{D_m^2}\left(1+\dfrac{V_o}{\beta_e C_t}s\right)}{s\left(\dfrac{s^2}{\omega_h^2}+\dfrac{2\xi_h}{\omega_h}s+1\right)} \tag{6-136}$$

6.4.4　阀控气缸

气动位置伺服系统是利用比例阀将其连续的电信号输入转换成连续的气动信号输出，进而控制进入或排出气缸两腔的空气质量，常采用阀控气缸作为伺服元件，图 6－35 所示为阀控气缸原理图，系统由两个比例伺服阀、单出杆气缸、负载等组成。

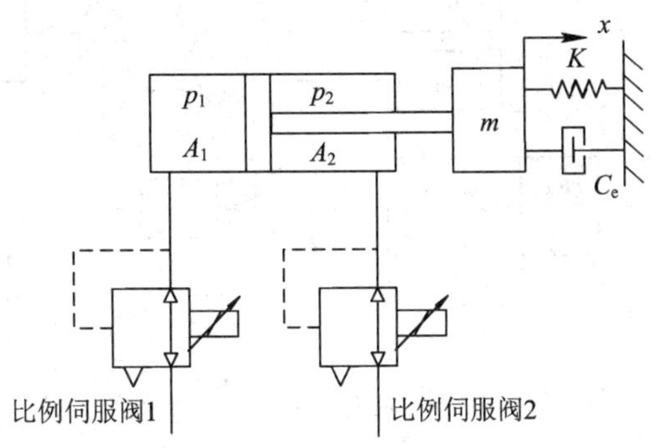

图 6－35　阀控气缸原理图

压力型比例阀的质量流量是比例阀的输入电压 u_c 和输出压力 p 的函数，其流量方程可以描述为

$$\frac{\mathrm{d}Q_m}{\mathrm{d}t}=\frac{\partial Q_m}{\partial u_c}\frac{\mathrm{d}u_c}{\mathrm{d}t}+\frac{\partial Q_m}{\partial p_s}\frac{\mathrm{d}p_s}{\mathrm{d}t} \tag{6-137}$$

令 $\frac{\partial Q_m}{\partial u_c}=K_u$，$\frac{\partial Q_m}{\partial p}=K_p$，对式(6－137)进行拉普拉斯变换，有

$$Q_m(s)=K_uU_c(s)+K_pP(s) \tag{6-138}$$

式中：Q_m 为比例阀的质量流量，当某一比例阀的输入电压固定时，$K_u=0$。

根据热力学第一定律和理想气体状态方程可得气缸容腔的压力微分方程为

$$\frac{\mathrm{d}p}{\mathrm{d}t}=\frac{r}{V}\left(Q_mTR-pA\frac{\mathrm{d}x}{\mathrm{d}t}\right) \tag{6-139}$$

式中：r 为气体比热；R 为气体常数；T 为气体绝对温度；A 为容腔横截面积；x 为活塞杆的位移，规定向外运动为正方向。

在工作点处对式(6－139)作拉普拉斯变换，可得

$$P(s)=\frac{rTRQ_m}{V_k}\frac{1}{s}-\frac{rp_kA}{V_k}X(s) \tag{6-140}$$

式中：p_k 和 V_k 分别代表在工作点 k 处气缸容腔的压力和体积。

$$m\frac{\mathrm{d}^2x}{\mathrm{d}t^2}=(p_1A_1-p_2A_2)+C_m\frac{\mathrm{d}x}{\mathrm{d}t}+Kx+T_L \tag{6-141}$$

式中：C_m 为阻尼系数；K 为弹性刚度。

对式(6－141)进行拉普拉斯变换，有

$$ms^2X(s)=[P_1(s)A_1-P_2(s)A_2]+C_msX(s)+KX(s)+T_L \tag{6-142}$$

由以上系统动态特性基本方程的拉普拉斯变换，可以画出阀控气缸系统的结构方框图，如图 6－36 所示。

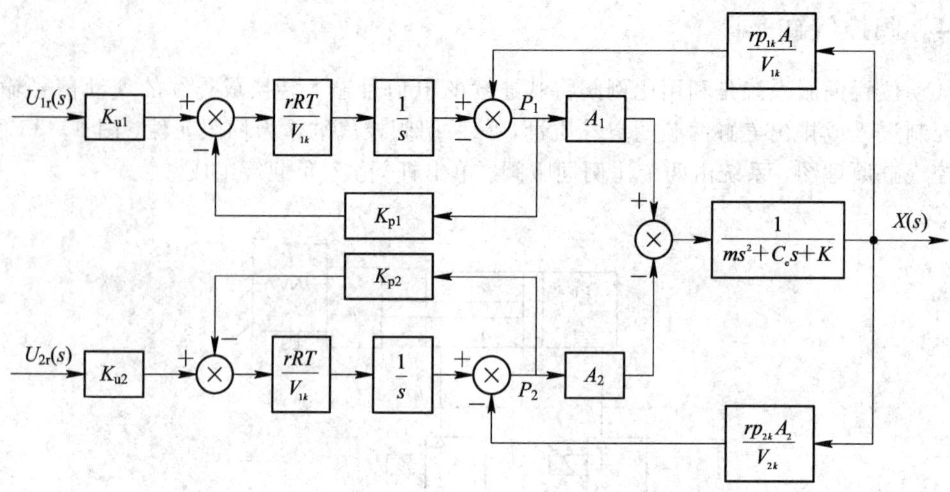

图 6-36　阀控气缸系统方框图

根据方框图，化简相关系数可以推导出由下式描述的气动位置伺服系统的数学模型为

$$X(s)=\frac{K_{u1}K_1(s+K)K_{u1}U_{r1}(s)-K_{u2}K_2(s+K)U_{r2}(s)}{a_4s^4+a_3s^3+a_2s^2+a_1s+a_0} \tag{6-143}$$

式中：K_1、K_2、$a_0\sim a_4$ 为替换后的系数。

6.4.5　电液伺服阀

电液伺服阀的类型较多，在此以力反馈两级电液伺服阀为例介绍它的数学模型建立过程。图 6-37 为力反馈两级电液伺服阀的工作原理图，主要由力矩马达与滑阀组成。

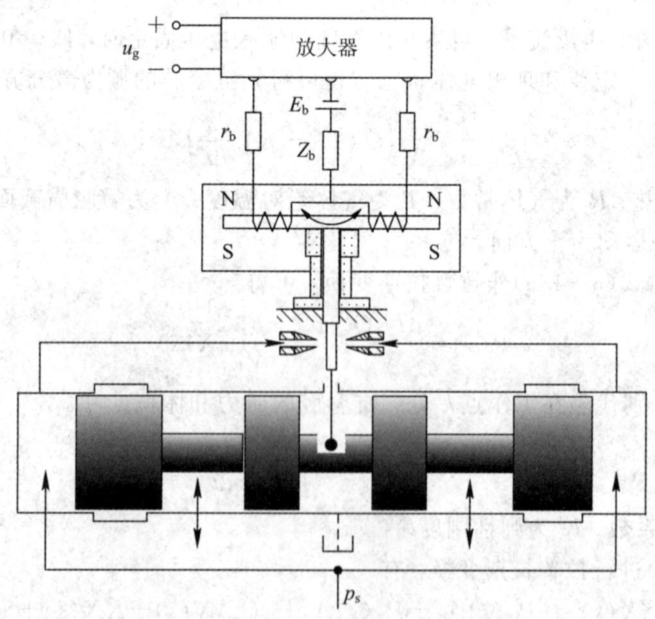

图 6-37　力反馈两级电液伺服阀工作原理图

力矩马达的两个控制线圈由一个放大器提供控制电压。放大器的固定电压 E_b 加到控制线圈上，在每个线圈中产生电流为 i_1。由于在线路连接上做了处理，两线圈中的 I_0 的作用是彼此相反，即 I_0 在两线圈中引起的磁通相互抵消，因此不会使衔铁产生电磁力矩。

1. 力矩马达运动方程

1）电压平衡方程

当有控制电压 u_g 加到放大器的输入端，则在其输出端有放大了的控制电压加到力矩马达的线圈上。当放大器工作时，输入每个线圈输入电压 u_1、u_2 为

$$u_1=u_2=K_u u_g \tag{6-144}$$

式中：u_g 为放大器控制电压；K_u 为放大器放大系数。

两个线圈回路的电压平衡方程

$$\begin{cases} E_b+u_1=i_1(z_b+R_c+r_p)+i_2 z_b+N_c\dfrac{\mathrm{d}\phi_a}{\mathrm{d}t} \\ E_b-u_2=i_2(z_b+R_c+r_p)+i_1 z_b-N_c\dfrac{\mathrm{d}\phi_a}{\mathrm{d}t} \end{cases} \tag{6-145}$$

式中：z_b 为线圈共用边的阻抗；R_c 为每个线圈的电阻；r_p 为每个线圈回路中的放大器内阻；N_c 为线圈的匝数；ϕ_a 为衔铁磁通。

将上式中两个等式相减，则有

$$2K_u u_g=(R_c+r_p)\Delta i+2N_c\frac{\mathrm{d}\phi_a}{\mathrm{d}t} \tag{6-146}$$

线圈电流衔铁的磁通为

$$\phi_a=2\phi_g\frac{a}{l_g}\theta+\frac{N_c}{R_g}\Delta i \tag{6-147}$$

将式(6-147)代入式(6-146)中，有

$$2K_u u_g=(R_c+r_p)\Delta i+4N_c\phi_g\frac{a}{l_g}\frac{\mathrm{d}\theta}{\mathrm{d}t}+2\frac{N_c^2}{R_g}\frac{\mathrm{d}\Delta i}{\mathrm{d}t} \tag{6-148}$$

令 $K_b=2\dfrac{a}{l_g}N_c\phi_g$，$L_c=\dfrac{N_c^2}{R_g}$，则有

$$2K_u u_g=(R_c+r_p)\Delta i+2K_b\frac{\mathrm{d}\theta}{\mathrm{d}t}+2L_c\frac{\mathrm{d}\Delta i}{\mathrm{d}t} \tag{6-149}$$

将式(6-149)进行拉普拉斯变换为

$$2K_u U_g=(R_c+r_p)\Delta I+2K_b s\theta+2L_c s\Delta I \tag{6-150}$$

将式(6-150)改写为

$$\Delta I(s)=\frac{2K_u U_g(s)}{(R_c+r_p)\left(1+\dfrac{s}{\omega_a}\right)}-\frac{2K_b s\theta(s)}{(R_c+r_p)\left(1+\dfrac{s}{\omega_a}\right)} \tag{6-151}$$

式中：$\omega_a=\dfrac{R_c+r_p}{2L_c}$。

2）衔铁挡板组件的运动方程

力矩马达输出的电磁力矩包括电磁弹簧力矩和中位电磁力矩。中位电磁力矩即衔铁处于中位时，控制 Δi 产生的电磁力矩。电磁弹簧力矩为衔铁偏离中位时，气隙发生变化产生的附加电磁力矩。力矩马达输出的电磁力矩方程为

$$T_d = K_t \Delta i + K_m \theta \tag{6-152}$$

在电磁力矩 T_d 作用下，衔铁挡板组件的运动方程为

$$T_d = J_a \frac{d^2\theta}{dt^2} + C_a \frac{d\theta}{dt} + K_a \theta + T_{L1} + T_{L2} \tag{6-153}$$

式中：J_a 为衔铁挡板组件的转动惯量；C_a 为黏性阻尼系数；K_a 为弹簧管刚度，T_{L1} 为喷嘴对挡板的液流力产生的负载力矩；T_{L2} 为反馈杆变形对衔铁挡板组件产生的负载力矩。

作用在挡板上的液流力对衔铁挡板组件产生的负载力矩为

$$T_{L1} = r p_{Lp} A_N - r^2 (8\pi C_{df}^2 p_s x_{f0}) \theta \tag{6-154}$$

式中：A_N 为喷嘴孔的面积，p_{Lp} 为两喷嘴腔的压力差，r 为喷嘴中心至弹簧管回转中心的距离。

反馈杆变形对衔铁挡板组件产生的负载力矩 T_{L2} 为

$$T_{L2} = (r+b) K_f [(r+b)\theta + x_v] \tag{6-155}$$

式中：b 为反馈杆小球中心到喷嘴中心的距离，K_f 为反馈杆刚度。

将式(6-152)、式(6-153)、式(6-154)、式(6-155)联立，有

$$\begin{aligned} T_d = K_t \Delta i + K_m \theta = J_a \frac{d^2\theta}{dt^2} + B_a \frac{d\theta}{dt} + K_a \theta + r p_{Lp} A_N - \\ r^2 (8\pi C_{df}^2 p_s x_{f0}) \theta + (r+b) K_f [(r+b)\theta + x_v] \end{aligned} \tag{6-156}$$

将式(6-156)进行拉普拉斯变换，得衔铁挡板组件的力矩平衡方程为

$$\begin{aligned} K_t \Delta I + K_m \theta(s) = J_a s^2 \theta(s) + B_a s\theta(s) + K_a + r A_N p_{Lp} - r^2 (8\pi C_{df}^2 p_s x_{f0}) \theta(s) + \\ (r+b) K_f [(r+b)\theta(s) + X_v(s)] \end{aligned} \tag{6-157}$$

即有

$$K_t \Delta I = (J_a s^2 + B_a s + K_{mf}) \theta + (r+b) K_f X_v + r p_{Lp} A_N \tag{6-158}$$

式中：K_{mf} 为力矩马达的总刚度，$K_{mf} = K_{an} + (r+b)^2 K_f$，$K_{an} = K_a - K_m - 8\pi C_{df}^2 p_s x_{f0} r^2$

因此，可得

$$K_t \Delta I = (J_a s^2 + B_a s + K_{mf}) \theta(s) + (r+b) K_f X_v(s) + r p_{Lp} A_N \tag{6-159}$$

$$\theta(s) = \frac{1}{J_a s^2 + B_a s + K_{mf}} [K_t \Delta I - r p_{Lp} A_N - (r+b) K_f X_V(s)] \tag{6-160}$$

把式(6-160)整理成标准形式为

$$\theta(s) = \frac{\dfrac{1}{K_{mf}}}{\dfrac{s^2}{\omega_{mf}^2} + \dfrac{2\zeta_{mf}}{\omega_{mf}} s + 1} [K_t \Delta I - K_f (r+b) X_V(s) - r p_{Lp} A_N] \tag{6-161}$$

式中：ω_{mf} 为力矩马达固有频率，$\omega_{mf} = \sqrt{\dfrac{K_{mf}}{J_a}}$；$\zeta_{mf}$ 为阻尼系数，$\zeta_{mf} = \dfrac{C_a}{2\sqrt{J_a K_{mf}}}$。

由式(6-151)和式(6-161)，得到力矩马达环节的方框图如图 6-38 所示。

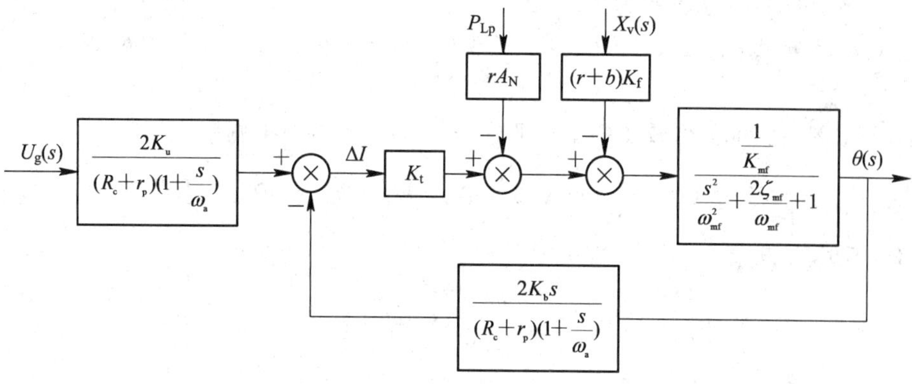

图 6 - 38　力矩马达环节的方框图

2. 挡板位移与衔铁转角的关系

根据挡板结构，当衔铁转过 θ 角时，则挡板位移 X_f 为

$$X_f = r\theta \tag{6-162}$$

式中：r 为旋转半径。

因此，上述力矩马达环节的方框图变换后如图 6 - 39 所示。

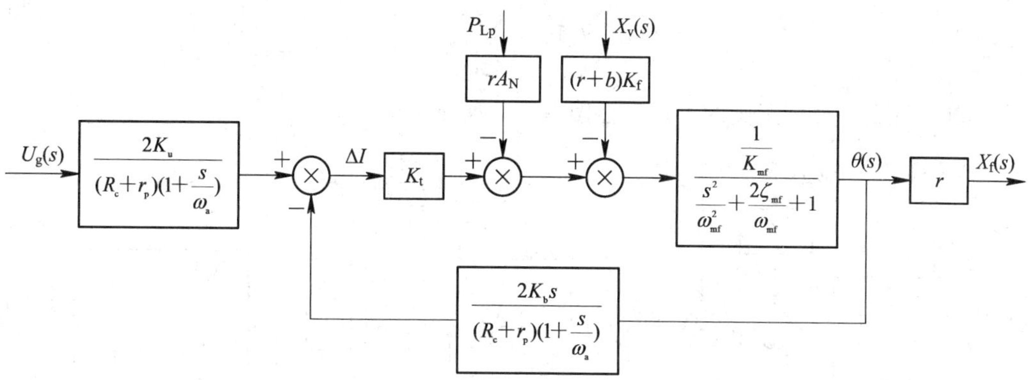

图 6 - 39　变换后的力矩马达方框图

3. 喷嘴挡板至滑阀的传递函数

一般认为喷嘴挡板阀的综合特性是线性的，其线性化方程为

$$Q_p = K_{qp} X_f - K_{cp} p_{Lp} \tag{6-163}$$

同时，忽略滑阀的内外泄漏、摩擦力和失灵区，可近似认为滑阀上的液动力是线性变化的，其稳态液动力为

$$R_{yu} = 0.43W(p_s - p_L)X_v = K_v X_v \tag{6-164}$$

根据上述假设，考虑液体的可压缩性，滑阀运动所需的流量为

$$Q_p(s) = A_v s X_v(s) + \frac{V_{op}}{2\beta_e} s p_{Lp}(s) \tag{6-165}$$

式中：V_{op} 为滑阀处于中位时左右腔的容积。

阀芯上作用力的平衡方程为

$$A_v p_{Lp}(s)=m_v s^2 X_v(s)+C_v s X_v(s)+K_f[(r+b)\theta(s)+X_v(s)]+K_v X_v(s) \tag{6-166}$$

为简化计算，忽略实际数值较小的量，即 $C_v\approx 0$，$(r+b)\theta\approx 0$，则有

$$p_{Lp}(s)=\frac{1}{A_v}[m_v s^2 X_v(s)+(K_f+K_v(s))X_v(s)] \tag{6-167}$$

联立式(6-165)、式(6-166)、式(6-167)，得

$$\left[\frac{s^3}{\omega_{hp}^2}+\frac{2\zeta_{hp}}{\omega_{hp}}s^2+\left(1+\frac{\omega_f}{2\zeta_{hp}\omega_{hp}}\right)s+\omega_f\right]X_v(s)=\frac{K_{qp}}{A_v}X_f(s) \tag{6-168}$$

式(6-168)中：$\omega_f=K_{cp}\dfrac{K_f+K_v}{A_v}$，$\omega_{hp}=\sqrt{\dfrac{2\beta_e A_v^2}{V_{op}m_v}}$，$\zeta_{hp}=\dfrac{K_{cp}}{A_v}\sqrt{\dfrac{m_v\beta_e}{2V_{op}}}$，因此，得传递函数为

$$\frac{X_v}{X_f}=\frac{\dfrac{K_{qp}}{A_v}}{\dfrac{1}{\omega_{hp}^2}s^3+\dfrac{2\zeta_{hp}}{\omega_{hp}}s^2+\left(1+\dfrac{\omega_f}{2\zeta_{hp}\omega_{hp}}\right)s+\omega_f} \tag{6-169}$$

由于 ω_f 很小，近似为 $\omega_f\approx 0$，则有

$$\frac{X_v}{X_f}=\frac{\dfrac{K_{qp}}{A_v}}{s\left(\dfrac{1}{\omega_{hp}^2}s^2+\dfrac{2\zeta_{hp}}{\omega_{hp}}s+1\right)} \tag{6-170}$$

因此，得到电液伺服阀的方框图如图 6-40 所示。

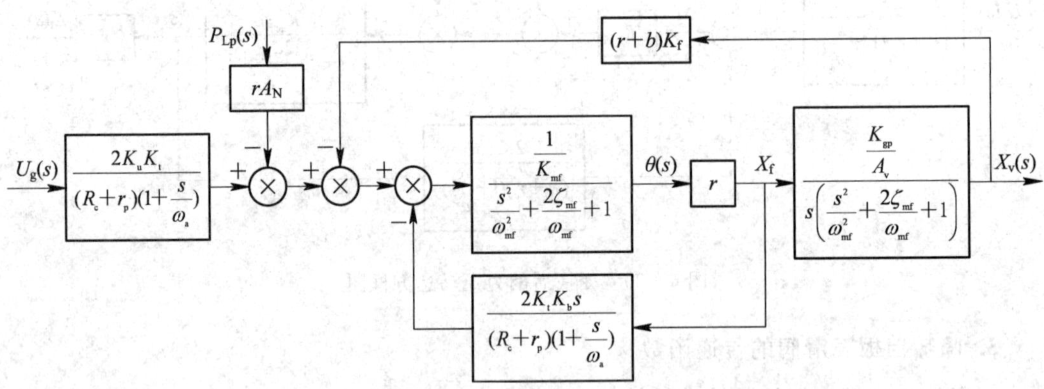

图 6-40　电液伺服阀系统方框图

6.5　机电一体化系统建模实例

6.5.1　数控机床进给机构建模

图 6-41 所示为数控机床工作台的传动系统，由伺服电动机、减速器、丝杠螺母机构副及工作台组成。伺服电动机运动通过联轴器、减速器及丝杠螺母机构副驱动工作台做直

线运动。设减速器为两级传动，总传动比为 i_c，J_1、J_2、J_3 分别为Ⅰ、Ⅱ、Ⅲ轴的转动惯量，J_m 为电动机转子的转动惯量，K_1、K_2、K_3 分别为Ⅰ、Ⅱ、Ⅲ轴的扭转刚度，K_c 为联轴器的扭转刚度，K_t 为丝杠螺母机构副的轴向刚度，m_t 为工作台质量，C_t 为工作台与导轨之间的黏性阻尼系数，T_1、T_2、T_3 分别为Ⅰ、Ⅱ、Ⅲ轴的输入转矩，T_m 为电动机输出转矩，θ_m 为电动机转子角位移。

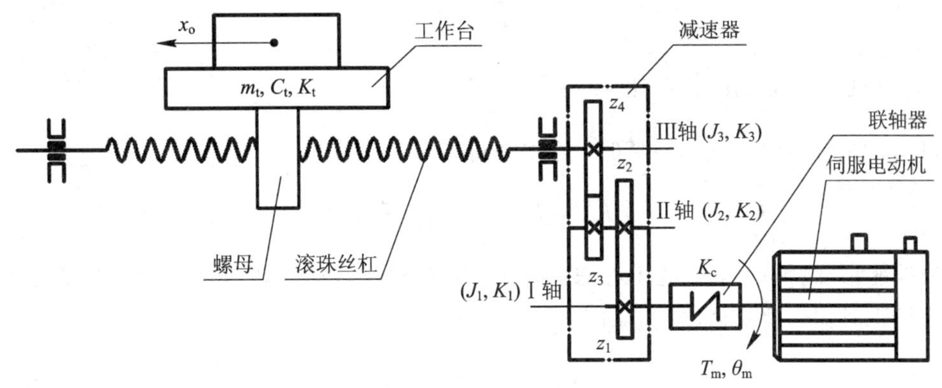

图 6-41　数控机床工作台传动系统

在建立机电一体化系统数学模型的过程中，经常会用到转动惯量、刚度系数、阻尼系数等基本物理量。为了方便建模，通常采取的方法是把整个系统中的物理量折算其中的一个部件上，以它为中心建立系统的动力学方程。因此，在建模前需要进行基本物理量的等效折算。

1. 转动惯量等效折算

转动惯量等效折算就是将传动系统中Ⅰ、Ⅱ、Ⅲ轴上所有零件以及工作台质量都折算到Ⅰ轴上，作为系统的等效转动惯量。

设 T_{1L}、T_{2L}、T_{3L} 分别为Ⅰ、Ⅱ、Ⅲ轴的负载转矩；ω_1、ω_2、ω_3 分别为Ⅰ、Ⅱ、Ⅲ轴的角速度；x_o 为工作台的直线位移。

根据牛顿第二定律，Ⅰ轴的转矩平衡方程为

$$T_1 = J_1\dot{\omega}_1 + T_{1L} \tag{6-171}$$

Ⅱ轴的转矩平衡方程为

$$T_2 = J_2\dot{\omega}_2 + T_{2L} \tag{6-172}$$

由Ⅰ、Ⅱ两轴的传动关系可知，Ⅱ轴的输入转矩 T_2 是由Ⅰ轴输出转矩 T_{1L} 传递来的，且与传动齿轮的转速成反比，即有

$$\frac{T_{1L}}{T_2} = \frac{1}{i_1} \tag{6-173}$$

式中：i_1 为Ⅰ轴与Ⅱ轴的传动比，且有 $i_1 = \frac{\omega_1}{\omega_2} = \frac{\dot{\omega}_1}{\dot{\omega}_2} = \frac{z_2}{z_1}$。

将式(6-172)代入(6-173)中，经整理得

$$T_{1L}=J_2\left(\frac{1}{i_1}\right)^2\dot{\omega}_1+\frac{1}{i_1}T_{2L} \tag{6-174}$$

又根据Ⅱ与Ⅲ轴的传动关系，Ⅲ轴的力矩平衡方程为

$$T_3=J_3\dot{\omega}_3+T_{3L} \tag{6-175}$$

同理，又有

$$\frac{T_{2L}}{T_3}=\frac{1}{i_2} \tag{6-176}$$

式中：i_2 为Ⅰ轴与Ⅱ轴的传动比，$i_2=\frac{\omega_2}{\omega_3}=\frac{\dot{\omega}_2}{\dot{\omega}_3}=\frac{z_3}{z_2}$。

将式(6－175)代入式(6－176)，经整理得

$$T_{2L}=J_3\left(\frac{1}{i_c}\right)^2\dot{\omega}_1+\frac{1}{i_2}T_{3L} \tag{6-177}$$

根据能量守恒原则，在此不考虑能量损失，则丝杠转动一转所做的功应等于工作台前移一个导程时惯性力所做的功，则有

$$T_{3L}2\pi=m_t\frac{\mathrm{d}^2x_o}{\mathrm{d}t^2}P_h \tag{6-178}$$

式中：P_h 为丝杠导程。

如果齿轮 z_3 旋转一圈，工作台前进一个导程 P_h，根据两者的传动关系，则有

$$\frac{\mathrm{d}x_o}{\mathrm{d}t}=\frac{P_h}{2\pi}\omega_3=\frac{P_h}{2\pi}\frac{1}{i_c}\omega_1 \tag{6-179}$$

将式(6－179)求导后，代入式(6－178)得

$$T_{3L}=\left(\frac{P_h}{2\pi}\right)^2\frac{1}{i_c}m_w\dot{\omega}_1 \tag{6-180}$$

依次将式(6－180)代入式(6－177)，式(6－177)代入式(6－174)，式(6－174)代入式(6－171)，整理得

$$T_1=\left[J_1+J_2\left(\frac{1}{i_1}\right)^2+J_3\left(\frac{1}{i_c}\right)^2+m_w\left(\frac{1}{i_c}\right)^2\left(\frac{P_h}{2\pi}\right)^2\right]\dot{\omega}_1 \tag{6-181}$$

Ⅰ、Ⅱ、Ⅲ轴部件及工作台等效到Ⅰ轴上的总的转动惯量 J_e 为

$$J_e=J_1+J_2\left(\frac{1}{i_1}\right)^2+J_3\left(\frac{1}{i_c}\right)^2+m_w\left(\frac{1}{i_c}\right)^2\left(\frac{P_h}{2\pi}\right)^2 \tag{6-182}$$

从式(6－182)看出，旋转零件折算到Ⅰ轴的转动惯量与传动比的平方成正比，在计算转动惯量时，只需要计算出轴上的转动惯量，再根据传动比就可直接得到折算后的转动惯量。

2. 黏性阻尼系数等效折算

在机电一体化系统的数学建模过程中，黏性阻尼同样需要折算到某一部件上，求出系统的当量阻尼系数。其基本方法是将摩擦阻力、流体阻力及负载阻力折算成与速度有关的黏性阻尼力，再利用摩擦阻力与黏性阻尼力所消耗的功相等这一原则，求出黏性阻尼系数，最后进行相应的当量阻尼系数折算。

在本例中只考虑工作台运动之间的摩擦，其他各环节的摩擦损失相对较小，在此忽略

不计。当只考虑阻尼力时，根据工作台和丝杠之间的动力关系，即丝杠旋转一周所做的功等于工作台前进一个导程时其阻尼力所做的功，有

$$T_3 2\pi = C_t P_h \frac{dx_o}{dt} \tag{6-183}$$

根据它们的传动关系有

$$T_1 = \frac{1}{i_c} T_3 \tag{6-184}$$

将式(6－179)、式(6－183)代入式(6－184)，并整理得

$$T_1 = (i_1 i_2)^2 \left(\frac{P_h}{2\pi}\right)^2 C_t \omega_1 = C_e \omega_1 \tag{6-185}$$

式中：C_e 为工作台折算到Ⅰ轴上的黏性阻尼系数。

$$C_e = i_c^2 \left(\frac{P_h}{2\pi}\right)^2 C_t \tag{6-186}$$

3. 刚度折算

机械系统中各元件在工作时受到力或力矩作用，将产生伸长(压缩)或扭转等弹性变形，这些变形将影响整个系统的精度和动态性能。在机械系统的数学建模中，需要将其折算成相应的当量扭转刚度和弹性刚度。在本例中，将所有轴的扭转角折算到Ⅰ轴上，丝杠与工作台之间的轴向弹性变形会使Ⅲ轴产生一个附加扭转角，所以也要折算到Ⅰ轴上，然后求出折算到Ⅰ轴上的系统等效刚度。

1) 轴向刚度折算

当系统受到载荷作用时，丝杠螺母副和螺母座都会产生轴向弹性变形，设丝杠的输入转矩为 T_3，丝杠和工作台之间的弹性变形为 $\Delta\delta$，对应的丝杠附加转角为 $\Delta\varphi_3$。

根据动力平衡和传动关系，对于丝杠轴Ⅲ有

$$T_3 2\pi = K_t \Delta\delta P_h \tag{6-187}$$

$$\Delta\delta = \frac{\Delta\varphi_3}{2\pi} P_h \tag{6-188}$$

将式(6－188)代入(6－187)有

$$T_3 = \left(\frac{1}{2\pi}\right)^2 K_t \Delta\varphi_3 = K_{ts} \Delta\varphi_3\text{，}\Delta\varphi_3 = \frac{T_3}{K_{ts}} \tag{6-189}$$

式中：K_{ts} 为附加扭转刚度。

$$K_{ts} = \left(\frac{1}{2\pi}\right)^2 K_t \tag{6-190}$$

2) 扭转刚度折算

设 φ_1、φ_2、φ_3 分别为Ⅰ、Ⅱ、Ⅲ轴在输入转矩 T_1、T_2、T_3 作用下产生的扭转角，φ_0 为联轴器的扭转角，根据动力平衡和传动关系有

$$\begin{cases} \varphi_c = \dfrac{T_1}{K_c}, \ \varphi_1 = \dfrac{T_1}{K_1} \\ \varphi_2 = \dfrac{T_2}{K_2} = i_1 \dfrac{T_1}{K_2}, \ \varphi_3 = \dfrac{T_3}{K_3} = i_c \dfrac{T_1}{K_3} \end{cases} \tag{6-191}$$

因为丝杠和工作台之间的轴向弹性变形，要使得工作台移动到变形前的位置，则需要Ⅲ轴多旋转一个角度 $\Delta\varphi_3$，即为附加扭转角，所以轴上的实际扭转角 $\theta_{Ⅲ}$ 为

$$\varphi_{Ⅲ}=\varphi_3+\Delta\varphi_3 \tag{6-192}$$

将 φ_3 和式(6-189)代入式(6-192)得

$$\varphi_{Ⅲ}=\frac{T_3}{K_3}+\frac{T_3}{K_{ts}}=i_c\left(\frac{1}{K_3}+\frac{1}{K_{ts}}\right)T_1=\frac{1}{K_c'}i_cT \tag{6-193}$$

将Ⅱ、Ⅲ轴的扭转角折算到Ⅰ轴上，得到系统的等效扭转角为

$$\varphi=\varphi_0+\varphi_1+i_1\varphi_2+i_c\varphi_{Ⅲ} \tag{6-194}$$

将式(6-191)、式(6-193)代入式(6-194)得

$$\begin{aligned}\varphi&=\frac{T_1}{K_c}+\frac{T_1}{K_1}+i_1^2\frac{T_1}{K_2}+i_c^2\left(\frac{1}{K_3}+\frac{1}{K_c'}\right)T_1\\&=\left[\frac{1}{K_c}+\frac{1}{K_1}+i_1^2\frac{1}{K_2}+i_c^2\left(\frac{1}{K_3}+\frac{1}{K_c'}\right)\right]T_1=\frac{T_1}{K_e}\end{aligned} \tag{6-195}$$

式中：K_e 为折算到Ⅰ轴上的当量扭转刚度系数，其表达式为

$$K_e=\frac{1}{\dfrac{1}{K_c}+\dfrac{1}{K_1}+\left(\dfrac{1}{i_1}\right)^2\dfrac{1}{K_2}+\left(\dfrac{1}{i_c}\right)^2\left(\dfrac{1}{K_3}+\dfrac{1}{K_c'}\right)} \tag{6-196}$$

4. 系统传递函数

将转动惯量、刚度、黏性阻尼等效折算到Ⅰ轴后，可以按单一部件对系统进行建模。设输入量为轴Ⅰ的转角 θ_i，输出量为工作台的线位移 x_o，传动系统的等效图 6-42 所示。

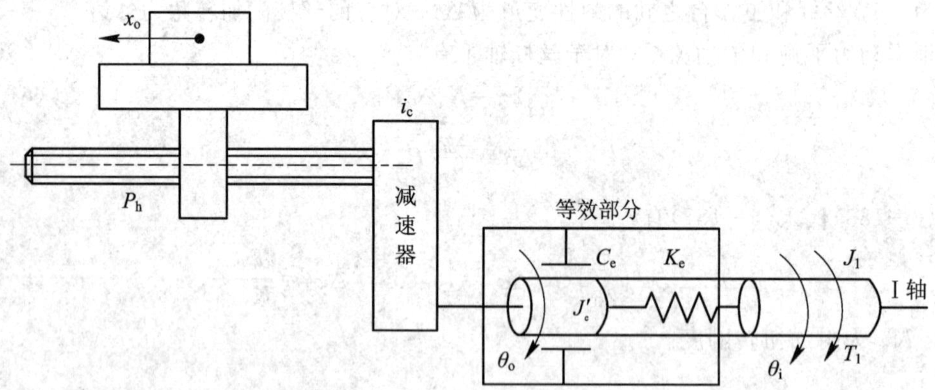

图 6-42　传动系统等效计算图

可以得到数控机床进给系统的数学模型为

$$\begin{cases}J_1\dfrac{d^2\theta_i}{dt^2}=T_1-K_e(\theta_i-\theta_o)\\[2ex]J_e'\dfrac{d^2\theta_o}{dt^2}=K_e(\theta_i-\theta_o)-C_w'\dfrac{d\theta_o}{dt}\end{cases} \tag{6-197}$$

式中：J_e'为 J_e 中不包括Ⅰ轴的等效转动惯量。

由于 $\theta_o=\frac{2\pi i_c}{P_h}x_o$，系统等效到Ⅰ轴的力矩平衡方程为

$$\begin{cases} J_1\frac{d^2\theta_i}{dt^2}=T_1-K_e\left(\theta_i-\frac{2\pi i_c}{P_h}x_o\right) \\ J'_e\frac{d^2\theta_o}{dt^2}=K_e\left(\theta_i-\frac{2\pi i_c}{P_h}x_o\right)-C_e\frac{d\theta_o}{dt} \end{cases} \tag{6-198}$$

对式(6-198)进行拉普拉斯变换，并令 $B=\frac{2\pi i_c}{P_h}X'_o(s)=BX_o(s)$，有

$$\begin{cases} J_1s^2\theta_i(s)=T_1-K_e[\theta_i(s)-X'_o(s)] \\ J'_es^2\theta_o(s)=K_e[\theta_i(s)-X'_o(s)]-C_ts\theta_o(s) \end{cases} \tag{6-199}$$

根据式(6-199)画出系统的方框图如图 6-43 所示。

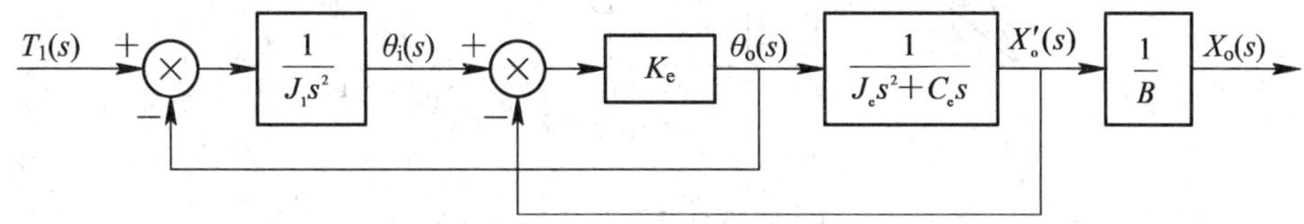

图 6-43　进给系统方框图

根据方框图，工作台输出 x_o 对地Ⅰ轴输入 θ_m 的传递函数为

$$\frac{X_o(s)}{\theta_i(s)}=\frac{1}{B}\frac{K_e}{J'_es^2+C_es+K_e}=\frac{1}{B}\frac{\omega_n^2}{s^2+2\xi\omega_ns+\omega_n^2} \tag{6-200}$$

式中：ω_n 为固有频率，$\omega_n=\sqrt{\frac{K_e}{J'_e}}$；$\xi$ 为系统阻尼系数，$\xi=\frac{C_e}{2J'_e\sqrt{K_e/J'_e}}$。

根据系统方框图，工作台输出 x_o 对地Ⅰ轴输入转矩 T_i 的传递函数为

$$\frac{X_o(s)}{T_i(s)}=\frac{1}{B}\frac{K_e}{s[J_1J'_es^3+J_1C_es^2+(J_1+J'_e)K_es+C_eK_e]} \tag{6-201}$$

令 $J_e=J_1+J'_e$，将式(6-201)改写成

$$\frac{X_o(s)}{T_i(s)}=\frac{1}{B}\frac{\omega_n^2}{s(J_es+C_e)[s^2+2\xi\omega_ns+\omega_n^2]} \tag{6-202}$$

式中：ω_n 为固有频率；$\omega_n=\sqrt{\frac{K_eJ_e}{J_1J'_e}}$；$\xi$ 为阻尼系数，$\xi=\frac{1}{2}\frac{C_e}{J'_e}\sqrt{\frac{J_1J'_e}{K_eJ_e}}\left(1-\frac{J'_e}{J_e}\right)$。

ω_n 和 ξ 是二阶系统的两个特征参数，对于不同的系统可由不同的物理量确定，对于机械系统而言，它们是由质量、阻尼系数和刚度系数等结构参数决定的。机械传动系统的性能与系统本身的阻尼系数 ξ、固有频率 ω_n 有关。ω_n 和 ξ 又与机械系统的结构参数密切相关。因此，机械系统的结构参数对伺服系统的性能有很大影响。

一般的机械系统均可简化为二阶系统，系统中阻尼的影响可以用二阶系统单位阶跃响应曲线来说明，如图 6-44 所示。

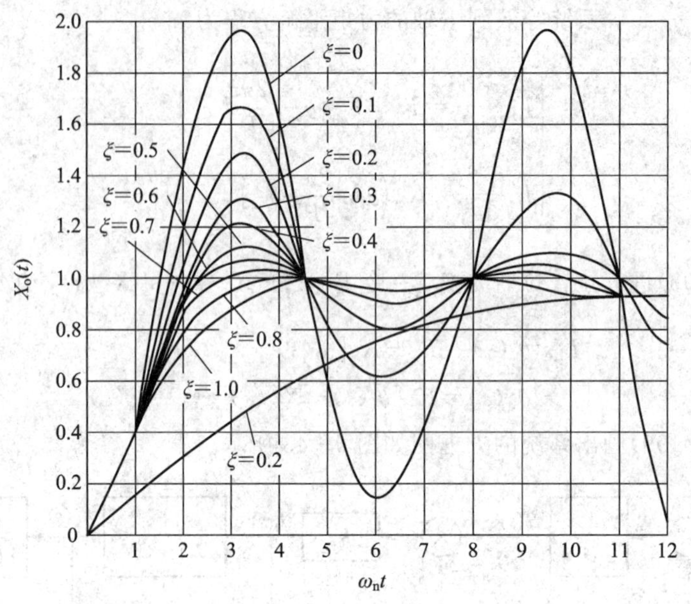

图 6-44　二阶系统单位阶跃响应曲线

① 当 $\xi=0$ 时，系统处于等幅持续振荡状态，因此系统不能无阻尼。

② 当 $\xi\geqslant1$ 时，系统为临界阻尼或过阻尼系统。此时，过渡过程无振荡，但响应时间较长。

③ 当 $0<\xi<1$ 时，系统为欠阻尼系统。此时，系统在过渡过程中处于减幅振荡状态，其幅值衰减的快慢取决于 ξ。在 ω_n 确定以后，ξ 愈小，其振荡愈剧烈，过渡过程越长。

6.5.2　机床伺服驱动系统建模

伺服驱动系统是数控机床、工业机器人等机电一体化系统的重要组成部分，以西门子 S120 驱动单元为例，X、Y、Z 直线轴采用西门子交流同步伺服电动机，通过矢量变换的方法对伺服电动机进行线性化解耦控制。为保证运动系统的精确性，伺服驱动系统中包括了电流环、速度环、位置环，分别用于力矩、速度、位置控制，三环通过 PID 调节器控制。图 6-45 为闭环伺服驱动系统控制框图。

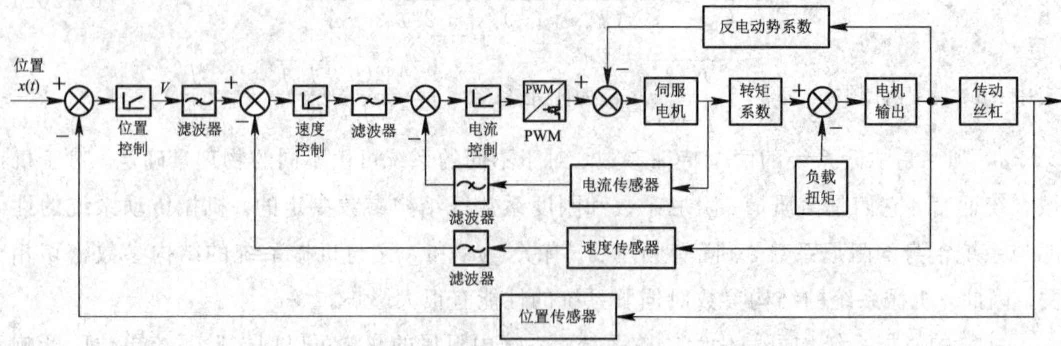

图 6-45　闭环伺服驱动系统框图

在三环结构中，电流环和速度环为内环，位置环为外环。三环结构可以使伺服驱动系统获得较好的动态跟随性能和抗干扰性能。其中，电流环的作用是改造内环控制对象的传递函数，提高系统的快速性，及时抑制电流环内部的干扰；限制最大电流，使系统有足够大的加速扭矩，并保障系统安全运行。速度环的作用是增强系统抗负载扰动的能力，抑制速度波动。位置环的作用是保证系统静态精度和动态跟踪性能，使整个伺服驱动系统能稳定、高性能地运行。为了提高系统的性能，各环节均有调节器，电流环采用 PI 调节器(或者 P 调节器)，速度环采用 PI 调节器，位置环采用 P 调节器。三环结构的优劣直接关系到整个伺服驱动系统的稳定性、准确性和快速性。

1. 伺服电动机数学模型

通常情况下，可以通过矢量变换的方法将三相永磁式同步电动机等效为二相 d－p 旋转坐标系上的直流电动机模型，其数学模型如下：

永磁式同步电动机在二相 d－p 坐标系下电压方程为

$$\begin{cases} u_q = R_s i_q + \dfrac{d\psi_q}{dt} + \omega_r \psi_d \\ u_d = R_s i_d + \dfrac{d\psi_d}{dt} - \omega_r \psi_q \end{cases} \tag{6-203}$$

式中：u_q、u_d 为 q、d 轴的等效电压；i_q、i_d 为 q、d 轴的等效电流；R_s 为定子的相电阻；ψ_q、ψ_d 为 q、d 轴的磁链；ω_r 为电动机转子转速。

永磁式同步电动机在二相 d－p 坐标系下磁链方程为

$$\begin{cases} \psi_q = L_q i_q \\ \psi_d = L_d i_d + \psi_f \end{cases} \tag{6-204}$$

式中：L_q、L_d 为 q、d 轴的等效电感。

永磁式同步电动机在二相 d－p 坐标系下转矩方程为

$$T_{em} = P_n(\psi_d i_q - \psi_q i_d) \tag{6-205}$$

式中：T_{em} 为电动机电磁转矩；P_n 为电动机电极数。

电动机的转矩平衡方程为

$$T_{em} = T_L + B_m \omega_m + J_m \frac{d\omega_m}{dt} \tag{6-206}$$

式中：T_L 为负载力矩；B_m 为电动机的等效阻尼系数；ω_m 为电动机轴输出角速度；J_m 为电动机转子的转动惯量。

永磁式同步电动机矢量控制一般采用按转子磁链定向的方法，永磁转子磁链 ψ_f、电动机电极数 p_n 为定值，且令定子电流的励磁分量 $i_d=0$，$\psi_d=\psi_r$，$p_n\psi_f=K_t$，$p_n\psi_d=K_e$，$L_q=L_d$，永磁式同步电动机数学模型可整理为

$$\begin{cases} L_q \dfrac{di_q}{dt} + R_s i_q = u_q - K_e \omega \\ J_m \dfrac{d\omega_m}{dt} = K_t i_q - T_L \end{cases} \tag{6-207}$$

可以得到永磁式同步电动机的空间状态方程为

$$\begin{bmatrix} \dot{i}_q \\ \dot{\omega}_m \end{bmatrix} = \begin{bmatrix} -\frac{R_s}{L_q} & -\frac{K_e}{L_q} \\ \frac{K_t}{J_m} & 0 \end{bmatrix} \begin{bmatrix} i_q \\ \omega_m \end{bmatrix} + \begin{bmatrix} \frac{u_q}{L_q} \\ -\frac{T_L}{J_m} \end{bmatrix} \tag{6-208}$$

利用拉普拉斯变换后，得到如图 6-46 所示永磁式同步电动机的控制方框图。

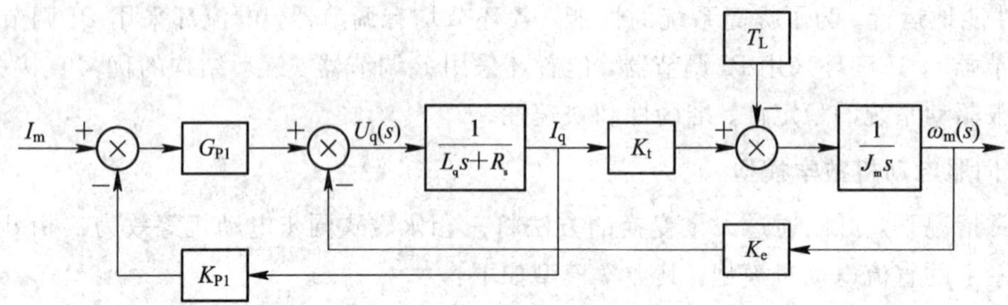

图 6-46　永磁式同步电动机的控制方框图

在不考虑电动机负载的情况下，可得到输出 $\omega_m(s)$和输入 $U_q(s)$的传递函数为

$$G_1(s) = \frac{\omega_m(s)}{u_q(s)} = \frac{K_t}{J_m L_q s^2 + J_m R_s s + K_e K_t} \tag{6-209}$$

2. 电流环数学模型

伺服系统的电流环主要包含 SPWM 装置、电流反馈滤波器、电流前向滤波器、电流传感器、电流控制器，根据电流环组成分别建立数学模型。

(1) SPWM 装置是通过对逆变电路开关器件的通断控制，使输出端得到一系列幅值相等的脉冲，用这些脉冲来代替正弦波或所需要的电流波形。SPWM 一般被简化为时间常数为 T_P 的一阶惯性环节。

由宽带调制器 PWM 的工作原理，可得到宽带调制器 PWM 的一阶惯性传递函数为

$$G_P = \frac{K_P}{T_P s + 1} \tag{6-210}$$

SPWM 装置在伺服系统中的放大系数 K_P 可按下式求得

$$K_P = \frac{u_d}{2\sqrt{2u_\Delta}} \tag{6-211}$$

式中：u_d 为宽频调制器 PWM 输出的电压幅值；u_Δ 为三角载波的幅值。

(2) 电流反馈滤波器主要用于对宽带调制器 PWM 输出电压/电流和电流传感器的反馈信号进行滤波，电流反馈滤波器一般被简化为一阶惯性环节，其电流滤波时间常数 T_i 为

$$T_i = \left(\frac{1}{2} \sim \frac{1}{3}\right)\frac{1}{f_p} \tag{6-212}$$

(3) 电流前向滤波器主要用来减少或者消除反馈滤波器产生的信号延迟，同时指令发出的电流进行滤波。电流前向滤波器一般被简化为一阶惯性环节，为使得前向滤波器与反馈滤波器在时间上得到比较好的匹配，一般选择让前向滤波器与电流反馈滤波器时间常数相同。

(4) 电流传感器主要用于检测反馈电流，一般被简化为比例环节，由于检测值为实际值，所以 $K_{PI}=1$。

(5) 电流控制器采用了 PI 控制对电流进行调节，其传递函数为

$$G_{PI}=K_I\frac{\tau_i s+1}{\tau_i s} \tag{6-213}$$

式中：τ_i 为积分时间常数；K_I 为比例增益。

通过上述分析可知电流环控制方框图如图 6-47 所示。

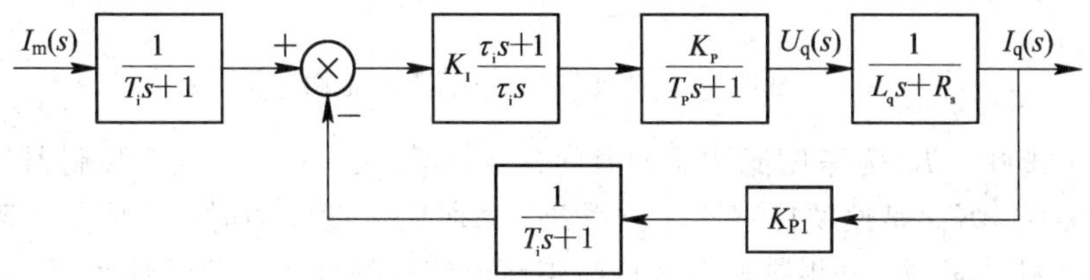

图 6-47　电流环控制方框图

由于电流控制器时间常数 T_s 比滤波器时间常数 T_i 以及宽带调制器的时间常数 T_P 大得多，所以滤波器以及宽带调制器被合并成一个小惯性环节处理，得到图 6-48 所示的电流环简化方框图。

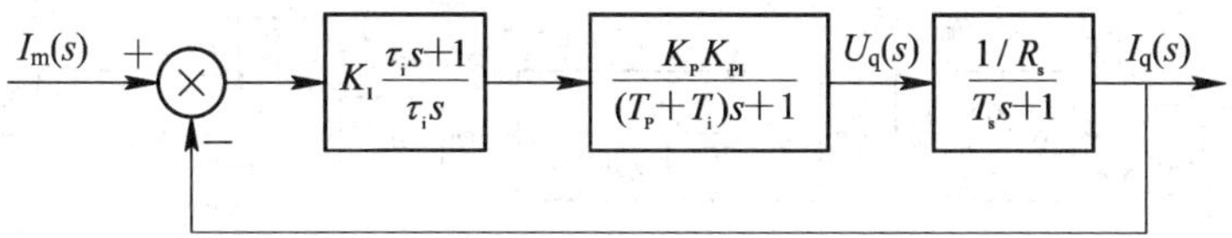

图 6-48　电流环控制简化方框图

图 6-48 中，T_s 为电动机的电气时间常数，$T_s=L_q/R_s$。由于电动机电气时间常数大于 SPWM 的时间常数，为了抵消大惯性环节对系统的延迟作用，提高电流环的响应速度，取调节器时间常数等于电动机电气时间常数，即取 $\tau_i=T_s$，则调节以后的电流环开环传递函数为

$$G_I(s)=\frac{K_I K_{PI} K_P}{R_s[(T_P+T_i)s+1]T_s s} \tag{6-214}$$

对于二阶系统，如果按二阶系统的最佳进行设计，取 $\frac{K_I K_{P1} K_P}{R_s T_s}(T_P+T_i)=0.5$，那么 PI 环节中 K_I 为

$$K_I=\frac{R_s T_s}{2K_{P1}K_P(T_P+T_i)} \tag{6-215}$$

3. 速度环数学模型

在运动系统中，速度环主要利用电动机轴的输出速度作为反馈信号，与输入的速度信号形成闭环控制系统，如果速度环采用 PI 方法来进行调节，那么速度环的控制方框图如图 6-46 所示。

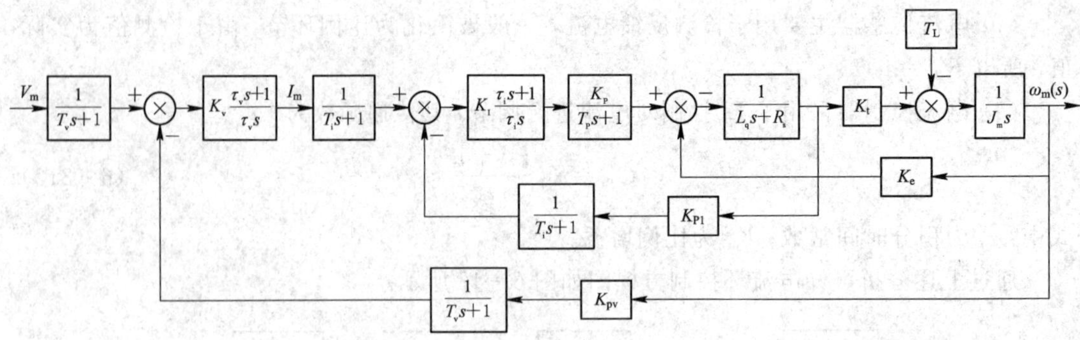

图 6－49　速度与电流环控制方框图

在图 6－49 中，T_v 为速度滤波器的时间常数，K_v、τ_v 分别是速度控制器的比例增益和积分时间常数，K_{pv} 是速度传感器比例系数。在研究速度环的时候，需要将速度环和电流环作为一个整体考虑，并根据电流环的特点将电流环处理为一阶惯性环节。通过上节的分析可得电流环的传递函数为

$$G_I(s)=\frac{1}{2(T_P+T_i)s} \tag{6-216}$$

速度环简化的控制方框图如图 6－50 所示。

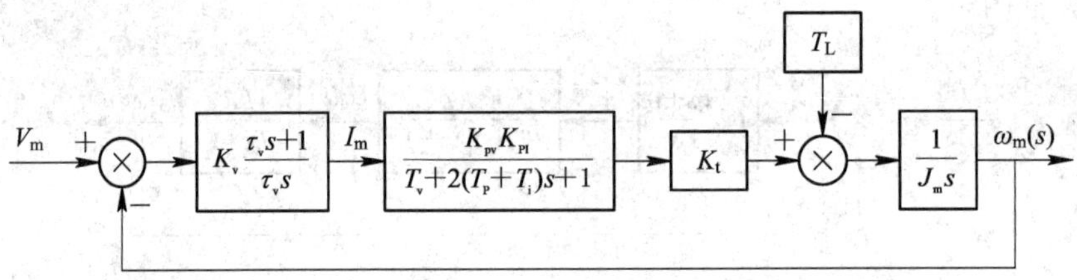

图 6－50　速度环简化控制方框图

速度环的开环传递函数为

$$G_v(s)=\frac{K_v K_{pv} K_t}{K_{PI}\tau_v J_m}\frac{\tau_v s+1}{\{[T_v+2(T_{PI}+T_i)]s+1\}s^2} \tag{6-217}$$

可以得出该系统为典型Ⅱ型系统，工程中对典型Ⅱ型系统常采用 Mrmin 准则进行参数优化：

令 $T_N=T_v+2(T_{PI}+T_i)$，$K_N=\frac{K_{p2}K_v K_t}{K_{PI}\tau_v J_m}$，取 $\tau_v=hT_N$，$K_N=\frac{h+1}{2h^2 T_N^2}$，则

$$K_v=\frac{K_{PI}J_m(h+1)}{2hT_N K_{pv}K_t} \tag{6-218}$$

式中：h 为Ⅱ型系统频宽，常取 $h=5$。

4. 位置环数学模型

在驱动系统中，位置环是通过编码器来获得电动机轴的输出位置，再通过 PID 调节器对位置误差进行调节。在实际过程中，位置环常采用比例或比例加前馈控制器进行调节。综合上述位置、速度、电流环的数学模型，得到交流伺服系统的控制框图如图 6－51 所示。K_{PP} 为位置传感器比例系数，K_P 为位置控制器增益，P_m 为位置指令输入。

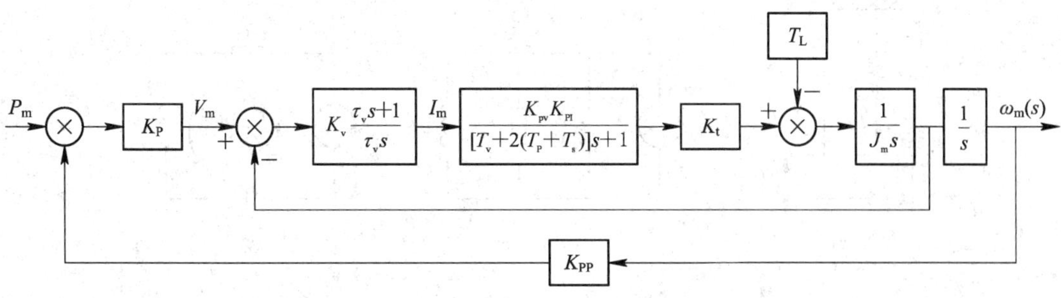

图 6-51　位置、速度与电流环控制方框图

习题与思考题

6-1　机电一体化数学模型有什么作用？简述建立机电一体化系统数学模型的基本步骤。

6-2　常用的建模方法有哪几种？分别有什么特征？

6-3　试述采用 D-H 法建立多关节机器人运动方程的步骤。

6-4　求图 6-52 所示的机械传动系统的传递函数。

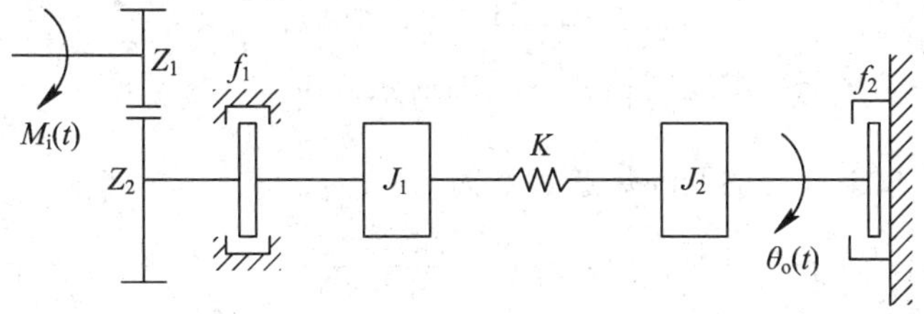

图 6-52　习题 6-4 图

6-5　为二自由度平面关节型工业机器人，其端点位置(x, y)与关节变量 θ_1、θ_2 的关系如图 6-53 所示，试建立它的动力学方程。

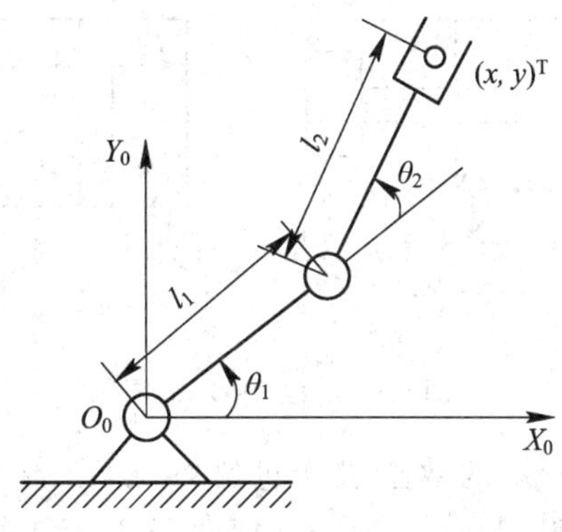

图 6-53　习题 6-5 图

6-6　求图 6-54 所示系统的传递函数，比较它们等效性。

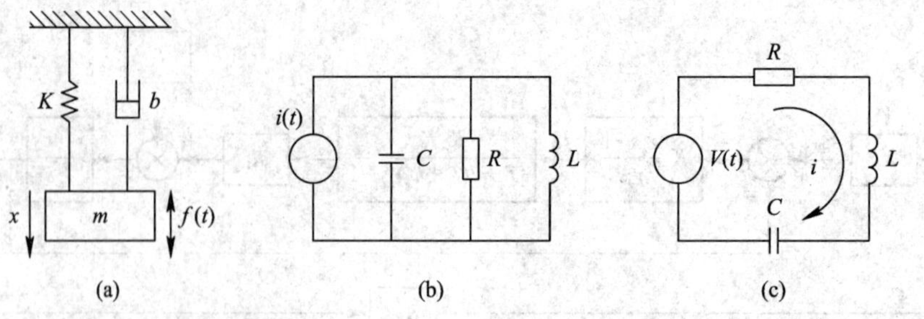

图 6-54 习题 6-6 图

6-7 试求图 6-56 所示电路的传递函数。

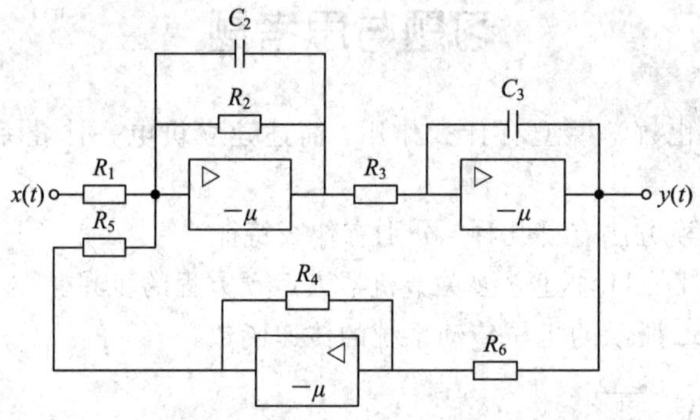

图 6-55 习题 6-7 图

6-8 设单位反馈系统的开环传递函数为

$$G(s)=\frac{0.4s+1}{s(s+0.6)}$$

(1) 试求该系统对单位阶跃输入信号的响应。

(2) 试求该系统的性能指标：上升时间 t_r，峰值时间 t_p 及最大超调量 $\delta\%$。

6-9 图 6-56(a)为对称液压缸，图 6-56(b)为非对称液压缸，试求它们的数学模型，并计算它们的固有频率。

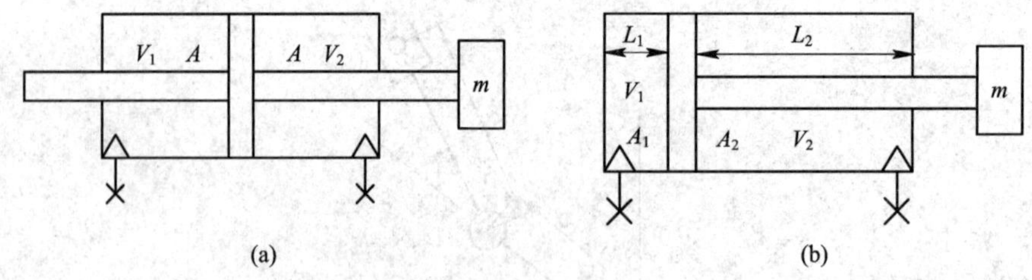

图 6-56 习题 6-9 图

6-10 对于图 6-41 所示的数控机床进给系统，工作台质量 $m_t=3500$ g，丝杠直径 $d_s=80$ mm，丝杠导程 $P_h=12$ m，丝杆总长 $L_s=1200$ mm，丝杆支承轴向刚度 $K_B=1.12\times10$ N/m，丝杠螺母的接触刚度 $K_N=2.02\times103$ N/m。伺服电动机轴的转动惯量 $J_m=13.23$ kg · cm^2，减速器传动比 $i_c=2$。试计算系统的固有频率和阻尼系数。

第 7 章 机电一体化系统设计方法

7.1 设计方法及设计类型

机电一体化系统设计就是利用机电一体化相关技术设计出满足生产或生活需要，实现某些功能的产品的过程。在机电一体化系统设计过程中，既要遵循机电一体化系统的设计规律，又要积极创新，设计出结构新颖、实用性强、性能好、资源消耗少、经济的产品。在设计中要善于运用过去在机电一体化系统设计中总结的经验和设计方法，少走弯路；运用先进的设计工具，使产品获得较好的性能，同时又要提高设计效率，使产品快速推向市场。随着新材料、新能源、计算机控制、网络与通信、人工智能等技术的发展，在机电一体化系统设计中要积极运用新技术以提高产品的性能和智能化水平。

7.1.1 设计方法

设计方法是指在解决机电一体化系统设计问题中所采取的步骤的有序结合。机电一体化系统设计常用的方法有取代法、组合法、融合法。

1. 取代法

取代法是用某一种新功能装置替代原产品中旧的功能装置，使原有产品性能有较大提升，这种方法是改造传统机械产品和开发新型产品常用的方法。例如，用变频调速控制系统取代机械式变速机构，用可编程控制器或微型计算机来取代凸轮控制机构等。这种方法不但能大大简化机械结构，而且还可以提高系统的性能和质量。但缺点是跳不出原系统的框架，不利于开拓思路，尤其在开发全新产品时更具有局限性。

2. 组合法

组合法是利用已有的功能模块或组件，按功能要求如同搭积木那样组合成各种机电一体化系统。采用该设计方法开发的典型产品有数控机床、工业机器人等。例如，数控机床由数控装置、位置检测单元、进给轴伺服单元、主轴伺服单元以及机械单元组成；工业机器人由机座、执行机构、伺服单元、减速器、控制器等组成。两种产品中主要功能部件已经模块化或标准化，在设计时主要工作是选用功能部件，因此设计工作量大大减少。该方法可以缩短机电一体化产品的设计和生产周期，产品的使用和维修比较方便。

3. 融合法

融合法在设计时完全从系统的整体目标考虑各子系统的设计，所以接口简单，甚至可能融为一体。例如，某些激光打印机的激光扫描镜，其转轴就是电动机的转子轴，把执行元件与运动机构相结合。在大规模集成电路和微机不断普及的今天，随着精密机械技术的发展，完全能够设计出将驱动元件、执行机构、传感器、控制单元等要素有机地融为一体的机电一体化新产品。

7.1.2 设计类型

以上三种设计方法在具体设计过程又衍生了 4 种设计类型。

1. 开发性设计

开发性设计是指没有出现同类产品，仅仅是根据抽象的设计原理和要求，设计出在质量和性能方面满足目的要求的产品或系统。在产品的工作原理、主体结构、实现功能三者中至少有一项是首创的才可以认为是开发性设计。开发性设计的过程最复杂，创新性强，例如当初的录像机、摄像机、电视机的设计就属于开发性设计。

2. 适应性设计

适应性设计是指在工作原理和总体结构基本保持不变的情况下对现有产品进行局部更改，或增设某种新部件，或用微电子技术代替原有的机械结构，或为了进行微电子控制对机械结构进行局部修改，以改善产品的性能和质量。例如，在内燃机上增加增压器以增大输出功率，增加节油器以节约燃料，这些均属于适应性设计。

3. 变异性设计

变异性设计是保持工作原理和功能结构不变，仅改变结构配置和尺寸，按新的用户或市场需要做新的布局或变更尺寸参数。这种修改一般不破坏原设计的基本原理和基本结构特征，仅进行一种参数的修改或结构的局部调整，或两者兼而有之，以满足不断变化的市场的要求。例如单缸柴油机通过修改气缸直径得到 S195、S110 、S115 等系列产品。

4. 组合性设计

组合性设计是指根据原理方案要求，在已有的部分结构基础上，从市场或企业现有的零部件中选取，进行有效组合，得到新的结构形式。如液压系统设计，即按原理和参数要求，选用标准液压元器件进行组合。

7.2 机电一体化系统开发流程

7.2.1 流程概述

机电一体化系统开发是一项系统性工程。从开发过程来说，它包括了准备、设计、实施、测试和定型阶段，每一阶段又包括了若干个具体内容。在开发过程中，往往需要经过反复修改，最终才能够满足功能与性能指标，也可能面临失败。在开发周期上，一个新产品开发少则需要几个月时间，多则需要几年甚至十几年时间。例如，一款新型轿车的开发从开始设计到产品定型通常需要几年时间，而新型战机、航母等复杂系统的开发周期通常需要十几年时间。

机电一体化系统开发也是一项复杂性工程。以手机开发为例，它的研发过程包括工业设计、硬件设计、软件设计、功能测试等。工业设计包括手机的外观、材质、手感、颜色配搭，主要界面的实现及色彩等设计。结构设计包括手机的前壳、后壳、手机的摄像镜头位置的选择，固定方式、电池连接、手机的厚薄程度的确定。硬件设计主要设计电路以及天线等。软件设计包括操作系统、各种应用软件、插件设计等。功能测试是对手机的性能进行测试，它又分为压力测试、抗摔性测试、高/低温测试、高湿度测试、百格测试、扭矩测试、静电测试、沙尘测试、密封测试等。从上述手机开发过程看出，机电一体化系统开发过程比较复杂，需要有庞大的人才、技术以及雄厚的资金支持。

机电一体化系统的开发流程如图 7-1 所示。根据机电一体化系统开发的特征，分为开发准备阶段、设计阶段、实施阶段、测试阶段、定型阶段。

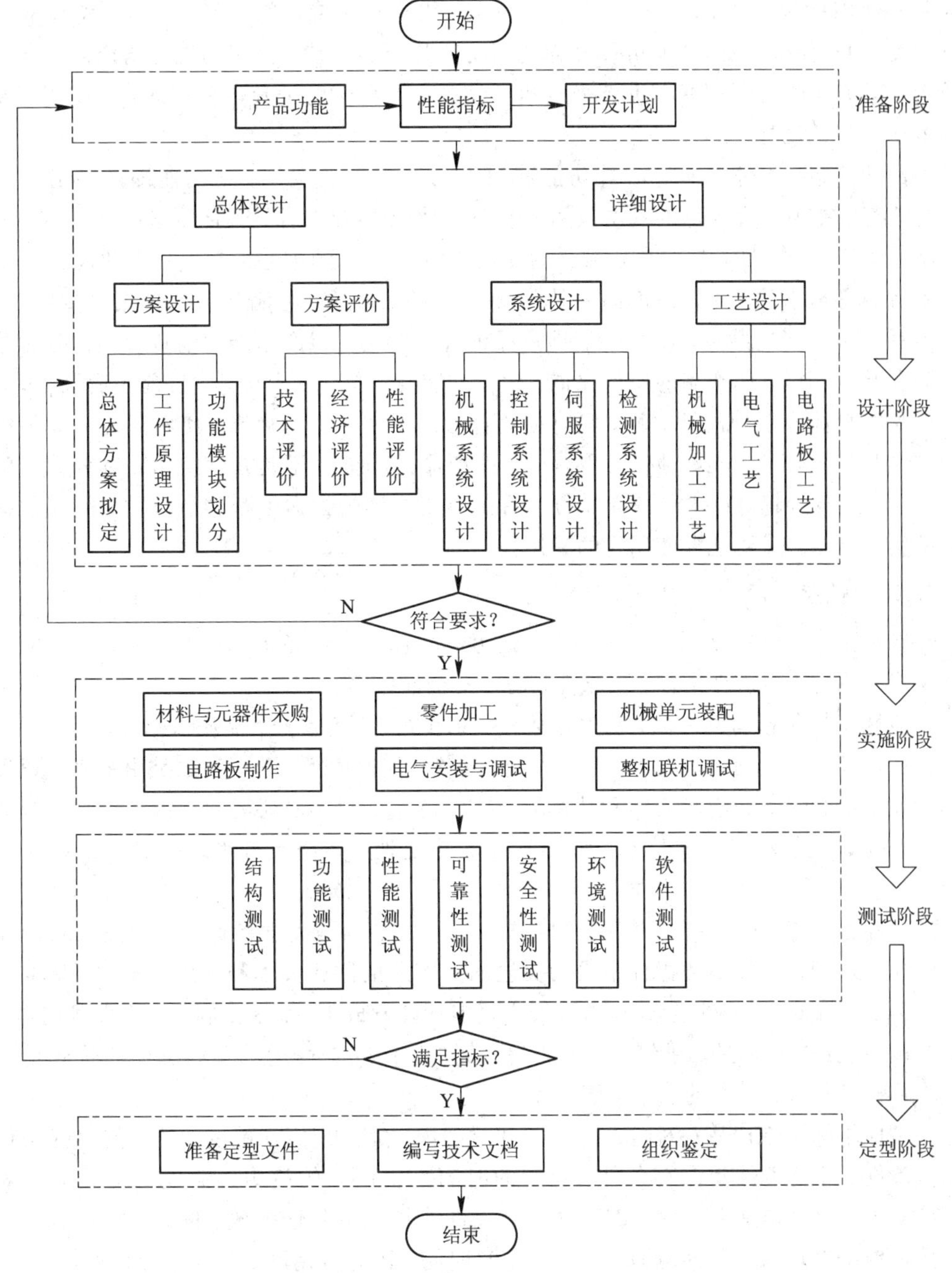

图 7-1　机电一体化系统的开发流程

7.2.2 准备阶段

1. 确定产品功能

功能是指产品能够做什么或能够提供什么功效，它是产品所要解决的最基本的问题，是产品设计最基本的也是最主要考虑的因素之一。购买一种产品实际上是购买产品所具有的功能和使用性能。比如，汽车有代步的功能，冰箱有保持食物新鲜的功能，空调有调节空气温度的功能。产品的功能可以分为使用功能与审美功能，使用功能是指产品的实际使用价值，审美功能是利用特有形态来表达产品的不同美学特征及价值取向，让使用者从情感上取得共鸣的功能。

产品功能包含基本功能、心理功能和附加功能三个层次。基本功能即产品的核心功能，是指产品能为顾客提供的基本效用或利益的功能，包括产品特性、寿命、可靠性、安全性、经济性等，是满足人们基本需要的部分，是顾客需求的中心内容。心理功能指产品满足消费者心理需求的功能，是产品的外部特征和可见形体，是满足人们扩展需要的部分，也是产品基本功能的载体。附加功能即产品的连带功能，指产品能为消费者提供各种附加服务和利益的功能，如产品的质量保证、设备安装与维修、技术培训、售前售后服务等。

产品的功能有强烈的针对性，只有在综合考虑对象、使用状态、使用环境和需要解决的问题的基础上，才能较好地进行取舍。一件产品的功能并不是多多益善，过分就导致浪费，但也不是越少越好。往往一个好的产品在功能数量的把握上都很有分寸，既要把握使用者的实际需求，又要把握使用时的易用性。

2. 确定性能指标

在确定了产品功能之后，下一步就要确定产品技术与性能指标。产品技术与性能指标包括功能性指标、经济性指标、可靠性指标、安全性标等。

功能性指标包括运动参数、动力参数、尺寸参数、环境参数、品质指标等。运动参数是用来表征机器工作的运动轨迹、行程、方向、速度、加速度等。动力参数是用来表征机器输出动力大小的指标，如输出力矩和功率等。品质指标是用来表征运动参数和动力参数品质的指标，例如定位精度、重复定位精度、运动稳定性、系统灵敏度、功率与力矩输出特性等。

经济性指标包括成本指标、工艺性指标、标准化指标、美学指标等，它关系到产品能否受到人们欢迎。在经济性指标中最为关注的是产品的制造成本和使用成本。制造成本越低、则产品售价低，影响制造成本的因素主要包括开发成本、材料、制造、管理费用等。使用成本包括能耗、保养费、维修费、人力等。例如，油耗是衡量汽车经济性的重要指标之一，是影响用户购买与否的一个重要因素之一。

可靠性指标是指产品在规定的条件下和时间内，完成规定功能的能力。规定的条件包括工作条件、环境条件和储存条件。规定的时间是指产品的使用寿命或平均故障间隔时间，完成规定的功能是指不发生破坏性失效或性能指标下降性失效。例如，数控机床的可靠性指标包括平均无故障间隔时间、平均修复时间、固有可用度、精度保持时间等。

安全指标包括操作指标、自身保护指标和人员安全指标等保证产品在使用过程中不误操作或偶然故障而引起产品损坏或人身安全方面的技术指标。对于自动化程度高的机电一体化产品，安全性指标为重要。例如汽车、电梯等，由于涉及人的生命安全，国家有强制性的安全标准，产品定型时需接受安全指标测试。

3. 拟定开发计划

开发计划是为了实现决策，预先明确所追求的目标以及相应的行动方案的活动，即为设定目标以及决定如何达成目标，指明路线的过程。新产品开发计划的制定直接关系到新产品开发工作的成败。制订有效的计划需要做到有清晰的目标，明确的方法与步骤，必要的资源，可能的问题与成功的关键。计划书内容主要包括开发产品的描述、开发目的、开发期限、开发组织体系、预期成果、质量标准与要求、经费预算、开发后期的试制等内容。企业新产品开发通常采用项目小组形式，一般以技术研发部门为主，抽调企划、生产和管理等部门精干人员组成项目开发小组，共同编制新产品开发计划书。

7.2.3　设计阶段

1. 总体设计

总体设计也称为初步设计，是应用系统总体技术，从整体目标出发，统一分析产品的性能要求及各组成单元的特性，选择最合理的单元组合方案，实现机电一体化产品整体优化设计的过程。机电一体化系统总体设计内容包括总体方案拟订、工作原理设计、功能模块划分、技术方案评价等。

(1) 总体方案拟定。在机电一体化系统原理方案拟定之后，初步选出多种实现各环节功能和性能要求的可行的主体结构方案，并根据有关资料或与同类结构类比，定量地给出各结构方案对特征指标的影响程度或范围，必要时也可通过适当的实验来测定。将各环节结构方案进行适当组合，构成多个可行的系统结构方案，并使得各环节对特征指标的影响的总和不超过规定值。总体方案拟定是机电一体化系统总体设计的实质性内容，要求充分发挥机电一体化设计的灵活性，根据产品的市场需求及所掌握的资料和技术，拟定出综合性能最好的机电一体化系统原理方案。

(2) 工作原理设计。工作原理是解决输入输出之间转换关系问题。通常，机一体化系统输入是一种能量或运动，而输出的是另一种能量或运动形式。工作原理设计就是运用科学原理与技术手段实现系统的能量转换或运动形式转换。例如，汽车发动机把汽油中存储的化学能转换成机械能，工作原理是通过气缸内的燃料燃烧推动活塞运动实现能量转换，再通过曲柄连杆机构实现运动形式转换。机电一体化系统的工作原理设计包括机械原理设计、控制原理设计等。

(3) 功能模块划分。一般技术系统都比较复杂，难以直接求出满足总功能的原理解，可利用系统工程分解性原理将功能系统按总功能、分功能等进行功能单元分解，化繁为简，以便通过各功能单元分解的有机组合求得系统解。实际设计时，建立系统功能结构可以从系统功能分解出发，分析功能关系和逻辑关系。先从上层功能的结构考虑，建立该层功能结构的雏形，再逐层向下细化，最终得到完善的功能结构图。

(4) 技术方案评价。机电一体化系统在设计阶段得到多种可行方案后，这些方案必须经过评价，综合确定最优方案，以便后续设计工作能以更有效的方案进行。由于机电一体化系统的复杂性，因此对机电一体化系统的评价必然采用多人、多层次、多目标的综合评价。多人评价过程应由与机电一体化技术有关的多个不同学科背景的专家和决策者共同参与，以保证评价结果的可信度和准确性。多层次、多目标指机电一体化系统的规模大，子系统要素多，功能模块之间关系复杂，使得评价指标体系呈现出多目标和多层次结构，且这些目标之间呈现递阶结构。表 7－1 为机电一体化系统设计方案常用的评价指标。

表 7－1　机电一体化系统技术方案评价指标

评价指标 / 单元名称	技术评价指标	性能评价指标	经济性评价指标
机械单元	运动规律可实现程度、运动可调性、传动精度、制造的工艺性等	输出运动的基本特征、动力特性、承载能力、噪声可靠性和可维修性等	元件性价比、装配调试复杂度、使用经济性
控制单元	控制原理、稳定裕度、控制精度、响应时间等	安全性、抗干扰能力、通信功能、可靠性和可维修性、智能化程度	硬件成本、软件成本、性价比、维修成本
伺服单元	伺服精度(电流环、速度环、位置环)、响应特性、可靠性等	伺服精度、响应特性、运行可靠性、功率输出特性、转矩输出特性等	功耗比、性价比
检测单元	静态特性：线性度、灵敏度、可重复性、分辨率、稳定性。动态特性：上升时间、响应时间、过冲、稳态误差等	检测范围、精度与分辨率、环境适应性、抗干扰能力、可靠性等	安装方便性、性能价格比、测试方便

2. 详细设计

详细设计是把系统从概念变为可以准确描述与可操作的工程图的过程，它是将总体方案进行细化，设计并画出整个系统、功能单元以及零件的具体结构，并确定相应的技术条件、技术指标。

(1) 机械系统设计。机械单元是整个机电一体化系统的重要组成部分，影响系统的运动精度、动态特性、可靠性、稳定性。机械设计内容较多，从系统功能上来分，机械系统包括传动系统、导向部件、执行部件、支撑部件设计等。为了满足功能要求，设计还包括强度、刚度、应力、摩擦、热变形分析，结构优化等。从表现形式来分，设计内容包括结构设计与工艺设计，结构设计通常需要绘制总装配图、部件装配图和零件图。

(2) 控制系统硬件设计。控制系统是机电一体化系统的核心，与传统电气控制系统的区别在于机电一体化系统以计算机为核心组织设计，满足控制功能，因此机电一体化控制系统设计本质上就是设计一个计算机控制系统。从控制系统组成来分，包括控制系统硬件设计与控制软件设计。在硬件设计中主要是电气控制电路、电子控制线路、液压与气压控制回路设计。控制系统包括微处理器、存储器、接口模块、通信模块、电源模块、显示模块等组成，当系统复杂时，一些功能实现采用专用芯片实现，更宜于系统集成和小型化，例如手机中芯片包括了射频芯片、射频功放芯片、处理器芯片、电源管理芯片、存储芯片、触摸屏控制芯片等。控制系统硬件设计绘制的图形包括控制系统的系统图、电气原理图、功能图、逻辑图、程序图等；电路设计包括电路原理图、印刷电路板图。

(3) 控制系统软件设计。控制软件是实现过程控制的各种通用或专用程序，包括系统软件与应用软件。系统软件是指控制和协调计算机及外部设备，支持应用软件开发和运行的系统。其主要功能是调度，监控和维护，负责管理计算机系统中各种独立的硬件，使得它们可以协调工作。系统软件为基础软件，开发工作量大，一般由专业公司开发，用户可以根据计算机类型选用系统软件。应用软件是针对本控制系统的专用软件，例如自适应控制、知识推理控制、人工智能控制等软件。控制系统软件应根据控制系统的架构类型组织开发，例如基于 PC 机的控制系统的控制软件由操作系统与应用软件组成，基于单片机的控制系统的控制软件为专用控制软件，数控系统的控制软件多数为专用控制软件。

(4) 工艺设计。工艺是为了指导加工或施工所需的指导文件或加工图纸，制定工艺的过程称为工艺设计。机械加工有机械加工工艺，电气施工有电气工艺、电路板制造工艺等。如果要把设计的机械结构、电气原理图、电路图变成实物，则离不开工艺设计。例如，机械加工工艺设计内容通常包括编制工艺过程卡、工艺卡、工序卡，夹具、刀具与量具设计，数控加工程序设计等。电气工艺设计包括电气原理图、电气接线图、安装图、元器件布置图设计等。

7.2.4　实施阶段

实施阶段主要工作是就是按照设计图纸与工艺图纸把原材料加工成零件、再组装成部件以及整个产品的过程。制造过程中所选择的加工工艺、加工精度、表面质量、材料处理等都会影响产品的最终性能。先进的加工工艺与装备、严格的质量控制、高效的管理是保证产品开发能够顺利实施的物质和技术基础。

对于机电一体化系统来讲，制造与实施阶段主要工作包括机械单元制造、控制系统硬件组建、控制软件开发等。机械单元制造包括备料、零件加工、标准件采购、装配等阶段。其中，零件加工包括下料、锻造(铸造、焊接)、热处理、粗精加工、检验等工序。控制系统硬件组建包括元器件采购、控制柜加工、电路板制作、电气元器件安装、配线、通电检测。其中，电路板制作工艺了包括开料、钻孔、沉铜、图形转移、电镀、腐蚀、清洗、焊接、检验等工序。

7.2.5　测试阶段

当产品制造完成之后进入测试阶段，实际上在开发过程中不同的阶段都有测试，比如需求评审阶段验收、开发阶段验收，所以每个阶段都需要测试，以上测试是阶段性的，在产品设计完成后需要对产品的整个性能进行测试与分析，例如功能测试、可用性测试、用户体验测试，在测试完成后要对产品进行评价。产品测试需要制订相关的测试计划，内容一般包括项目介绍、测试文档、测试计划与安排、结构测试、功能测试、性能测试、可靠性测试、安全性测试、环境测试方案等，测试完成后要提供测试报告。

机电一体化产品的测试包括硬件测试与软件测试。硬件测试包括结构测试、上电与掉电测试、系统功能测试、接口功能测试、功耗测试、性能测试、配置变更测试、稳定性测试等。软件测试包括功能测试、性能测试等。软件功能测试是指根据产品特性、操作描述和用户方案，测试一个产品的特性和可操作性是否满足设计需求。软件性能测试是指验证软件的性能是否满足系统规格指定要求的性能指标。在此基础上还可以进一步衍生出负载测试、压力测试、稳定性测试。

7.2.6　定型阶段

定型是产品在正式投产前的一个重要环节，产品定型阶段的主要任务是准备定型文件（设计图纸、软件清单、机械零部件清单、电气元器件清单及调试记录），编写技术资料（设计说明书、使用说明书等），组织产品鉴定等。批准定型投产的产品必须有技术标准、工艺规程、装配图、零件图、工装图以及其他相关技术资料。

产品定型一般由研发部门和生产部门共同完成。由研发部门主持召开由设计、试制、计划、生产、技术、工艺、品管、检查、标准化、技术档案管理等相关人员参加的产品鉴定会，对产品从技术和经济上做出评价，确认设计、工艺规程、工艺装备没有问题后，提出是否可以定型投产以及投产时间的建议。研发部门需向鉴定会提供的资料应包括产品标准、设计与工艺文件、生产条件报告、检测报告、客户试用报告以及其他特殊要求相关文件。

对于纳入国家产品目录的产品要报送相关主管部门并需要通过技术鉴定，定型后的有关的技术资料、鉴定书面文件都要存入国家有关部门的产品档案。产品定型后，如果在生产和用户使用中证明定型产品在性能、结构、作用上还存在问题、缺陷，或经济上不够节约，可以提出修改，在得到相关部门批准后对产品设计进行修改。

7.3　优化设计

7.3.1　优化设计的概念

传统设计通常采用经验、类比、试凑、试验等方法来确定产品的结构与参数，然后再通过校核对设计参数进行修改，采用该种方法设计的产品在重量、强度、刚度、动态特性、成本等方面不一定是最优的。

优化设计(optimization design)是将设计问题的物理模型转化为数学模型，运用最优数学理论，选用适当的优化方法，以计算机为手段求解数学模型，从而得出最佳设计方案的一种设计方法。产品的优化设计是在规定的各种设计限制条件下，优选设计参数，使某项或几项设计指标获得最优值。优化设计在机电一体化系统中主要应用于结构设计与控制系统中。

结构优化设计是指在给定约束条件下，按某种目标（如重量最轻、成本最低、刚度最大等）求出最佳的设计方案，也称为结构最佳设计或结构最优设计。结构优化设计过程大致可归纳为假定、分析、搜索、最优设计四个阶段。其中，搜索过程是修改并优化的过程，它首先判断设计方案是否达到最优（包括满足各种给定的条件），如若不是则按某种规则进行修改，以求逐步达到预定的最优指标。

在控制系统优化设计方面，为了确定控制器的结构及其参数，人们提出了函数优化问题和参数优化问题。在数学上，解决参数优化问题的途径一般间接寻优和直接寻优两种方法。由于在控制系统的参数优化问题中，一般很难将目标函数写成解析形式，只能在对系统进行仿真的过程中将其计算出来，并且求导目标函数的过程也不容易实现，基于这些原因，间接寻优法的应用很少。此外，评价优化方法好坏的要素有收敛性、收敛速度、每步迭代所需要的计算量。

7.3.2　优化设计的应用

优化设计方法提供了一种优选的最佳路径，在路径中针对具体问题的计算方法多种多样。采用优化设计方法可以将传统的设计内容、现代的设计方法和现代的设计手段较好地结合起来，最大限度地协调各种技术指标，使设计出的产品零件或结构尽可能满足多种角度考虑的设计要求。目前优化技术主要应用于机械结构件或零部件的优化设计，如以产品质量或体积为目标的最优设计，还有对比分析中的参数优化和形状优化。优化设计在机电一体化系统中可解决机械系统结构设计和控制系统参数优化两类问题。

优化设计方法在机械领域应用较早，尤其是机构优化设计，在平面连杆机构、空间连杆机构、凸轮机构以及组合机构设计等方面都取得了很好的成果。在机械零部件优化设计领域，国内外都进行了深入的研究，例如：液体动压轴承的优化设计，齿轮在最小接触应力情况下的最佳几何形状，二级齿轮减速器在满足强度和一定体积要求下的比质量最小，摩擦离合器、齿轮泵、弹簧等的优化设计问题。工程实践中，优化设计方法与计算机辅助设计、动态仿真设计等技术的结合，使得在设计过程中能够不断选择设计参数进而求得最优设计方案，加快设计速度，缩短设计周期。

在控制系统中，当被控对象的数学模型以及控制系统的技术要求给定之后，就需要设定控制器的结构和参数。当系统对象简单时，设计人员根据对实际系统的了解和经验，先假设控制器参数的一组初始值，通过仿真或者直接在实际系统上做试验，求出系统对典型输入的响应特性；然后由设计者分析得到结果，并依据理论分析和以往的经验修改控制器参数；接着再进行仿真计算或试验，分析比较和修改参数，直到获得满意的控制效果。对于具有若干个输入的多回路的复杂系统，即使花费了大量的时间和精力，也不一定能够找到满足工程要求的最佳控制器结构以及相应的参数，为了获得最佳的设计效果，利用了最优化技术。

7.3.3　优化方法

根据优化设计数学模型中目标函数与约束函数的性质，可将传统优化方法分为线性优化方法和非线性优化两种类型。当目标函数和约束函数均为线性函数时，称为线性优化。线性优化多用于生产组织和管理问题的优化求解，单纯形法是线性优化中应用最广的方法之一。如果目标函数和约束函数中至少有一个非线性函数，即为非线性优化。非线性优化方法是解决工程设计实际问题的最为常用的优化方法。

优化设计的方法较多，根据设计空间的维数，优化方法分为一维优化和多维优化。一维优化方法是优化方法中最简单、最基本的方法，有黄金分割法、二次插值法等，它们是多维优化方法的基础。根据设计变量的性质不同，可分为离散变量优化和连续变量优化等。根据数学模型中有无约束条件，将优化方法分为无约束优化方法和约束优化方法。无约束优化方法主要包括梯度法、牛顿法、变尺度法、共轭梯度法、坐标轮换法、Powell 法等。约束优化方法主要包括复合形法、可行方向法、拉格朗日乘子法、惩罚函数法、序列线性规划法等。

随着技术的发展，人们陆续提出了与传统优化方法显著不同的现代优化方法(或称为智能优化方法)，如神经网络优化方法、遗传算法、模拟退火算法、蚁群算法及和谐搜索算法等。这些优化方法的出发点是要尽可能找到复杂优化问题的全局最优解。

优化设计的基本步骤为：首先要建立数学模型，确定设计变量、目标函数、约束条件等，然后在此基础上寻找求解方法，最后还要对求解结果进行分析与验证。

1. 数学模型

数学模型是描述实际优化问题的设计内容、变量关系、有关设计条件和意图的数学表达式，它反映了物理现象各主要因素的内在联系，是进行优化设计的基础。结构优化设计可定义为对于已知的给定参数，求出满足全部约束条件并使目标函数取最小值的设计变量的解。建立数学模型就是把实际问题按照一定的格式转换成数学表达式的过程，数学模型建立的合适、正确与否直接影响到优化设计的最终结果。

2. 设计变量

设计变量指在设计过程中所要选择的描述结构特性的量，它的数值是可变的。设计变量一类是几何参数，例如各个构件的截面尺寸、面积、惯性矩等设计截面的几何参数，也可以是柱的高度、梁的间距、拱的矢高和节点坐标等结构总体的几何参数；另一类是物理参数，如材料的弹性模量、应力、变形、结构固有频率、材料屈服极限等。设计变量通常有连续设计变量和离散设计变量两种类型。

3. 目标函数

目标函数是用设计变量来表示的所追求的目标形式，所以目标函数就是设计变量的函数，是一个标量。从工程意义讲，目标函数是系统的性能标准，例如，一个结构的最轻重量、最小体积、最低造价、最合理形式，一件产品的最短生产时间、最小能量消耗，一个实验的最佳配方等等。建立目标函数的过程就是寻找设计变量与目标关系的过程。

4. 约束条件

在优化设计中，目标函数取决于设计变量，而设计变量的取值范围有各种限制条件，如强度、刚度等。每个限制条件都可写成包含设计变量的函数，称为约束条件，因为它是设计变量的函数，也称为约束函数。结构优化的约束条件一般有几何约束条件和性态约束条件两种。几何约束条件是在几何尺寸方面对设计变量加以限制，性态约束条件是对结构的工作性态所施加的一些限制。

7.3.4 应用举例

1. 机械结构优化问题

机械结构优化设计过程包括：建立优化设计的数学模型，选择适当的优化方法，编写计算机程序，准备必要的初始数据并上机计算，对计算机求得的结果进行必要的分析。

建立数学模型的基本原则有：

(1) 在设计变量的选择上，尽量减少设计变量数目，设计变量应当相互独立；

(2) 在目标函数的确定上，选择最重要指标作为设计追求目标；

(3) 在约束条件的确定上，可分为性能约束和边界约束。

例 7-1　图 7-2 所示为一个已经简化的机床主轴受力分析。试建立以主轴外伸端的挠度为约束条件，主轴的自重最轻为目标的优化函数。

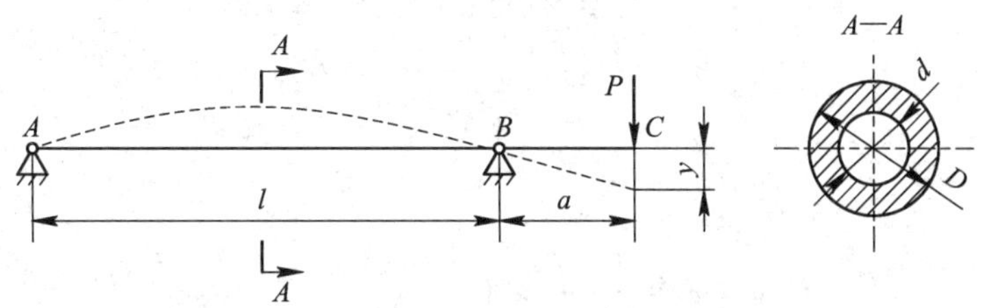

图 7-2　机床主轴受力分析

解　在主轴的材料选定时，其设计方案由四个设计变量决定。即孔径 d、外径 D、跨距 l 及外伸端长度 a。由于机床主轴内孔常通过需要通过待加工的棒料，其大小由机床型号决定，不能作为设计变量。故主轴的设计变量取为

$$x=\begin{bmatrix}x_1\\x_2\\x_3\end{bmatrix}=\begin{bmatrix}l\\D\\a\end{bmatrix} \tag{7-1}$$

机床主轴优化设计的目标函数则为

$$f(x)=\frac{1}{4}\pi\rho(x_1+x_3)(x_2^2-d^2) \tag{7-2}$$

式中：ρ 为材料密度。

在确定了目标函数后，接下来确定约束条件。

主轴的刚度是一个重要性能指标，其外伸端的挠度 y 不得超过规定值 y_0，据此建立的性能约束为

$$g(x)=y-y_0\leqslant 0 \tag{7-3}$$

在外力 F 给定的情况下，y 是设计变量 x 的函数，其值按下式计算

$$y=\frac{Fa^2(l+a)}{3EI} \tag{7-4}$$

式中：$I=\dfrac{\pi}{64}(D^4-d^4)$。

则有

$$g(x)=\frac{64Fx_3^2(x_1+x_3)}{3\pi E(x_2^4-d^4)}-y_0\leqslant 0 \tag{7-5}$$

此外，通常还应考虑主轴内最大应力不得超过许用应力。由于机床主轴对刚度要求比较高，当刚度满足要求时，强度尚有相当富裕，因此应力约束条件可不考虑。

边界约束条件为设计变量的取值范围，即有

$$\begin{cases}l_{\min}<l<l_{\max}\\D_{\min}<D<D_{\max}\\a_{\min}<a<a_{\max}\end{cases} \tag{7-6}$$

综上所述，将所有约束函数规格化，那么主轴优化设计数学模型表示为

$$\begin{cases} \min f(x)=\dfrac{1}{4}\pi\rho(x_1+x_3)(x_2^2-d^2) \\ g_1(x)=\dfrac{\dfrac{64Fx_3^2(x_1+x_3)}{3\pi E(x_2^4-d^4)}}{y-y_0}\leqslant 0 \\ g_2(x)=\dfrac{1-x_1}{l_{\min}}\leqslant 0 \\ g_3(x)=\dfrac{1-x_2}{D_{\min}}\leqslant 0 \\ g_4(x)=\dfrac{x_2}{D_{\min}-1}\leqslant 0 \\ g_5(x)=\dfrac{1-x_3}{a_{\min}}\leqslant 0 \end{cases} \tag{7-7}$$

例 7-2　图 7-3 所示为汽车前防撞系统的结构模型，由防撞梁、吸能盒、连接板组成，优化目标是能够使材料得到充分利用，使整个结构每一处的应变能密度都相等，试建立该防撞系统的优化目标函数。

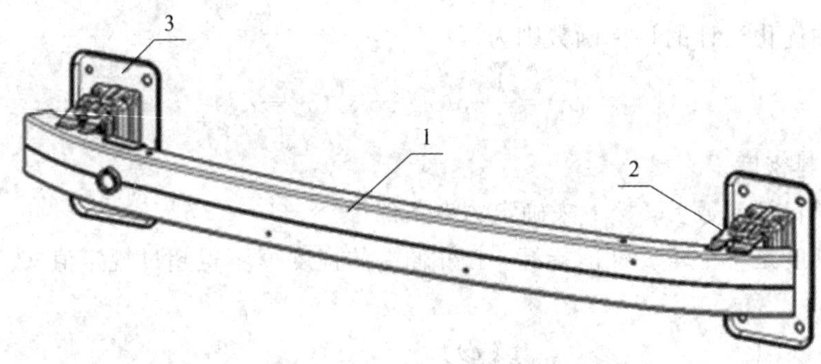

1—防撞梁；2—吸能盒；3—连接板

图 7-3　汽车前防撞系统结构

解　根据防撞系统结构和要求，车前防撞系统约束条件主要有：

(1) 能量约束条件。

根据低速碰撞时各零部件吸能情况可知，吸能盒目标吸能量为 7300 J，防撞梁目标吸能量为 1760 J，吸能盒的吸能量大约是防撞梁吸能量的 5 倍，数学表达式为

$$\begin{cases} E_{\text{box}}+E_{\text{beam}}<9600\ \text{J} \\ E_{\text{box}}-E_{\text{beam}}>0 \end{cases} \tag{7-8}$$

式中：E_{box} 为吸能盒的吸能量；E_{bem} 为防撞梁的吸能量。

(2) 位移约束条件。

在原有结构的基础上，确定防撞梁最大位移为防撞梁中点到吸能盒根部的径向距离 200 mm，理想状况下左右吸能盒最大压缩位移为吸能盒轴向长度 180 mm，数学表达式为

$$
\begin{cases} \mathrm{dis}_{\mathrm{beam}} < 200\ \mathrm{mm} \\ \mathrm{dis}_{\mathrm{Lbox}} < 180\ \mathrm{mm} \\ \mathrm{dis}_{\mathrm{Rbox}} < 180\ \mathrm{mm} \end{cases} \tag{7-9}
$$

式中：$\mathrm{dis}_{\mathrm{beam}}$ 为防撞梁最大压缩位移；$\mathrm{dis}_{\mathrm{Lbox}}$ 为左吸能盒最大压缩位移；$\mathrm{dis}_{\mathrm{Rbox}}$ 为右吸能盒最大压缩位移。

(3) 碰撞力约束。

原有保险杠结构允许碰撞力峰值为 180 kN，为避免以上碰撞力过大情况的发生，此次优化过程中允许最大碰撞力峰值为 180 kN，数学表达式为

$$
\max(F_{\mathrm{p}}) \leqslant 180\ \mathrm{kN} \tag{7-10}
$$

式中：F_{p} 为碰撞力峰值。

(4) 质量约束。

对于机械产品新结构的设计，除了能满足实际功能需求外，对轻量化也提出了要求，质量分数约束条件为

$$
\begin{cases} \sum_{0}^{N} \rho(x_i) V_i \leqslant 0.25\bar{M} \\ x_{\min} \leqslant x_i \leqslant 1 \end{cases} \tag{7-11}
$$

式中：V_i 为第 i 个单元的体积；ρ 为第 i 个单元的相对密度；x_i 为相对质量系数，取值 (0～1)；$\bar{M}$ 为模型原始质量；N 为单元总数。

对于碰撞之类的动态问题，往往是希望得到吸能特性最好的结构，并且保证质量最小，拓扑优化目的就是使材料得到充分利用，使整个结构每一处的应变能密度都相等，因此碰撞拓扑优化的目标一般是使结构的平均应变能达到设计要求，设定目标函数为

$$
\begin{cases} \min \sum_{0}^{N} \left| \bar{U}_i(x_i) - U_i^{*} \right| \\ \boldsymbol{M}\ddot{d}(t) + \boldsymbol{C}\dot{d}(t) + \boldsymbol{K}d(t) = F(t) - \boldsymbol{R}(d, t) \end{cases} \tag{7-12}
$$

式中：$\bar{U}_i$ 为设计目标，此处为碰撞拓扑优化过程应变内能密度；N 为计算模型中单元总个数；$\boldsymbol{M}$ 为质量矩阵；$\boldsymbol{C}$ 为阻尼矩阵；$\boldsymbol{K}$ 为刚度矩阵；$\boldsymbol{R}$ 残余能量。

2. 控制系统优化问题

控制系统的优化问题可分为两类，一是函数优化问题，另一类是参数优化问题。

1) 函数优化问题

函数优化问题也称为动态优化问题。在这类问题中，控制器的结构并不知道，需要设计出满足某种优化条件的控制器。

例 7-3　如图 7-4 所示，假设某运动物体的初始位置、初始速度、最终位置和最终速度已知，要求该物体在 $f(t)$ 作用下从最初位置到达最终位置所需的时间 t_{k} 为最小，设其约束条件为 $|f(t)|<1$。

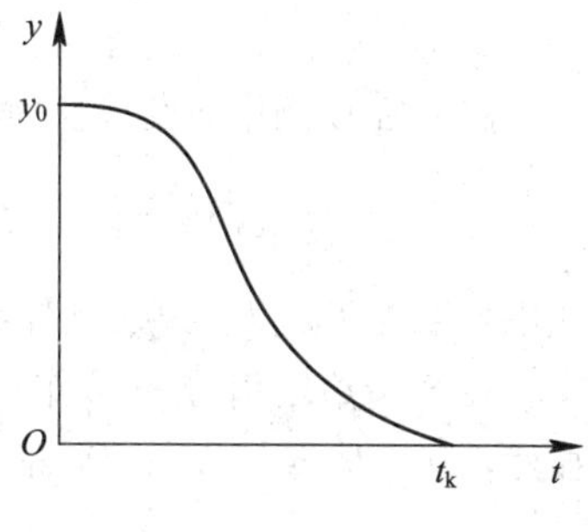

图 7-4　物体运动问题

解 系统满足的运动方程为

$$m\frac{d^2y}{dt^2}=f(t) \tag{7-13}$$

初始条件和终止条件为

$$y(0)=y_0,\ \dot{y}(0)=0$$
$$y(t_k)=0,\ \dot{y}(t_k)=0 \tag{7-14}$$

取目标函数为

$$t_k=Q[f(t)] \tag{7-15}$$

要求在约束条件$|f(t)|<1$下，求函数$f^*(t)$，使泛函t_k为最小。这个问题，所求的是一条关于$f(t)$的变化曲线，属于函数优化问题，可以将它转化为参数优化问题。

设$f(t)$为

$$f(t)=\sum_{i=1}^{m}\alpha_i x_i(t) \tag{7-16}$$

式中：$x_i(t)$为一些简单的已知函数。

$x_i(t)$可以取

$$x_i=\begin{cases}1+\dfrac{\alpha_{i+1}-\alpha_i}{\alpha_i}\dfrac{t-t_i}{t_{i+1}-t_i} & t_i\leqslant t\leqslant t_{i+1}\\ 0 & \text{其他}\end{cases} \tag{7-17}$$

寻找一维最优函数$f^*(t)$的问题就转化为寻找m个最优参数α_1^*，α_2^*，…，α_m^*的参数优化问题。

2）参数优化问题

参数优化问题也称为静态优化问题。在这类问题中，控制器的结构、形式已经确定，而需要调整或寻找控制器的参数，使得系统性能在某种指标意义下达到最优。

例 7-4 如图 7-5 所示的 PID 控制系统，要求寻找理想的控制器参数，使系统性能指标为最优。

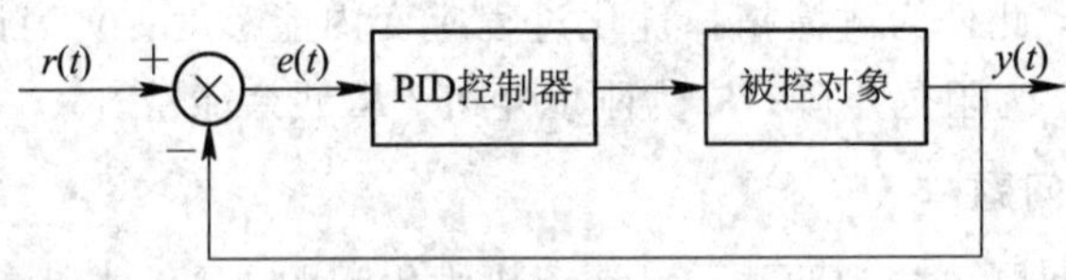

图 7-5 PID 控制系统

解 在该例中，设被控对象数学模型$G(s)$已知，PID 控制器的类型和形式已确定，为

$$G_c(s)=K_P+\frac{1}{T_i s}+T_d s \tag{7-18}$$

式中：K_P、T_I、T_D为控制器参数。

在某个给定信号$r(t)$作用下，测量系统输入量$r(t)$与输出量之间$y(t)$的偏差为$e(t)$。显然，$e(t)$是K_P、T_I、T_D的函数。选择的目标函数为

$$Q(K_P,\ T_I,\ T_D)=\int_0^{t_f}e^2(t)dt \tag{7-19}$$

式中：t_f为系统调节时间。

接下来的问题是如何选择合适的参数值 K_P^*、T_I^*、T_D^* 使得目标函数 Q 为最小，即有

$$Q(K_P^*,\ T_I^*,\ T_D^*) = \min Q(K_P,\ T_I,\ T_D) = \min\int_0^{t_f} e^2(t)\mathrm{d}t \tag{7-20}$$

7.4 有限元方法

7.4.1 基本思想

有限元方法(Finite Element Method，FEM)是一种为求解偏微分方程边值问题近似解的数值技术。求解时对整个问题区域进行分解，每个子区域都成为简单的部分，这种简单部分就称作有限元。有限元方法的主要思想是对连续体的求解域进行单元划分和分片近似，单元之间仅通过节点相互连接成为一个整体，然后用每一单元内所假设的近似函数来分片表示全部求解域内的变量，将求解微分方程问题转化为有限个方程组的联立求解。

有限单元法的基本思想“离散化”概念早在 20 世纪 40 年代就已经提出来了。1943 年 Courant 发表了第一篇使用三角形区域的多项式函数来求解扭转问题的论文。1956 年波音公司 Turner 等人分析飞机结构时系统研究了离散杆、梁、三角形的单元刚度表达式。1960 年 Clough 在处理平面弹性问题中，第一次提出并使用“有限元方法”的名称。1955 年德国的 Argyris 出版了第一本关于结构分析中的能量原理和矩阵方法的书，为后续的有限元方法研究奠定了重要基础。1967 年 Zienkiewicz 和 Cheung 出版了第一本有关有限元方法分析的专著。

由于有限元方法能够解决诸多实际问题，所以有限元方法技术发展迅速。目前，全世界著名的专业有限元分析软件公司有几十家。有限元软件分为通用型和专用型，通用有限元分析软件有 ANSYS、ABAQUS、MSC/ NASTRAN、MSC/MARC、ADINA、ALGOR、PRO/MECHANICA、IDEAS 等；专用有限元分析软件有 LS-DYNA、DEFORM、PAM-STAMP、AUTOFORM、SUPER FORGE 等。

7.4.2 有限元方法应用

有限元方法应用范围包括固体力学、流体力学、热传导、电磁学、声学、生物力学等。它能够求解杆、梁、板、壳、块体等各类单元构成的弹性、弹塑性或塑性问题；求解流体场、温度场、电磁场等的稳态和瞬态问题；水流管路、电路、润滑、噪声以及固体、流体、温度相互作用的问题等。有限元方法在机械制造、材料加工、航天技术、土木建筑、电子电气、国防军工、船舶、铁道、汽车和石化能源等行业中广泛应用。在机电一体系统设计中有限元方法可以解决以下问题：

(1) 结构分析。结构分析包括静力学与动力学分析。静力学分析主要指静态荷载分析，可以考虑结构的线性及非线性行为，例如大变形、大应变、应力刚化、接触、塑性、超弹及蠕变等。动力学分析主要包括模态分析、瞬态响应分析、谐响应分析、响应谱分析、显式动力分析。

(2) 传热分析。传热分析用于确定物体中的温度分布。考虑的物理量有热量、热梯度、热通量。有限元方法可模拟热传导、热对流、热辐射三种热传递方式，可进行稳态分析和

瞬态分析，还可模拟相变。

(3) 电磁场分析。电磁分析用于计算电磁装置中的磁场，考虑的物理量有磁通量密度、磁场密度、磁力和磁力矩、阻抗、电感、涡流、能耗及磁通量泄漏等。有限元方法可进行静态磁场及低频电磁场分析，如模拟由直流电源、低频交流电或低频瞬时信号引起的磁场(螺线管制动器、电动机、变压器)；高频电磁场分析如模拟电磁波的传播装置，计算由电压或电荷激发引起的电场，分析电磁装置与电路的耦合问题等。

(4) 流场分析。计算流体动力学(CFD)是一种典型的基于有限元方法的流体分析方法。典型的物理量有速度、压力、温度、对流换热系数。它可用于确定流体中的流动状态和温度，能够模拟层流和湍流、可压缩和不可压缩流体以及多组分流体的流动。

(5) 声学分析。有限元方法可用于模拟流体和周围固体的相互作用，考虑的物理量有压力、位移和自振频率。

(6) 多场耦合分析。耦合场是指两个或多个物理场之间的相互作用。因为两个物理场之间相互影响，所以单独求解一个物理场是不可能的。例如，热-应力分析(温度场和结构)、流体热力学分析(温度场和流场)、声学分析(流体和结构)、热-电分析(温度场与电场)、感应加热分析(磁场和温度场)。

7.4.3 求解步骤

有限元方法求解步骤基本相同，但求解不同工程问题时，具体处理过程并不完全相同。下面以力学问题求解为例说明有限元方法求解的一般步骤，求解过程包括：

(1) 建立积分方程。根据变分原理或方程余量与权函数正交化原理，建立与微分方程初边值问题等价的积分表达式，这是有限元方法的出发点。这也是有限元方法不同应用之间最根本的区别所在，例如结构、流场、温度场、电磁场等有限元方法分析建立的微分方程各不相同。

(2) 区域单元剖分。根据求解区域的形状及实际问题的物理特点，将区域剖分为若干相互连接、不重叠的单元。区域单元划分是采用有限元方法的前期准备工作，这部分工作量比较大，除了给计算单元和节点进行编号和确定相互之间的关系之外，还要表示节点的位置坐标，同时还需要列出自然边界和本质边界的节点序号和相应的边界值。

(3) 确定单元基函数。根据单元中节点数目及对近似解精度的要求，选择满足一定插值条件的插值函数作为单元基函数。有限元方法中的基函数是在单元中选取的，由于各单元具有规则的几何形状，在选取基函数时可遵循一定的法则。

(4) 单元分析。将各个单元中的求解函数用单元基函数的线性组合表达式进行逼近；再将近似函数代入积分方程，并对单元区域进行积分，可获得含有待定系数(即单元中各节点的参数值)的代数方程组，称为单元有限元方程。

(5) 总体合成。在得出单元有限元方程之后，将区域中所有单元有限元方程按一定法则进行累加，形成总体有限元方程。

(6) 边界条件的处理。一般边界条件有三种形式，分为本质边界条件(狄里克雷边界条件)、自然边界条件(黎曼边界条件)、混合边界条件(柯西边界条件)。对于自然边界条件，一般在积分表达式中可自动得到满足。对于本质边界条件和混合边界条件，需按一定的法则对总体有限元方程进行修正来满足。

(7) 求解有限元方程。根据边界条件修正的总体有限元方程组是含所有待定未知量的封闭方程组，采用适当的数值计算方法求解，可求得各节点的函数值。

(8) 求解结果输出。在有限元方法分析中，为了更加直观地表示求解结果，在求解之后将求解的结果以不同的形式输出，最基本的输出形式有文本、表格，但为了直观表示分析结果，高级的输出的方式有云图、矢量图、曲线等。

7.4.4 应用举例

采用有限元方法对电场、磁场、受力与变形、温度场 、流场以及耦合场进行分析是工程设计常用的方法，它能够帮助技术人员解决工程问题，因此它成为系统分析中应用的主要技术手段之一。关于机械结构有限元分析的例子介绍较多，不再介绍。下面引用一个流场分析的实例说明有限元分析的具体过程。

1. 应用背景

电解加工是一种特种加工方法，加工时电解液需要以一定的流速流过加工区域，否则会引起加工短路，因此流场好坏是电解加阴极设计成功与否的重要的衡量因素。图 7-6 所示为用于整体叶轮叶片电解成形加工的阴极，它由上盖板、下盖板、导流板、成形部件、储液腔、接杆等组成。电解加工时，电解液在导流板、上盖板、下盖板作用下从储液腔沿成形部件表面流入加工间隙，再从另外一侧流出。由于阴极的流道形状变化复杂，在加工区域中电解液流速变化较大。为了验证流场设计的合理性，采用有限元方法对阴极的流场进行分析，根据分析结果对阴极的结构进行改进。

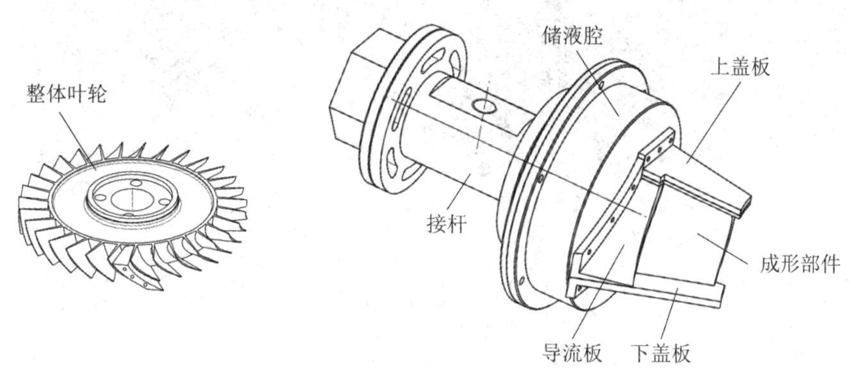

图 7-6　叶片电解加工成形阴极外形

2. 分析过程

用于流场分析软件较多，例如 CFD、CFX、Fluent 等，在本例中选择了 ANSYS Workbench 有限元软件，它是一款大型、多功能、协同仿真的限元分析软件。利用该软件的 CFX 模块对成形阴极的流场进行分析，分析过程如下：

(1) 建立模型。首先根据阴极的流道建立用于阴极流场分析的几何模型，以阴极的电解液流动路径为对象建立电解液流道的三维 CAD 模型，建立的流道几何模型如图 7-7(a)所示，它包括输送段、储液区、过渡段、加工区域。三维模型可以在 ANSYS 中建立，也可以从其他三维 CAD 建模软件中导入。

(2) 进行网格划分。在软件中进行网格划分，结果如图 7-7 (b)所示。网格大小根据需要划分，网格单元划分得越小，网格单元的数量越多，计算精度便越高，但是软件计算的工作量大，运算时间长。对于大尺寸、计算精度要求高的构件，进行有限元分析通常需要几小时，甚至数十小时连续计算才能得到求解结果。

(3) 施加边界条件。本实例中施加的边界条件是在电解液的入口处施加一定的进口压力 p_0，在出口处施加背压 p_1。施加的边界条件如图 7-7(c)所示。

(4) 分析求解。运用有限元软件对流场进行求解计算，流场的求解结果如图 7-7(d)所示，从图中可以得到流道中流速分布情况。

(5) 分析与结构改进。根据流道流速分布情况对阴极的结构进行改进。经过多次分析、改进过程，使整个流道中的电解液流速满足加工要求，最终完成了阴极的流道设计。

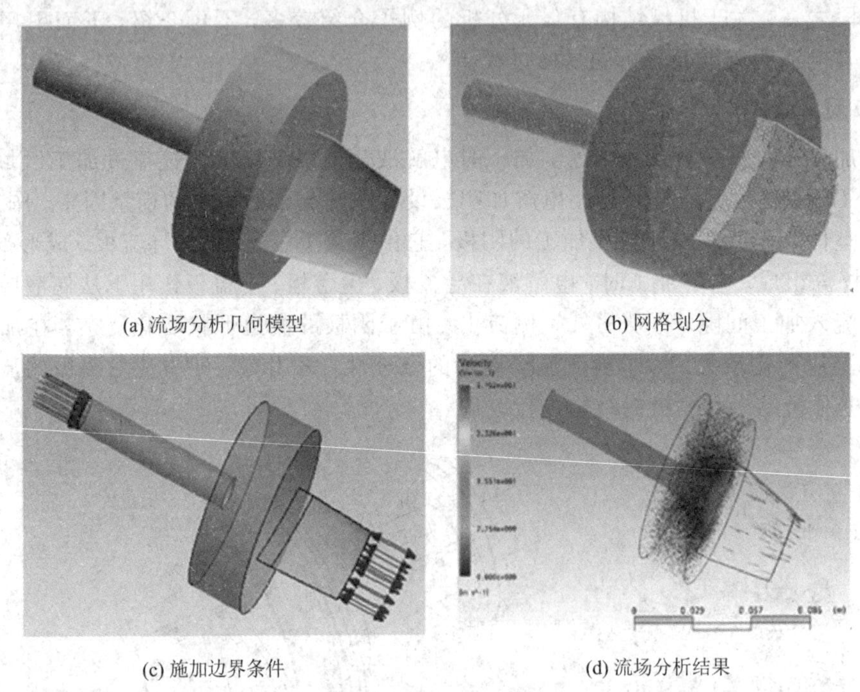

(a) 流场分析几何模型　(b) 网格划分

(c) 施加边界条件　(d) 流场分析结果

图 7-7　流场分析过程

7.5 可靠性设计

7.5.1 可靠性概念

随着现代科学技术的发展，机电一体化产品的性能要求高，工作参数多，工作环境差，因此对产品可靠性提出一定的要求，往往因一个零件的失效而造成灾难性的后果。即使有些产品由于采用了新原理、新材料、新工艺而简化了结构，但它的可靠性要求必须满足。

产品可靠性是指产品在规定的时间内和给定的条件下，完成规定功能的能力。它不但直接反映了产品各组成部件的质量，而且还影响到整个产品质量性能的优劣。决定产品可靠性的有设计、使用、工作环境等，因此可靠性分为固有可靠性、使用可靠性和环境适应性。

(1) 固有可靠性。产品设计制造者必须确立产品的固有可靠性，即按照可靠性规划，从原材料和零部件的选用，经过设计、制造、试验，直到产品制造完成的各个阶段所确立可靠性。固有可靠性是产品在设计、制造过程中被赋予的固有属性，也是开发者可以在设计阶段控制的。

(2) 使用可靠性。产品在实际使用过程中表现出的可靠性，除固有可靠性的影响因素外，还要考虑包装、运输、储存、安装、使用、维修等因素的影响。

(3) 环境适应性。环境适应性是指产品在服役过程中的综合环境因素作用下能实现所有预定的性能和功能且不被破坏的能力，是产品对环境的适应能力的具体体现，是一种重要的质量特性。例如，如果电机温升超出范围，其寿命会大大缩短。

7.5.2　度量指标

可靠性度量指标有寿命尺度、失效率、可靠度三种。

1. 寿命尺度

在可靠性寿命尺度中，最常见的是平均寿命，即产品从投入运行到发生故障(失效)的平均工作时间，有平均无故障工作时间和平均故障间隔时间两种表示方法。

1) 平均无故障工作时间(MTTF)

平均无故障工作时间指发生故障就不能修理的零部件，从开始使用到发生故障的平均时间，适用于不可维修产品。计算公式为

$$\mathrm{MTTF}=\frac{1}{N}\sum_{i=1}^{N}t_i \tag{7-21}$$

式中：t_i 为第 i 个零件或设备的无故障平均时间(h)；N 为测试零件或设备的个数。

2) 平均故障间隔时间(MTBF)

平均故障间隔时间指发生故障经修理或更换零部件后还能继续工作的可修理产品，从一次故障到下一次故障的平均时间，适用于可维修产品。计算公式为

$$\mathrm{MTBF}=\frac{1}{\sum\limits_{i=1}^{N}t_i}\sum_{i=1}^{N}\sum_{j=1}^{n_i}t_{ij} \tag{7-22}$$

式中：t_{ij} 为第 i 个产品从第 j－1 次故障到第 j 次故障工作时间(h)；n_i 为第 i 个测试产品的故障数；N 为测试产品的总数。

平均故障间隔时间是衡量产品可靠性的一个重要指标。表 7－2 为西门子 840D 数控系统 MTBF 指标，从中可以看出，西门子数控系统的元器件具有较高的可靠性，从而保证了整个数控系统工作可靠性。

表 7－2　西门子 840D 系统元器件平均故障间隔时间(MTBF)

序号	元器件名称	MTBF/年	序号	产品名称	MTBF/年
1	OP 12	202	5	NCU730.3PN，CPU	45.0
2	ET200 16DI，分布式模块	38.8	6	PCU50.5	90.0
3	CPU 317F－2PN/DP，CPU 模块	25.0	7	IM151－1 接口模块	141.0
4	电机模块	80.0	8	X005 网络路由器	167.1
5	NX 10.3	60.0	9	SITOP 24V 10A 电源模块	142.7

2. 失效率

失效率是指产品工作到 t 时刻后，单位时间 Δt 内发生失效的概率，也就是等于产品从 t 时刻到后一个时刻($t+\Delta t$)内，失效数与该时刻还在工作的产品数之比。

$$\lambda(t)=\frac{\Delta n(t)}{[N-n(t)]\Delta t}=\frac{n(t+\Delta t)-n(t)}{[N-n(t)]\Delta t} \tag{7-23}$$

式中：N 为产品总数；$n(t)$为 N 个产品工作到 t 时刻的失效数；$n(t+\Delta t)$为 N 个产品工作到 $t+\Delta t$ 时刻的失效数。

由此可见，失效率是时间 t 的函数，记为 $\lambda(t)$，也称为失效率函数，单位为菲特(10^{-9}/h)。失效率是标志产品可靠性常用的数量特征之一，失效率愈低，则可靠性愈高。

例如，家用设备器件失效率为100～150菲特，地面通信设备器件失效率为20～200菲特，而航天飞行器受到工作时间使用周期的限制，失效率为1菲特。

3. 可靠度

产品在规定的条件下和规定的时间内完成规定功能的概率，称为产品的可靠度，即产品可靠性的概率度量。可靠度包含对象、规定条件、规定时间、规定的功能、概率五个要素。可靠度是用小数、分数或百分数来表示的，所以可靠度 R 的取值范围为 $0\leqslant R\leqslant 1$。产品可靠度计算公式为

$$R(t)=e^{\lambda(t)\Delta t} \tag{7-24}$$

假定规定的时间为 Δt，产品的寿命为 T，而 $T>\Delta t$，这就是产品在规定时间 Δt 内能够完成规定的功能。

7.5.3 可靠性设计内容

可靠性设计是指在遵循系统工程规范的基础上，在系统设计过程中，采用一些专门技术，将可靠性体现到系统中，以满足系统可靠性的要求。它是根据需要和可能，在事先就考虑产品可靠性诸因素基础上的一种设计方法。

1. 设计目的

可靠性设计是在综合考虑产品的性能、可靠性、费用和设计等因素的基础上，通过采用相应的可靠性设计技术，使产品在寿命周期内符合所规定的可靠性要求，通过设计基本实现系统的固有可靠性。

在可靠性设计中，挖掘和确保产品潜在的隐患和薄弱环节，通过设计预防和设计改进，可有效地消除隐患和薄弱环节，从而使产品符合规定的可靠性要求。可靠性设计一般有两种情况：一种是按照给定的目标要求进行设计，通常用于新产品的研制和开发；另一种是针对现有定型产品的薄弱环节，应用可靠性设计方法加以改进、提高，达到延长可靠性的目的。

2. 设计内容

可靠性设计的主要内容概括起来有以下几个方面：

(1) 建立可靠性模型。建立产品的可靠性模型是选择方案、预测产品的可靠性水平、找出薄弱环节，以及逐步合理地将可靠性指标分配到产品的各个层面上去理论基础。

(2) 进行可靠性指标的预计和分配。在产品的设计阶段，需要反复多次地进行可靠性

指标的预计和分配。随着设计技术的不断深入和成熟，建模和可靠性指标分配、预计也应不断地修改和完善。

(3) 进行各种可靠性分析。诸如故障模式影响和危机度分析、故障树分析、热分析、容差分析等，发现和确定薄弱环节，在发现了隐患后通过改进设计，从而消除隐患和薄弱环节。

(4) 采取各种有效的可靠性设计方法。如制定和贯彻可靠性设计准则、降额设计、冗余设计、简单设计、热设计、耐环境设计等，并把这些可靠性设计方法和产品的性能设计工作结合起来，减少产品故障的发生，最终实现可靠性的要求。

7.5.4　可靠性设计方法

系统可靠性设计技术是指那些适用于系统设计阶段，以保证和提高系统可靠性为目的的设计技术和措施，它是提高系统可靠性的行之有效的方法。

在产品研制过程中，常用的可靠性设计原则和方法有元器件选择和控制、热设计、简化设计、降额设计、冗余和容错设计、环境防护设计、健壮设计和人为因素设计等。除了元器件选择和控制、热设计主要用于电子产品的可靠性设计外，其余的设计原则及方法均适用于机械产品和电子产品的可靠性设计。

1. 简化设计

对于机械产品，零部件装配关系大部分属于串联系统，因此提高整机可靠性的最基本原则是在满足预定功能的情况下，设计应力求简单，从选用可靠的零部件、减少零部件数目和简化结构做起。尽可能减少零部件的数量是减少故障提高可靠性的最有效方法。因此，要尽量采用结构简单、具有成熟使用经验或标准化的零件和技术，尽量减少不必要的和可有可无的零件，减少零部件故障的可能性，保证整机系统可靠性目标的实现，但不能因为减少零件而使其他零件执行超常功能或在高应力的条件下工作，否则简化设计将达不到提高可靠性的目的。

2. 零部件优选

机械零部件和电子元器件是机电一体化系统(产品)可靠性的基础之一，很多机电产品的失效是由于机械零部件、电气元件、电子元器件的性能和质量问题造成的，而零件材料、工艺，电路及制作工艺的选择对产品的可靠性起决定性作用。如果要提高产品可靠性，应充分评估现有的技术水平，尽量采用成熟的、定型的、标准的原材料、元器件、电路和工艺来完成设计。在采用新技术、新型元器件、新工艺、新材料之前，必须经过试验并严格论证其对可靠性的影响。

3. 冗余设计

冗余设计是指在产品设计时用一套以上的系统来完成规定的任务。对于机电一体化产品，必要时应考虑冗余设计。例如，某个产品在工作的时候不能停止供电，否则会产生设备故障，那么在设计时就要有蓄电池电路设计，作为备用电源供电系统，这就是冗余设计。再例如，一个系统的可靠度 MTBF 为 6000 h，而设计目标值 MTBF 为 8000 h，如果把两个这样的系统并联起来，近似计算后也就满足了设计目标值。冗余设计虽然可以提高产品实现任务的可靠性，但是却增加了系统的复杂性、体积、重量，使系统的基本可靠性降低，因此应根据产品的研制目标及限制条件进行综合权衡。

4. 概率设计

概率设计法是应用概率统计理论进行机械零件及构件设计的方法。它将载荷、材料性能与强度及零部件尺寸，都视为属于某种概率分布的统计量，以通用的广义应力强度干涉模型作为基本运算公式，广泛沿用机械零件传统的设计计算模型，求出给定可靠度下的零件的尺寸或给定尺寸下零件的可靠度及相应寿命。概率法设计的核心是将设计变量视为随机变量，应用应力强度干涉模型，保证所设计的零件具有指定的可靠性指标。

5. 降额设计

降额设计是使零部件或元器件的使用技术数据低于其额定指标的一种设计方法。对于电子元器件，如果使用中所承受的电应力和温度应力低于元器件本身的额定值，可以延缓其参数退化，增加工作寿命。对于机械零件的降额设计可通过降低零件承受的应力或提高零件强度的办法来实现。大多数机械零件在低于额定负载条件下工作时，其故障率较低，可靠性较高。当机械零部件的载荷应力以及承受这些应力的具体零部件的强度在某一范围内呈不确定分布时，可以采用提高平均强度、降低平均应力，减少应力变化和减少强度变化等方法来提高可靠性。对于涉及安全的重要零部件，还可以采用极限设计方法，以保证其在最恶劣最严酷的极限状态下也不会发生故障。

6. 耐环境设计

机电一体化产品是在一定的环境下工作的，而潮湿、烟雾和霉菌会降低材料的绝缘强度，引起漏电，导致故障。因此，必须采取防止或减少环境条件对机电产品可靠性影响的各种方法，以保证机电产品在工作中的性能。耐环境设计包括三防(防潮湿、防烟雾和霉菌)设计、耐热设计、耐振设计、耐湿设计、耐腐蚀及防微生物设计等。在产品进行耐环境设计时，首先应对恶劣环境进行分析调查，再对各类应力进行分析估算。如果部分元件或单元难以承受这些环境应力的影响而产生故障，可以通过采取环境防护设计措施，减少这些环境应力对产品的影响，提高产品的使用寿命和可靠性。

7. 安全设计

安全设计的主要方法有异常报警设计、安全装置设计、故障监测与诊断装置等。异常报警设计法就是在设计系统时，把一套感应报警装置融合到系统中，当系统出现异常情况时能够自动报警，可采用声音、光电、振动等方式。安全装置设计就是把关键性的子系统和部件置入具有一定保护功能的设备中，把关系到整套系统功能发挥的子系统和部件保护起来，以增强其抗破坏能力。故障监测与诊断装置就是一套能够对装备系统整体效能和完好性进行监测的装置。

8. 热设计

热设计主要用于电气和电子产品设计。当温度升高时系统效率会发生变化，或者有些元件只能在某一温度下使用时，为了提升产品的可靠性，让系统稳定在合适的温度下工作是非常必要的，在设计时就应该考虑到热量的产生与发散的问题，这部分工作就是热设计的主要内容。例如，半导体器件工作时会产生热量，因此要采取散热措施。常用的散热方式有传导散热、自然对流散热、辐射散热、半导体器件自然冷却。

7.5.5 应用举例

可靠性设计对于提高产品的质量有积极的作用，特别是对产品质量要求高的机电一体化系统。在航空、航天、军工等领域，只有经过严格论证，可靠性指标达标的零部件才能进入行业的产品和零部件目录中，才有机会被使用。可靠性设计贯穿于整个产品设计过程，无论是在方案论证、初步设计阶段，还是在详细设计阶段，都需要采用不同的方法保证产品的可靠性。下面介绍两个机电一体化系统可靠性设计的应用实例。

1. 冗余设计

冗余设计是常用的提高系统可靠性的方法之一，在关键控制系统中，比如卫星控制系统、飞机及机场控制系统、铁路控制系统、医疗器械控制系统等，对系统的可靠性有严苛的要求。在这些系统中，要求采用冗余设计，包括硬件及软件环节，要求任何单点故障不能影响系统正常运行，即使是关键节点故障。

例 7-5　图 7-8 所示为医疗用的微量输液泵。为了提高输液泵的工作可靠性，在控制系统中，要求采用两个控制器控制且要同步工作，其中一个为主控制器，另一个为备用控制器。

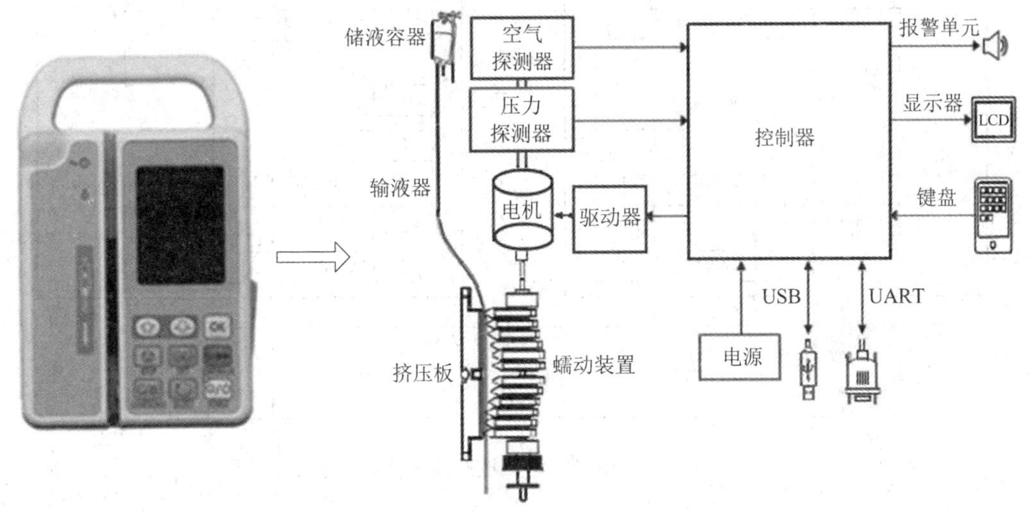

图 7-8　微量输液泵及组成

控制系统的具体要求如下：

(1) 当主控制器发生故障(包括掉电、控制器本身出现硬件故障等)，备用控制器切换为工作主机投入工作，切换过后备用控制器将改为单机工作模式。

(2) 两控制器工作时保证数据同步，即每个工作周期主控制器需将数据处理结果及控制器状态发送给备用控制器，同时备用控制器也将自身的状态发送给主控制器。

(3) 两控制器间需要有互相监测对方工作状态的机制，当一方出现故障时另一方能够及时检测到。

为了满足上述要求，控制系统设计方案如图 7-9 所示。该方案中采用的硬件冗余包括控制器冗余、最小系统及报警装置冗余、接口模块冗余。每个控制器都连接一个接口模块，连接到总线上。控制器之间会定时发送心跳信号以确保对方处于正常工作状态。每个工作周期都会进行数据传输，在数据的末端会添加 CRC 校验符，确保数据传输的准确性与完整性。

主控制器与备用控制器的工作机制为：当备用控制器与主控制器的通信出现问题时，备用控制器将通过与主控制器之间的通信进行最终的确认，若所有通信方式均无效，则可以认定主控制器可能掉电，备用控制器将报警并将相应的故障指示灯点亮。若通过检测发现接口模块工作正常而控制器工作不正常，则说明可能出现故障，此时备用控制器将报警并点亮相应的故障指示灯。两个接口模块通信或检测总线数据时，如若备用接口模块发现主接口模块出现问题将通知备用控制器，备用控制器再请求主控制器做判断。

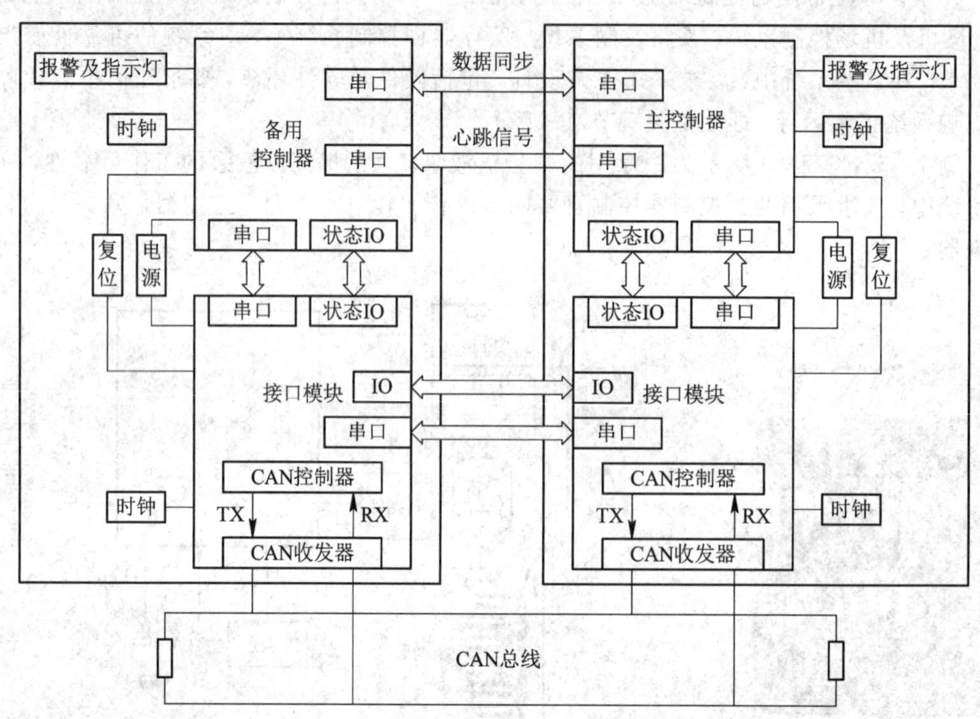

图 7－9　微量输液泵控制系统设计方案

2. 可靠性指标分配

可靠性指标分配是把系统的可靠性指标按一定原则分配给子系统、部件、元件或零件。可靠性指标分配在不同的设计阶段采用不同的分配方法。在设计初步阶段可靠性指标分配方法有多种，例如 AGREE 可靠性指标分配法、可靠性工程加权分配法等。在进行可靠性分配时，应根据实际情况进行适当的剪裁，如果分配的总指标超出了技术发展水平和费用约束的定量与定性要求，需要重新确定要分配的总指标或调整其他约束条件，目的是使最终的分配做到技术上合理、经济效益高、见效快等。

例 7－6　一台机床的机床数控系统由 NCU、PCU、操作面板、触摸显示屏、电源、驱动器、伺服电机、输入/输出接口等组成，要求数控系统的 $\mathrm{MTBF_s}$ 为 33 000 h，采用可靠性工程加权分配法进行可靠性指标分配。

解　可靠性工程加权分配法的计算公式为

$$\mathrm{MTBF}_j = \frac{\sum_{j=1}^{N}\prod_{i=1}^{n} K_{ji}}{\prod_{i=1}^{n} K_{ji}} \mathrm{MTBF}_s \tag{7-25}$$

式中：MTBF_j 为第 j 个子系统（或部件）平均故障间隔时间；MTBF_s 为产品平均故障间隔时间；K_{ji} 为第 j 个子系统第 i 个分配加权因子。

表 7－3 为数控系统各子系统可靠性加权因子取值分配情况。

表 7－3　可靠性加权因子取值分配

因子 \ 子系统	NCU	PCU	面板	TCU	电源	驱动器	电机	接口
重要性因子	1	1	1	1	1	1	1	1
技术水平因子	1	1.5	2	1.5	2	2	2	1.5
环境因素因子	1	1.5	1	1	1.5	1.5	1.5	1.5
标准化因子	1	1	2	1	1.5	2	2	1.5
维修因子	1	1.5	2	1	1.5	1.5	1	1.5
元器件质量因子	1	1.5	1	1	1.5	1	1	1.5
$V_j = \prod_{i=1}^{n} K_{ji}$	1	5.1	8	1.5	10.2	9	6	7.6
$K = \sum_{j=1}^{N} V_j$	48.4							

根据式（7－25）计算各子系统的平均故障间隔时间。例如，NCU 的 $\mathrm{MTBF}_1 = 48.4/1 \times 33000 = 1\ 600\ 500$ h，其他各子系统的 MTBF 计算结果如表 7－4 所示。

表 7－4　各子系统平均故障间隔时间

MTBF \ 子系统	NCU	PCU	面板	TCU	电源	驱动器	电机	接口
MTBF_j/h	1597200	313176	199650	1064800	156588	177467	266200	210158

7.6　抗干扰设计

机电一体化系统在运行期间经常会受到外界因素的干扰，这些干扰按照能量形式可分为机械振动、电场、磁场、电磁场、声场等形式；按干扰频率分为高频、低频，其中高频干扰最为明显；按照干扰形式分为周期性、非周期性和随机形式。这些干扰轻则影响机械系统的运动精度、检测系统的测量准确性，扰乱控制计算机的正常运行，影响系统的工作稳定性与可靠性，重则使系统瘫痪。因此，在机电一体化系统设计中必须要注重抗干扰设计，提高系统的抗干扰性能。

7.6.1 干扰源

1. 供电干扰

机电一体化系统在运行中，供电线缆上可能有大功率电器的频繁启动、大容抗或感抗负载的电器运行对电网的能量回馈、变压器的初级次级线圈之间的分布电容等，会引起电网欠压、过压、浪涌、下陷及尖峰。这些电压噪声均通过电源的内阻耦合到控制系统内部电路，干扰机电设备运行。另外，由于我国采用的电网为高压高内阻，因此电网的污染较严重，虽然系统中采用了一些稳压措施但仍然无法有效地阻止电网噪声通过整流电路串入计算机控制系统。供电干扰主要通过电源线(包括地线)侵入。在供电过程中，常见的供电干扰有以下几种。

1) 电压波动

电压波动主要有过压与欠压两种情况。例如，电网供电不足、供电部门采取降压供电，或地处偏远地带、损耗过多，均会导致电压偏低。再例如，由于电网用电太少，导致电压偏高。

2) 电涌

电涌也叫浪涌、突波，是指在瞬间内(数毫秒内)输出电压的有效值高于额定值110%，持续时间达一个或数个周期。从本质上讲，电涌是发生在仅仅几百万分之一秒时间内的一种剧烈脉冲，可能引起电涌的原因有雷电、短路、电源切换等。电涌会对精密电子设备造成危害，例如使计算机出现数据乱码，芯片被损坏，部件提前老化。

3) 谐波

电网谐波产生的原因是接入整流器、UPS电源、电子调速装备、荧光灯系统、计算机、微波炉、节能灯、调光器等电力电子设备以及电器设备中的开关电源，或由二次电源本身产生。

2. 过程通道干扰

过程通道干扰是指干扰沿着过程通道进入计算机的一种干扰形式，其主要原因是过程通道与计算机之间存在公共地线。当系统中出现电气设备漏电，接地系统不完善，或者传感器测量部件绝缘不好的情况时，共模电压或差模电压就会串入通道中。如果各通道的传输线是同轴电缆或者是将其传输线捆扎在了一起，各路将会产生相互间的干扰，影响系统的正常工作，尤其当把信号线与交流电源线置于同一管道内，其产生的干扰就会更加严重。多路信号通常要通过多路开关和采样保持器进行数据采集后送入计算机，若这部分的电路性能不好，幅值较大的干扰信号也会使邻近通道之间产生信号串扰，这种串扰会使信号产生失真。过程通道干扰又分为共模干扰与串模干扰两种形式。

1) 共模干扰

共模干扰指的是干扰电压在信号线及其回线(一般称为信号地线)上的幅度相同，这里的电压以附近任何一个物体(大地、金属机箱、参考地线板等)为参考电位。干扰电流则是在导线与参考物体构成的回路中流动。

2）串模干扰

串模干扰是指由两条信号线本身作为回路时，由于外界干扰源或设备内部本身耦合而产生的干扰。串模干扰的电压与有效信号串联叠加后作用到过程通道上。串模干扰通常来自高压输电线、与信号线平行铺设的电源线及大电流控制线所产生的空间电磁场耦合，分布电容的静电耦合，长线传输的互感以及 50 Hz 的工频干扰等。

3. 场干扰

由于机电设备工作环境的特殊性，机电一体化系统的周围总是避免不了存在磁场、电磁场、静电场，例如太阳及天体辐射电磁波，广播、移动电话、通信发射台的电磁波，周围中频设备(如中频炉、晶闸管变送电源、微波炉等)发出的电磁辐射等。这些无处不在的场会对电源和传输线产生一定的影响，进而使机电一体化系统中各个模块的电平发生变化或者产生脉冲干扰信号，影响其正常工作，使系统出现干扰故障。

1）电场

电场是电荷及变化磁场周围空间里存在的一种特殊物质，这种物质虽然不是由分子原子所组成的，但它却是客观存在的特殊物质，具有通常物质所具有的力和能量等客观属性。电场对放入其中的电荷有作用力，这种力称为电场力，电场的强弱用电场强度表示。电场按产生的形式不同分为库仑电场和感生电场。库仑电场是电荷按库仑定律激发的电场，感生电场是由变化的磁场激发的。

2）磁场

磁场是指传递实物间磁力作用的场。磁场是一种看不见、摸不着的特殊的场。磁场不是由原子或分子组成的，但磁场是客观存在的，磁场具有波粒的辐射特性。磁场是由运动电荷或电场的变化而产生的。根据磁场的来源又可将其分为电磁场、地磁场、宇宙磁场等。

(1) 电磁场。电磁场是有内在联系、相互依存的电场和磁场的统一体和总称。随时间变化的电场产生磁场，随时间变化的磁场产生电场，两者互为因果，形成电磁场。电磁场可由变速运动的带电粒子引起，也可由强弱变化的电流引起，以光速向四周传播，形成电磁波。电磁场是电磁作用的媒介物，具有能量和动量。

(2) 地磁场。地磁场是从地心至磁层顶的空间范围内的磁场，可分为平静变化和干扰变化两大类型。平静变化主要是以一个太阳日为周期的太阳静日变化，其场源分布在电离层中。干扰变化包括磁暴、地磁亚暴、太阳扰日变化和地磁脉动等。

(3) 宇宙磁场。宇宙磁场是由宇宙中星体发出的，例如太阳、磁星等，其中太阳磁场对人类影响较大。当太阳表面活动旺盛，闪焰爆发时会辐射出 X 射线、紫外线、可见光及高能量的质子和电子束，其中的带电粒子形成的电流冲击地球磁场，引发磁暴。磁暴会产生杂音掩盖通信时的正常信号，甚至使通信中断，也可能使高压电线产生瞬间超高压，造成电力中断，也会对航空器造成伤害。

7.6.2 供电干扰抑制

为了抑制供电干扰，可以采取的主要措施有以下几种。

1. 远离干扰源

远离干扰源就是采取有效措施避开干扰源。最有效的办法是使系统的电源线远离有大功率感性负载的动力线，有条件的地方要拉专用交流电源，必要时可以用干净的照明线路电源为系统供电。

2. 安装滤波器

滤波器是由电容、电感和电阻组成的滤波电路，可以对电源线中特定频率的频点或该频点以外的频率进行有效滤除，得到一个特定频率的电源信号或得到一个消除特定频率后的电源信号。使用滤波器可以有效抑制供电电源中的谐波，抑制共模或差模噪声，得到比较干净的电源信号。

3. 直流去耦处理

抑制直流侧的电源干扰，除了选用稳定性能好、纹波小的稳压电源外，还要克服因脉冲电路运行而引起的交叉干扰。直流电源干扰抑制主要使用去耦法，即在各主要的集成电路芯片的电源输入端与地之间，或在印制电路板电源布线的一些关键点与地之间接入 1～10 μF 的电解电容，同时为消除高频干扰，可再并联一个 0.01 pF 左右的小电容。

4. 安装尖峰抑制器

尖峰抑制器件有浪涌保护器、硅瞬变吸收二极管、均衡器等，它可将尖峰电压的集中能量分配到不同的频段上去，从而削减其破坏性。浪涌保护器，也叫防雷器，是一种为各种电子设备、仪器仪表、通信线路提供安全防护的电子装置。当电气回路或者通信线路中因为外界的干扰突然产生尖峰电流或者电压时，浪涌保护器能在极短的时间内导通分流，从而避免浪涌对回路中其他设备的损害。

5. 安装稳压电源

针对电网交流电压波动，可在直流开关电源前面安装交流稳压器或选用电网调节范围大的直流稳压电源，大多数的计算机设备都应配有交流稳压装置。稳压电源是能为负载提供稳定的交流电或直流电的电子装置，包括交流稳压电源和直流稳压电源两大类。当电网电压或负载出现瞬间波动时，稳压电源会以 10～30 ms 的响应速度对电压幅值进行补偿，使其稳定在±2%以内。

6. 安装电抗器

电抗器也叫电感器，由导线缠绕螺线管构成，有时为了让这只螺线管具有更大的电感，便在螺线管中插入铁芯，称为铁芯电抗器。电抗分为感抗和容抗，主要功能是限流、滤波、补偿。在供电中主要的应用形式有进线电抗器、滤波电抗器、功率因数补偿电抗器等。

7. 接地处理

地线是噪声入侵的主要渠道，通常应采用汇流排或粗导线，电柜接地线与公共接地线应分开走线。此外，变压器屏蔽端子及铁芯的静电屏蔽层、产生噪声的线路所用屏蔽导线的屏蔽层、低通滤波器的外壳、控制柜、外部设备等均要可靠接地。电柜接地和公共接地之间应保证电位差为零，若两者之间允许直接连接可将两者于某一处可靠接地，若两者不允许直接连接则将两者用 1～10 pF 的电容器连接。

在机电一体化系统中，常用的抑制供电干扰的装置有稳压电源、滤波器、电抗器、浪涌保护器等，如图 7－10 所示。

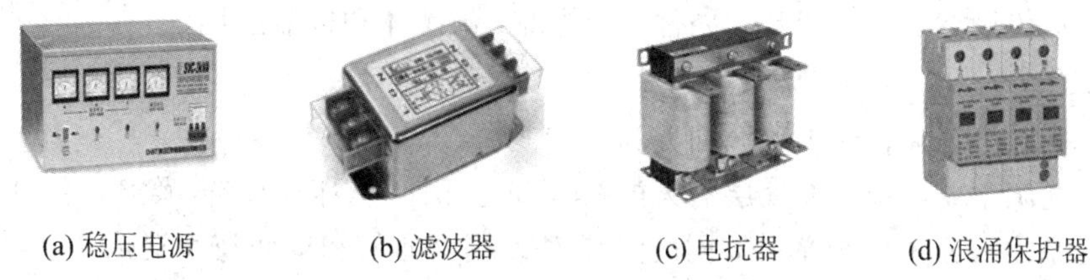

(a) 稳压电源　(b) 滤波器　(c) 电抗器　(d) 浪涌保护器

图 7－10　常用的供电干扰抑制装置

图 7－11 所示为数控机床伺服驱动系统的供电接线。为了保护伺服驱动器，在供电回路中安装了噪声滤波器、浪涌吸收器，必要时在主供电回路中还要配置进线电抗器。

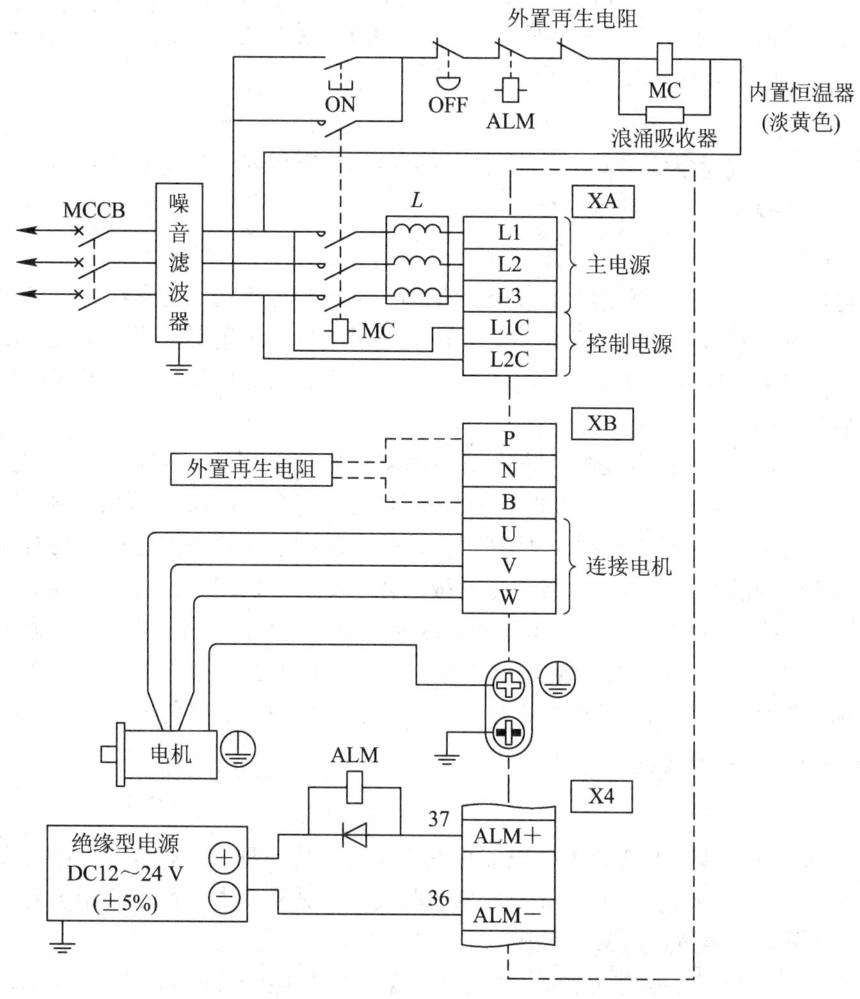

图 7－11　数控机床伺服驱动系统的供电接线

7.6.3 电磁干扰抑制

1. 电磁干扰传播条件

电磁干扰传播需要有三个基本条件：干扰源、敏感体和传播途径。

1）干扰源

电磁干扰源可分为自然干扰源和人为干扰源。

自然干扰源主要来源于大气层的天电噪声及地球外层空间的宇宙噪声。它们既是地球电磁环境的基本要素的组成部分，同时又是对无线电通信和空间技术造成干扰的干扰源。自然噪声会对人造卫星和宇宙飞船的运行产生干扰，也会对弹道导弹、运载火箭的发射产生干扰。

人为干扰源来自电磁体或其他设备，它是由机电或其他人工装置产生的电磁能量干扰。其中，一部分是专门用来发射电磁能量的装置，如广播、电视、通信、雷达和导航等无线电设备，称为有用发射干扰源；另一部分是在完成自身功能的同时附带产生电磁能量的发射，如交通车辆、架空输电线、照明器具、电动机械、家用电器以及工业、医用射频设备等等，这部分又称为无用发射干扰源。

2）敏感体

敏感体是对干扰对象的统称，它可以是一个很小的元件或一个电路板组件，也可以是一个单独的用电设备甚至可以是一个大型系统。

3）传播途径

任何电磁干扰的发生都必然存在干扰能量的传输和传输途径。通常认为电磁干扰可以通过多种途径从干扰源耦合到敏感设备上，这些途径包括公共导线、设备间电容、相邻导线的电感、通过空间辐射以及交变电磁场中的导线。按照耦合机理，电磁干扰可分为传导耦合和辐射耦合。

（1）传导耦合。传导耦合是指一个电路中的骚扰电压或骚扰电流通过公共电路（如共用的导线、元器件等）流通到另一个电路中的耦合方式。传导耦合又分为电路性传导耦合、电容性传导耦合和电感性传导耦合。传导耦合传输必须在干扰源和敏感体之间有完整的电路连接，干扰信号沿着这个连接电路传递到敏感体，发生干扰现象。这个传输电路包括导线、设备的导电构件、供电电源、公共阻抗、接地平板、电阻、电感、电容和互感元件等。

（2）辐射耦合。干扰能量按电磁场的规律向周围空间发射，通过辐射途径造成的干扰耦合称为辐射耦合。辐射耦合是以电磁场的形式将能量从一个电路传输到另一个电路。

2. 抑制电磁干扰的措施

1）屏蔽

屏蔽是利用屏蔽体阻断或减小电磁能量在空间传播的一种技术，是减少电磁发射和电磁骚扰的最重要的防护手段之一。屏蔽有两个目的，一是限制内部产生的辐射超出某一区域，二是防止外来的辐射进入某一区域。

屏蔽按照其机理可分为电场屏蔽（静电场屏蔽和交变电场屏蔽）、磁场屏蔽（恒定磁场屏蔽和交变磁场屏蔽）、电磁场屏蔽（电场和磁场同时存在的高频辐射电磁场屏蔽）。按屏蔽体结构又可分为完整屏蔽、不完整屏蔽及编织带屏蔽（屏蔽线、同轴电缆等）。

屏蔽所用的衬垫材料包括金属丝网、导电布、导电橡胶、指形弹簧等。这些材料多用于金属接缝处的配合表面，将这种导电性良好的衬垫填塞在接缝中间，在接缝处表面加工精度不高的情况下，可以使接缝处具有较高的电磁屏蔽能力。

2）接地

接地是指设备或系统与大地保持良好的电连接，形成一个低阻抗通路。干扰抑制接地是指给设备或系统内部各种电路的信号电压提供一个零电位的公共参考点或参考面。干扰抑制接地方法有浮地、单点接地、多点接地和混合接地。

3）合理布线

电动机电缆应独立于其他电缆走线，同时应避免电机电缆与其他电缆长距离平行走线，以减少变频器输出电压快速变化而产生的电磁干扰。控制电缆和电源电缆交叉时，应尽可能使它们按 90°角交叉，同时必须用合适的线夹将电机电缆和控制电缆的屏蔽层固定到安装板上。

4）电磁滤波

对于电路中传播的电磁干扰，则需要采用滤波技术来加以抑制。滤波器的作用就是要限制接收装置的频率，使其在不影响接收有用信号的前提下抑制无用信号。电磁滤波器对电磁干扰的抑制作用不仅取决于滤波器本身及工作条件，还与安装有关。

5）采用磁环

磁环是一块环状的导磁体。磁环是电子电路中常用的抗干扰元件，对于高频噪声有很好的抑制作用，一般使用铁氧体材料制成。对于通过各种接地均无法消除的通信干扰，可以使用磁环对干扰进行抑制。将整束电缆穿过一个铁氧体磁环就构成了一个共模扼流圈，根据需要也可以将电缆在磁环上面绕几匝，匝数越多，对频率较低的干扰抑制效果越好，而对频率较高的干扰抑制作用较弱。

在抑制高频干扰时，选用镍锌铁氧体，反之则用锰锌铁氧体，或在同一束电缆上同时套上锰锌和镍锌铁氧体，这样可以抑制的干扰频段较宽。磁环的内外径差值越大，纵向高度越大，其阻抗也就越大，但磁环内径一定要紧包电缆，避免漏磁。磁环的安装位置应该尽量靠近干扰源，即应紧靠电缆的进出口。

7.6.4　过程通道干扰抑制

1. 电磁辐射抑制

1）电磁屏蔽

电磁屏蔽是电磁兼容技术的主要措施之一，即用金属屏蔽材料将电磁干扰源封闭起来，使其外部电磁场强度低于允许值，或用金属屏蔽材料将电磁敏感电路封闭起来，使其内部电磁场强度低于允许值。

采用同轴电缆传输可以对外部电磁场干扰进行抑制。同轴电缆是采用屏蔽的方法抵御电磁干扰的，它由外导体和内导体组成，二者是以电缆中心点为圆心的同心圆，因此叫做同轴电缆。在内外导体之间有绝缘材料作为填充料。外导体通常是由铜丝编织而成的网，它对外界电磁干扰具有良好的屏蔽作用。内导体处于外导体的严密防护下，因此同轴电缆具有良好的抗干扰能力。

2）电磁消除

双绞线由两根具有绝缘保护层的铜导线组成，它是把两根绝缘的铜导线按一定密度互相绞在一起，每一根导线在传输中辐射的电磁波会被另一根导线上发出的电磁波抵消。双绞线构成的每个环路使线间的电磁感应改变了方向，两者相互抵消，因此对电磁场的干扰有着抑制的效果。双绞线比较适用于长距离传输，与同轴电缆相比，虽然同轴电缆的频带比较宽，但是双绞线的阻抗比较高，可降低共模干扰。

2. 输入滤波

在输入通道中采用滤波器抑制过程通道中的串模干扰是最常用的方法。根据干扰的频率与被测信号频率的分布特性，分别采用具有低通、高通、带通等传递特性的滤波器。一般情况下，采用电阻、电容、电感等无源元件构成无源滤波器，其缺点是对信号有很大的衰减。为把增益和频率特性结合起来，可采用以反馈放大器为基础的有源滤波器，这对小信号尤其重要，其缺点是线路较复杂。

3. 消除地线干扰

1）保持系统共地

当系统中存在两个以上的地线时，就会产生干扰。因此，要消除干扰就必须保证系统中只有一个地线，即所谓的共地。

2）采用信号隔离器

在某些场合，系统干扰产生的原因很复杂，受到种种因素的限制而无法排除。此时，就必须采用信号隔离器来消除干扰。信号隔离器是采取将输入和输出两部分的地线隔离的方法来消除干扰的。

3）采用双绞线

双绞线传输系统是平衡式系统，具有很强的抑制共模干扰的能力。地线干扰电流在双绞线的两条导线中产生大小相等的电流。输出端的放大器输出的是差模信号，被输入端差分放大后正常输出，因为输入采用差分输入放大器，对这样的共模信号不具备放大作用。由此可见，在双绞线系统中，地线干扰信号被抑制，有用信号得以正常放大传输。

4. 采用光电隔离器

光电隔离器亦称光电耦合器、光耦合器，简称光耦。光耦合器以光为媒介传输电信号。它对输入、输出电信号有良好的隔离作用，所以它在各种电路中得到了广泛的应用。它从电路上把干扰源和易受干扰的部分隔离开来，使测控装置与现场仅保持信号联系，而不直接发生电的联系。

5. 优化布线

由布线产生的干扰主要原因是传输线与强电线路长距离紧密平行布线，相互产生电磁耦合。同轴电缆的干扰防卫度在低频段较低，而强电干扰成分主要是 50 Hz 交流电及其谐波，其对同轴电缆的威胁较大，因此要避免信号线与强电线路长距离紧密平行布线。强电线路与信号传输线应分线槽布设，且线槽间应保持一定的距离。

7.6.5　接地技术

1. 基本概念

1）接地

接地是为保证电工设备正常工作和人身安全而采取的一种用电安全措施。将电力系统或电气装置的某一部分经接地线连接到接地极称为接地。接地点是电力系统和电气装置的中性点，电气设备的外露导电部分和装置外导电部分经由导体与大地相连。大地是一个电阻非常低、电容量非常大的物体，拥有吸收无限电荷的能力，而且在吸收大量电荷后仍能保持电位不变，因此可作为电气系统中的参考电位体。

2）接地装置

接地装置由接地体和接地线组成。接地装置将电工设备和其他生产设备上可能产生的漏电流、静电荷以及雷电电流等引入地下，从而避免人身触电和可能发生的火灾、爆炸等事故。接地点与接地体连接的金属导体称为接地线。直接与土壤接触的金属导体称为接地体。接地体可分为自然接地体和人工接地体两类。

自然接地体包括埋在地下的自来水管及其他金属管道、金属井管、建筑物和构筑物与大地接触的或水下的金属结构、建筑物的钢筋混凝土等。

人工接地体可用垂直埋置的角钢、圆钢或钢管以及水平埋置的圆钢、扁钢等。当土壤有强烈的腐蚀性时，应对接地体表面进行镀锡或热镀锌处理，并适当加大截面。人工接地体的顶端应埋入地表面下 0.5～1.5 m 处。

3）接地电阻

接地电阻是电流由接地装置流入大地，再经大地流向另一接地体或向远处扩散所遇到的电阻。接地电阻值可体现电气装置与地接触的良好程度，也可反映接地网的规模，它包括接地线和接地体本身的电阻、接地体与大地的电阻之间的接触电阻、两接地体之间大地的电阻或接地体到无限远处的大地电阻。

4）接地功能

（1）工作接地。

工作接地是根据电力系统运行需要而设置的(如中性点接地)，因此在正常情况下就会有电流长期流过接地电极，但是只是几安培到几十安培的不平衡电流。在系统发生接地故障时，会有上千安培的工作电流流过接地电极，然而该电流会被继电保护装置在 0.05～0.1 s 内切断，即使是后备保护，动作一般也在 1 s 以内。

（2）防雷接地。

防雷接地是为了消除过电压危险而设的接地，如避雷针、避雷线和避雷器的接地。防雷接地只是在雷电冲击的作用下才会有电流流过，流过防雷接地电极的雷电流幅值可达数十至数千安培，但是持续时间很短。

（3）保护接地。

保护接地是为了防止设备因绝缘损坏带电而危及人身安全所设的接地，如电力设备的金属外壳、钢筋混凝土杆和金属杆塔。保护接地只是在设备绝缘损坏的情况下才会有电流流过，其值可以在较大范围内变动。

(4) 屏蔽接地。

屏蔽接地是消除电磁场对人体危害的有效措施，也是防止电磁干扰的有效措施。人体在电磁场作用下，吸收的辐射能量将发生生物学作用，对人体造成伤害，如手指轻微颤抖、皮肤产生划痕、视力减退等。对产生磁场的设备外壳设屏蔽装置，并将屏蔽体接地，不仅可以降低屏蔽体以外的电磁场强度，达到减轻或消除电磁场对人体危害的目的，还可以保护屏蔽接地体内的设备免受外界电磁场的干扰影响。

2. 接地方式

1) 单点接地

单点接地是指所有电路的地线接到公共地线的同一点，进一步可分为串联单点接地和并联单点接地，如图 7-12 所示。单点接地最大的好处是没有地环路，相对简单，但是地线往往过长，导致地线阻抗过大。

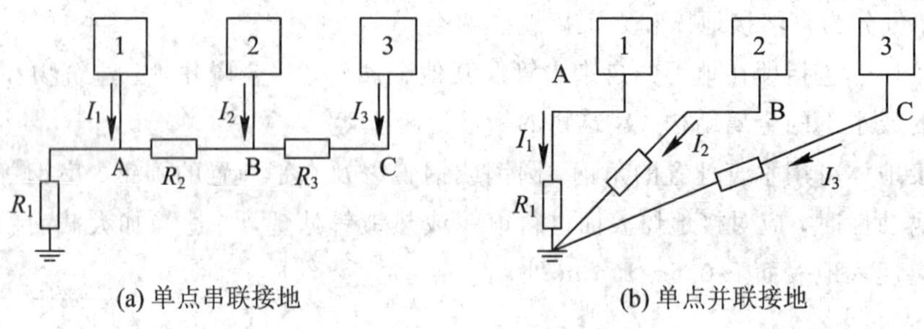

图 7-12　单点接地

工作频率低(<1 MHz)的电路宜采用单点接地式，即把整个电路系统中的一个结构点看作接地参考点，所有对地连接都接到这一点上，并设置一个安全接地螺栓，以防两点接地产生共地阻抗的电路性耦合。多个电路的单点接地方式又分为串联和并联两种。由于串联接地产生共地阻抗的电路性耦合，所以低频电路最好采用并联的单点接地式。为防止工频和其他杂散电流在信号地线上产生干扰，信号地线应与功率地线和机壳地线相绝缘，且只在功率地、机壳地和接往大地的接地线的安全接地螺栓上相连。

2) 多点接地

工作频率高(>30 MHz)的电路宜采用多点接地式，如图 7-13 所示。在该电路系统中，用一块接地平板代替电路中每部分各自的地回路。因为接地引线的感抗与频率和长度成正比，工作频率高时将增加共地阻抗，从而将增大共地阻抗产生的电磁干扰，所以要求地线的长度尽量短。采用多点接地时，尽量找最接近的低阻值接地平面接地。接地平面既可以是设备的底板，也可以是贯通整个系统的地导线。在比较大的系统中，它还可以

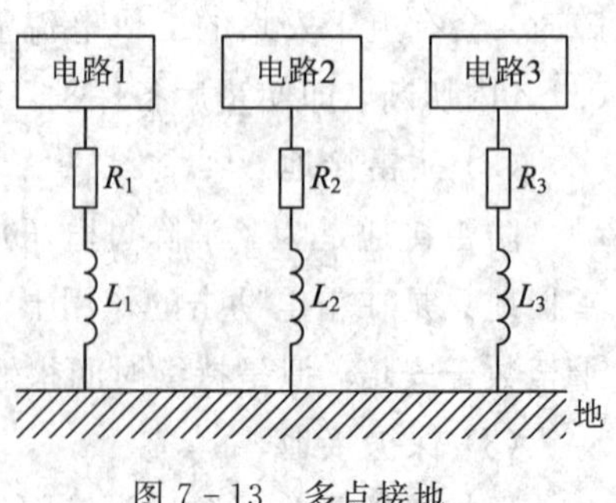

图 7-13　多点接地

是设备的结构框架等。

3）混合接地

混合接地是在地线系统内使用电感、电容连接，利用电感、电容器件在不同频率下有不同阻抗的特性，使地线系统在不同的频率具有不同的接地结构。它分为容性耦合接地和感性耦合接地，如图 7-14 所示。

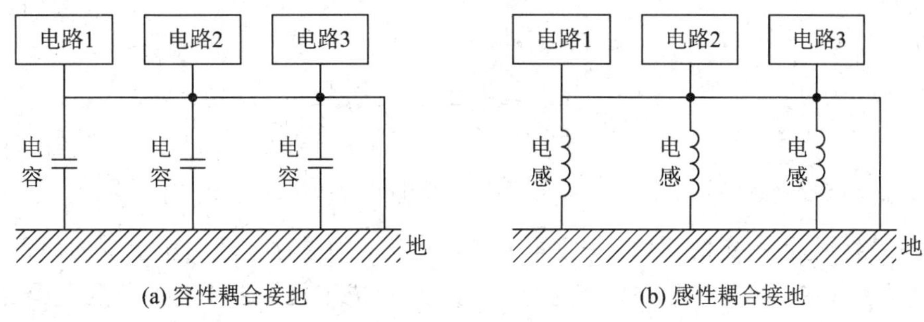

(a) 容性耦合接地　(b) 感性耦合接地

图 7-14　混合点接地

工作频率为 1～30 MHz 的电路通常采用混合接地式。当接地线的长度小于工作信号波长的 1/20 时，宜采用单点接地式，否则采用多点接地式。在 PCB 中存在高低频混合频率时，也常使用这种接地方式。

4）浮地

浮地是指该电路的地与大地无导体连接。其优点是电路不受大地电性能的影响；缺点是电路易受寄生电容的影响，使该电路的地电位变动，从而增加了对模拟电路的感应干扰。由于这类电路的地与大地无导体连接，易产生静电积累而导致静电放电，可能造成静电击穿或强烈的干扰。因此，浮地的效果不仅取决于浮地的绝缘电阻的大小，而且取决于浮地的寄生电容的大小和信号的频率。

5）模拟地和数字地

模拟信号和数字信号都要回流到地，因为数字信号变化速度快，从而在数字地上引起的噪声就会很大，而模拟信号需要一个干净的地做参考。如果模拟地和数字地混在一起，噪声就会影响到模拟信号。一般来说，模拟地和数字地要分开处理，然后通过细的走线连在一起，或者单点接在一起，尽可能阻隔数字地上的噪声窜到模拟地上。

6）屏蔽层接地

屏蔽电缆的屏蔽层、信号地都要接到单板的接口地上而不是信号地上，这是因为信号地上有各种噪声，如果屏蔽层接到了信号地上，噪声电压会驱动共模电流沿屏蔽层向外产生干扰，所以设计不好的电缆线一般都是电磁干扰的最大噪声输出源。

3. 接地干扰

地线干扰的形式很多，主要是地线环路干扰与公共阻抗干扰。

1）地线环路干扰

地线环路干扰是一种较常见的干扰现象，常常发生在通过较长电缆连接并且相距较远的设备之间。如图 7-15 所示，当电流流过地线时，会在地线上产电位差，在这个电压的驱动下，会产生地线环路电流，形成地线环路干扰。

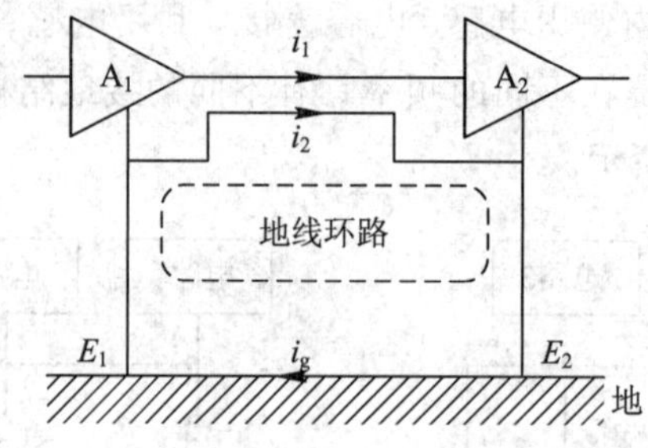

图 7-15　接地干扰

地线环路将包围一定的面积，根据电磁感应定律，如果这个环路所包围的面积中有较强变化的磁场存在，就会在环路中产生感生电流，形成干扰，这种干扰是电磁耦合干扰。由于空间磁场的变化无处不在，因此包围的面积越大干扰就越严重。

2）公共阻抗干扰

在数字电路中，由于信号的频率较高，地线往往呈现较大的阻抗。当几个电路共用一段地线时，由于地线的阻抗，一个电路的地电位会受另一个电路工作电流的调制，这样一个电路中的信号会合进另一个电路，这种耦合称为公共阻抗耦合。解决公共阻抗耦合的方法是减小公共地线部分的阻抗，或采用单点接地，彻底消除公共阻抗。

7.7　接口设计

在机电一体化系统中，在外设与系统之间常常会出现信号不能匹配的问题，这些问题需要通过接口设计来解决，例如信号匹配、数据传输、信号类型、数据格式转换等。在机电一体化系统中把机械、计算机、传感器等元件集成为一体，实现信息传递的连接元件称为接口。这些接口按照其用途可分为功率接口、数字量输入/输出接口、模拟量输入/输出接口、通信接口等。

7.7.1　接口作用

控制计算机与其他计算机以及与外设之间传递信息需要接口支持，接口传递的信息包括地址信息、状态信息与控制信息。在计算机控制系统中接口的主要作用有以下三点：

(1) 速度匹配。由于外设的速度慢，无法和 CPU 的速度相比，在数据传送的过程中常常需要等待，因此需要在接口电路中设置缓冲器，用以暂存数据。

(2) 信号变换。接口能将模拟信号转换为数字信号，把串行数据变换成并行数据，例如模拟量通道的 A/D 转换器、D/A 转换器。

(3) 电平转换。接口能把计算机输出的逻辑电平转换成外设的逻辑电平，或将外设的逻辑电平转换成计算机的逻辑电平。

机电一体化系统中的接口通常是由接口硬件电路和与之配套的驱动程序组成的，因而接口设计包括硬件设计和软件设计两个方面。在机电一体化系统中，接口设计更多是选择性设计，因为接口技术相对成熟，而且硬件多为模块化，并配有驱动程序。接口设计主要是确定接口类型、电气规范及选择接口模块，必要时需要编写控制接口驱动程序。无论在接口设计还是在选择接口模块时，一般要遵循以下原则：

(1) 接口电路要设计合理。接口电路是接口的骨架，用来实现被传输的数据、信息在电气上和时间上的匹配。接口驱动程序是接口的中枢，完成接口数据的输入/输出，传送可编程接口器件的方式设定、中断设定等控制信息。

(2) 接口设计需要满足信息传输和转换的要求，例如信息采集(信号输入)、驱动控制(信号输出)、单元变送等。

(3) 不同的机电一体化产品有其自身的特点功能，对接口有不同的要求，要根据具体情况而定。

(4) 注意计算机与接口设备的速度匹配问题。计算机数据处理的速度高，而外设数据处理速度慢，在接口中要通过控制使二者之间匹配。

(5) 选择技术成熟的接口。成熟的接口在电气规范、抗干扰性能、可靠性等方面经受过长时间考验。

(6) 在满足系统功能的基础上，设计时以小型、廉价为原则，以提高整个机电一体化系统的性价比。

7.7.2　数字量接口设计

1. 数字量输入接口

数字量输入位数一般为 4 位、8 位、16 位、32 位，每一位有独立的输入接口电路。输入电路中一般采用光电方式对信号进行隔离，提高抗干扰性能，并且在每一路中有指示灯显示输入状态。在进行数字量输入接口设计或模块选择时应考虑以下几个方面因素：

(1) 输入容量。一般按字节的整数倍设置，计算机读取时通常按字节读取数字量的输入状态，也可以按位读取。当需要输入位数小于一个字节时，按一个字节来计算。

(2) 隔离措施。在输入接口电路中，需要对外部输入信号进行隔离，一般采用光电耦合方法。光电耦合在信号传递中采取电—光—电的转换形式，发光部分和收光部分不接触，能够避免输出端对输入端可能产生的反馈和干扰，抑制噪声干扰能力强。

(3) 电平转换。外部输入信号电平与计算机内部输入电平通常不一致，需要通过接口进行电平转换。

(4) 驱动电压。如果采用光电隔离，为了点亮发光二极管，需要在内部或外部输入驱动电压信号。驱动信号有直流和交流两种形式，直流电压一般为 5 ～24 V，交流电压为 110 ～220 V，如采用直流则还需要整流电路。

(5) 有效信号。数字量的有效信号分为高电平、低电平、上升沿、下降沿信号。接口设计或选择时要选择合适的有效信号形式来表示输入信号的状态。

(6) 输入类型。输入接口电路分为源型与漏型两种类型。相对于公共端，电流从接线公共端(COM 端或 M 端)流入，从输入端流出为漏型输入；电流从输入端流进，从公共端流出为源型输入。

图 7-16 为西门子 S7-300 数字量输入接口，采用光电耦合器进行内隔离，信号通过总线输入 CPU。

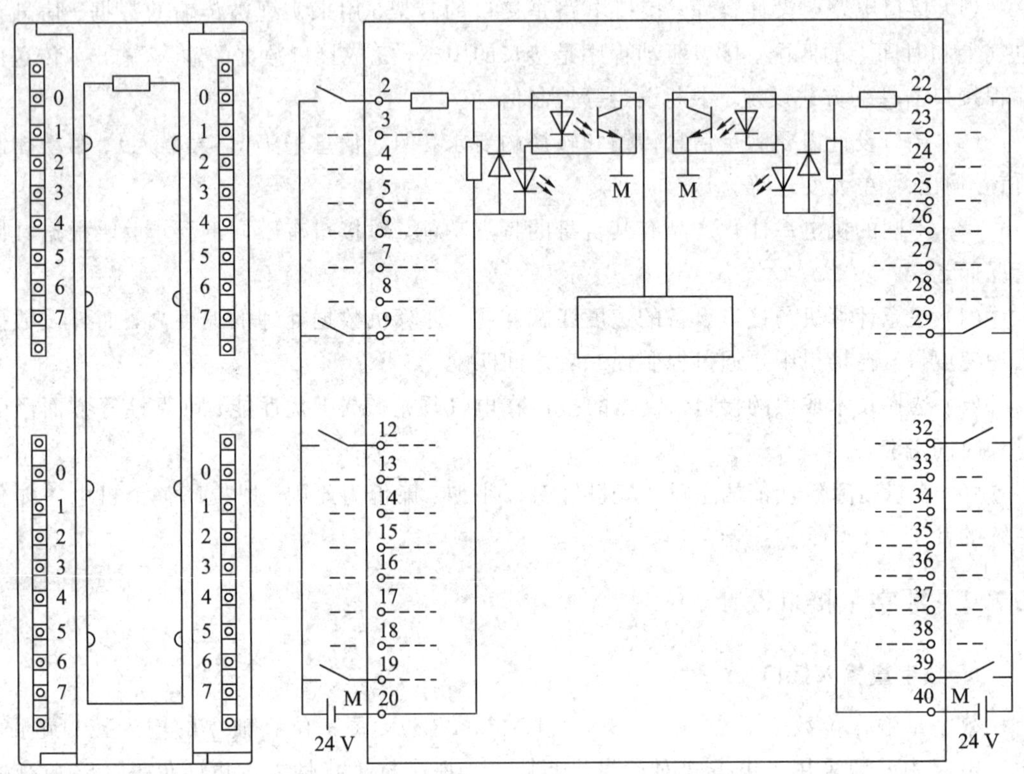

图 7-16　S7-300 数字量输入接口电路

2. 数字量输出接口

数字量输出位数通常为 8 位、16 位、32 位，每一位有相同的输出结构，在接口模块中有隔离、显示、保护功能。数字量输出接口设计或模块选择时应考虑以下几个方面因素：

(1) 电气隔离。在数字量输出接口中也需要进行信号隔离，多采用光电耦合方式。

(2) 供电方式。驱动功率小时可以由计算机供电，功率较大时采用外部供电方式。外部供电可以用直流或交流方式。

(3) 保护措施。为了保护接口输出电路，防止外部输出控制对象短路、接线等故障对接口电路造成损坏，需要在接口中安装保险丝，采取防反向、稳压等保护措施。

(4) 输出要求。为了满足不同控制对象的要求，数字量输出分为继电器输出、晶体管输出、直流输出、交流输出等类型。

图 7-17 所示为西门子 S7-300 中 SM322 数字量输出接口电路，16 路输出，采用光电耦合器进行输出隔离，其中图 7-17(a)为晶体管输出接口，图 7-17(b)为继电器输出接口。

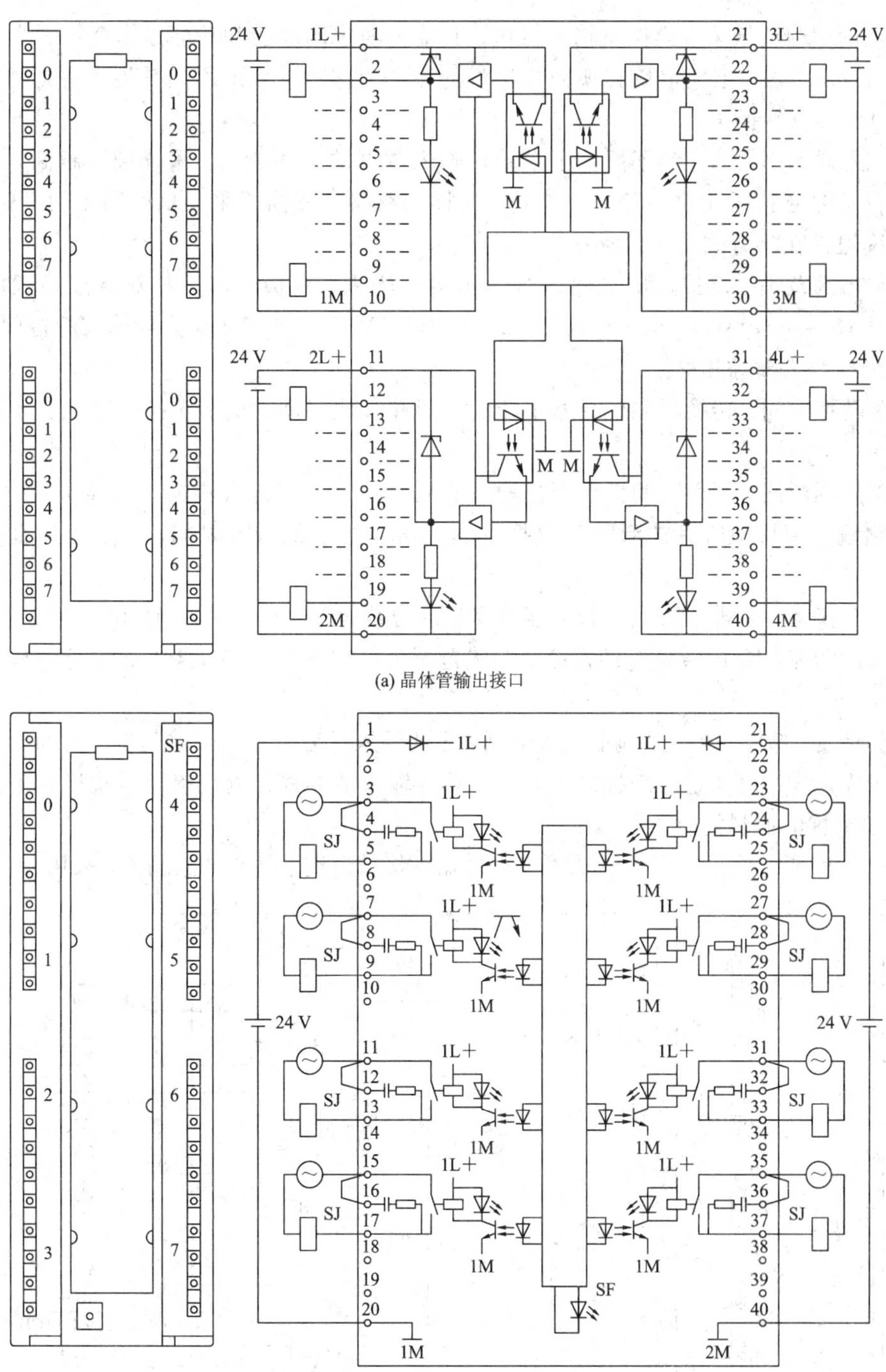

(a) 晶体管输出接口

(b) 继电器输出接口

图 7-17　S7-300 中 SM322 数字量输出接口电路

7.7.3　模拟量接口设计

1. 模拟量输入接口

模拟量输入接口电路主要由多路转换器、A/D 转换器、隔离器组成，可以实现电压、电流或电阻信号的输入。模拟量输入接口设计需要考虑的性能和功能指标有：

(1) 转换方法。把模拟量转换为数字量的方法有多种，常采用的是逐次逼近法、双积分法、电压频率转换法。

(2) 采样频率。采样频率反映了系统对输入数据的采集能力。采样频率越高，采样得到的离散信号越接近于模拟信号真实值。采样最小频率要高于采集信号频率的 2 倍以上。采样频率通常在几赫兹到几百赫兹之间。

(3) 输入范围。模拟量电压输入分为单极性输入、双极性输入。双极性输入的电压范围有 −10～+10 V、−5～+5V、−2.5～+2.5V 等几种。电流信号输入的范围有 0～20 mA、4～20 mA 等几种。

(4) 转换时间。转换时间包括基本转换时间和其他时间。基本转换时间取决于转换方法等。

(5) 周期时间。周期时间即模拟量输入值从开始转换到再次转换前所经历的时间，表示模拟量输入模块中所有被激活的模拟量输入通道的累积转换时间，一般为一百毫秒到几秒。

(6) 分辨率。分辨率取决于转换器数字量的位数，通常有 13 位、16 位，位数越高，分辨率越高。例如，13 位转换器的模拟量输入范围为 −10 ～+10 V，对应的数字量输出范围为 −27648～+27648。

(7) 精度。精度一般用百分比表示，例如电压输入时为 ±0.1%，电流输入时为 ±0.3%。

(8) 噪声抑制能力。噪声抑制能力即对外界输入的共模干扰、串模干扰以及不同通道输入之间干扰的抑制能力。

图 7-18 所示为西门子 SM1231 模拟量输入接口电路，共有 8 路输入，采用 24 V 直流

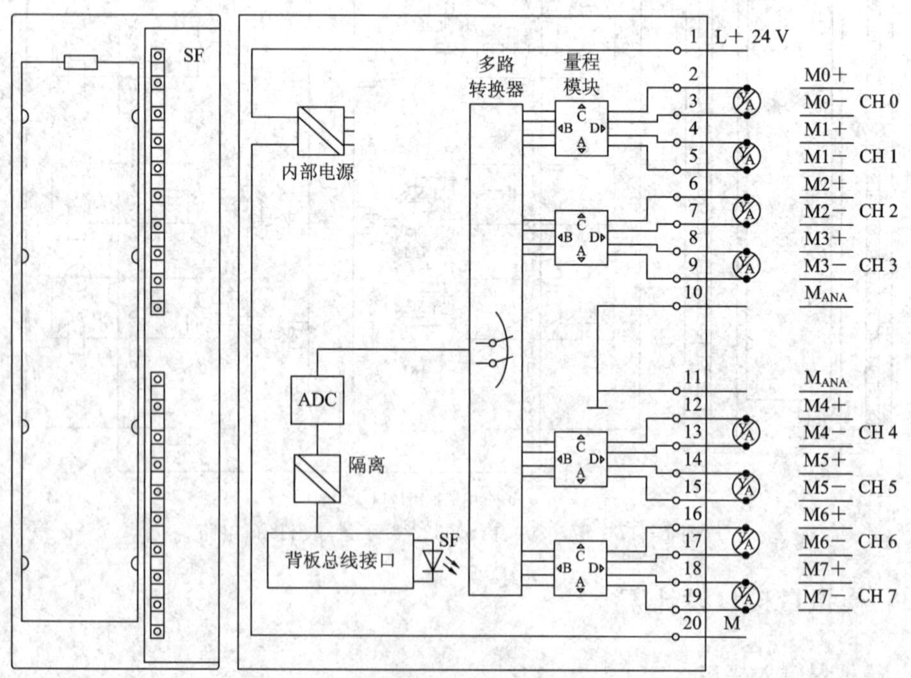

图 7-18　SM1231 模拟量输入接口电路

电源供电，该模拟量输入模块中有量程选择模块，可选择电压或电流信号的不同量程。

2. 模拟量输出接口

模拟量输出接口电路包括 D/A 转换器、保护电路等。模拟量输出接口设计或选择时主要考虑的功能和性能指标有：

(1) 信号类型。模拟量输出信号有电压输出与电流输出两种类型。电压输出范围有－10～＋10V、0～10 V、1～5 V 等几种；电流输出范围有－20～＋20 mA 、0～20 mA、4～20 mA 等几种。

(2) 转换时间。转换时间包括传送内部存储器中数据的时间以及数/模转换的时间。转换时间一般为几毫秒。

(3) 稳定时间。稳定时间指转换值达到模拟量输出指定级别所经历的时间。稳定时间由负载决定。负载分为阻性、容性和感性负载，容性和感性负载转换时间相对较长。稳定时间通常在几毫秒之内。

(4) 响应时间。响应时间指从将数字量输出值输入内部存储器到模拟量输出稳定信号所经历的时间，此时间等于周期时间与稳定时间的总和。

(5) 周期时间。周期时间指模拟量输出值从开始转换到再次转换前所经历的时间，等于全部激活的模拟量输出通道的累积转换时间。

(6) 转换精度。转换精度一般用量程的百分比表示，例如输出为－10～＋10 V 时，误差为±0.02％。

图 7－19 所示为西门子 SM1232 模拟量输出接口电路，共有 4 路输出通道，采用直流 24 V 供电，可选择不同的电压、电流信号的量程。

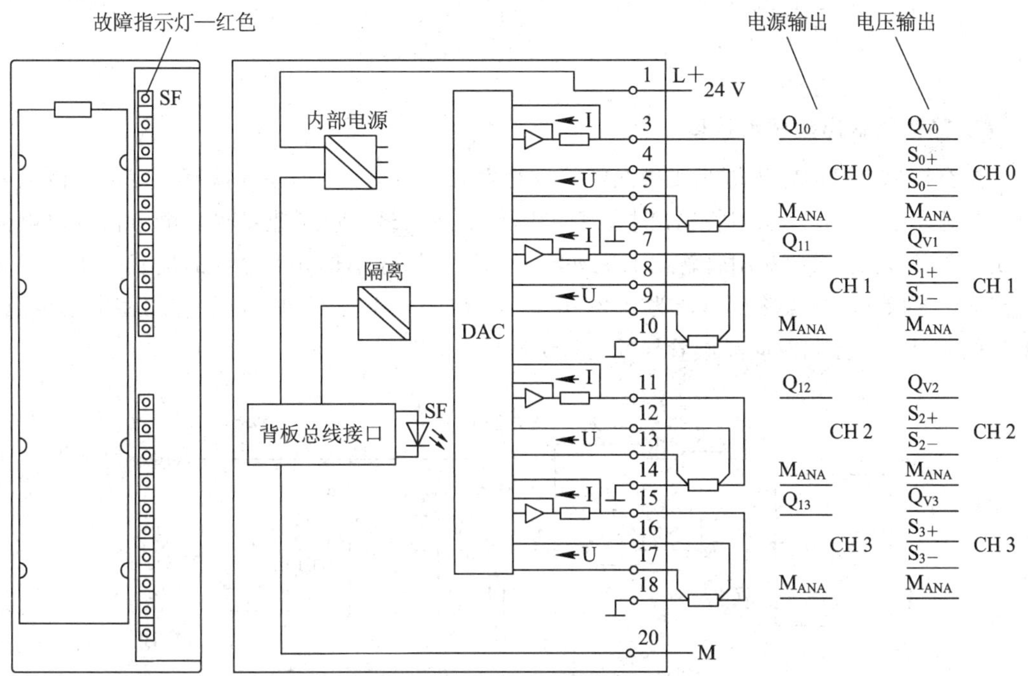

图 7－19　SM1232 模拟量输出接口电路

7.7.4　功率接口设计

计算机输出的数字量信号电流通常为几毫安到几十毫安，不能直接驱动大功率的外部设备，如电动机、电磁铁、继电器、电灯等，必须通过驱动电路或开关电路来驱动。实现对输出信号放大驱动的电路称为功率接口。功率接口常用的驱动元件有光电晶体管、继电器、晶闸管、功率 MOS 管、集成功率电子开关等。

1. 光电晶体管输出型驱动接口

光电晶体管除没有使用基极外，其他跟普通晶体管一样；取代基极电流的是以光作为晶体管的输入。光电晶体管可以根据光照的强度控制集电极电流的大小，从而使光电晶体管处于不同的工作状态。光电晶体管不仅有功率放大的作用，还有较好的隔离作用。光电晶体管输出型驱动接口一般用于高速输出，如伺服电机、步进电机等，或者动作频率高的输出，如温度 PI 控制。

图 7－20 为光电晶体管输出电路，单片机输出信号经过光电耦合送入晶体管，放大后输出。这类电路是通过光耦合来控制晶体管通断以驱动外部直流负载的，故响应快。

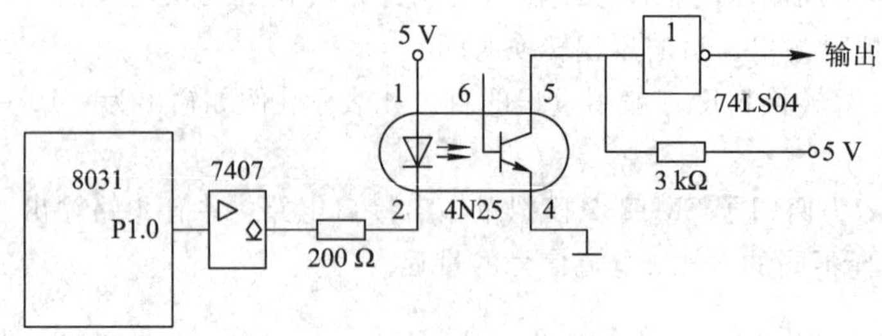

图 7－20　光电晶体管输出电路

2. 晶闸管输出型驱动接口

这类接口电路的输出端是光敏晶闸管或光敏双向晶闸管。当输入端有一定的电流流入时，晶闸管导通。双向晶闸管输出电路只能驱动交流负载，响应速度也比继电器输出电路的快，且寿命长。双向晶闸管输出的驱动能力比继电器输出的小，允许的负载电压一般为交流 85～242 V，单点输出电流为 0.2～0.5 A。图 7－21 为双向晶闸管输出型驱动电路，单片机输出信号控制双向晶闸管导通，驱动负载。

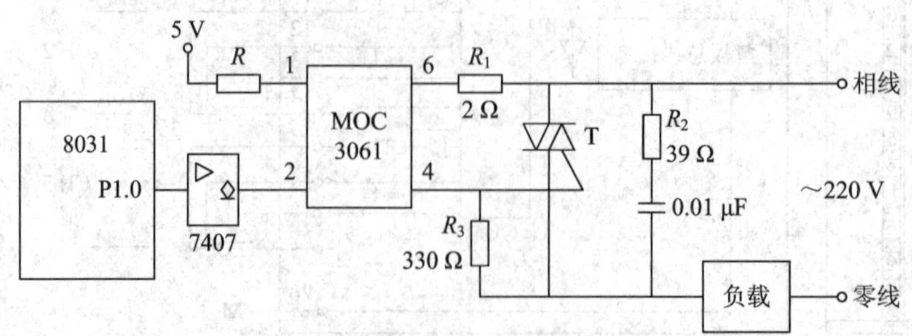

图 7－21　双向晶闸管输出型驱动电路

3. 继电器输出型驱动接口

继电器输出型接口电路的额定负载电压为直流 24～120 V 或交流 48～230 V，适用于交直流电磁阀、接触器、电机启动器、FHP 电机和信号灯。

图 7－22 所示为直流继电器驱动电路。P1.0 输出低电平时继电器 K 吸合，输出高电平时继电器 K 释放。采用这种控制逻辑，可以使继电器在上电复位或单片机受控复位时不吸合。当继电器 K 吸合时，二极管 VD 截止，不影响电路工作；当继电器 K 释放时，由于继电器线圈存在电感，这时晶体管 VT 已经截止，所以会在线圈的两端产生较高的感应电压。

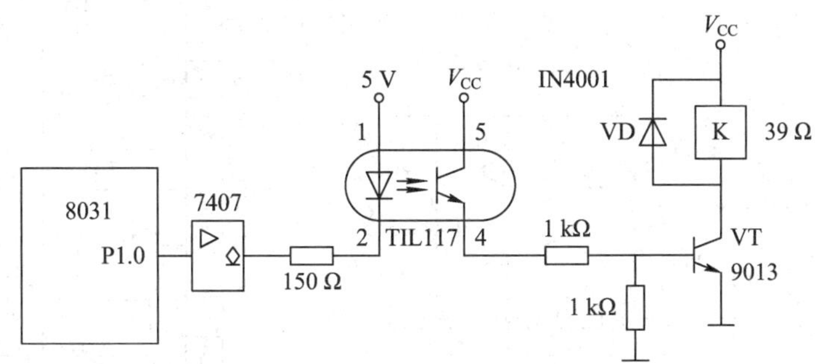

图 7－22　直流继电器驱动电路

4. 功率驱动芯片

为了满足控制器信号输出驱动的需要，专业厂家设计了多种用于信号功率放大的驱动芯片，用户可根据需要选择。下面介绍两种常用的功率驱动芯片。

1) IR2110

IR2110 为美国 IR 公司生产的驱动芯片，内部结构如图 7－23 所示。它兼有光耦隔离和电磁隔离的优点，在中小功率变换装置中的驱动器里应用较多。该芯片具有独立的低端和高端输入通道；悬浮电源采用自举电路，其高端工作电压可达 500 V；输出的电源端的电压范围为 10～20 V，逻辑电源的输入范围为 5～15 V，可方便地与 TTL、CMOS 电平相匹配，而且逻辑电源地和功率电源地之间允许有几伏的偏移量。它的工作频率可达 500 kHz。

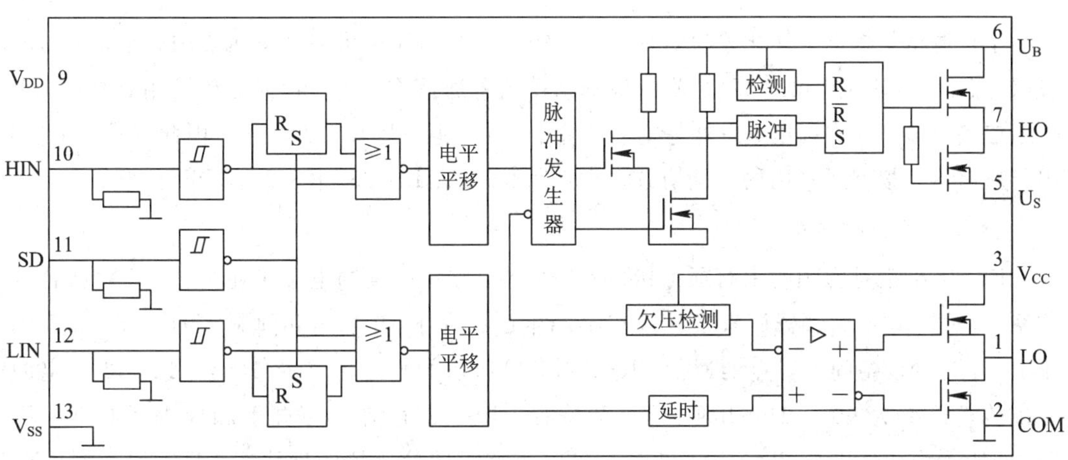

图 7－23　IR2110 内部结构框图

2) ULN2068

ULN2068 芯片为高电大电流四路达林顿开关阵列输出器件，能驱动电流高达 1.5 A 的负载，输入可以是 TTL、DTL、LS、CMOS 电平信号。图 7－24(a)所示为其中一路的驱动电路图，它采用了三级放大输出，芯片引脚排列如图 7－24(b)所示。由于 ULN2068 在 25℃时功耗达到 2 W，因而使用时一定要加散热板。

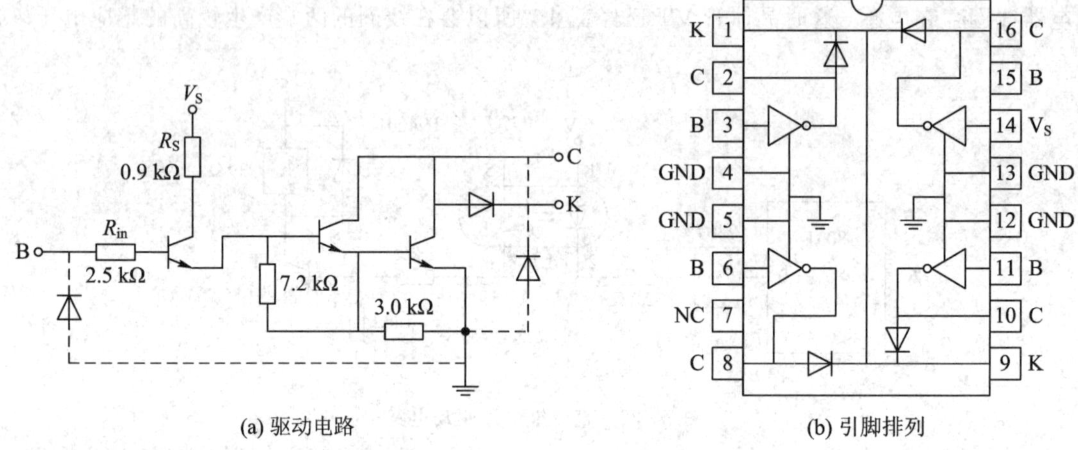

(a) 驱动电路　　(b) 引脚排列

图 7－24　ULN2068 芯片原理图

7.7.5 通信接口设计

通信接口是机电一体化系统与上位机或下位机、终端以及控制对象之间进行信息传递的端口。在机电一体化系统设计中，应根据应用需求配置相应的通信接口。机电一体化系统中通常配置的接口类型包括串行通信接口、以太网接口以及其他用于通信的接口。系统配置的通信接口的类型和数量越多，其适用范围就越广，但成本也会相应增加。

1. 串行通信接口

串行通信是机电一体化系统常用的通信方式，例如计算机与计算机之间、计算机与外设(传感器、打印机、仪表等)之间一般都采用这种通信方式。串行通信传输相对简单，串行通信接口多工作在强电、户外等复杂环境中，并且通信距离一般较长，因此容易受干扰。串行通信接口根据所采用的不同协议，又分为 RS232、RS485、RS422、USB 接口等。

1) RS232 通信接口

RS232 标准是常用的串行通信接口标准之一，它是由美国电子工业协会(EIA)联合贝尔系统公司、调制解调器厂家及计算机终端生产厂家于 1970 年共同制定的。RS232 只限于 PC 串口和设备间点对点的通信。RS232 串口通信的最远距离是 15 m。RS232 规定的标准传送速率为 50 ～192 b/s，可灵活选择。RS232 通信分为握手和无握手协议。图 7－25 所示为计算机与 PLC 之间采用 RS232 无握手通信协议的接线图，只需要连接 RX、TX、SG 三根线即可通信。

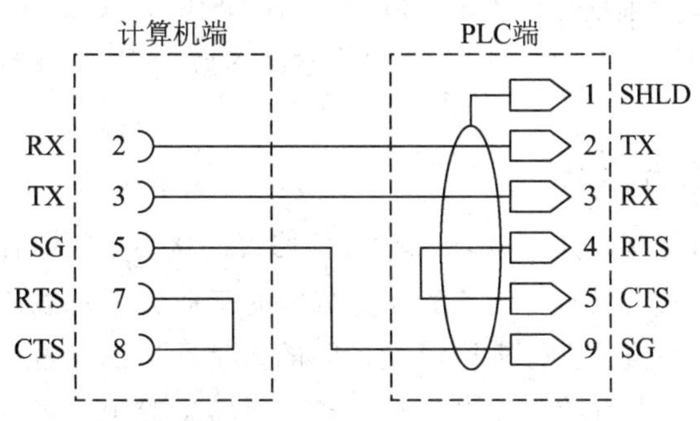

图 7-25 RS232 通信

2) RS485 通信接口

RS485 是一个定义平衡数字多点系统中驱动器和接收器的电气特性的标准，该标准由美国电子工业协会(EIA)制定，有两线制和四线制两种接线方式，多数采用两线制接线方式。如图 7-26 所示为 RS485 总线式拓扑结构，在同一总线上最多可以挂接 32 个节点。在低速、短距离、无干扰的场合可以采用普通的双绞线，在高速长线传输时则必须采用阻抗匹配(一般为 120 Ω)的 RS485 专用电缆，在干扰大的恶劣环境下还应采用铠装型双绞屏蔽电缆(ASTP-120 Ω)。RS485 的数据最高传输速率为 10 Mb/s，最大传输距离达 1200 m。

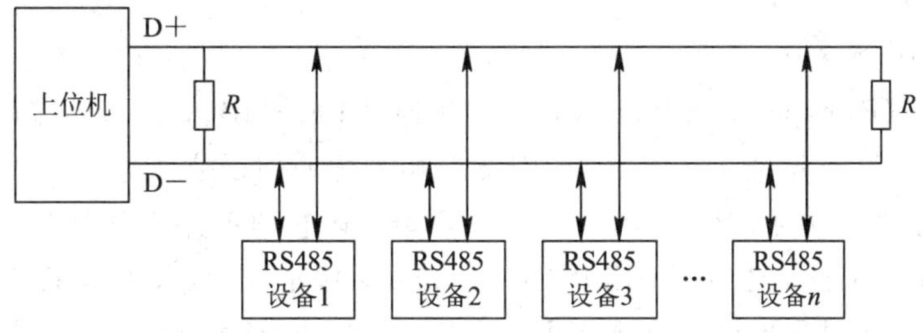

图 7-26 RS485 总线式拓扑结构

3) RS422 通信接口

RS422 是采用四线制、全双工、差分传输的多点通信的数据传输协议，接线图如图 7-27 所示。由于 RS422 的接收器采用高输入阻抗，它的发送驱动器比 RS232 接口有更强的驱动能力，故允许在相同传输线上连接多个接收节点，最多可接 10 个节点。RS422 的最大传输距离为 1200 m，最大传输速率为 10 Mb/s。其平衡双绞线的长度与传输速率成反比，在 100 kb/s 速率以下，才可能达到最大传输距离，只有在很短的距离下才能获得最高传输速率。一般 100 m 的双绞线上所能获得的最大传输速率仅为 1 Mb/s。

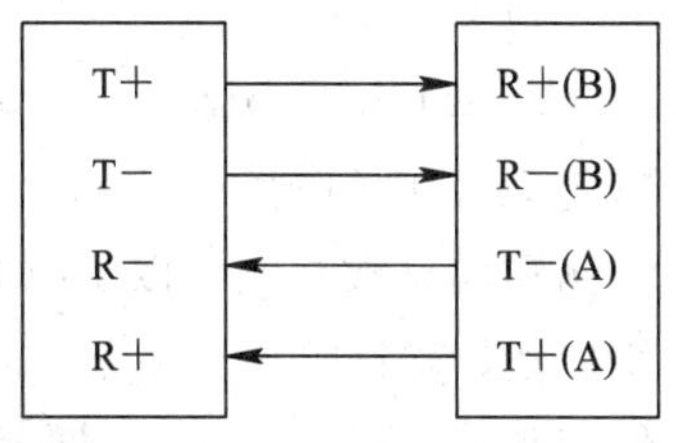

图 7-27 RS422 通信

4) USB 通信接口

USB 接口(通用串行总线接口)是计算机等设备中最常用的接口类型。USB 接口结构只有 4 根线，两根为电源线，两根为信号线，信号是串行传输的，接口输出的电压和电流分别为+5 V、500 mA。目前使用的USB接口版本有USB2.0、USB3.0、USB3.1。USB2.0的最大传输速率为480 Mb/s，USB 3.0的最大传输速率为5 Gb/s，USB3.1的最大传输速率为10 Gb/s。

2. 现场总线通信接口

现场总线通信接口是指采用了现场总线通信协议的接口。现场总线是连接现场智能设备和自动化系统的数字式、双向传输、多分支结构的工业数据总线。它主要解决工业现场的智能化仪器仪表、控制器、执行机构等设备间的数字通信以及这些现场控制设备和控制系统之间的信息传递问题。目前，大约有四十多种现场总线用于过程自动化、加工制造等领域，因此与其对应的通信接口类型也很多。下面介绍几种应用较广的现场总线接口类型。

1) CAN接口

CAN(Controller Area Network)接口是用于连接CAN总线的端口，目前，在北美和欧洲的汽车计算机控制系统和嵌入式工业控制系统中得到广泛应用。CAN总线是国际上应用最广泛的现场总线之一，由德国BOSCH公司开发，CAN总线协议最终发展为一项国际标准。CAN总线支持多主工作方式，通信距离最远可达10 km，通信速率最高可达1 Mb/s，网络节点数可达110个。在北美和欧洲，CAN总线已经成为汽车计算机控制系统和嵌入式工业控制局域网的标准总线。

2) PROFIBUS接口

PROFIBUS(Process Field Bus)接口是用于连接PROFIBUS总线的端口，在西门子数控系统和PLC中得到普遍应用。PROFIBUS是由德国西门子公司等十四家公司及五个研究机构联合开发的，分为DP、FMS、PA三种类型。其中，DP用于分散外设之间的高速数据传输，适用于加工自动化领域；FMS适用于纺织、楼宇自动化、可编程控制器、低压开关等领域；PA用于过程自动化领域。PROFIBUS支持主/从系统、纯主站系统、多主多从混合系统等几种传输方式。PROFIBUS总线的传输速率为9.6 kb/s～12 Mb/s，在12 Mb/s时传输距离为200 m，传输介质为双绞线或者光缆，最多可挂接127个站点。

3) CC-Link接口

CC-Link(Control & Communication Link)接口是用于CC-Link总线连接的端口，在三菱PLC中得到了广泛应用。CC-Link是由三菱电机公司联合多家公司推出的。它可以将控制和信息数据同时以10 Mb/s的高速率传送至现场网络，具有性能卓越、使用简单、应用广泛、节省成本等优点。它不仅解决了工业现场配线复杂的问题，同时具有优异的抗噪性能和兼容性。CC-Link的底层通信协议遵循RS485。一般情况下，CC-Link主要采用广播-轮询的方式进行通信，也支持主站与本地站、智能设备站之间的瞬间通信。

4) FF H1接口

FF H1接口是用于基金会现场总线(Foundation Field Bus)连接的端口，主要用于低速现场设备。基金会现场总线是由美国现场总线基金会(Fieldbus Foundation，FF)在ISP协议和WorldFIP协议基础上制定的国际统一的总线标准。随着基金会现场总线的推广和应用，FF H1接口在机电一体化系统与现场设备连接上的应用也越来越多。

3. 以太网和工业以太网络接口

以太网是应用最广泛的局域网通信方式，同时也是一种协议。以太网接口就是以太网中网络数据连接的端口，配置了以太网接口，机电一体化系统就可以连接到以太网络上，从而与网络服务器或其他计算机进行数据通信，以满足更复杂的需求。为机电一体化系统配置以太网接口已经成为一种趋势。

工业以太网是在以太网技术和 TCP/IP 技术的基础上发展起来的工业网络，它是以太网技术与通用工业协议的完美结合，也是标准以太网在工业领域的应用拓展，在实用性、可互操作性、可靠性、抗干扰性和安全等方面比以太网有更高的要求。机电一体化系统使用的工业以太网接口类型主要有 PROFINET 接口、Modbus TCP/IP 接口、Ethernet/IP 接口、FF HSE 接口等。

1) PROFINET 接口

PROFINET 接口是一种使用 PROFINET 协议进行通信的端口类型，现主要应用在西门子控制系统中。PROFINET 由西门子公司和 PROFIBUS 用户协会开发，是新一代基于工业以太网技术的自动化总线标准。它是将原有的 PROFIBUS 与互联网技术相结合，形成了 PROFINET 的网络方案。PROFINET 为自动化通信领域提供了一个完整的网络解决方案，包括实时以太网、运动控制、分布式自动化、故障安全以及网络安全等，可以完全兼容工业以太网和现有的现场总线技术。

2) Modbus TCP/IP 接口

Modbus TCP/IP 接口是一种使用 Modbus TCP/IP 协议进行通信的端口类型，在当今工业控制领域得到了广泛应用，例如西门子 PLC 的接口模块中。Modbus TCP/IP 协议由施耐德公司推出，以一种非常简单的方式将 Modbus 帧嵌入到 TCP 帧中，将 Modbus 与以太网以及 TCP/IP 结合，成为 Modbus TCP/IP 协议。这是一种面向连接的方式，每一个呼叫都要求有一个应答，这种呼叫/应答机制与 Modbus 的主/从机制相互配合，使交换式以太网具有很高的确定性；利用 TCP/IP 协议，通过网页的形式，可以使用户界面更加友好。

3) Ethernet/IP 接口

Ethernet/IP 接口是一种使用 Ethernet/IP 协议进行通信的端口类型。Ethernet/IP 是适合工业环境应用的协议体系。它是由 ODVA 和 Control Net International 两大工业组织推出的。它是一种面向对象的协议，能够保证网络上隐式(控制)的实时 I/O 信息和显式信息(包括用于组态、参数设置、诊断等)的有效传输。

4) FF HSE 接口

FF HSE(High Speed Ethernet，高速以太网)接口是用于现场总线控制系统控制级以上通信网络的主干网的连接端口。FF HSE 总线是美国 FF 采用 HSE 技术开发的总线标准，也称为 FF H2 总线。HSE 网络遵循标准的以太网规范，使用标准的 IEEE 802.3 进行信号传输，并根据过程控制的需要适当增加了一些功能，可以使用当前流行的商用(COTS)以太网设备。

7.8　机电一体化系统集成

机电一体化系统由是多个单元或子系统组成，系统之间、系统与子系统之间以及子系统与子系统之间需要传送大量的信息，包括控制信息、状态信息、应用数据等，因此需要实现系统之间的互联，使得机电一体化系统能够准确传递信息，达到控制的目的。

7.8.1　系统集成要求

机电一体化系统集成通常是指将机电一体化系统中的软件、硬件与通信技术组合起来为用户解决控制器与子系统、与外设之间的信息传输问题。集成的各个分离体原本就是一个个独立的系统，集成后的各个系统之间能够彼此有机地和协调地工作，以发挥整体效益，达到整体优化的目的。

系统集成方式是机电一体化系统设计时要考虑的关键问题之一。机电一体化系统的控制单元与其他子系统之间采用的数据传送方式、现场机电一体化设备与车间控制中心之间采用连接方式等，在做系统方案设计时需要一并考虑。

机电一体化系统集成主要是指控制单元与外设、控制单元与控制单元之间的集成，也可称为硬件系统集成，涉及的技术包括接口技术、总线技术、互联网技术、安全防范技术、通信技术等。

系统集成必须遵循一定的原则，使集成后的系统经济实用、工作可靠、适用性强。在系统集成时应满足以下几个方面要求：

(1) 先进成熟。硬件以及软件应在数年内不落后，选用成熟的技术、符合国际标准的设备，确保设备的可兼容性。

(2) 安全可靠。安全是指网络系统的安全和应用软件的安全，防止非法用户越权使用系统资源。可靠是指系统要能长期稳定地运行，故障后易恢复等。

(3) 开放和可扩展。选择具有良好的互联性、互通性及互操作性的设备和软件产品，应用软件开发时应注意与其他产品的配合，保持一致性。特别是数据库的选择，要能够与异种数据库无缝链接。集成后的系统应便于以后需求增加时而进行的扩展。

(4) 标准化。由国家制定的计算机软件开发规范详细规定了计算机软件开发中的各个阶段以及每一个阶段的任务、实施步骤、实施要求、测试及验收标准、完成标志及交付文档。集成开发时要严格按照国家标准，使整个开发过程阶段明确、任务具体，真正成为一个可以控制和管理的过程。

(5) 经济实用。集成开发时应充分利用原有系统的软件资源和数据资源，应尽量减少硬件投资。

7.8.2　系统集成方式

1. 基于接口的系统集成

接口是连接控制单元与外设之间的桥梁，因此也成为集成控制单元与外设的重要手段。由于外设与控制单元之间传递的信息类型多种多样，因此使用的接口类型也各不相同，例如各类灯、开关、继电器、接触器、电磁阀等通过数字量输入/输出接口连接，传感器、电动调节阀通过模拟量输入/输出接口连接，上位机、分布式仪器仪表通过串行接口连接。采用多种接口对外设进行系统集成是最为常见的一种方式。

图 7-28 所示为基于输入/输出接口的系统集成框图。控制器以 CPU 为核心，采用通信接口与外部设备建立联系，实现地址、数据、控制信号传输，将控制器与输入/输出设备等集成一起。

基于接口的集成方式具有结构紧凑、体积小、数据传输速度快、传送距离短等特点。例如，利用单片机、DSP 等开发的家用电器、健身器械、检测仪器、智能玩具、打印设备等机电一体化产品均采用的是这种集成方式。

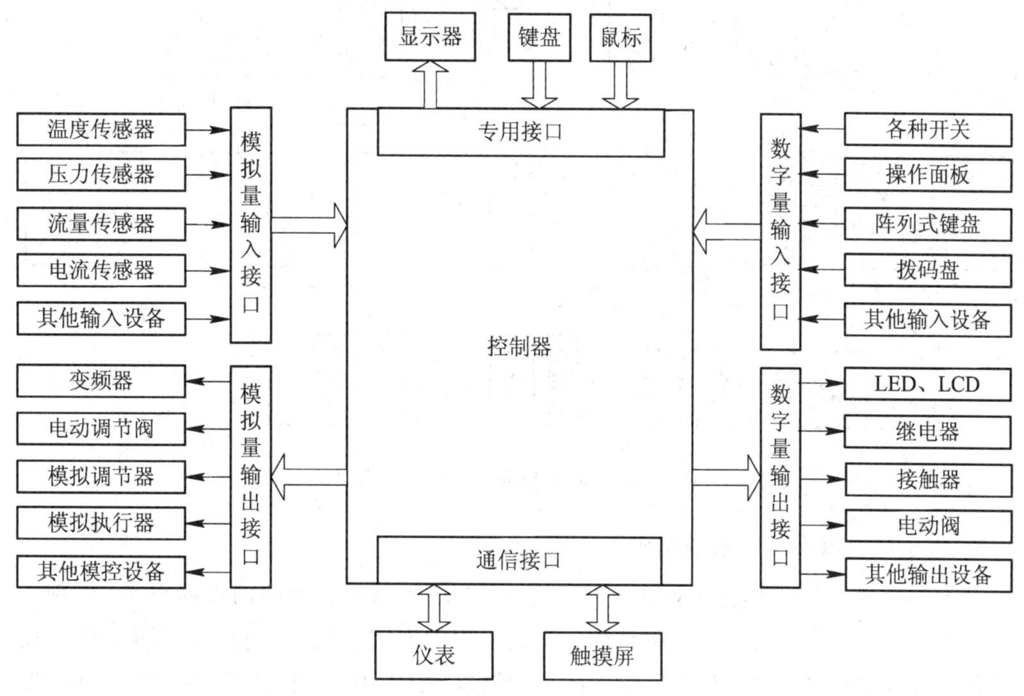

图 7-28　基于输入/输出接口的系统集成

2. 基于现场总线的系统集成

工业现场总线被大量用于连接现场检测传感器、执行器与控制器。

现场总线为开放式互联网络，既可以与同层网络互联，也可与不同层网络互联，还可以实现网络数据库的共享。同时，它把 DCS 控制站的功能块分散地分配给现场仪表，从而构成虚拟控制站，彻底地实现了分散控制。用户可以根据自身的需求选择不同厂家、不同型号的产品构建所需的控制回路，从而可以自由地集成。现场总线具有分布、开放、互联、高可靠性的特点。

在很多场合，系统的各个组成部分分布在不同的工作地点，控制单元与外设之间存在一定的距离(数十米到几百米)，因此就需要一种适用于分布式系统的连接方式，采用现场总线对系统进行集成是比较好的方法。

图 7－29 为一种小型制造单元的集成方案，即采用了基于现场总线的系统集成方式。控制单元集成了多种不同的总线接口，通过接口与显示单元、操作面板、伺服驱动单元、PLC 单元、机器人、测量仪等互联，实现对系统中全部设备的控制。在实际应用中，现场设备来自不同厂商，采用不同的总线标准，因此控制单元需要配置不同的总线接口以适应不同的外部设备，另外还可以利用总线转换器实现总线之间的转接。

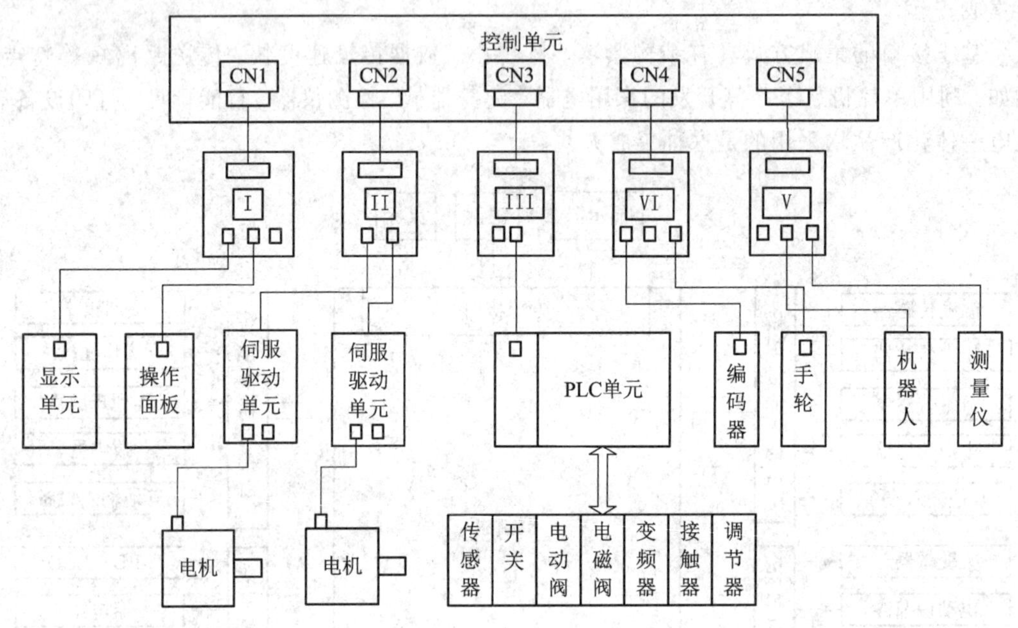

图 7－29　基于现场总线的系统集成

3. 基于工业以太网的系统集成

以太网络集成可以实现制造单元与车间、与工厂控制中心之间的数据交换，实现企业级的系统集成。以太网在过程控制系统中得到应用的原因主要有方面：一方面，随着现场设备智能程度的提高，分布在工厂各处的智能设备与工厂控制层之间需要不断交换控制数据，导致数据交换量飞速增长；另一方面，随着企业信息化程度的提高，需要将底层生产数据整合到工厂的信息管理系统中，并实现在企业级信息管理系统中对生产现场的远程控制、监控及维护。

用于过程控制中的以太网是主要指工业以太网，它具有价格低廉、稳定可靠、通信速率高、软硬件产品丰富、应用广泛以及支持技术成熟等优点。以太网技术在工厂控制系统中的应用并不是一个简单的移植过程，既要保持普通以太网技术的优势，又要解决工业现场应用中的一些问题，如实时性、可交互性、可靠性、抗干扰性、网络安全等，同时还需兼容现有的现场总线通信。

工业以太网与互联网之间可以采用 OPC 等服务器连接，OPC 服务器由三类对象组成，相当于三种层次上的接口：服务器、组对象和数据项。OPC 是为工业控制系统应用程序之间的通信建立的一个接口标准，在工业控制设备与控制软件之间建立统一的数据存取规范。它给工业控制领域提供了一种标准数据访问机制，将硬件与应用软件有效地分离开来，是一套与厂商无关的软件数据交换标准接口和规程，主要解决过程控制系统与其数据源的数据交换问题，可以在各个应用之间提供透明的数据访问。

图 7-30 所示为基于工业以太网络的系统集成方案，由现场级、车间级、工厂级三级控制层组成。工厂级与车间级之间通过工业以太网连接，实现高速、可靠的数据交换。现场级中的各个组成部分通过现场总线(PROFIBUS、CC-Link、CAN 等)进行连接。不同的现场总线通过代理服务器或协议转换器连接到工业以太网中。在车间级中，可以采用同构网络或异构网络结构，实现车间之间的信息共享。车间级中的工业以太网可以通过 OPC 等服务器与互联网进行连接，实现企业与外部之间的信息传输。

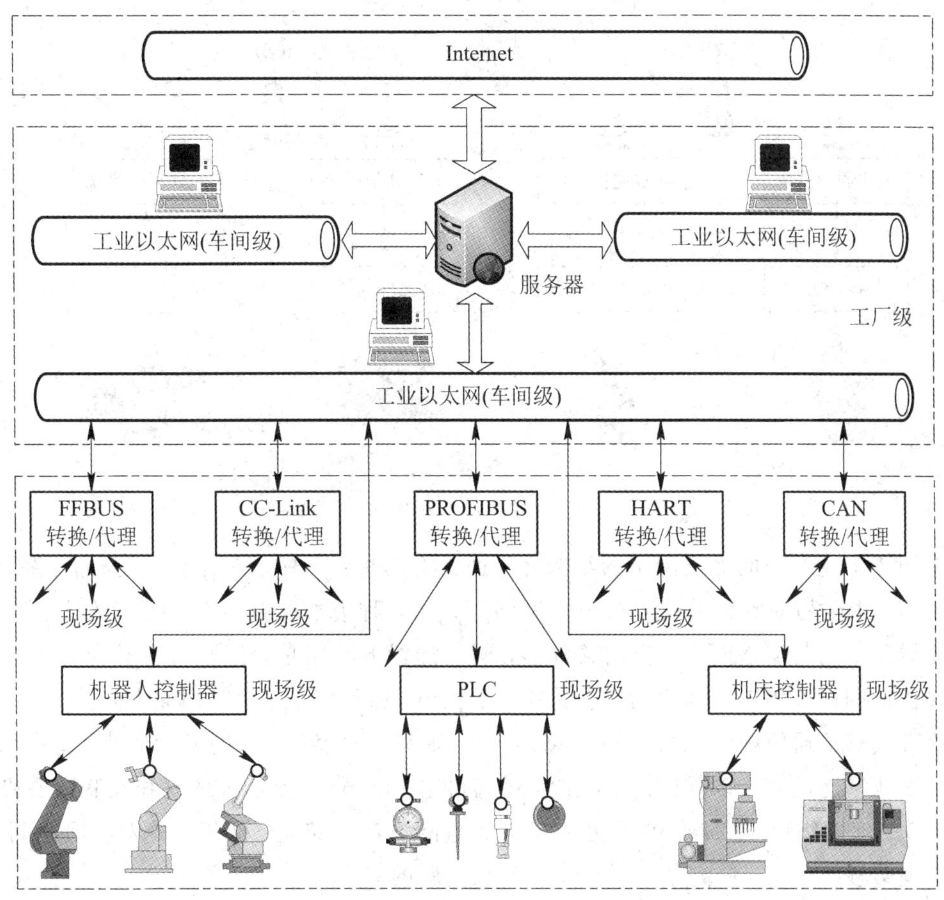

图 7-30　基于工业以太网的系统集成

4. 基于无线网络的系统集成

无线网络通信技术的发展为系统互联提供了另一个重要途径，无线终端可以通过无线网络与中央控制单元连接，实现过程监控、故障诊断与控制功能。特别是新一代移动通信网络系统，具有大带宽、低延迟率等特点，它在机电一体化系统中的运用提高了系统的互联能力，可满足机电一体化系统远程控制的高速、实时、移动等要求。

图 7－31 为机电一体化系统中采用无线网络进行系统集成的示意图。客户端利用无线通信模块与现场设备进行通信，从而实现对设备的运行控制、过程监控、数据采集、故障诊断等。目前，多数数控机床、工业机器人等现场设备还没有配置无线通信模块，因此它们的控制单元无法实现无线通信，但是可以通过外挂的无线通信模块与外部进行无线通信。

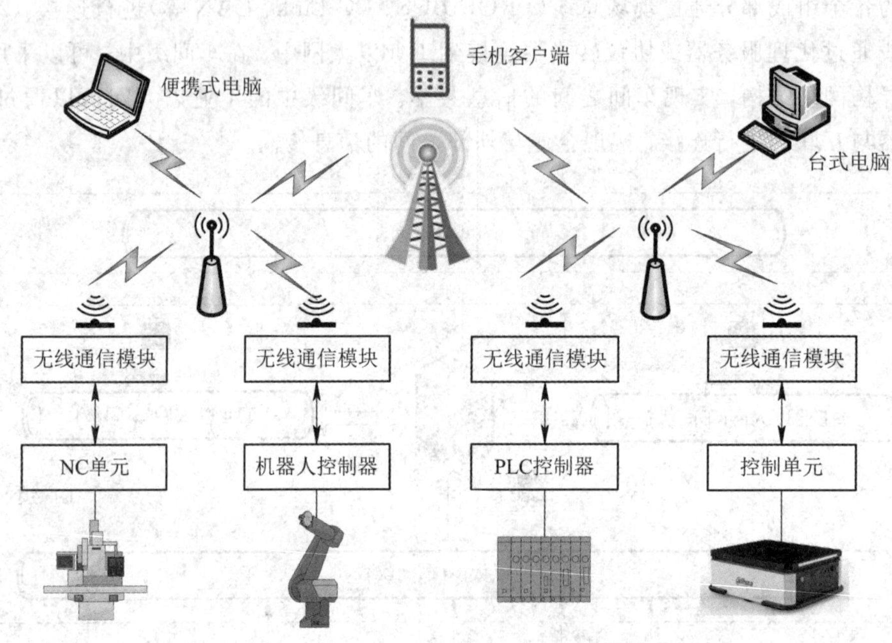

图 7－31　基于无线网络的系统集成

应用于工业系统的无线网络的组网方式通常有两种：一种是利用公共通信网络，例如中国电信、中国移动等提供的无线公共网络等；另一种方法是建立专用的无线通信网络。公共无线通信网络覆盖面广、应用软件多，网络配置方式简单，但通信容易受到干扰。专用无线通信网络采用专有信道通信，受外部干扰小，通信稳定，但建网成本高。

第五代移动通信网络(简称 5G 网络)具有高速率、大容量、低时延等特点。5G 网络的数据传输速率远远高于以前的蜂窝网络，最高可达 10 Gb/s，比当前的有线互联网要快，比 4G LTE 蜂窝网络快 100 倍。它的另一个优点是网络延迟较低，低于 1 毫秒，因此利用它可以实现毫秒级通信，提高整个系统实时处理问题的能力。

5. 基于物联网的系统集成

物联网(Internet of Things，IoT)是指通过信息传感器、射频识别技术、全球定位系统、红外感应器、激光扫描器等各种装置与技术，对任何需要监控、连接、互动的物体或过程，实时采集其声、光、热、电、力学、化学、生物、位置等各种需要的信息，通过各类可能的网络接入，实现物与物、物与人的泛在连接，实现对物品和过程的智能化感知、识别和管理。物联网是一个基于互联网、传统电信网等的信息承载体，它让所有能够被独立寻址的普通物理对象形成互联互通的网络。物联网的关键技术有射频识别技术、传感网络、

M2M、云计算等。

物联网为机电一体化系统集成提供了强大的平台。物联网以计算机科学为基础，是集网络、电子、射频、感应、无线、人工智能、云计算、自动化、嵌入式等技术为一体的综合性技术。物联网的应用比较广泛，其中传感器、M2M、执行器属于机电一体化系统范畴。物联网通过后台计算平台，利用云计算可以实现智能控制。

物联网中的机电一体化系统主要是微电机系统。微机电系统具有传感、信息处理、执行等功能。它是由微传感器、微执行器、信号处理和控制电路、通信接口和电源等部件组成的一体化的微型器件系统。其目标是把信息的获取、处理和执行集成在一起，组成具有多功能的微型系统，集成于大尺寸系统中，从而大幅度地提高系统的自动化、智能化和可靠性水平。

利用物联网中的 M2M 可以提供智能控制服务。M2M(Machine-to-Machine/Man)是一种以机器终端智能交互为核心的、网络化的应用与服务，它可以对控制对象实现智能化控制。

习题与思考题

7-1　机电一体化系统的设计方法有哪几种？特点分别是什么？

7-2　机电一体化系统的设计类型有哪几种？各适用于什么情况？

7-3　试述机电一体化系统的开发流程。

7-4　机电一体化系统设计在准备阶段应完成哪些内容？

7-5　机电一体化系统的设计阶段可分为哪几个步骤？说明其工作内容。

7-6　机电一体化系统设计在定型阶段需要完成哪些内容？

7-7　什么叫优化设计？它能解决什么问题？常用优化方法有哪些？

7-8　试举一例说明优化设计的基本过程以及通过优化设计能解决什么问题。

7-9　什么叫有限元方法？有限元方法可以解决哪些问题？

7-10　试述有限元方法求解的基本步骤。

7-11　什么叫产品可靠性？可靠性的度量指标有哪些？

7-12　什么叫可靠性设计？可靠性设计的目的是什么？

7-13　可靠性设计的方法有哪几种？主要能解决什么问题？

7-14　机电一体化系统中的干扰有哪些危害？干扰源有哪些？

7-15　供电干扰的抑制措施有哪些？如何实施？

7-16　电磁干扰的途径有哪些？抑制措施有哪些？

7-17　过程通道的干扰抑制方法有哪些？试述它们的工作原理。

7-18　为什么要接地？接地装置有哪些？

7-19　按功能来分，接地分为哪几种类型？作用分别是什么？

7-20　接地干扰的形式有哪些？如何消除？

7-21　接口的作用是什么？接口设计应遵循哪些原则？

7-22　数字量接口设计应考虑哪几方面的因素？

7-23　模拟量接口设计应考虑哪几方面的因素？

7-24　功率接口分为哪几种类型？各有什么特点？

7-25　常用的串行通信有哪几种类型？分别适用于什么场合？

7-26　什么叫现场总线？常用的现场总线标准有哪些？

7-27　什么叫系统集成？系统集成应满足哪些要求？

7-28　机电一体化系统的集成方式有哪几种？各有什么特点？

第 8 章　设计工具及应用

在机电一体化系统中，设计的主要对象是机械结构和控制系统，设计成果通常包括机械结构的装配图、零件图、工艺文件以及控制系统的电气原理图、电气安装接线图、电气元件布置图以及电路原理图、PCB 图等。除设计工作之外，在机电一体化系统设计中，通常还需要进行计算、仿真与分析，例如静力学与动力学分析，机构运动仿真，电路仿真与分析，电场、磁场、流场、温度场等物理场分析等，有些复杂的计算与分析必须借助于现代化的设计工具。因此，了解先进的机电一体化系统设计工具，选择适合的工具并熟练运用是从事机电一体化系统设计工作的技术人员应掌握的专业技能。

8.1　机械计算机辅助设计软件

传统机械设计方法(经验法、类比法以及验算法等)有它们自身的优点，但缺点也是显而易见的，例如应用于复杂结构设计时，在强度、刚度等计算方面难以得到精确的计算结果。为了安全起见，设计人员常用的方法是在设计时加大裕量，这样既浪费材料，又可能导致产品能耗增加。另外，传统的设计手段效率低，常常不能满足社会对产品开发周期的要求。在设计中采用现代化的设计工具可以显著提高设计效率和提升产品的性能。

8.1.1　概述

计算机辅助设计(Computer Aided Design，CAD)是利用计算机及其图形设备帮助设计人员进行设计工作的一门技术。计算机辅助设计技术诞生于 20 世纪 60 年代，美国麻省理工学院提出了交互式图形学研究计划，得到了美国通用汽车公司和美国波音公司的响应，两家公司自行开发了交互式绘图系统并开始了应用。20 世纪 70 年代，随着小型计算机价格下降，美国开始广泛使用交互式绘图系统。

CAD 软件的应用可以提高企业的设计效率、优化设计方案、减轻技术人员的劳动强度、缩短设计周期、加强设计标准化等。目前，CAD 软件已经广泛地应用在机械、电子、航天、化工、建筑等行业。随着人工智能、多媒体、信息等技术的进一步发展，CAD 技术向着集成化、智能化、协同化方向发展。

CAD 技术发展迅速，目前在机械行业应用的 CAD 软件就有几十种。从软件公司的属地来看，这些软件可分为国外 CAD 软件和国内 CAD 软件两大类。国外机械 CAD 软件开发历史较长，技术比较成熟，目前应用的主流 CAD 软件有 Auto CAD、UG NX、Pro/Engineer、CATIA、Solidworks、VariCAD、SolidEdge 等。国内机械 CAD 软件开发历史不长，但发展迅速，目前应用的软件有开目 CAD、数码大方 CAXA、浩辰 CAD、中望 CAD、华天 SINOVATION 等。

机械 CAD 软件从建模方法上可分为二维 CAD 软件和三维 CAD 软件，目前应用的 CAD 软件多数是三维的或二维/三维兼有，但也有少数 CAD 软件是二维的。虽然机械

CAD 软件的类型多，但这些软件都具有以下基本功能：

1）建模和绘图功能

通常可通过机械 CAD 系统所提供的一套命令集，绘制和修改各种二维图形和三维机械模型，例如产品装配轴测图或剖面图、机械零件三视图、汽车飞机船舶外观曲面图以及液压管路布置图等。有些软件还具有开放式的参数化建模与标准件图库设计功能。

2）分析与计算功能

在机电一体化系统设计中，完成机械结构设计后，为确保其性能和质量，还需要做进一步的动态模拟、性能分析、系统验证、辨认与优化。CAD 软件中常见的分析与计算功能包括灵敏度分析、强度与刚度计算、有限元分析、机构运动仿真及参数优化等。

3）信息处理功能

机械 CAD 软件不仅可以生成设计图纸，还可以提供全部有关的技术文档，例如零部件明细表、材料清单、使用说明书等；有的软件还具有与 CAM（计算机辅助制造）系统之间的信息传输与数据转换等功能。

8.1.2　UG NX 软件

UG NX（Unigraphics NX）是由 Siemens PLM Software 公司开发的，为用户提供产品设计解决方案的综合性的大型 CAD 软件，它为用户的产品设计及加工过程提供了数字化造型和验证手段。UG NX 的功能强大，可以轻松地实现各种复杂实体及造型的建构，现已成为机械行业三维设计的主流设计软件。

1. 软件功能

UG NX10.0 软件界面包括菜单、工具、部件导航器、应用模块等，如图 8-1 所示。在软件界面上可以很方便地从一个应用模块切换到另一个应用模块。

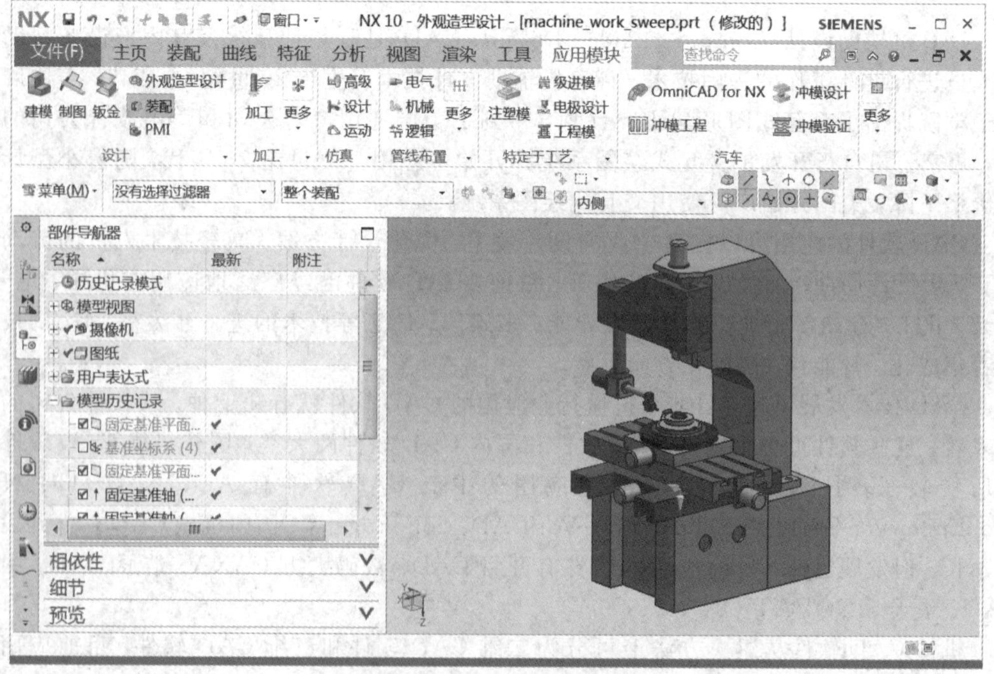

图 8-1　UG NX10.0 软件界面

在机电一体化系统设计中应用到的 UG NX 软件主要功能模块包括以下两个：

1）设计模块

UG NX 设计模块包括实体建模、特征建模、自由形状建模、装配建模等基本模块，这些模块一起构成了 UG 软件的强大三维 CAD 设计功能。在机电一体化系统设计中可以利用 UG NX 设计模块快速建立产品的机械结构模型，生成二维 CAD 图纸，供后续制造使用。

2）CAE 模块

UG NX 模块包括机构学、有限元分析等基本模块，这些模块构成了 UG 软件的计算机辅助工程功能。在机电一体化系统设计中可以利用 CAE 模块进行产品的机构运动仿真、机械结构的受力及变形分析。

2. 软件特点

UG NX 软件具有以下特点：

(1) 具有统一的数据库，真正实现了 CAD/CAE/CAM 等各模块之间的无数据交换的自由切换，可实施并行工程，提高设计效率。

(2) 采用复合建模技术，可将实体建模、曲面建模、线框建模、显示几何建模与参数化建模融为一体。

(3) 采用基于特征(如孔、凸台、型胶、槽沟、倒角等)的建模和编辑方法作为实体造型基础，形象直观，并能用参数驱动。

(4) 曲面设计采用非均匀有理 B 样条作为基础，可用多种方法生成复杂的曲面，特别适合于汽车外形设计、汽轮机叶片设计等复杂曲面造型。

(5) 可以从三维实体模型直接生成二维工程图，能按 ISO 标准和国标标注尺寸、形位公差和汉字说明等，并能直接对实体做旋转剖、阶梯剖和轴测图挖切，生成各种剖视图。

(6) 以 Parasolid 为实体建模核心，支持多种建模技术，例如实体建模、直接编辑和自由曲面建模等。

(7) 提供了两种二次开发方法，并能通过高级语言接口，使 UG NX 的图形功能与高级语言的计算功能紧密结合起来。

8.1.3 CATIA 软件

CATIA 软件是法国达索系统(Dassault Systemes)公司开发的 CAD/CAE/CAM 一体化软件。CATIA 软件以其强大的曲面设计功能在飞机、汽车、舰船制造等设计领域应用较多。它的曲面造型功能提供了多种造型工具来支持用户的造型需求。

1. 软件功能

CATIA V5 软件界面比较简洁，包括菜单、工具条、导航器等，如图 8-2 所示。它的工具条分布在右侧和底部，建模操作比较方便。

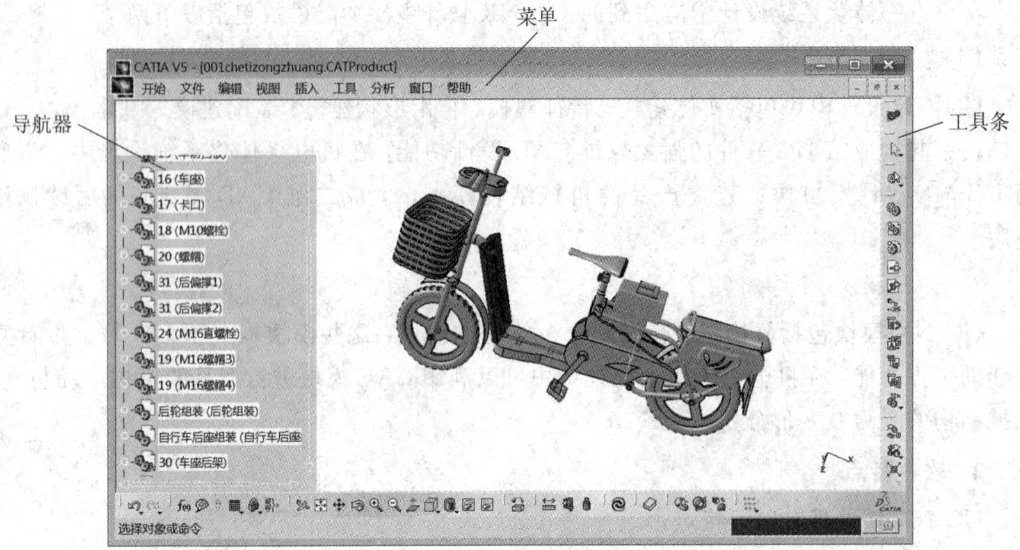

图 8-2　CATIA V5 软件界面

CATIA 软件包括机械设计、分析与模拟、AEC 工厂、加工、数字模型、设备与系统、制造数字管理、加工模拟、人机工程学设计与分析、智件、ENOVIA VPM 等功能模块。在机电一体化系统设计中常用的功能模块有以下几种：

1）设计模块

设计模块包括机械设计和形状设计。机械设计中又包括零部件设计、装配设计、草图绘制器、工程制图、结构设计、线框与曲面设计、钣金设计、航空钣金设计、焊接设计、模具设计、三维功能公差与标注设计等子模块。形状设计中又包括自由外形设计、创成式外形建模、创成式曲面优化、整体外形修形、曲面设计、白车身设计、数字外形编辑器等。

2）分析与模拟模块

分析与模拟模块包括装配仿真、空间分析、创成式零件结构分析、创成式装配件结构分析、变形装配件公差分析、有限元模型生成器、科学表示管理器、ANSYS 接口等子模块。利用分析与模拟模块可以进行产品的装配仿真、零件应力分析与优化等。它还可以利用有限元模型生成器对 CATIA 模型进行预处理，然后通过 ANSYS 接口导出到 ANSYS 软件中进行应力、应变、温度场等分析；还可以把 ANSYS 软件求解器的计算结果导入 CAE 模块中，通过科学表示管理器进行显示。

3）设备与系统模块

设备与系统模块包括电气设备和支架造型、电缆布线路径定义、电气线束安装、电气线束布线设计、管路与设备原理图设计、电气连接原理图设计、系统原理图设计、系统布线设计、管线原理图设计、管路设计、管线设计等子模块。

2. 软件特点

CATIA 软件的主要特点如下：

(1) CATIA 采用了混合建模技术。CATIA 采用了变量和参数化混合建模、几何和智能工程混合建模技术。变量和参数化混合建模是指在设计时，设计者不必考虑如何参数化设计目标，CATIA 提供了变量驱动及后参数化能力。

(2) CATIA 具有较强的曲面建模能力。它的 Bezier 曲面次数可高达 15 次，能满足特殊行业对曲面光滑性的苛刻要求。

(3) CATIA 具有整个产品周期内的修改能力，尤其是后期修改。无论是实体建模还是曲面造型，由于 CATIA 提供了智能化的树结构，用户可方便快捷地对产品进行重复修改，即使是在设计的最后阶段需要做重大的修改，或者是对原有方案的更新换代，对于 CATIA 来说，都是非常容易的事。

(4) CATIA 软件与达索软件系统中的 Solidworks、ABAQUS、DELMIA、ENOVIA、SmarTeam、VPM 具有较好的兼容性。

(5) CATIA 软件覆盖了产品开发的整个过程，为从产品的概念设计到最终产品的形成提供了完整的 2D、3D、参数化混合建模及数据管理等一整套解决方案。

8.1.4　Pro/Engineer 软件

1. 软件功能

Pro/Engineer(简称 Pro/E)软件是美国参数技术公司(PTC)的一款 CAD/CAM/CAE 一体化三维软件。Pro/Engineer 软件采用了参数化建模技术，也是首个采用参数化建模技术的 CAD 软件。

图 8－3 所示为 Pro/Engineer 5.0 软件界面，它包括菜单、工具条、导航器、工作区等。Pro/Engineer 软件操作方便，可以帮助用户轻松地完成设计工作。

图 8－3　Pro/Engineer 5.0 软件界面

Pro/Engineer 软件提供的功能包括三维建模、零件装配、工程图生成、电缆布线、印制电路板设计、有限元网格划分等。在机电一体化系统设计中，应用的主要模块及功能有以下几个：

1) Engineer 模块

Engineer 是软件的基本模块，其功能包括参数化功能定义、实体零件及组装造型、三维上色、实体或线框造型、完整工程图的产生及不同视图展示。

2）Assembly 模块

Assembly 是一个参数化组装管理模块，用户可采用自定义手段生成一组组装系列并且可自动更换零件。

3）Cabling 模块

Cabling 模块提供了一个全面的电缆布线功能，其中三维电缆的铺设可以在设计和组装机电装置时同时进行，它还允许设计者在机械与电缆空间进行优化设计。

4）ECAD 模块

ECAD 模块用于印制电路板的设计，既可以从元件库中调用元件，也可以利用 Engineer 模块设计元件并可自动组装到 PCB 中。

2. 软件特点

Pro/Engineer 软件的主要特点如下：

(1) 采用参数化设计方法。无论多么复杂的几何模型，都可以分解成有限数量的构成特征，而每一种构成特征都可以用有限的参数完全约束，这就是参数化的基本概念。

(2) 采用基于特征的建模方法。Pro/Engineer 是基于特征的实体模型化系统，工程设计人员采用具有智能特性的基于特征的功能去生成模型，如腔、壳、倒角及圆角。这一功能特性给设计提供了从未有过的简易和灵活。

(3) 采用单一的数据库形。Pro/Engineer 建立在统一基层数据库上，不像一些传统的 CAD/CAM 系统建立在多个数据库上。所谓单一数据库，就是工程中的所有数据全部来自一个库，使得每一个独立用户可为一件产品造型而工作。换言之，设计过程的任何一处发生改动，都会引起整个设计过程相关环节上的变化，这种独特的数据结构与工程设计的完整结合，使产品设计、修改非常方便。

8.1.5 Solidworks 软件

Solidworks 软件是美国 Solidworks 公司开发的一款基于 PC 平台的 CAD/CAE/CAM/PDM 系统。由于 Solidworks 出色的技术和市场表现，1997 法国达索公司收购了 Solidworks，使其成为达索大家族中的一员。收购后的 Solidworks 仍以原来的品牌和管理技术继续独立运作，对象主要为中低端市场。

1. 主要功能

Solidworks 软件根据客户需求不同分为标准版(Standard)、专业版(Professional)和铂金版(Premium)，不同的软件版本配置了不同功能模块。

1）标准版功能

标准版中配置的功能模块有：零件建模、高级曲面、装配体建模、装配体运动、大型装配体管理、工程图生成、钣金设计、焊接设计、模具设计、设计重用、数据转换、材料明细表、重复任务设计自动化、特征识别、数据导入导出等。

2）专业版功能

专业版除了标准版的功能之外，增加的功能模块有：特征识别、标准零件库(Toolbox)、高级渲染、设计标准检查、产品数据管理系统等。

3）铂金版功能

铂金版中配置的功能模块有：扫描 3D 生成、电气原理图设计、3D 电气、电路设计、管路设计、公差分析、设计分析、机构运动仿真、流体分析、模流分析、数控加工编程等。

图 8－4 为 Solidworks Premium 版软件界面。在机电一体化系统设计中可以利用 Solidworks 软件进行结构设计、电气原理图设计、电路设计、机构运动仿真等。

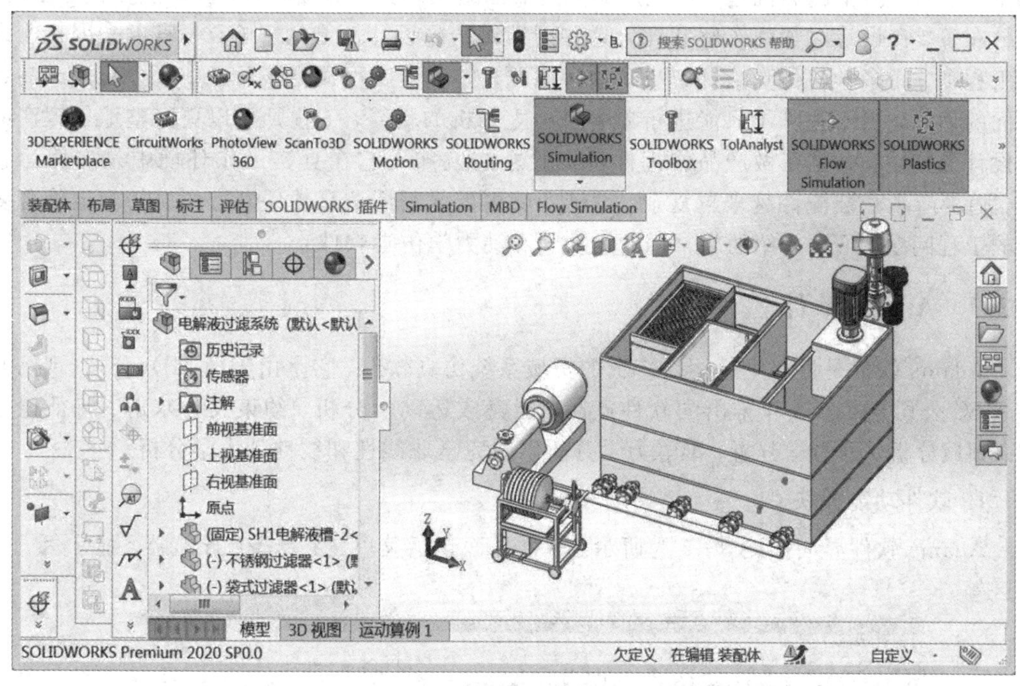

图 8－4　Solidworks Premium 版软件界面

2. 软件特点

Solidworks 软件的主要特点如下：

(1) Solidworks 采用了自顶向下的设计方式。自顶向下的设计方式可以在装配环境下设计子部件，不仅能做到尺寸参数全相关，而且能实现几何形状、零部件间全自动完全相关，并且为设计者提供了界面和命令完全一致的全自动的相关设计环境。

(2) Solidworks 采用了智能特征技术(SWIFT)。Solidworks 采用了 SWIFT，使用户可以集中精力创造优秀的产品，而不是花费大量时间来了解如何操作软件，SWIFT 能自动处理耗时的细节工作，能诊断和解决与特征的顺序、配合、草图关系和尺寸应用相关的问题。

(3) Solidworks 具有 2D/3D 转换功能。Solidworks 为 Auto CAD 用户提供了数据转换工具和帮助文档，可以将 DWG 文件顺利地转换为 3D 模型。

(4) Solidworks 具有灵活的原配置管理。在 Solidworks 中，用户可利用配置功能在单一的零件和装配体文档内创建零件或装配体的多个变种(即系列零件和装配体族)，且多个个体可以同时显示在同一总装配体中。这是其他同类软件无法做到的。

(5) Solidworks 具有多种数据接口。Solidworks 提供多种 CAD 软件数据接口格式，方便导入和使用现有数据以及来自外部源的数据。Solidworks 提供了支持 DWG、DXF、Pro/Engineer、UnigraphicsNX、IGES、STEP、Parasolid、STL 等几十种格式的转换器。

8.2　运动学与动力学分析工具及应用

机电一体化新产品设计需要借助先进的设计、计算、分析等工具进行创新设计和产品竞争力提升。由于影响机电一体化产品质量的因素较多，如机械应力、机械强度、阻尼、温度分布等，在设计时如何了解和评价这些因素对产品设计性能的影响，一直以来困扰着设计工程师，而多学科仿真恰好解决了这一问题，使设计工程师能够通过仿真去验证产品各方面的性能。由于去除了只能进行单学科独立分析的羁绊，工程师可以更完整地了解产品与设计的特性，并且在做产品物理样机实验之前就知道它在真实工作环境中是如何运行的。随着产品和装配件越来越复杂，设计者就更需要利用仿真软件既方便又精确地处理复杂的工程问题。下面介绍两款常用的运动学和动力学仿真软件。

8.2.1　Adams 软件

Adams 软件是世界上应用最广泛的机械系统仿真软件，它是由美国 MDI 公司(现已并入 MSC 公司)于 1981 年推出的软件产品，能完成运动学分析、约束反力求解、特征值求解、频域分析、静力学分析、准静力学分析以及完全非线性和线性动力学分析。

1. 软件功能模块

Adams 软件界面如图 8 - 5 为所示。软件界面包括菜单、工具条、导航器、显示区、操作区等。

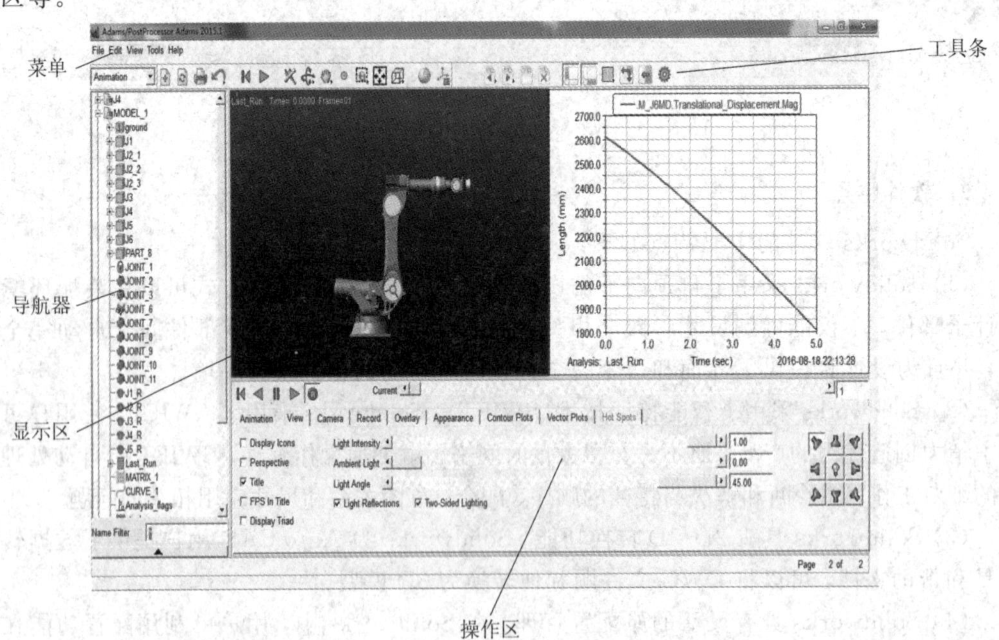

图 8 - 5　Adams 软件界面

Adams 软件由基本模块、扩展模块、专业领域模块等组成。用户可以采用软件的通用模块对一般的机械系统进行仿真，也可以采用专用模块针对特定工业应用领域的问题进行快速有效的建模与仿真分析。

1）基本模块

基本模块由用户界面、求解器和后处理模块组成。

用户界面模块（Adams/View）是软件的用户接口，采用以用户为中心的交互式图形环境，将图标操作、菜单操作、鼠标操作与交互式图形建模、仿真计算、动画显示优化设计、X－Y 曲线图处理、结果分析和数据打印等功能集成在一起。

求解器（Adams/Solver）是 Adams 系列产品的核心，软件自动建立机械系统模型的动力学方程，提供静力学、运动学和动力学的解算结果。Adams/Solver 有各种建模和求解选项以便精确有效地解决各种工程应用问题。

后处理模块用来处理仿真结果数据、显示仿真动画等，既可以在 Adams/View 环境中运行，也可脱离该环境独立运行。后处理模块为用户观察模型的运动提供了所需的环境，用户可以向前、向后播放动画，随时中断播放动画。它具有完备的曲线数据统计功能，如均值、均方根、极值、斜率等；还具有丰富的数据处理功能，可以进行曲线的代数运算、反向、偏置、缩放、编辑和生成波特图等。

2）扩展模块

Adams 的扩展模块包括：液压系统模块、振动分析模块、线性化分析模块、高速动画模块、试验设计与分析模块、耐久性分析模块、数字化装配回放模块、图形接口模块、Pro/Engineer 模块、CATIA 模块、柔性分析模块、控制模块等。

3）专业领域模块

Adams 的专业领域模块包括：轿车模块、悬架设计软件包、概念化悬架模块、驾驶员模块、动力传动系统模块、轮胎模块、柔性环轮胎模块、柔性体生成器模块、经验动力学模块、发动机设计模块、配气机构模块、正时链模块、铁路车辆模块、Ford 汽车公司专用汽车模块等。

2. 软件应用

在机电一体化系统设计中，Adams 软件的主要用途有振动分析、线性化分析、耐久性分析等。

1）振动分析

振动分析模块（Adams/Vibration）是进行频域分析的工具，可用来检测 Adams 模型的受迫振动，所有输入/输出都在频域内以振动形式描述。该模块可作为 Adams 运动仿真模型从时域向频域转换的桥梁，运用 Adams/Vibration 可以实现各种子系统的装配，并进行线性振动分析，然后利用功能强大的后处理模块可进一步做出因果分析与设计目标设置分析。

2）线性化分析

线性化分析模块（Adams/Linear）是 Adams 的一个集成可选模块，可以在进行系统仿真时将系统非线性的运动学或动力学方程进行线性化处理，以便快速计算系统的固有频率（特征值）、特征向量和状态空间矩阵，使用户能更快而较全面地了解系统的固有特性。

3）耐久性分析

耐久性分析是产品开发的一个关键步骤，能够解答“机构何时报废或零部件何时失效”这个问题，它对产品零部件性能、整机性能都具有重要影响。

8.2.2 Simpack 软件

Simpack 软件是德国 INTEC GmbH 公司开发的针对机械系统和机电系统的运动学与动力学仿真分析的多体动力学分析软件。它以多体系统计算动力学为基础，包含多个专业模块和专业领域的虚拟样机开发系统软件。Simpack 软件的主要应用领域有汽车工业、铁路、航空航天、国防工业、船舶、通用机械、发动机、生物运动与仿生等。

1. 功能模块

Simpack 软件界面如图 8-6 所示，包括菜单、工具条、显示区、模型树、输出区等。

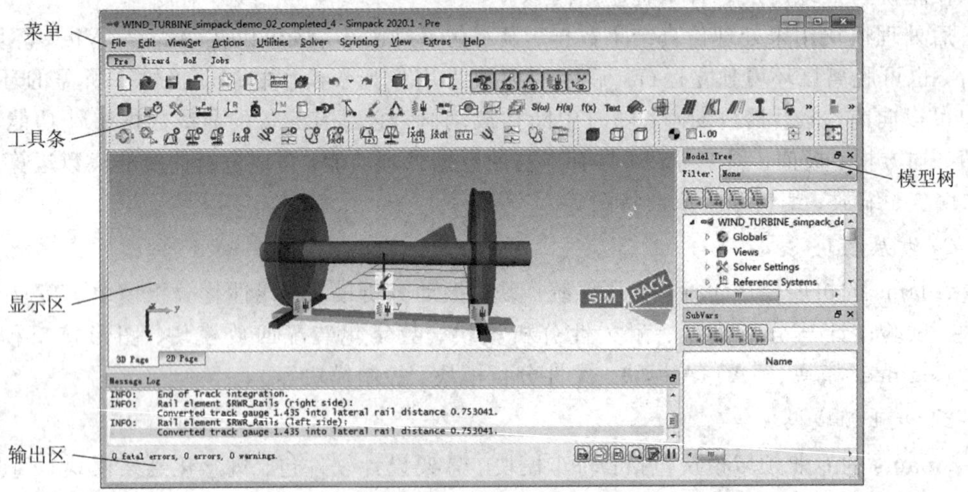

图 8-6 Simpack 软件界面

Simpack 软件包括基本模块、专用模块、多学科接口和模型导出模块、实时仿真模块、CAD 专用接口模块等。在机电一体化系统中主要应用到的 Simpack 软件模块有基本模块和专用模块。

1）基本模块

基本模块是 Simpack 的核心功能模块，包含前处理、求解器和后处理三部分，具有可视化的三维实体建模技术、三维动画和曲线作图分析工具箱、可扩展的动态模型库。在机电一体化系统设计中，利用基本模块可以进行静力学分析、运动学分析、动力学分析、逆动力学分析、模态分析、受迫振动响应分析等。

2）专用模块

专用模块主要是针对一些行业的特殊应用开发的附加模块。在机电一体化系统设计中，可以利用 Simpack 的专用模块进行齿轮传动、汽车零部件等分析。专用模块可以与基本模块任意搭配使用，为用户提供实用的仿真工具和满足需求的工程问题的解决方案。

2. 软件特点

Simpack 软件具有以下特点：

(1) 在建模技术方面，Simpack 提供了丰富的建模元件库，包括零件、铰接、约束、力、碰撞、函数、控制元件等；采用子结构建模方式，允许子结构相互嵌套，通过各子结构及主模型之间的信息交换器，可实现子结构和主模型的自动装配。

(2) 在仿真技术方面，Simpack 仿真工具具有跨越实时硬件系统及操作环境、支持并行等特点；不需要输出模型或代码，可以直接利用 Simpack 所创建的动力学模型完成实时仿真。

(3) 在求解功能方面，Simpack 求解器能进行运动学、动力学、逆动力学、频域、模态等各种分析，核心的递归算法保证了求解的稳定性和可靠性；能够处理车轮脱离轨道再接触这类的非线性接触问题。

(4) Simpack 包含了多个专业化模块。Simpack 软件中的专业模块包括齿轮模块、汽车模块、铁路模块、传动系模块、风机模块、发动机模块、轴承模块、生物运动模块等。

8.3　综合性分析工具及应用

8.3.1　ANSYS Workbench 软件

ANSYS Workbench 是美国 ANSYS 公司开发的协同仿真软件，用于解决企业产品研发过程中 CAE 软件的异构问题。ANSYS Workbench 仿真软件能够对复杂机械系统的结构静力学、结构动力学、刚体动力学、流体动力学、结构热、电磁场以及耦合场等进行分析模拟。在机电一体化系统设计中，利用 ANSYS Workbench 软件可以解决系统设计中的机械结构强度分析、温度场分析、流场分析、电磁场分析以及多场耦合分析等复杂问题。

1. 软件功能模块

ANSYS Workbench 软件界面如图 8－7 所示。其主要功能模块包括分析系统、组件系统、用户系统、设计探索系统等。

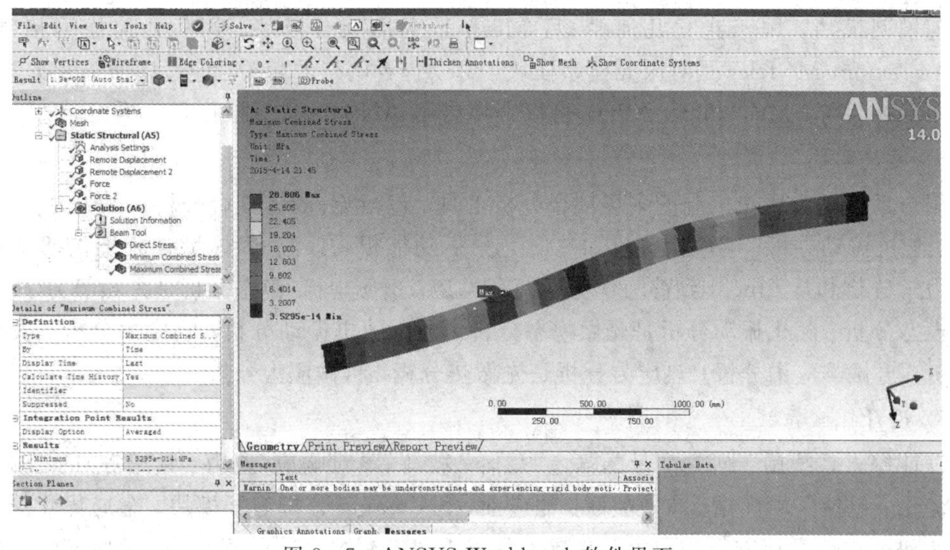

图 8－7　ANSYS Workbench 软件界面

1) 分析系统

ANSYS Workbench 软件的分析系统主要由不同的求解器组成。分析系统的模块较多，可以分为固体分析、流体分析、热分析、电磁分析等类型。

(1) 固体分析。ANSYS Workbench 软件的固体分析模块包括静力学分析和动力学分析。静力学分析包括稳态静力学分析和线性屈曲分析；动力学分析包括模态分析、谐振响应分析、随机振动分析、响应谱分析、刚体动力学分析等。

(2) 流体分析。ANSYS Workbench 软件的流体分析模块主要有 CFX、Fluent、Polyflow、Blowmodling。其中，CFX 和 Fluent 模块在流体分析领域应用较多，Polyflow 和 Blowmodling 模块主要用于黏弹性材料的流动仿真，例如吹塑、注塑成型等。

(3) 热分析。热分析基于能量守恒原理的热平衡方程，用有限元方法计算各节点的温度，并导出其他物理参数。热分析包括对热传导、热对流和热辐射三种热传递方式的分析，此外还可以分析相变、有内热源、接触热阻等问题。耦合场的分析种类有热-结构耦合、热-流体耦合、热-电耦合、热-磁耦合、热-电-磁-结构耦合等。对于不同的零件之间可以采用 Glue 进行黏结，或者用 Overlap 等方法，也可以建立接触。

(4) 电磁分析。ANSYS Workbench 电磁分析模块包括电场分析、磁场分析、静态磁场分析、谐波磁场分析、瞬态磁场分析。它的电场、磁场等分析功能可应用于机电一体化系统的抗干扰设计。

电场分析可用于研究电场的电流传导、静电分析和电路分析三方面问题，包括电流密度、电场强度、电分布、电通量密度、传导产生的焦尔热、储能、力、电容、电流以及电势降等。

磁场分析可用于分析电磁场的多方面问题，如磁通量密度、磁场强度、磁通泄漏、阻抗、电感、涡流、电场分布、磁力线品质因数、特征频率、磁力和力矩、运动效应、电路和能量损失等，可以完成二维和三维静态磁场、谐波磁场分析及瞬态磁场分析。

2) 组件系统

组件系统是分析系统的各个组成部分，包括几何模型、有限元模型、网格、材料、叶片、机械分析、CFX 等模块，这些基本模块可以组成分析系统的基础单元。例如：Geometry 是几何模型模块，用于建立几何模型；Mesh 是网格划分模块，用于几何模网格划分；Finite Element Modeler 是有限元模型模块，可以查看网格的相关信息，比如单元类型、节点和单元数目等；Mechanical APDL 可以直接启用 ANSYS 进行操作和分析。

3) 用户系统

用户系统是为用户定制的多场耦合分析工具，包括流-固体耦合分析、预应力模-模态分析、随机振动分析、响应谱分析和热应力分析功能模块。流-固体耦合分析包括从 CFX 到静力学分析和从 Fluent 到静力学分析两种类型；预应力模-模态分析是先做静力学分析，再做模态分析；随机振动分析是先做模态分析，再做随机振动分析；响应谱分析是先做模态分析，再做响应谱分析；热应力分析是先做热分析，再做应力分析。

4) 设计探索系统

设计探索系统用于研究变量的输入(几何、载荷等)对响应(应力、频率等)的影响，可实现优化，包括全局优化、参数关联、响应面、Six sigma 分析等子模块。全局优化属于优化设计和可靠性设计方面的内容；参数关联用于建立参数之间的相互关系；响应面是根据有限次仿真结果找到设计变量和目标变量之间的关系，用响应面表示出来；Six sigma 分析属于鲁棒性分析内容。

2. 软件特点

ANSYS Workbench 软件具有以下特点：

(1) ANSYS Workbench 可以根据用户的产品研发需要构建仿真环境，而且用户自主开发的 API 与 ANSYS 已有的 API 具有相同的地位。

(2) ANSYS Workbench 既可以利用自身 Design Modeler 进行建模，也可以利用接口把基于 Parasolid 标准不同 CAD 软件建立的几何模型导入求解器中进行求解。它把求解器看作一个组件，可以把不同 CAE 公司提供的求解器集成到平台之中，在 ANSYS Workbench 中只要通过简单开发就可直接调用。

(3) ANSYS Workbench 可以兼容多种 CAD 系统，它不仅可以直接使用异构 CAD 系统的模型，而且还能建立与 CAD 系统灵活的双向参数互动关系。

8.3.2　Patran&Nastran 软件

1. 软件介绍

Nastran 是 1966 年美国国家航空航天局为了满足当时航空航天工业对结构分析的迫切需求主持开发的大型应用有限元软件。美国 MSC 公司参与了整个 Nastran 的开发过程，1971 年，发布了 Nastran 首个版本，1989 年发布了经革命性改良的 Nastran 66 版本，1994 发布了 Nastran V68 版本。目前，MSC 公司开发了几十种软件产品，涉及非线性有限元分析、结构疲劳寿命预测、机构运动仿真、锻压系统仿真、成型系统仿真、控制系统仿真等。

Nastran 软件本身是一个有限元求解器，不具有有限元前处理和后处理功能，需要和 Patran 软件配合使用。Patran 是有限元前处理和后处理软件，它可以从其他软件导入或直接在软件中建立模型，进行有限元计算的前处理，再直接调用或导出到 Nastran 中求解，最后经过后处理输出求解结果。Patran 软件界面如图 8－8 所示。在 Patran 中调用 Nastran 求解的过程是被隐藏的，但求解结果在 Patran 中输出。

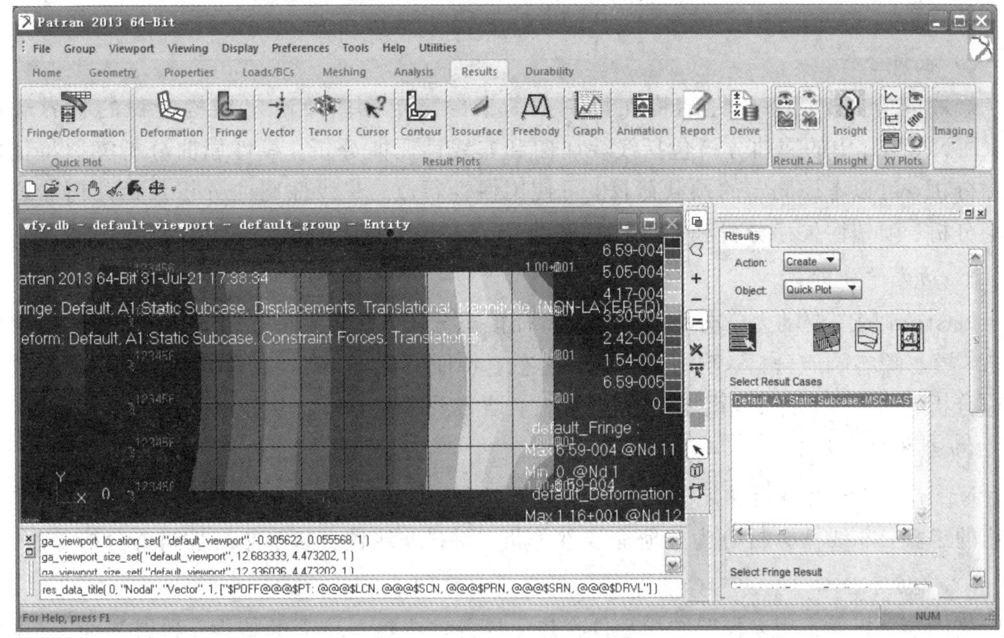

图 8－8　Patran 软件界面

2. 软件特点

Nastran 软件具有以下特点：

(1) 在可靠性方面，Nastran 软件本身经过严格测试，它是在美国国防部、美国国家航空航天局等多个部门严格监管下完成的。软件计算结果的准确性是经过了几万个用户的长期工程应用的验证，因此软件具有较高的可靠性，甚至有一些公司把 Nastran 软件的计算结果作为企业的质量标准。

(2) 在软件结构方面，Nastran 采用了全模块化的组织结构，使其不但拥有较强的分析功能而且还具有很好的灵活性，用户可根据面临的工程问题和系统需求通过模块选择、组合获取最佳的应用系统。此外，Nastran 的全开放式系统还为用户提供了较先进的开发工具——DMAP 语言。

(3) 在适用范围上，Nastran 对于求解问题的自由度数、带宽或波前没有限制，不但适用于中小型项目的求解，对于处理大型工程问题也同样非常有效。

3. 软件功能

Nastran 的主要功能模块有：基本分析模块(含静力、模态、屈曲、热应力、流固耦合及数据库管理等)、动力学分析模块、热传导模块、非线性分析模块、设计灵敏度及优化分析模块、疲劳分析模块、超单元分析模块、气动弹性分析模块、DMAP 用户开发工具模块以及高级对称分析模块。

Nastran 软件在机电一体化系统设计中主要有以下用途：

1) 静力分析

静力分析是工程结构设计人员使用最为频繁的分析手段，主要用来求解结构在与时间无关或时间作用效果可忽略的静力载荷(如集中/分布静力、温度载荷、强制位移、惯性力等)作用下的响应，并得出所需的节点位移、节点力、约束(反)力、单元内力、单元应力和应变能等。

2) 屈曲分析

屈曲分析主要用于研究结构在特定载荷下的稳定性以及确定结构失稳的临界载荷 MSC。Nastran 中的屈曲分析包括线性屈曲和非线性屈曲分析。线性屈曲分析又称特征值屈曲分析，可以考虑固定的预载荷，也可使用惯性释放。非线性屈曲分析包括几何非线性失稳分析、弹塑性失稳分析和非线性后屈曲(Snap-through)分析。

3) 动力学分析

Nastran 的主要动力学分析功能有：特征模态分析、直接复特征值分析、直接瞬态响应分析、模态瞬态响应分析、响应谱分析、模态复特征值分析、直接频率响应分析、模态频率响应分析、非线性瞬态分析、模态综合分析、动力灵敏度分析、声学分析等。

4) 非线性分析

Nastran 非线性分析功能为设计人员有效地设计产品、减少额外投资提供了一个十分有用的工具。非线性分析分为几何非线性分析、材料非线性分析、非线性瞬态分析等。

5) 热传导分析

热传导分析通常用来校验结构零件在热边界条件或热环境下的特性。利用 Nastran 可以解决包括传导、对流、辐射、相变、热控系统在内所有的热传导现象，并真实地仿真各类边界条件，构造各种复杂的材料和几何模型、模拟热控系统，进行热-结构耦合分析。热传导分析可分为线性/非线性稳态热传导分析、线性/非线性瞬态热传导分析、相变分析和热控分析。

6）设计灵敏度及优化分析

设计灵敏度分析是优化设计的重要一环，可成倍提高优化效率。这一过程通常可计算出结构响应值对于各设计变量的导数，以确定设计变化过程中对结构响应最敏感的部分。灵敏度响应量可以是位移、速度、加速度、应力、应变、特征值、屈曲载荷因子、声压、频率等，也可以是各响应的混合。

7）疲劳分析

疲劳分析支持应力疲劳分析、应变疲劳分析和多轴疲劳，可以考虑表面处理、加工制造、均值应力等的影响，疲劳载荷分析支持雨流计数，使用线性损伤累积理论，分析疲劳寿命和安全因子；支持在线性静态分析，模态瞬态方法中并行计算，直接计算疲劳损伤和疲劳寿命，从而提高疲劳分析的效率，减少分析时间和硬件资源需求。

8）气动弹性分析

气动弹性问题是应用力学的分支，涉及气动、惯性及结构力间的相互作用，Nastran 提供了多种有效气动弹性问题的解决方法。例如，飞机、直升机、导弹、斜拉桥乃至高耸的电视发射塔、烟囱等都需要气动弹性方面的计算。

8.3.3　MATLAB 软件

1. 软件介绍

MATLAB 是美国 MathWorks 公司出品的商业数学软件，用于数据分析、无线通信、深度学习、图像处理与计算机视觉、信号处理、量化金融与风险管理、机器人、控制系统等领域。MATLAB 和 Mathematica、Maple 并称为三大数学软件。它在数值计算方面比较突出，可以进行矩阵运算、绘制函数和数据、实现算法、创建用户界面、连接其他编程语言的程序等。MATLAB 软件界面图 8－9 所示，它是由主界面和若干个子窗口组成的。主界面包括工具栏、文件路径、当前文件夹以及工作变量区域。其中，命令窗口用来输入操作命令和输出计算结果。子窗口用来输入参数、显示结果或用于它的功能模块的工作与显示等，它只有被调用时才显示。

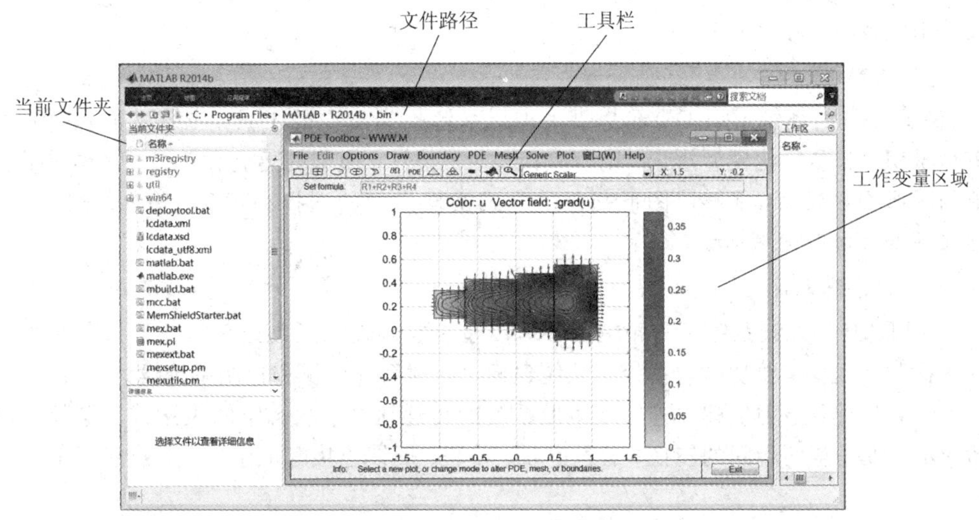

图 8－9　MATLAB 软件

2. 软件特点

1）数学计算

MATLAB具有高效的数值计算及符号计算功能，能使用户从繁杂的数学运算分析中解脱出来。MATLAB是一个包含多种计算算法的集合。其拥有六百多个工程中要用到的数学运算函数，可以方便地实现用户所需的各种计算功能。函数中所使用的算法都是科研和工程计算中的最新研究成果，而且经过了各种优化和容错处理。

2）图形处理

MATLAB具有完备的图形处理功能，可实现计算结果和编程的可视化。MATLAB具有便捷的数据可视化功能，可以将向量和矩阵用图形表现出来，并且可以对图形进行标注和打印。其作图功能包括二维和三维图形的可视化、图像处理、动画和表达式作图，可用于科学计算和工程绘图。

3）工具箱

MATLAB对许多专门的领域都开发了功能强大的模块集和工具箱。MATLAB工具箱涉及的领域包括：数据采集、数据库接口、概率统计、样条拟合、优化算法、偏微分方程求解、神经网络、小波分析、信号处理、图像处理、系统辨识、控制系统设计、LMI控制、鲁棒控制、模型预测、模糊逻辑、非线性控制设计、实时快速原型及半物理仿真、嵌入式系统开发、动态仿真、DSP与通信、电力系统仿真等。

4）程序接口

MATLAB可以利用MATLAB编译器和C/C++数学库及图形库，将MATLAB程序自动转换为独立于MATLAB运行的C和C++代码。允许用户编写可以和MATLAB进行交互的C或C++语言程序。另外，MATLAB网页服务程序还容许在Web应用中使用自己的MATLAB数学和图形程序。

3. 软件功能

MATLAB为机电一体化系统设计提供了丰富的计算方法和工具，既可用于结构设计的复杂计算、参数优化，又可用于控制系统设计、仿真与优化。MATLAB在机电一体化系统设计中主要有以下用途：

1）系统辨识

MATLAB的系统辨识工具箱提供了进行系统模型辨识的工具，主要功能包括：参数化模型辨识、非参数化模型辨识、模型验证、参数估计、模型的建立和转换。它集成了多种功能的图形用户界面，能够以图形交互的方式实现模型的选择和建立、输入/输出数据的加载和预处理以及模型估计。

2）控制系统设计

MATLAB的控制系统工具箱主要处理传递函数形式的经典控制问题和状态空间形式的现代控制问题，主要功能包括控制系统建模、控制系统分析和控制系统设计。

控制系统建模包括：建立连续或离散系统的传递函数、状态空间表达式、零极点增益模型，并实现任意两者间的转换；通过串联、并联、反馈连接等框图连接，建立复杂系统的模型。

控制系统分析包括：在时域分析方面，对系统进行单位脉冲响应、单位阶跃响应和任意输入响应的仿真；在频域方面，对系统的 Bode 图、Nyquist 图等进行计算和绘制。

控制系统设计包括：计算系统的各种特性，如零、极点，稳定裕度，根轨迹的增益选择等；对系统进行零、极点的配置，观测器的设计等。

3）鲁棒控制

MATLAB 的鲁棒控制工具箱提供鲁棒分析和设计的工具，包括：模型的建立和转换工具；鲁棒分析工具，可进行特征根轨迹、奇异值分析等；鲁棒模型降阶工具，可实现均衡降阶、近似降阶等。

4）模型预测控制

模型预测控制工具箱提供了一系列函数，用于模型预测控制的分析、设计和仿真，包括：系统模型辨识、模型的建立与转换、模型预控制器的设计和仿真、系统分析。

5）模糊逻辑控制

模糊逻辑控制工具箱提供了图形化设计、仿真和代码生成、模糊推理机等功能。图形化设计包括可视化定义语言变量及其隶属度函数，推理规则的建立和可视化，交互式观察推理过程和输出；仿真和代码生成实现与 Simulink 的无缝对接；模糊推理机在完成模糊逻辑系统的设计后，可将设计结果保存，实现模糊系统的独立运行。

6）控制系统动态仿真

Simulink 是 MATLAB 的一个重要的工具箱，是结合了框图界面和交互仿真能力的系统级设计和仿真工具。Simulink 用方框图的绘制代替程序的编写，构建系统框图只需要三个步骤，即选定典型环节、相互连接和给定环节参数。

8.4 控制系统设计工具及应用

8.4.1 电气控制系统设计工具

1. 概述

电气图是用电气图形符号、带注释的图框或简化外形表示电气系统或设备中组成部分之间相互关系及其连接关系的一种图。电气图可分为以下几种类型：

1）系统框图

系统框图是用符号或带注释的框，概略地表示系统或分系统的基本组成、相互关系及其主要特征的一种简图。框图只是简单将电路按照功能划分为几个部分，将每一个部分描绘成一个方框，在方框中加上简朴的文字说明，在方框间用连线（有时用带箭头的连线）说明各个方框之间的关系。

2）电气原理图

电气原理图用来表明电气设备的工作原理及各电器元件的作用、相互之间的关系。电气原理图用来分析电气线路、排除电路故障、进行程序编写等。电气原理图一般由主电路、控制电路、保护电路、配电电路等组成。

3）电气安装接线图

电气安装接线图是根据电气设备和电器元件的实际位置和安装情况绘制的，只用来表示电气设备和电器元件的位置、配线方式和接线方式，而不明显表示电气动作原理。主要用于安装接线、线路的检查维修和故障处理的指导。

4）电气元件布置图

电气元件布置图主要是用来表明电气设备上所有电器的实际位置，为生产机械电气控制设备的制造、安装、维修提供必要的资料。以机床电气布置图为例，它主要由机床电气设备布置图、控制柜及控制板电气设备布置图、操纵台及悬挂操纵箱电气设备布置图等组成。

5）设备元件表

设备元件表是把成套装置、设备和装置中各组成部分及相应数据列成的表格，其用途是表示各组成部分的名称、型号、规格和数量等。

随着机械CAD技术的应用和普及，电气图的绘制也摆脱了手工绘制方式，现多采用计算机辅助设计软件进行设计，提高了设计效率。电气CAD软件是专门为电气图设计而开发的CAD软件，常见的电气CAD软件有Auto CAD Electrical、Solidworks Electrical等。

2. Auto CAD Electrical 软件

1）软件介绍

Auto CAD Electrical（简称ACE）是面向电气控制设计师的Auto CAD软件，专门用于创建和修改电气控制系统图。ACE软件界面如图8-10所示，该软件除了包含Auto CAD全部功能外，还增加了一系列用于自动完成电气控制工程设计任务的工具，如创建原理图、导线编号、生成物料清单等。

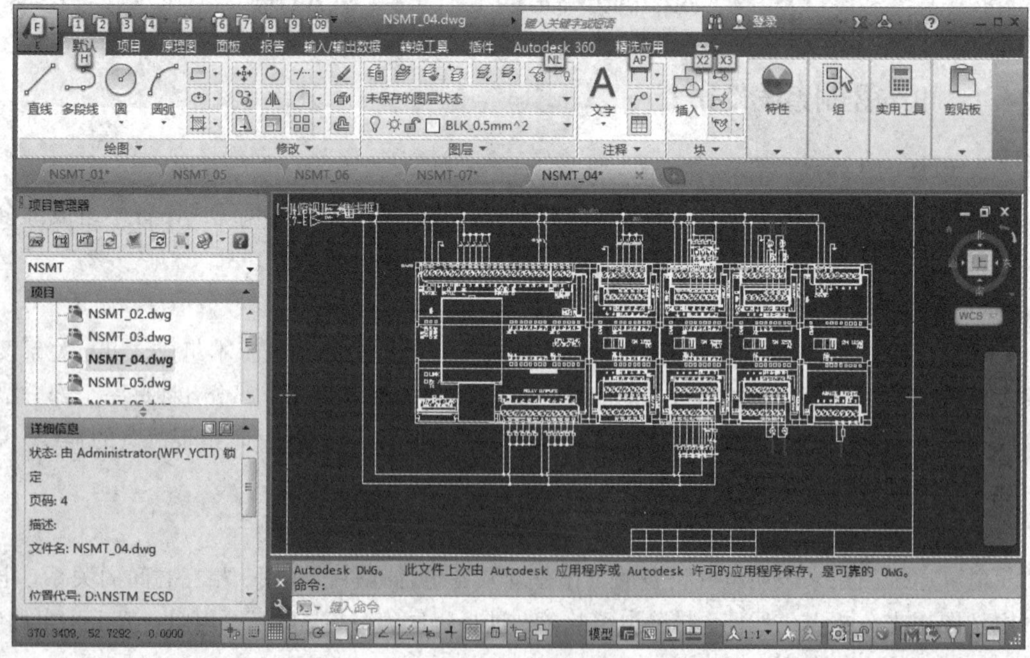

图8-10　Auto CAD Electrical 软件界面

2）软件特点

ACE 采用项目管理方式，项目是一些相关的布线图图形的集合。项目文件是一种 ASCII 文本文件，其中列出了组成布线图集的 Atuo CAD 图形文件的名称。ACE 软件可以装载任意多个项目，但一次只能激活一个项目。

ACE 中的一张图纸对应一个 DWG 文件，一个项目文件管理多个 DWG 文件，从而组成一整套图纸。在 ACE 中，一张原理图就是在一个图框中放入各种元件符号并根据电气原理用导线将其连接好的 DWG 文件，每张图纸上有一个图框，各种元件符号实际上就是 Auto CAD 的块定义的。

ACE 具有开放性，它与 Microsoft Ⅰ的 Excel 和 Access 可以直接进行数据交换。事实上每个 ACE 项目文件就有一个对应的 Access 数据库作为支撑来实现其智能化的功能。本质上，这是个快照型的数据库文件用来将项目文件中各 DWG 文件内的数据抓取出来供 ACE 的程序使用。

3）软件功能

ACE 是在 Auto CAD 通用平台上二次开发出来的，除了有 Atuo CAD 的所有功能之外，它能自动生成明细表、自动对导线进行编号、自动对元件进行编号、自动实现如触点与线圈之类的交叉参考处理。图框还带有智能图幅分区信息，可以实现库元件的全局更新、父子元件自动跟踪、参数化 PLC 模块生成等等。

ACE 软件主要有如下功能：

(1) 原理图绘制。ACE 中用于原理图绘制的工具包括原件插入工具、元件编辑工具、属性修改工具、导线工具、线号工具、信号及交互工具、搜索与浏览工具等。ACE 中有丰富的电气原件库，可以方便地插入电气元件，导线工具方便实现元器件之间的连接。

(2) 生成机械/面板布局。ACE 可以通过继承 ACE 原理图布线图图形上的信息来生成布局，也可以独立于原理图单独进行构造。软件提供的 Auto CAD 格式的示意图符号可以按原样在 ACE 中使用双向更新功能允许某些原理图、布线图的编辑操作自动更新面板图形，反之亦然。线号、导线颜色/规格信息和连接顺序等数据可以直接从原理图中提取，然后注释到面板示意图上。

(3) ACE 平台能够自动完成众多复杂的电气设计、电气规则校验和优化任务，帮助使用者创建精确的、符合行业标准的电气控制系统。

(4) 线束设计。在 ACE 中可完成线束自动铺设，并将线束长度信息和拓扑结构传至线束设计模块中，进行工程计算等工作，完成完整的线束设计，并可自动生成采购等后续工作中所需要的 BOM 电缆表等。

(5) 验证分析。通过对构建的原理图样进行逻辑功能分析、电路分析、瞬态分析等，对几个系统的原理图纸进行综合电路分析，来整体验证设计的正确性。

(6) 自动生成报表。ACE 提供了多种报表自动生成工具，可以确保向下游用户共享正确、最新的设计数据。ACE 还提供了部分制造商标准件库，使用户可以从一整套一致的制造商标准件中挑选零部件，这样有助于与厂商协定普通材料的批量采购价格，进一步降低采购成本。

3. Solidworks Electrical

Solidworks Electrical 专门针对电气和自动化系统设计的企业用户，可以将二维电气设计数据与三维机械设计数据进行直接集成。Solidworks Electrical 提供的专业工具包括布线方框图、PLC 原理图动态设计和 3D 电气零件库。布线方框图可以在项目原理设计前期规划项目拓扑图，通过单线方式规划项目布线。PLC 原理图动态设计包括反映设备详细接线的接线图的生成、线束展开图自动生成、3D 形式的电缆及缆芯展现、线槽内的详细线缆展现等。3D 电气零件库能够自动与导轨配合，基于已定义好的 3D 模型布线，自动完成零件设备间的电线及电缆布线。

Solidworks Electrical 软件有二维版、三维版和专业版三个版本。二维版软件界面如图 8－11 所示，它可用于二维电气原理图的绘制，拥有内置的符号库和制造商零件数据。三维版用于三维电气装配布局与布线，它将来自 Solidworks Electrical 的电气图的设计数据与机器或其他产品的三维模型集成在一起，可以将所有电气元器件置于三维模型中，再将它们全都连接起来，进而确定电线、缆束的长度。专业版则是将 Solidworks Electrical 二维的电气原理图设计功能与三维集成功能结合在一个软件包中。

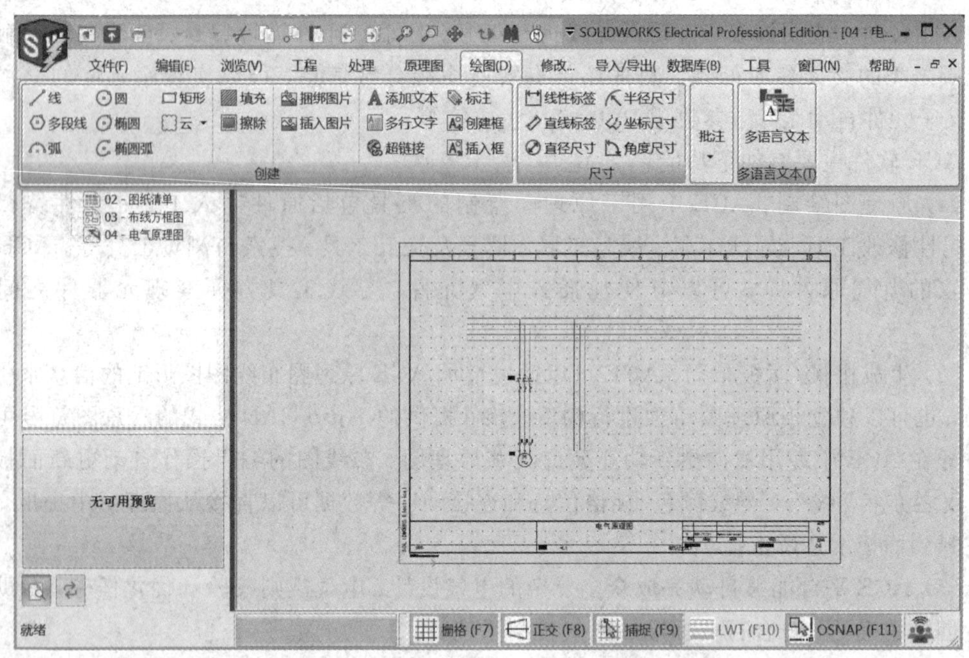

图 8－11　Solidworks Electrical 二维版软件界面

8.4.2　电路设计工具

电路设计是指按照一定规则，使用特定方法设计出符合使用要求的电路系统。根据所处理信号的不同，电路可以分为模拟电路和数字电路。电路设计包括原理图设计、印制电路板设计、元器件封装等。用于电路设计的计算辅助软件统称为电子 CAD 软件，目前常用的电子 CAD 软件主要有 Altium Designer、OrCAD、PowerPCB、CAM350、Pads、Mentor、Allegro SPB 等。

1. Altium Designer 软件

1）软件概述

Altium Designer 是澳大利亚 Altium 公司开发的一款 EDA 设计软件。2002 年，Altium 在 Protel 99SE 的基础上推出了一款基于 Windows 操作系统的 EDA 设计软件 Protel DXP。2004 年，Altium 公司推出了适用电子产品开发系统环境的 Altium Designer 2004 版，此后软件版本不断升级，陆续推出了 V6.0、V7.0、V8.0、V9.0 等，目前最新版本为 V21.X。Altium Designer 软件界面如图 8－12 所示。在 Altium Designer 软件中可以实现电路原理图和 PCB 图并列显示，使得设计和修改更加方便。

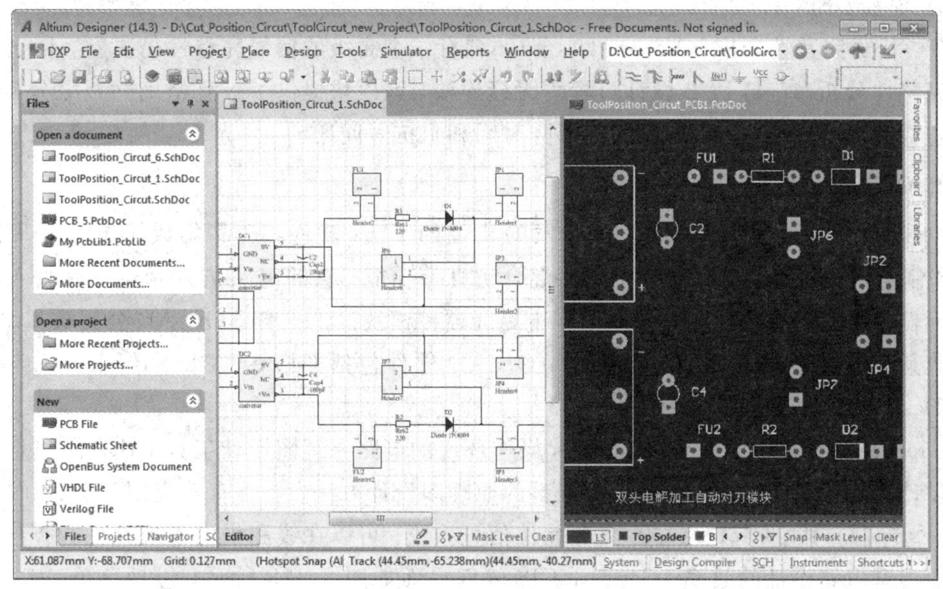

图 8－12 Altium Designer 软件界面

2）软件特点

Altium Designer 除了全面继承包括 Protel 99SE、Protel DXP 在内的先前一系列版本的功能和优点外，还增加了比较、重复式设计、定义电路板设计规则、变更设计、原理图和 PCB 双向同步设计、设计验证等功能。该软件平台拓宽了板级设计的传统界面，全面集成了 FPGA 设计功能和 SOPC 设计功能，从而使工程设计人员能将系统设计中的 FPGA 与 PCB 设计及嵌入式设计集成在一起。

3）软件功能

Altium Designer 把原理图设计、电路仿真、PCB 绘制编辑、拓扑逻辑自动布线、信号完整性分析和设计输出等技术进行融合，为设计者提供了一种全新的设计解决方案，使设计者可以轻松进行设计。该软件主要包括以下功能：

（1）原理图设计。原理图是将电子、电气元件通用图形符号用线连接起来的图形，它主要描述电子产品工作原理和元器件的连接关系，用来指导电子产品工作原理分析、生产调试和维修。Altium Designer 提供了多种绘制电路原理图的方法。

（2）印制电路板设计。电路板是用来安装、固定各个实际电路元器件并利用铜箔走线实现其正确连接关系的一块基板。Altium Designer 能够从原理图生成电路板图，在软件中可进行电路板类型、尺寸、元件布局、布线、焊盘、填充、跨接线等设计。

(3) 电路模拟仿真。Altium Designer 可以在原理图中提供完善的混合信号电路仿真功能，除了支持 XSPICE 标准之外，还支持对 PSPICE 模型和电路的仿真。

(4) FPGA 及逻辑器设计。FPGA(现场可编程门阵列)采用了逻辑单元阵列 LCA，内部包括可配置逻辑模块 CLB、输入/输出模块 IOB 和内部连线三个部分。用户可对 FPGA 内部的逻辑模块和 I/O 模块重新配置，以实现用户逻辑。Altium Designer 支持 VHDL、Verilog 或以电路图设计 FPGA，甚至是 C 语言的混合式设计，用户可以选定自己喜爱的设计方式完成 FPGA 功能。

(5) 信号完整性分析。Altium Designer 含有一个高级的信号完整性仿真器，用于实现信号完整性分析。它与 PCB 设计过程为无缝连接，该模块提供了极其精确的板级分析，能检查整板的串扰、过冲/下冲、上升/下降时间和阻抗等问题。

2. OrCAD 软件

OrCAD 是由美国 OrCAD 公司开发的典型的 EDA 软件，产品集成了电路原理图绘制、印制电路板设计、模拟与数字电路混合仿真等功能。它的电路仿真元器件库收入了近万个元器件，几乎包括了所有的通用型电路元器件模块。1999 年，OrCAD 公司被 Cadence 公司收购，推出了 OrCAD 9.21 版本。OrCAD 软件包括 Capture CIS、PSpice Designer、PCB Designer、PCB SI 等组成部分。

Capture CIS 是一款基于 Windows 操作环境的电路原理图设计工具，具有简单直观的用户设计界面。它提供了完整的、可调整的原理图设计方法，能够有效应用于 PCB 的设计创建、管理和重用。Capture CIS 具有元件信息系统，可以在线和集中管理元件数据库，从而大幅提升电路设计的效率。Capture CIS 软件界面如图 8-13 所示，包括菜单、工具条、设计工作区、提示输出区等。

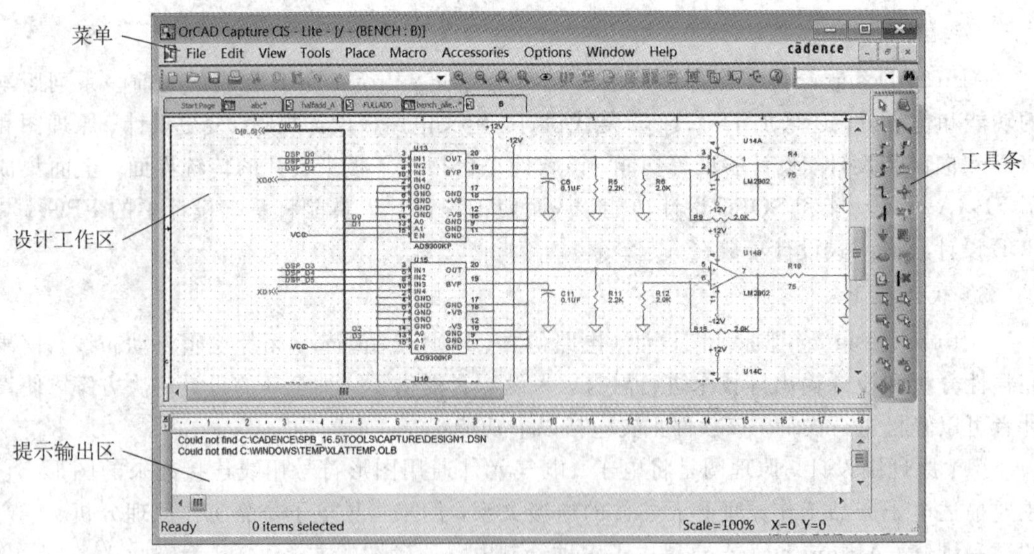

图 8-13 Capture CIS 软件界面

PCB Designer 是 OrCAD 产品线中具有完整性并且较为经济的 PCB 设计软件套件。它整合了 Capture、PCB 及 Specctra for OrCAD，提供一个从前端到后端的 PCB 设计环境，可以很容易地实现从电路图的绘制到零件的摆放和电路板的布线及各种生产后的输出。

PSpice Designer 是数模混合电路仿真和波形仿真查看工具。此外，通过集成化的接口提供了与 MATLAB/Simulink 之间无缝对接进行电路系统仿真，如机电系统的联合仿真等。PSpice Designer 包括 Capture 和 PSpice 两个部分，其中 Capture 提供了快速、简单、直观的图形化设计输入环境；PSpice 提供了仿真功能，包括 PSpice A/D 和 PSpice Advanced Analysis。

8.4.3　PLC 控制系统开发工具

1. 西门子 PLC 开发工具

西门子 PLC 有 S7－1200、S7－1500、S7－300、S7－400 等型号，不同的 PLC 采用的开发工具不同。西门子 PLC 编程软件有 STEP7 MicroWIN 、STEP7 V5. X、STEP7 V15 (TIA Portal)等，软件分类如图 8－14 所示。

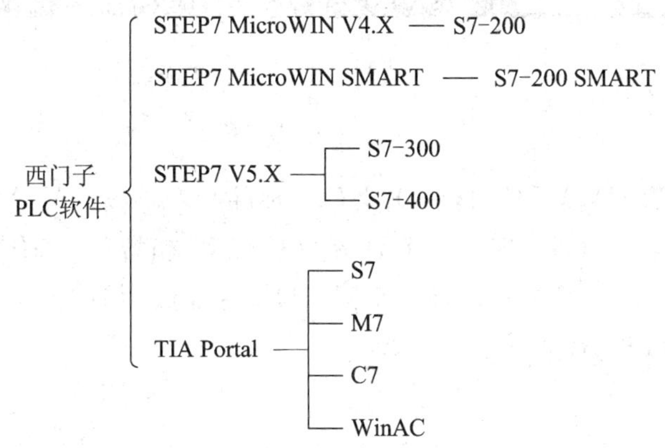

图 8－14　西门子 PLC 编程软件

TIA Portal(简称 TIA)是西门子公司发布的一款全集成自动化软件，2010 年发布了 TIA STEP7 V10. 5 版本，此后版本不断升级。TIA 编程软件适用于西门子系列工控产品，包括 SIMATIC S7、M7、C7 和基于 PC 的 WinAC。S7 系列支持 SIMATIC S7－1200、S7－1500、S7－300、S7－400 等控制器。

TIA Portal 软件主要包括以下模块：

1) PLC 组态与编程模块

PLC 组态与编程模块用于硬件组态和 PC 程序编写。STEP7 软件分为 STEP7 Basic (标准版)和 STEP7 Professional(专业版)两个版本，专业版比标准版多出了 SCL、Graph 以及仿真软件 PLCSIM。TIA V15. 6 软件界面如图 8－15 所示。

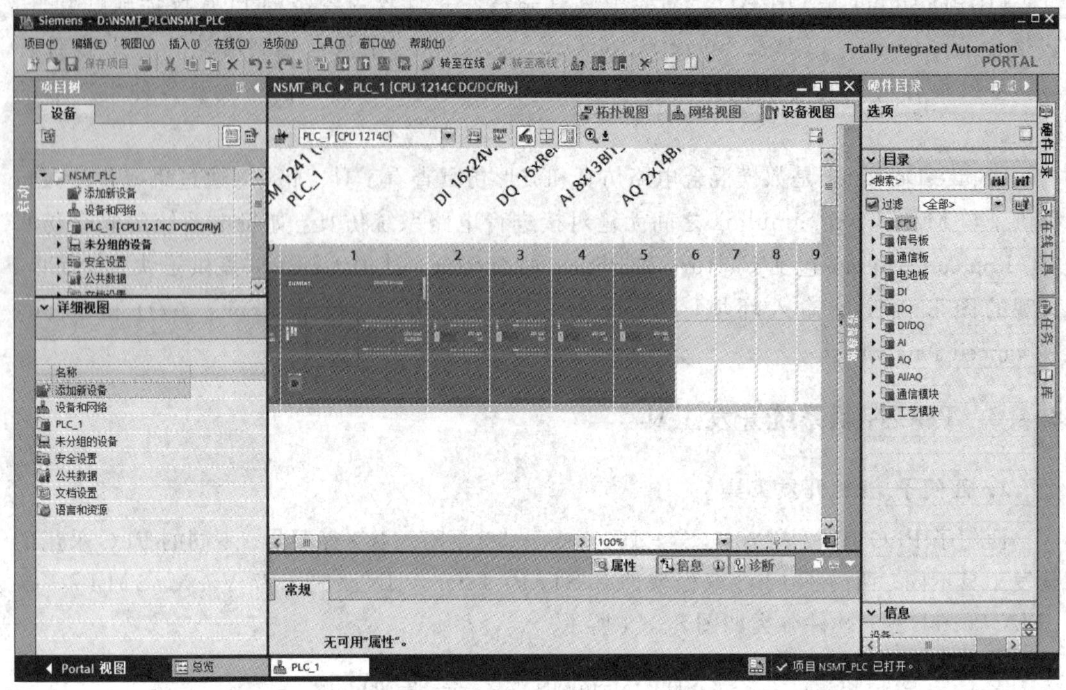

图 8-15　TIA V15.6 软件界面

2）WinCC

WinCC 是应用于 SIMATIC 面板、工业 PC、标准 PC 以及 SCADA（数据采集与监视控制系统）组态的工程组态软件。WinCC 软件分为基本版、精智版、高级版和专业版四个版本。各个版本的 WinCC 软件支持的硬件不同，其中专业版功能最全，支持西门子精简面板、精智面板、PC 和 SCADA 组态。

3）STEP7-PLCSIM

STEP7-PLCSIM 主要用于在不使用实际硬件的情况下调试和验证单个 PLC 程序，即 PLC 仿真软件。STEP7-PLCSIM 允许用户使用所有 STEP7 调试工具，其中包括监视表、程序状态、在线与诊断功能以及其他工具。STEP7-PLCSIM 还提供了 STEP7-PLCSIM 所特有的工具，包括 SIM 表和序列编辑器。

4）TIA Administrator

TIA Administrator 用于授权或许可 SIMATIC 产品的处理程序，可以将不同的功能模块集成到基于 Web 的 TIA Portal 管理任务框架中。

2. 三菱 PLC 编程软件

三菱 PLC 类型较多，其功能和用途不同，对应地，三菱 PLC 编程软件类型比较多，通用型不强。三菱 PLC 编程软件一般是针对某一款或几款 PLC 机型开发的软件，按功能可分为编程软件、仿真软件、触摸屏软件以及辅助工具。三菱 PLC 编程软件分类如图 8-16 所示。

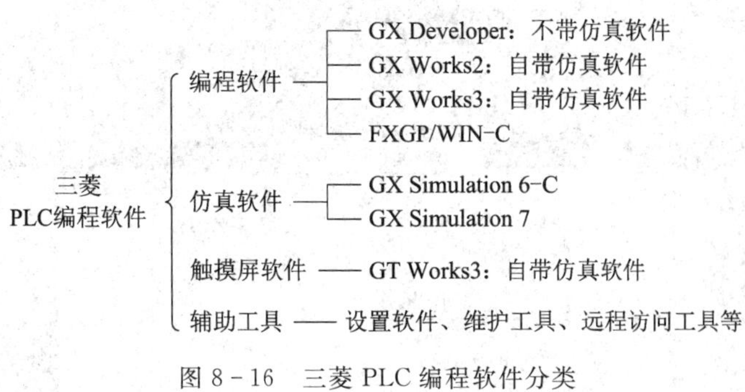

图 8-16　三菱 PLC 编程软件分类

1）编程软件

（1）GX Developer。

GX Developer 是三菱 PLC 的编程软件，适用于三菱全系列可编程控制器，支持梯形图、指令表、SFC、ST 及 FB、Label 等语言程序设计。GX Developer 编程软件界面如图 8-17 所示。

GX Developer 可以用多种通信方式和可编程控制器 CPU 连接，例如串行通信口、USB 接口、MELSEC NET、CC-Link、Ethernet 等方式。GX Developer 具有调试功能，通过该软件可进行模拟在线调试，不需要与可编程控制器连接。

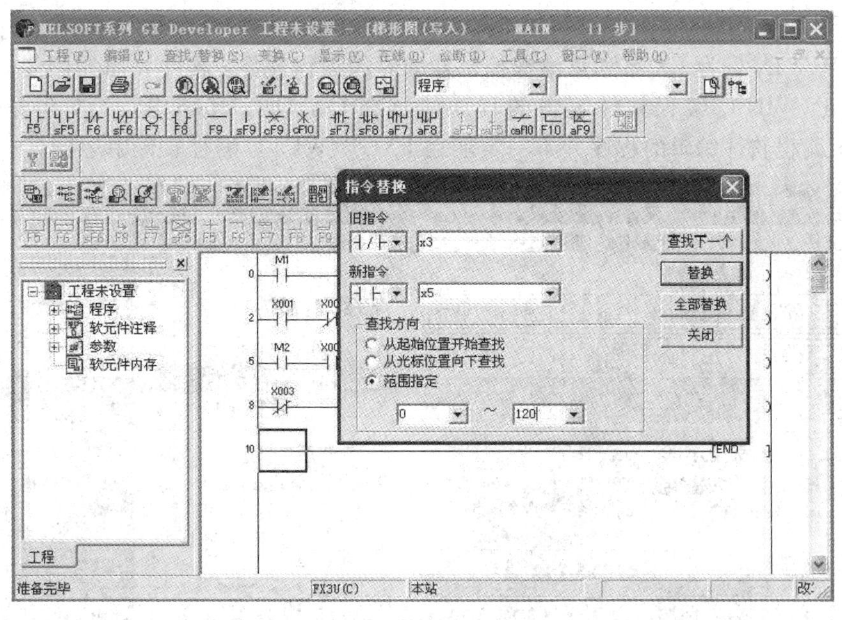

图 8-17　GX Developer 编程软件界面

（2）GX Works。

GX Works 是一款由三菱公司推出的综合 PLC 编程软件，是专用于 PLC 设计、调试、维护的编程工具。与传统的 GX Developer 软件相比，GX Works 的功能及操作性能都有提升，使用也更加容易。GX Works 包括 GX Works2 和 GX Works3 两个版本。GX Works2 适用于三菱 Q 系列、FX 系列 PLC。GX Works3 支持的 PLC 型号有 IQ-R、FX5、L、FX、Q 系列。其中 L、FX 和 Q 系列的程序只能通过 GX Works2 创建，可以直接导入 GX Works3 中。GX Works3 软件界面如图 8-18 所示。

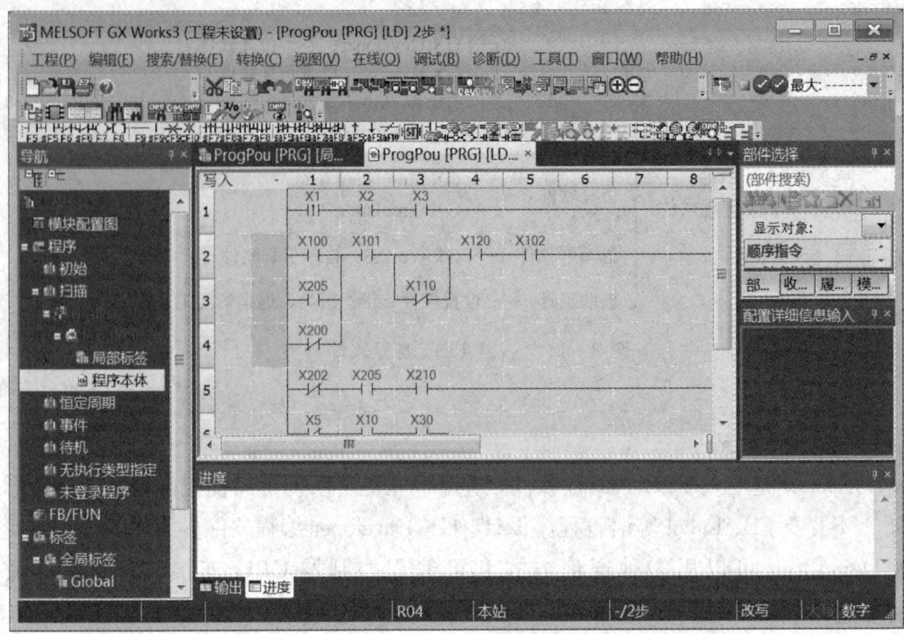

图 8-18　GX Works3 软件界面

(3) FXGP/WIN-C。

FXGP/WIN-C 为 FX 系列可编程控制器的专用编程软件，软件界面如图 8-19 所示。使用 FXGP/WIN-C 编程软件编辑的程序能够在 GX Developer 中运行，但是使用 GX Developer 编程软件编辑的程序并不一定能在 FXGP/WIN-C 编程软件中运行。

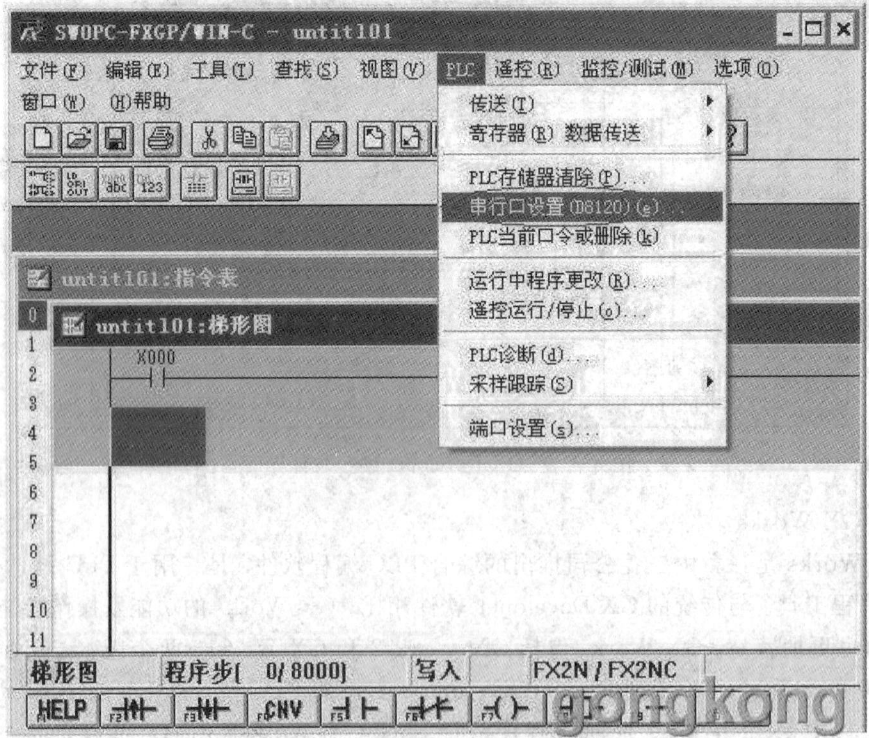

图 8-19　FXGP/WIN-C 软件界面

2）仿真软件

GX Simulator 是三菱 PLC 的仿真调试软件，支持所有型号的三菱 PLC，可以模拟外部 I/O 信号，设定软件状态与数值。

3）触摸屏软件

GT Works3 是集成化的人机界面创建软件，支持 GOT1000、GOT2000 系列触摸屏，包括用于 GOT 数据读写的模块 Datatransfer，用于创建人机界面工程的模块 GT Designer，用于仿真调试和监控的模块 GT Simulator，以及用于在计算机上运行监控画面的模块 GT SOFTGOT。

4）辅助工具

三菱 PLC 的辅助工具软件包括三菱 PLC 的远程访问工具 GX RemoteService Ⅰ、三菱 PLC 的设置与监控工具 GX Configurator 以及三菱 PLC 的维护工具 GX Explorer。

8.4.4　单片机控制系统开发工具

1. Keil μVision 软件

Keil μVision 是美国 Keil Software 公司出品的单片机编程软件，它支持众多不同公司的 MCS-51 架构的单片机，甚至 ARM，它集编辑、编译、仿真等功能于一体，其界面和常用的 VC++软件的界面相似，易学易用。Keil μVision 软件界面如图 8-20 所示，包括菜单、工具条、寄存器窗口、命令窗口、存储器窗口、程序运行窗口等。

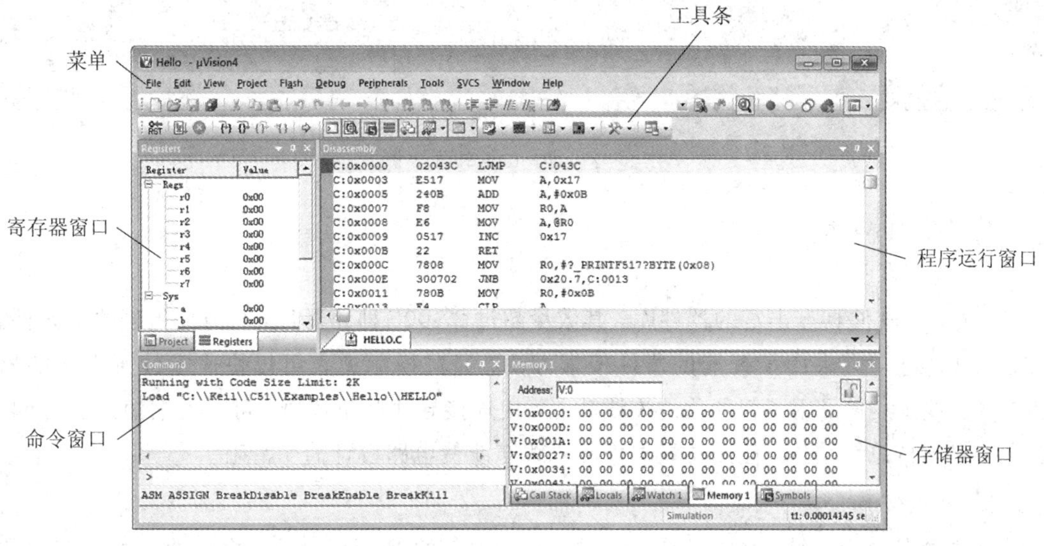

图 8-20　Keil μVision 软件界面

Keil μVision 提供了包括 C 编译器、宏汇编、链接器、库管理和仿真调试器等在内的完整开发方案，通过一个集成开发环境将这些模块组合在一起。Keil Software 公司被 ARM 公司收购后推出了基于 μVision 环境，用于调试 ARM7、ARM9、Cortex-R4、Cortex-M 等处理器的 MDK-ARM 开发工具。

2. Proteus 软件

Proteus 是英国 Lab Center Electronics 公司开发的 EDA 工具软件。它是将电路仿真软件、PCB 设计软件和虚拟模型仿真软件三合一的设计平台，从原理图设计、代码调试到单片机与外围电路协同仿真、PCB 设计，真正实现了从概念到产品的完整设计。Proteus 软件界面如图 8－21 所示。

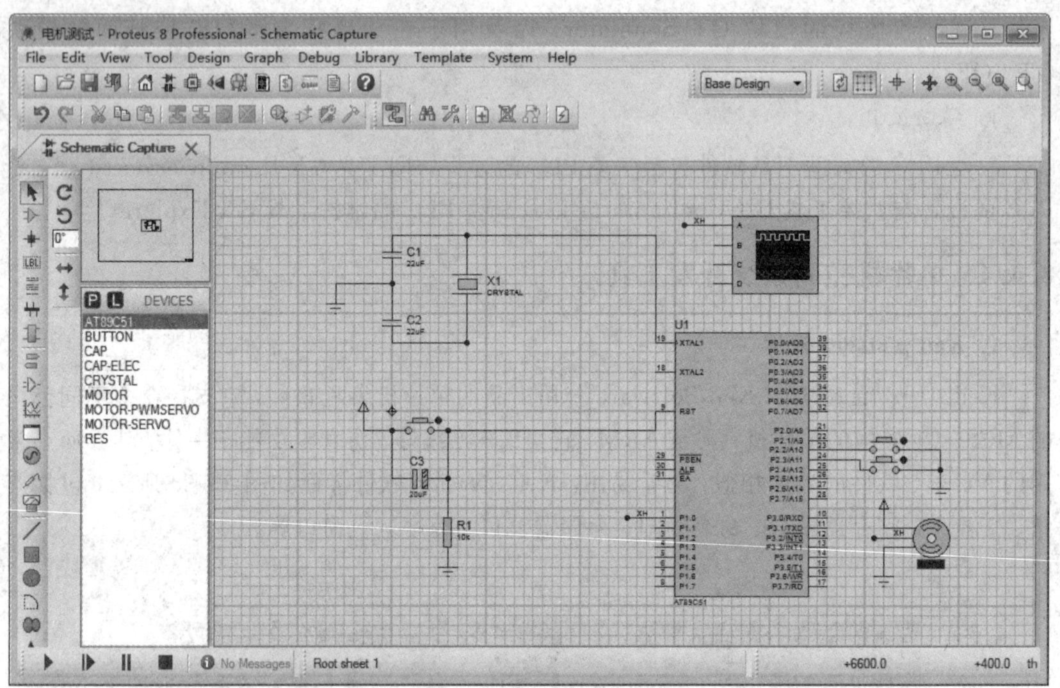

图 8－21　Proteus 软件界面

Proteus 软件主要有以下功能：

1）原理图设计

Proteus 软件具有丰富的器件库，其数量超过 27 000 种元器件，可方便地创建新元件。在器件搜索上，它采用了智能的器件搜索方法，通过模糊搜索可以快速定位所需要的器件。在连线上，它采用了智能化的连线功能，使连接导线简单快捷，可大大缩短绘图时间。另外，它支持总线结构，使用总线器件和总线布线使电路设计简明清晰。

2）电路仿真

在电路仿真上，采用了基于工业标准 Spice 3F5 的 ProSpice 混合仿真器，可以实现数字/模拟电路的混合仿真。

Proteus 软件具有多种激励源，包括直流、正弦、脉冲、分段线性脉冲、音频、指数信号、单频 FM、数字时钟和码流，还支持文件形式的信号输入。

Proteus 软件含有 13 种虚拟仪器，包括示波器、逻辑分析仪、信号发生器、直流电压/电流表、交流电压/电流表、数字图案发生器、频率计/计数器、逻辑探头、虚拟终端、SPI

调试器、I^2C 调试器等。

Proteus 软件还具有高级图形仿真功能(ASF)，可以精确分析电路的多项指标，包括工作点、瞬态特性、频率特性、传输特性、噪声、失真、傅里叶频谱分析等。

3) 单片机协同仿真

Proteus 软件的单片机协同仿真功能支持 ARM、AVR、MCS-51、PIC 系列等 CPU 型号。在输入与输出上，它支持 LCD 模块、LED 点阵、LED 七段显示模块、键盘/按键、直流/步进/伺服电机、RS232 虚拟终端等外设。在编译及调试上，它支持单片机汇编语言的编辑/编译/源码级仿真，内部带有 8051、AVR、PIC 汇编编译器，也可以与第三方集成编译环境(如 IAR、Keil 和 Hitech)结合，进行高级语言的源码级仿真和调试。

4) PCB 设计

在 PCB 设计方面，Proteus 具有先进的自动布局/布线功能，支持器件的自动/人工布局、无网格自动布线或人工布线、引脚交换/门交换等多种布局/布线方式。它最多可设计 16 个铜箔层、2 个丝印层和 4 个机械层。Proteus 具有灵活的布线策略供用户设置，可自动设计规则检查，还具有 3D 可视化预览功能。此外，Proteus 可以输出多种格式的文件，便于与其他 PCB 设计工具的互转。

8.4.5　总线式工控机控制系统开发工具

总线式工控机是构建复杂控制系统的一种计算机形式，与单片机、PLC 相比，总线式工控机运算速度、计算能力要强得多，能够运行自动控制、智能控制等程序。总线式工控机的通信方式较多，适合组建大型或复杂控制系统。在总线式工控机上运行的控制软件的开发有多种方式，既可以采用专门开发工具开发(如 LabVIEW 等)，也可以采用通用编程语言开发(如 VB、VC、Delphi、Java 等)。下面介绍几种常用的开发方法。

1. 基于 LabVIEW 的开发方式

1) LabVIEW 软件简介

LabVIEW 是一种程序开发环境，由美国国家仪器公司(NI)研发，类似于 C 和 Basic 开发环境，是一种用图标代替文本行创建应用程序的图形化编程语言。传统文本编程语言根据语句和指令的先后顺序决定程序执行顺序，而 LabVIEW 则采用数据流编程方式，程序框图中节点之间的数据流向决定了虚拟仪器及函数的执行顺序。

LabVIEW 软件界面如图 8-22 所示。LabVIEW 提供了较多外观与传统仪器(如示波器、万用表)类似的控件，可用来方便地创建用户界面。用户界面在 LabVIEW 中被称为前面板，使用图标和连线可以通过编程对前面板上的对象进行控制，这种编程代码称为图形化源代码，又称 G 代码。LabVIEW 的图形化源代码在某种程度上类似于流程图，因此又被称作程序框图代码。

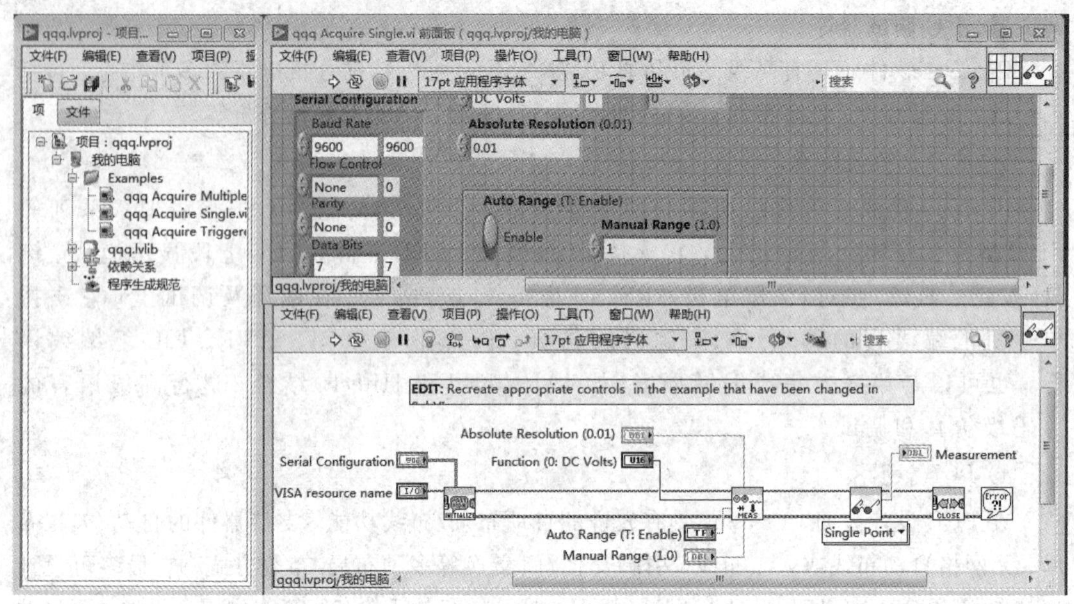

图 8-22　LabVIEW 软件界面

2）软件功能

（1）测试功能。LabVIEW 最初就是为测试测量而设计的，因而测试测量也是 LabVIEW 最广泛的应用领域。现在大多数主流的测试仪器、数据采集设备都拥有专门的 LabVIEW 驱动程序，使用 LabVIEW 可以非常便捷地控制这些硬件设备。

（2）控制功能。LabVIEW 拥有专门用于控制领域的模块 LabVIEWdsc。除此之外，工业控制领域常用的设备、数据线等通常也都有相应的 LabVIEW 驱动程序。使用 LabVIEW 可以非常方便地编制各种控制程序。

（3）仿真功能。LabVIEW 包含了多种多样的数学运算函数，特别适合进行模拟、仿真、原型设计等工作。在设计机电一体化系统之前，可以先在计算机上用 LabVIEW 搭建仿真原型，验证设计的合理性，找到潜在的问题。

2. 基于通用编程工具的开发方式

基于总线式工控机控制系统的控制软件在很多情况下是采用 VC＋＋、VB、Delphi、QT 等编程语言开发的。由于网络、人工智能技术的发展，Python、Java、Lisp、Prolog 等语言在控制系统中应用得越来越多。

总线式工控机中一般会采用数据采集卡、运动控制卡等作为控制器。板卡制造商在销售板卡的同时都会提供用于实现控制功能的函数库，函数库通常封装在动态链接库中。为了满足不同用户的开发需求，板卡制造商一般会提供由多种语言开发的函数库，例如 C＃、Delphi、VB、VC＋＋等。开发人员可以根据自己对开发语言的熟悉程度及爱好选用编程语言。

图 8-23 所示为基于 Visual Basic(VB)开发的一套用于镍钛合金丝加工的专用数控加工机床的控制软件。该机床的控制系统由主控制器和子控制器组成。主控制器由工控机、

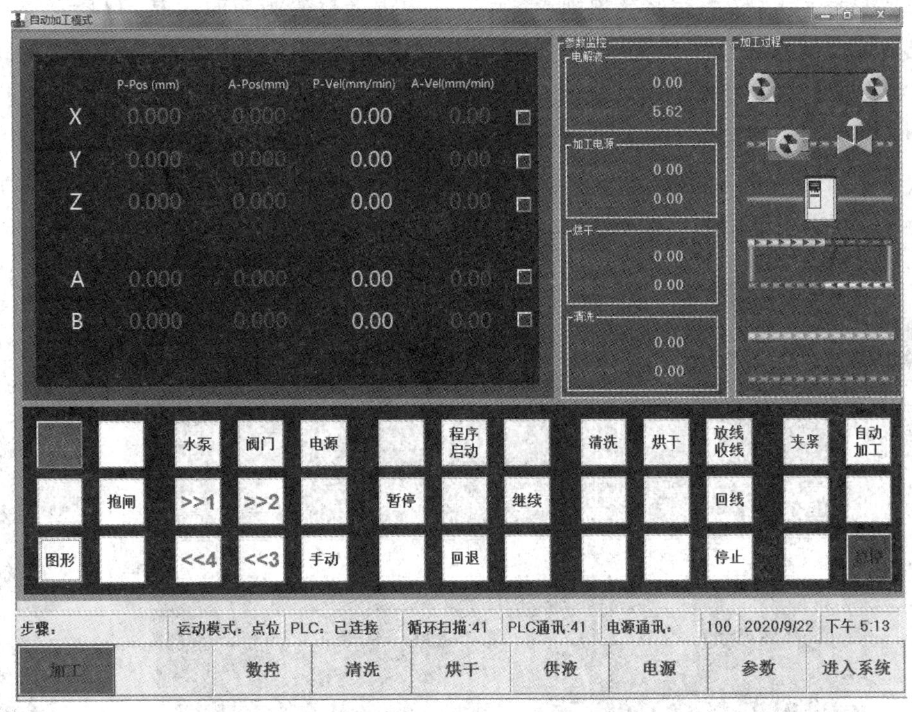

图 8－23　基于 VB 开发的专用数控加工机床控制软件

多轴运动控制卡组成，子控制器采用西门子 S7－1200 PLC 组成。控制软件采用 Visual Basic 6.0，结合运动控制卡的运动控制函数开发。主控制器与 PLC 之间通过西门子公司的 Prodave 6.2 通信组件与 PLC 建立通信，对 PLC 的存储数据进行读写。根据控制对象和机床工作要求，把控制软件功能模块分为加工模块、数控模块、电源控制模块、参数设置模块、清洗模块、烘干模块、供液模块等。在软件开发中运用了 VB 软件提供的控件以及专业公司提供的仪表和图表控件设计控制软件界面，这些控件的运用使得控制软件的开发更加快捷、方便。

3. 基于 QT＋VS 的开发方式

QT 是由 QT 公司开发的跨平台 C＋＋图形用户界面应用程序开发框架，既可以开发 GUI 程序，也可用于开发非 GUI 程序。QT 提供了一种信号/槽机制来替代 callback，这使得各个元件之间的协同工作变得十分简单。QT 中包含了多达 250 个以上的 C＋＋类，还提供基于模板的 collections、serialization、file、I/O device、directory management 和 date/time 类，可满足各种开发需求。此外，QT 的控件箱中包含了窗体布局、输入、显示、按钮、视图、容器等多种控件，还可以利用 QT Creator 自行开发所需的控件，这些控件使界面设计更加方便。

Microsoft Visual Studio(简称 VS)是微软公司开发的基于 Windows 平台的应用程序集成开发环境，它集成了 Visual C＋＋、Visual C＃、Visual Basic、Visual F＃等多个程序开发编程语言。在控制系统的开发中，可以先利用 QT 开发控制系统的界面，经过编译后自动生成 C++代码，再把它移植到 VS 开发环境中进行控制功能开发。QT+VS 的开发方式已成为控制系统软件开发中常用的方法，它既可以使开发的软件具有友好的操作界面，又可以满足开发复杂控制功能的要求。

图 8-24 所示为采用 QT+VS 组合开发的数控机床专用控制模块，它以动态链接库的形式嵌入到西门子 840Dsl 数控系统中运行，开发的软件界面与西门子 840Dsl 原有界面完全兼容。控制模块采用 QT 软件设计控制界面，再利用 VS 实现系统所需的控制要求。

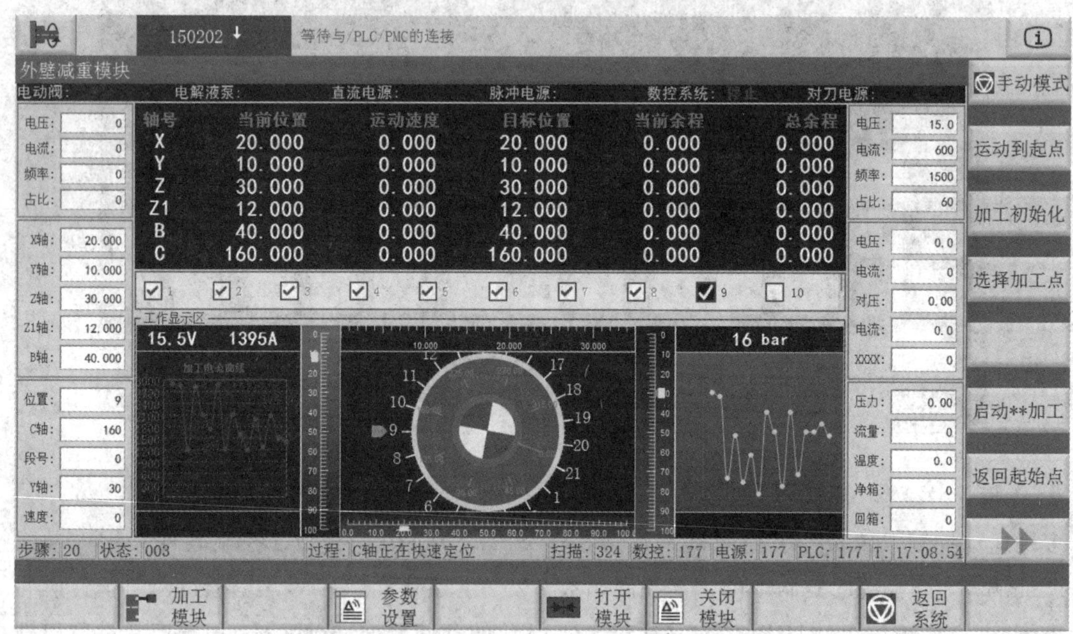

图 8-24　采用 QT+VS 开发的数控机床专用控制模块

习题与思考题

8-1　机械 CAD 软件有哪些基本功能？

8-2　UG NX 软件有什么特点？它有哪些基本功能？

8-3　CATIA 软件有什么特点？它有哪些基本功能？

8-4　Adams 软件有哪些功能模块？它能解决哪些工程问题？

8-5　ANSYS Workbench 软件有什么特点？它包括哪些功能模块？能解决哪些工程问题？

8-6　Nastran 软件的特点是什么？它有哪些功能模块？

8-7　MATLAB 软件有什么特点？它有哪些功能？它在机电一体化系统设计中能解决什么问题？

8-8　电气图包括哪些内容？常用的电气图设计工具有哪些？各有什么特点？

8-9　电路图设计包括哪些内容？常采用的设计软件有哪些？Altium Designer 软件有

哪些功能？

8-10　TIA Portal 软件有哪些功能？它适用于哪些 PLC 类型？

8-11　单片机开发软件有哪些？Proteus 软件有哪些功能？

8-12　LabVIEW 软件是一款什么类型的软件？它有哪些功能？

参考文献

[1] 朱立学，韦鸿钰. 机械系统设计[M]. 北京：高等教育出版社，2012.
[2] 杨黎明，杨志勤. 机械零部件设计[M]. 北京：国防工业出版社，2007.
[3] 李建刚，姜艳华. 机电系统计算机控制[M]. 北京：北京理工大学出版社，2014.
[4] 宋志安，张鑫. 机电系统建模与仿真[M]. 北京：国防工业出版社，2015.
[5] 刘白雁. 机电系统动态仿真[M]. 北京：机械工业出版社，2011.
[6] 陈荷娟. 机电一体化系统设计[M]. 北京：北京理工大学出版社，2013.
[7] 陈鼎南. 机电一体化系统设计[M]. 北京：清华大学出版社，2013.
[8] 朱龙根. 机械系统设计[M]. 北京：机械工业出版社，2001.
[9] 高安邦. 机电一体化系统设计实例精解[M]. 北京：机械工业出版社，2008.
[10] 周堃敏. 机械系统设计[M]. 北京：高等教育出版社，2009.
[11] 芮延年. 机电一体化系统综合设计及应用实例[M]. 北京：中国电力出版社，2011.
[12] 侯珍秀，孙靖民. 机械系统设计[M]. 哈尔滨：哈尔滨工业大学出版社，2000.
[13] 韩红. 机电一体化系统设计[M]. 北京：北京理工大学出版社，2014.
[14] 俞竹青. 机电一体化系统设计[M]. 北京：电子工业出版社，2016.
[15] 张秋菊. 机电一体化系统设计[M]. 北京：科学出版社，2014.
[16] 董景新，刘桂雄. 机电系统集成技术[M]. 北京：机械工业出版社，2009.
[17] 计时鸣. 机电一体化控制技术与系统[M]. 西安：西安电子科技大学出版社，2009.
[18] 王智宏. 精密仪器设计[M]. 北京：机械工业出版社，2015.
[19] 吕强，孙锐，李学生. 机电一体化原理及应用[M]. 3版. 北京：国防工业出版社，2014.
[20] 刘宏新. 机电一体化技术[M]. 北京：机械工业出版社，2015.
[21] 姜培刚，盖玉先. 机电一体化系统设计[M]. 北京：机械工业出版社，2003.
[22] 张建民. 机电一体化系统设计[M]. 4版. 北京：高等教育出版社，2014.
[23] 刘白雁. 机电系统动态仿真[M]. 2版. 北京：机械工业出版社，2011.
[24] SHETTY D, KOLK R A. Mechatronics system design[M]. 2nd ed. Stamford：CENGAGE Learning，2010.